21世纪高等学校网络空间安全专业系列教材

网络信息内容安全

第2版·微课视频版

◎ 杨黎斌 蔡晓妍 戴 航 编著

清华大学出版社

北京

内 容 简 介

网络信息内容安全技术是信息安全领域的一个研究方向,汇集了安全分析、机器学习及人工智能等学科知识,有着广阔的应用前景。本书共10章,介绍了与网络信息内容安全处理技术相关的基本概念、理论方法和最新研究进展。在编写中着重阐述了信息内容安全的若干关键技术——网络流量分析及入侵检测、网络信息内容过滤、话题检测与跟踪、社会网络分析、网络舆情分析、开源情报分析、恶意代码挖掘和检测等。

本书内容全面,案例丰富,既有对网络信息内容安全基础知识和理论模型的介绍,也有对相关问题的研究背景、实现方法和技术现状的详细阐述,可作为高等院校计算机、信息技术等相关专业高年级本科生的教材或参考书,也可供从事信息技术、数据挖掘、人工智能、管理科学、战略研究等相关领域研究的教师、研究生和科研工作者参考,借以提供思路和技术支撑。

图书在版编目(CIP)数据

网络信息内容安全:微课视频版/杨黎斌,蔡晓妍,戴航编著.—2版.—北京:清华大学出版社,2022.6
  21世纪高等学校网络空间安全专业系列教材
  ISBN 978-7-302-60985-8

  Ⅰ.①网… Ⅱ.①杨… ②蔡… ③戴… Ⅲ.①计算机网络-网络安全-高等学校-教材
Ⅳ.①TP393.08

中国版本图书馆CIP数据核字(2022)第089569号

责任编辑:贾   斌
封面设计:刘   键
责任校对:郝美丽
责任印制:曹婉颖

出版发行:清华大学出版社
        网   址:http://www.tup.com.cn,http://www.wqbook.com
        地   址:北京清华大学学研大厦A座   邮   编:100084
        社 总 机:010-83470000   邮   购:010-62786544
        投稿与读者服务:010-62776969,c-service@tup.tsinghua.edu.cn
        质量反馈:010-62772015,zhiliang@tup.tsinghua.edu.cn
        课件下载:http://www.tup.com.cn,010-83470236
印 装 者:三河市君旺印务有限公司
经   销:全国新华书店
开   本:185mm×260mm   印   张:19   字   数:439千字
版   次:2017年2月第1版 2022年8月第2版   印   次:2022年8月第1次印刷
印   数:1~1500
定   价:69.00元

产品编号:090343-01

前言

互联网已经成为人们获取信息,相互交流、协同工作的重要途径,但同时互联网也带来一些负面影响,如色情等不良信息在网络中肆意传播,垃圾邮件、恶意营销广告等泛滥,网络欺诈、钓鱼以及网络暴力、网络恐怖主义等恶意行为层出不穷。这些恶意信息和行为完全背离了互联网设计的初衷,也不符合广大网民的意愿,并且影响现实的正常秩序。因此,研究网络信息内容安全,提供对互联网中各种不良信息的监测分析能力,是体现国家信息技术水平的重要环节,也是建设信息化社会的坚实保障。

互联网上各种不良信息和行为的产生,其原因主要在于互联网作为一个内容平台,人们可以更便利地获取、发布信息,而在互联网爆发性发展过程中,相关的规范制度、安全技术研究却未能同步发展。网络信息内容安全作为信息安全领域的一个研究分支,是上述问题的解决方案,它主要研究如何从包含海量信息的网络环境中,对特定安全主题的相关信息进行自动获取、识别和分析。该研究分支涉及的相关技术包括信息安全、自然语言处理、网络理论、机器学习、模式识别等,直接或间接应用到这些研究领域的最新研究成果。结合网络信息内容安全的具体需求,本书全面介绍与网络信息内容安全处理技术相关的基本概念、理论方法和最新研究进展等,着重阐述信息内容安全的若干关键技术——网络流量分析及入侵检测、网络信息内容过滤、话题检测与跟踪、社会网络分析、网络舆情分析、开源情报分析、恶意代码挖掘和检测等。本书内容全面,案例丰富,既有对基础知识和理论模型的介绍,也有对相关问题的研究背景、实现方法和技术现状的详细阐述。本书力求培养学生有效学习和分析信息的能力,以及引导把控网络空间信息内容的能力,并使学生具有一定的国际学术视野。本书自2017年2月出版,经过5年多的使用,根据编者在教学中的体会及学生和教师的反馈,对书中的相关内容进行了修缮改动。与第1版相比,第2版增加了一些网络信息内容安全分析的流行应用,同时删除了一些陈旧或使用较少的知识,使教材内容更加精练丰富。具体体现在以下方面:

(1)增加了第4章网络流量分析及入侵检测的内容;

(2)增加了第10章恶意代码挖掘和检测的内容;

(3)第2章增加了网络信息获取方法等内容;

(4)第3章增加了网络信息内容安全分析方法等内容;

(5)第5章增加了基于朴素贝叶斯算法的垃圾邮件过滤的案例内容;

(6) 第 7 章增加了基于 PageRank 的社会网络节点重要性评估及高级水军检测等内容;

(7) 第 8 章增加了舆情数据聚类分析等内容;

(8) 其他章节在内容描述及编排上有所调整,使其内容更贴切、充实。

本书各章编写分工如下:杨黎斌编写第 1、4、5、9、10 章;蔡晓妍编写第 6~8 章;戴航编写第 2、3 章。杨黎斌负责全书的策划、大纲的制定和统稿工作。

在本书的编写过程中,参考了国内外许多公开发表的相关资料,在此对所涉及的各位专家、学者表示诚挚的感谢。研究生郝智栋和陈嘉炜对本书的图表进行编辑,梅欣、王楠鑫对本书进行校对并提出宝贵的建议,特此表示感谢。

由于编写时间紧迫,加之编者理论水平和实践经验有限,书中难免有不当和疏漏之处,恳请广大读者批评指正。

编 者

2022 年 5 月

目 录

习题 ·· 159

第 7 章 社会网络分析 ··· 160

　7.1　社会网络分析概述 ·· 160

　　7.1.1　社会网络的定义 ··· 160

　　7.1.2　社会网络分析的含义及主要内容 ············ 161

　　7.1.3　社会网络分析的意义 ································· 163

　7.2　社会网络分析的研究体系 ··································· 164

　　7.2.1　中心性分析 ··· 164

　　7.2.2　凝聚子群分析 ·· 165

　　7.2.3　核心-边缘结构分析 ··································· 166

　7.3　社会网络分析的一般模型 ··································· 167

　　7.3.1　社会网络的构建 ·· 167

　　7.3.2　社会网络的发现 ·· 168

　　7.3.3　节点地位评估 ·· 171

　7.4　社会网络分析常用方法 ······································ 174

　　7.4.1　基于命名实体检索结果的社会网络构建 ··· 175

　　7.4.2　基于 PageRank 的社会网络节点重要性评估 ··· 177

　7.5　社会网络分析的安全应用 ··································· 183

　　7.5.1　社会挖掘和话题监控的互动模型研究 ······ 183

　　7.5.2　网络高级水军检测 ····································· 189

　　7.5.3　中文新闻文档自动文摘 ···························· 194

　7.6　社会网络分析的发展趋势 ··································· 198

　7.7　本章小结 ··· 199

习题 ·· 200

第 8 章 网络舆情分析 ··· 201

　8.1　网络舆情分析概述 ·· 201

　　8.1.1　网络舆情分析的概念 ································· 201

　　8.1.2　网络舆情分析的特点 ································· 202

　　8.1.3　网络舆情分析的意义 ································· 203

　8.2　网络舆情分析的关键技术 ··································· 204

　　8.2.1　信息采集技术 ·· 205

　　8.2.2　舆情热点发现技术 ····································· 205

　　8.2.3　热点评估和跟踪 ·· 206

　　8.2.4　舆情等级评估 ·· 207

　8.3　网络舆情分析的系统框架 ··································· 212

　8.4　网络舆情分析常用方法 ······································ 215

第1章

绪　论

1.1　网络信息内容安全的背景

1.1.1　我国互联网发展现状

近几十年来,互联网的迅速发展,不仅促进了全世界范围内信息的有效传播与流通,而且对科学研究、工商行业的发展乃至人们的日常生活方式都带来了深远影响。自 20 世纪 90 年代开始,我国的互联网行业也经历了从无到有、从小到大的跨越式发展历程。根据第 48 次《中国互联网络发展状况统计报告》,截至 2021 年 6 月,我国网民规模达到10.11 亿人,互联网普及率达到 71.6%,网民总体规模已占全球网民的五分之一,构成了全球最大的数字社会。报告同时显示,网民的上网设备正在向手机端集中,手机成为拉动网民规模增长的主要因素。

在信息化已成为世界发展趋势的背景下,互联网有着应用极为广泛、发展规模最大、非常贴近人们生活等众多特点。一方面,互联网创造出巨大的经济效益和社会效益,如新兴的网络公司在互联网上建立业务并迅速发展,传统行业也纷纷将自身的业务和网络应用结合起来,它已经成为人们获取信息、互相交流、协同工作的重要途径;另一方面,互联网也带来一些负面影响,如色情、反动等不良信息在网络上大肆传播,垃圾电子邮件等不正当行为泛滥,利用网络传播电影、音乐、软件等的侵犯版权行为,网络欺诈、网络暴力和网络恐怖主义活动等问题层出不穷,这些行为完全背离了互联网设计的初衷,也不符合广大网络用户的意愿。尤其是近年来,虚假新闻、网络谣言成为全球互联网关注的焦点,特别是所谓"舆论操纵""干预大选"等,在欧美炒得沸沸扬扬。加上长期存在的恐怖信息传播、意识形态渗透、极端分裂思想宣传等,几乎成为网络信息安全领域的"重点舆情"。对此,学界的专题研究、智库的分析报告、业界的技术分析等不仅在数量上越来越多,而且影响范围越来越大。在世界范围内,大量难民涌入欧洲,尤其是接连发生多次恐怖袭击事件后,恐怖分子利用社交媒体通过网络勾连聚合、分享信息、组织活动并逃避打击的现实,促使欧洲国家开始重视并强化网络内容的监管。由于信息内容安全对政治安全的影响不断加剧,主要大国都在针对网络内容安全问题陆续出台相关措施,积极应对。例如,德国的《改进社交网络中法律执行的法案》,更加明确社交网络平台内容审查与监管义务以及政府监管责任。因此,在建设信息化社会的过程中,提高信息安全保障水平及对互联网中各种不良信息的监测能力,是体现国家信息技术水平的重要一环,也是顺利建设信息化社会的坚实基础。我国长期以来既重视信息技术的安全,也强调信息内容的安全,这样的信息安全策略是有先见的。面对我国所处的历史时期和发展环境,为确保国家安全和社会发展,对信息内容安全的管理力度不能放松。

互联网上各种不良信息的流传和不规范行为的产生,其原因可归结为两类:一类是由于在互联网爆炸性发展过程中相关方面的规范和管理措施未能同步发展。在互联网发展的初期阶段,用户数目很少,且多数用户是从事学术研究的工作人员,网络也没有涉及商业领域的应用,所以网络安全问题并不突出。如今,这种局势已经发生了巨大变化,一些原有的网络模式不再适应现在的发展需求。另一类是由于互联网作为一个新生事物,为人们提供了便利获取与发布信息的新途径,营造出前所未有的思想碰撞场所,相对于传统媒体,互联网上更容易出现一些另类、新奇、不易理解或不符合规范的行为和信息内容。互联网将整个世界变成了"地球村",聚集了各种思想、观点的人和事物,以及各种形式的信息内容和安全问题,这也是一个长期存在的客观现实。面对这种挑战,人们不应"因噎废食"——因为互联网上存在的一些安全问题和不良信息而变得畏惧或排斥新技术、新事物;应当通过法律与技术等多方面的措施来抵制与消除不良现象,让互联网更好地为人们服务,使得人人都能更高效、更自由地利用互联网信息内容,令其发挥更大的效益。

1.1.2　网络信息内容特点

与传统的信息资源相比,网络信息内容在数量、结构、分布和传播的范围、载体形态、内涵传递手段等方面都显示出新的特点。

1. 存储数字化,传输网络化

信息资源由纸张上的文字变为磁介质上的电磁信号或者光介质上的光信息,存储的信息密度高、容量大。以数字化形式存在的信息,可以通过信息网络进行远距离传送。传统的信息存储载体为纸张、磁带、磁盘。而在网络时代,信息的存在是以网络为载体,这大大提高了网络信息内容的利用与共享程度。

2. 表现形式多样化,内容丰富

网络信息内容包罗万象,覆盖了不同学科、不同领域、不同地域、不同语言的信息资源,还可以文本、图像、音频、视频、数据库等多种形式存在。信息组织非线性化,超文本、超媒体信息资源成为主要方式。

3. 数量巨大,增长迅速

中国互联网络信息中心(CNNIC)于2021年8月发布的第48次《中国互联网络发展状况统计报告》,全面反映了中国互联网络发展状况。从该次报告中可以看出,截至2021年6月,中国网民规模达到10.11亿人,网站数量达到422万个,移动互联网接入流量达1033亿GB,同比增长38.7%。网络信息量之大、增长速度之快、传播范围之广,是其他任何环境下的信息资源所无法比拟的。

4. 传播速度快、范围广,具有交互性

网络环境下,网络信息内容的传递和反馈十分快速、灵敏。信息内容在网络中的流动非常迅速,电子流取代纸张,加上无线电技术和卫星通信技术的充分运用,上传到网上的任何信息资源都只需要短短数秒就能传递到世界各地的每一个角落。由于信息源持续增加,网络信息内容发布自由,网络信息内容呈爆炸性增长。随着网络的普及化,其传播范围将越来越广。与传统媒介相比,网络信息传播具有交互性、主动性、参与性和操作性,人们既可主动到网上数据库查找所需的信息,也可上传自身产生的信息内容至网络,即网络信息内容的流动是双向互动的。

5. 结构复杂,分布广泛

网络信息内容本身的组织管理没有统一的标准和规范,信息广泛分布在不同国家、不同区域、不同地点的服务器上,不同服务器采用不同的操作系统、数据结构、字符集和处理方式,缺乏集中统一的管理机制。

6. 信息源复杂、无序

网络共享性与开放性使得人人都可以在互联网上索取和存放信息,由于没有质量控制和管理机制,这些信息没有经过严格编辑和整理,良莠不齐,各种不良和无用的信息大量充斥在网络上,形成了一个纷繁复杂的信息世界。网络信息内容分布分散,开发显得无序化。

7. 动态不稳定性

Internet 信息地址、链接和内容处于经常性变化之中,信息源存在状态的无序性和不稳定性使得信息的更迭、消亡无法预测,这些都给用户选择、利用网络信息带来了障碍。

网络信息的这些特点决定了其容易成为网络欺诈、钓鱼以及网络暴力、网络恐怖主义等恶意行为的载体,因此研究网络信息内容安全,提供对互联网中各种不利信息的检测分析能力,是体现我国信息技术水平的重要环节,也是建设信息化社会的坚实保障。

1.2　网络信息内容安全的概念

1.2.1　网络信息内容安全的定义

网络信息内容安全是信息安全领域中的一个重要分支。从定义来看,信息安全是保护信息系统免受意外或故意的非授权泄漏、传递、修改或破坏。而随着网络的发展和信息化的深入,信息安全的内涵不断丰富,并且人们对它提出了新的目标和要求,其定义及外延在此过程中得到了持续创新和发展,涵盖范围大到国家军事政治等机密安全,小到如防范商业企业机密的泄露、青少年对不良信息的浏览、个人信息的泄露等信息内容层次的安全。近年来,网络信息内容安全技术越来越被认可,并已经纳入信息安全体系。如图 1-1 所示,现今流行的信息安全层次主要包括物理安全、网络安全、数据安全和信息内容安全等四个层次。

图 1-1　信息安全层次结构

其中,物理安全是指保护计算机设备、设施(含网络)以及其他媒体免遭地震、水灾、火灾、有害气体和其他环境事故(如电磁污染等)破坏的措施、过程。网络安全是指网络系统的硬件、软件及其系统中的数据受到保护,不因偶然或恶意的原因而遭受到破坏、更改、泄露,系统连续可靠正常地运行,网络服务不中断。网络安全其本质就是网络上的信息安全。数据安全是指防止数据被无意或故意非授权泄露、更改、破坏或使信息被非法系统辨识、控制和否认,即确保数据的完整性、保密性、可用性和可控性。其中物理安全、网络安全和数据安全这三个层次所面临的安全问题十分严峻,但往往是普通用户肉眼观察不到的潜在安全问题。物理安全和网络安全研究的是信息系统硬件结构的安全和网络信息系统的安全,是整个信息安全体系的基础,一般采用网络安全架构及软硬件防护检测等技术。数据安全是研究确保信息的完整性、可用性、保密性、可控性以及可靠性的一门综合性新型边缘学科,主要运用密码学等关键技术。

网络信息内容安全是研究如何从动态网络的海量信息中,对特定安全主题相关的信息进行自动获取、识别和分析的技术。从结构上看,网络信息内容安全处在安全体系中的最上层,以网络信息为主要研究载体,相对其他三个层次的安全防护,更倾向于检测保护信息自身的安全。在具体实现技术方面,网络信息内容由于网络信息量大、信息发布来源众多,对海量存储及自动处理功能有着更强烈的需求和挑战。网络信息内容安全关注与安全相关的内容分析,在处理对象、研究方法的侧重点、对数据吞吐量及对处理结果响应速度等方面的要求有其自身特点。从研究方法来看,网络信息内容安全偏重对特征选取、数据挖掘、机器学、信息论和统计学等多门学科的研究,这既促进了信息分析技术的发展,也为信息内容安全的研究提供了技术支持。

传统的信息安全体系中并不包括信息内容安全,但随着网络的大规模普及,网络信息内容遭受的威胁日渐突出。从国家层面上,公安机关和文化管理部门需要使用网络信息内容安全分析技术来保护社会稳定和文化安全;从单位层面上,企事业单位或公司需要维护单位形象,避免谣言和竞争对手诽谤等带来的影响。

1.2.2　网络信息内容安全的特点

网络信息内容安全作为一门新兴的课题,以互联网信息内容为研究对象,有着鲜明的自身特点,主要包括:

(1)网络信息内容安全是一门新兴的课题,需要多个学科进行交叉研究。在信息科学与技术领域,所用到的技术涉及数据挖掘、话题识别与跟踪、信息过滤、社会网络计算、自然语言处理、数据存储等,涵盖计算机科学领域的多个方向。而在非计算机科学与信息安全领域,对于信息内容安全的研究又大量涉及法学、传播学、管理学、情报学、心理学、社会学等学科,这些学科使得网络信息内容安全不再仅仅像传统信息安全那样只局限于技术领域,对它的研究将更加复杂和丰富。

(2)网络信息内容安全以互联网为研究载体。在互联网上发布和获取信息都十分便利,这也是网络信息内容安全问题的一个重要诱因,因此在网络信息内容研究中,从互联网技术角度入手仍然是对网络信息内容安全管理最有效的手段,尤其是对于新的社交媒体应用应当格外关注,例如微博、微信、抖音等富媒体应用。社交媒体应用应该成为新的研究载体。

(3)网络信息内容安全问题面对的是海量信息。传统信息安全更关注封闭式网络安全,防止外界的攻击,相对来说数据流量规模较小。而互联网是一个开放的平台,信息来源广、传播途径多,因此在海量数据中挖掘出潜在的安全威胁是对网络信息内容安全挖掘技术的考验。

(4)网络信息内容安全虽不同于传统信息安全,但传统信息安全是信息内容安全的有力保障,例如维护网络和服务器的正常工作,利用传统信息安全技术收集并挖掘信息内容数据,保持数据传输的顺利进行。

(5)网络信息内容安全具有价值隐含性,其目的是挖掘深藏在网络信息内容数据中与安全关联的知识,而不仅仅是那些直接表明的信息。挖掘出来的安全知识应该是未知的,这些知识不仅可以验证业务专家的经验,还可以帮助安全管理人员获得进一步的安全洞察力。

网络信息内容安全的这些特点决定了其研究手段和方法与传统信息安全存在显著区别,需要加强网络信息内容安全技术的研究,以实现互联网的健康有序发展。

1.2.3　网络信息内容安全的范畴

作为新兴的边缘交叉学科,网络信息内容安全与相关学科,尤其是信息安全及网络安全学科息息相关。本节从学科范畴上分析它们之间的关系。

信息安全是信息安全学科的基础内容。信息安全基础知识领域由信息安全概念知识单元、信息安全数学基础知识单元、信息安全法律基础知识单元和信息安全管理基础知识单元四个部分组成。其中,信息安全数学基础知识单元又由数论、代数结构、计算复杂性、逻辑学、信息论、编码学和组合数学七个知识单元组成。在学科设置中,信息安全学科一般包括以下四部分教学内容:①物理安全,是指保护计算机设备、设施(含网络)以及其他媒体免遭地震、水灾、火灾、有害气体和其他环境事故(如电磁污染等)破坏的措施、过程;②数据安全,是指防止数据被故意或偶然非授权泄露、更改、破坏或使信息被非法系统辨识、控制和否认,即确保数据的完整性、保密性、可用性和可控性;③运行安全,是指为保障系统功能的安全实现,提供一套安全措施(如风险分析、审计跟踪、备份与恢复、应急措施)来保护信息处理过程的安全;④管理安全,是指通过有关的法律法令和规章制度以及安全管理手段,确保系统安全生存和运营。

信息安全学科中的信息安全概念主要介绍对信息安全的威胁、信息安全的基本概念和确保信息安全的措施等基本知识。数学是信息安全学科的理论基础之一,例如数论、代数结构、组合数学、计算复杂性、信息论等是密码学的基础,逻辑学是网络协议安全的基础。信息安全也包含了一些法律基础理论,例如信息安全领域中的一些基本管理知识。信息安全法律和信息安全管理知识则对整个信息安全系统的设计、实现与应用都具有指导性作用。

网络安全可狭义定义成网络上的信息安全,一般可认为是信息安全学科的子集,其范畴不仅包括网络信息的存储安全,还涉及信息的产生、传输和使用过程中的安全。信息安全与网络安全有很多相似之处,两者都对信息数据的生产、传输、存储和使用等过程有相同的基本要求,例如可用性、保密性、完整性及不可否认性等。

网络信息内容安全旨在分析识别信息内容是否合法,确保合法内容的安全,防止非法内容的传播和利用。网络信息内容安全的知识单元包括网络信息内容安全的概念、网络数据的获取、信息内容的分析与识别以及信息内容的管控等。因为不再单独设立信息内容安全法律法规课程,所以在安全概念中可能会包含少量与信息内容安全相关的法律法规内容。

网络信息内容安全的重点是网络数据的获取、网络信息内容的预处理与过滤以及网络信息内容的分析与管控。网络数据的获取包括网络数据获取的概念、网络数据的被动获取技术、网络数据的主动获取技术。其学习目标如下:掌握网络数据获取的概念;掌握常用的网络数据被动获取技术;熟悉常用的网络数据主动获取技术;了解网络数据获取技术的应用。网络信息内容的预处理与过滤包括信息内容预处理技术和信息内容过滤技术。其学习目标如下:掌握信息内容预处理的概念和一般流程;掌握预处理技术中需要用到的语义特征抽取、特征子集选择、特征重构和向量生成等技术;掌握信息内容常用过滤方法、内容过滤的一般模型;了解信息内容识别和过滤技术的典型应用。网络信息内容的分析与管控包括话题的跟踪与检测技术、社会网络分析技术、网络舆情分析技术、开源情报分析技术。其学习目标如下:掌握话题检测与跟踪的概念、话题检测与检测的一般系统模型及效果评价方法;掌握社会网络分析概念、社会网络发现及节点地位评估技术;掌握网络舆情分析的一般系统框架及常用方法;了解网络舆情分析的典型应用;掌握网络开源情报分析的概念;掌握网络开源情报分析的系统框架及大数据分析方法和常用指标。作为扩展引申,在网络信息内容中还将引入网络流量信息的分析,如入侵检测技术的应用。恶意代码的挖掘和检测作为近几年流行的研究方向,也引入本书中,主要是以恶意代码内容作为研究载体进行挖掘分析。

1.2.4 网络信息内容安全的研究方法

网络信息内容安全是信息安全学科的子集。如前所述,信息安全学科是综合计算机、电子、通信、数学、物理、生物、管理、法律和教育等学科发展演绎而成的交叉学科,同时也是研究信息的获取、存储、传输和处理中的安全威胁和安全保障的新兴学科。表1-1给出了信息安全支撑技术的内容。信息安全学科已经形成了自己的理论、技术和应用,服务于信息社会,并仍在发展壮大中。

表1-1 信息安全支撑技术

信息安全支撑技术	研 究 方 向	关 键 技 术
密码学	密码基础理论	密码函数、密码置换、序列及其综合、认证码理论、有限自动机理论等
	密码算法研究	序列密码、分组密码、公钥密码、哈希函数等
安全协议	安全协议设计	单机安全协议设计、网络安全协议设计
	安全协议分析	经验分析法、形式化分析
信息隐藏	数字水印	数字版权保护、匿名通信等
	隐蔽通信	隐写术、隐通道、阈下通信等
安全基础设施	PKI/KMI/PMI	产生、发布和管理密钥与证书等安全凭证
	检测/响应基础设施	预警、检测、识别可能的网络攻击,响应攻击并对攻击行为进行调查分析等

续表

信息安全支撑技术	研　究　方　向	关　键　技　术
系统安全	主机安全	访问控制、病毒检测与防范、可信计算平台、主机入侵检测、主机安全审计、主机脆弱性扫描等
	系统安全	数据库安全、数据恢复与备份、操作系统安全等
网络安全	网络硬件安全	防火墙、VPN、网络入侵检测、安全接入、安全隔离与交换、安全网关等
	信息内容安全	内容管理、内容过滤、话题跟踪与检测、社会网络分析、舆情分析、隐私保护、入侵检测、开源情报分析等
	网络行为安全	网络安全管理、网络安全审计、网络安全监控、应急响应等

网络信息内容安全以网络为主要研究载体,对信息处理速度要求高(近实时)、处理吞吐量大(达到 TB 级)、自动处理功能需求强烈。信息内容安全属于通用网络内容分析技术,对特征选取、数据挖掘、机器学习、信息论、统计学、中文信息处理等多门学科进行研究,不仅促进了信息分析技术的发展,也为网络信息内容安全研究提供了有力的技术支撑。

网络信息内容安全与信息安全、网络安全研究方法的主要区别如下。

(1) 信息安全是解决信息的"形式"保护问题,而不需要理解信息的"内容"。例如信息的安全保密问题,可使用密码学方法为信息制作安全的信封。密码学是信息安全最重要的基础理论。现代密码学主要由密码编码学和密码分析学两部分组成。密码学研究密码理论、密码算法、密码协议、密码技术和密码应用等。采用密码学解决信息安全问题,可使没有得到授权的人不能打开这个信封。

(2) 网络安全研究方法的基本思想是在网络的各个层次和范围内采取防护措施,以便对各种网络安全威胁进行检测和发现,并采取相应的响应措施,确保网络环境的信息安全。网络安全的研究包括网络安全威胁、网络安全理论、网络安全技术和网络安全应用等。其主要研究内容有通信安全、协议安全、网络防护、入侵检测、入侵响应和可信网络等。

(3) 网络信息内容安全则需要"直接管理"信息内容,对海量、非结构化数据进行实时判断哪些是"好消息",哪些是"坏消息",并尽可能地完成对坏消息的封堵和自动过滤处理,侧重于对网络通信内容的甄别检测、检测模型的训练构建及防护策略的制定。

研究网络信息内容安全问题的首要条件,是必须由用户明确定义信息的"安全准则",包括安全领域(关注什么领域的信息内容安全问题)和安全标准(什么是安全的信息内容,什么是不安全的信息内容),这样才能据以判断具体的信息是否符合所定义的安全准则。可见,信息内容安全问题是"面向特定领域"的,聚焦于当前的重点领域,而非全方位领域。

研究网络信息内容安全问题的过程,是在"理解信息内容"基础上的"三分类"过程,"三分类"模型参见图 1-2。

(1) 句法分析:判断"信息是否为可读语句",又称为语句分类。

(2) 主题分类:判断"由可读语句表达的信息是否属于所关注的安全领域",又称领域分类或主题分类。

(3) 倾向分类:判断"落入某领域的信息是否符合所定义的安全准则",又称安全分类。

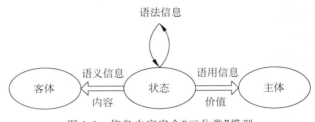

图 1-2   信息内容安全"三分类"模型

这样,网络信息内容安全问题就可以归纳为"三分类"问题。

1.3   主流网络信息安全产品简介

由于网络信息内容安全研究中有部分会涉及国家安全等敏感问题,因而相关资料较难获得,下面对能够收集到的典型项目及产品进行介绍。

1.3.1   政府部门主导的项目

随着互联网应用的日益广泛,网络上的信息安全问题也逐渐突出,各国政府均先后提高了对信息内容安全问题的重视程度。

在"9·11"恐怖袭击事件发生后,FBI 局长 Robert S. Mueller 在议会听证会上发言,认为政府花费了过多的精力用于案件侦查,以致没有足够的资源用于预防案件发生。Robert 认为,他们虽然获得了大量数据,但对数据进行整合与深度分析不足。此后,FBI 加大了对一些领域的研究力度,包括整合不同来源、不同格式数据的技术,对犯罪及恐怖活动相关的网络链接进行分析与可视化显示的技术,能够对信息进行监控、检索、分析及作出主动响应的代理技术,对海量信息级别存储文档、网页和电子邮件的文本挖掘技术,利用神经网络对可能的犯罪活动或者新的恐怖袭击进行预测的技术,利用机器学习算法抽取罪犯描述特征与犯罪活动关系的结构图技术等。

可见,信息内容安全影响的范围并不仅仅局限于虚拟网络,而是与其他方面的安全问题密切联系、相互影响。政府主导的部分代表性项目见表 1-2。

表 1-2 政府主导部分代表项目

国别	单位	项目名称	简 介
美国	FBI	Carnivore	网络信息嗅探软件与相关软件配合,可实现信息还原和内容分析,主要用于监测互联网中的恐怖活动、儿童色情、间谍活动、信息战和网络欺诈行为等。运行于微软 Windows 平台,2005 年 1 月以后停止
美国	FBI	StrikeBack	与联邦教育部合作,用于查询可疑学生信息,每年有数百名学生信息被查询,5 年期计划,已结束
多国	UKUSA	ECHELON	以美英为主导,有多个英语国家参与,是世界上最大的网络通信数据监听与分析系统。监听世界范围内的无线电波、卫星通信、电话、传真、电子邮件等信息后,应用计算机技术进行自动分析。每天截获的信息量约 30 亿条。最初 ECHELON 用于监控苏联和东欧的军事与外交活动。现在其重点监听恐怖活动和毒品交易的相关信息
美国		RIP	关于通信监听方面法律于 2000 年通过。该国政府被授权监控所有电子邮件通信,包括加密通信
美国	CIA	Oasis	以语音识别技术为核心,用于将电话、电视、广播、网络上的音频信息转换为文本信息,以便于检索。目前,Oasis 系统可以识别英语,下一步的目标是实现对阿拉伯语和汉语的处理
美国	DARPA	EELD	研究如何从海量的网络信息中,发现有可能威胁国家安全的关键信息提取技术
美国	DHS	ADVISE	建立在前述 ECHELON 项目的基础上,通过数据挖掘技术对互联网上的新闻网站、博客、电子邮件进行分析,以发现其中各种网络标示之间的关系。该计划目的在于尽早发现恐怖分子可能发动的恐怖活动。数据的三维可视化展示是该项目的一个特点,它提供了一种新型的数据展示方式

1.3.2 科研院所或企业的项目与产品

根据 Gartner、IDC、PMR 等国际咨询机构和国内有关研究机构对信息内容安全产业的相关统计数据,在产业规模方面,全球信息内容安全产业规模保持了较快增长势头,2018 年全球信息内容安全产业收入为 1400 亿～1600 亿元,2020 年为 1600 亿～2000 亿元。在产业结构方面,北美、西欧和亚太地区在全球信息内容产业中占据主导地位,总占比达 90%,其中北美占比接近 40%,西欧和亚太地区占比均超过 20%,但在信息内容安全产业总体规模增长的情况下,其他地区产业发展也呈现出强劲的增长势头,占比逐步扩大。根据国际网络安全投资咨询机构 Cybersecurity Ventures 发布的《2018 全球网络安全创新 500 企业》,按地区分,美国公司上榜最多,共有 358 家;其次是以色列公司,共计 42 家;欧洲地区有 67 家公司上榜;亚洲地区有 20 家公司上榜,其中我国企业有 8 家。2018 年我国信息内容安全产业收入约为 153 亿元,从 2012 年至今,我国信息内容安全产业年均复合增长已超过 20%,是全球产业年复合增速的 2 倍以上。从全球整体规模占比来看,我国信息内容安全产业已经初具规模,约占亚太地区的 7%。

2017 年,我国以 360 企业安全、启明星辰、华为、深信服、绿盟科技、亚信安全、新华三、天融信、安恒信息、卫士通等为代表的中国前 50 强网络安全企业,其收入增长率与 2016 年相比超过 30％。从国外公开信息看,信息内容安全技术与产品的典型应用主要集中在国外政府或相关支撑机构,以服务于政府管理需要为主。例如美国 FBI 主导的面向嫌疑学生的信息追查项目 StrikBack,英国政府主导的电子邮件监听项目 RIP 等。

与国外情况类似,我国的产品需求方或使用方主要集中在大型网络服务企业或网络运营企业,这些企业为贯彻落实政府对于信息内容安全的基本要求,履行企业信息安全责任,在硬件、软件等设备或系统等相关环节需采购符合信息内容安全责任规定的产品和服务。明确的市场需求条件导致产品形态相对固化,主要集中在上网行为管理、安全审计、违法信息监测、公共舆情监测和网络取证等方面。此外,我国大量基于用户生成内容的中小网站,例如论坛、社交网站、视频网站等也是产品服务的重要需求方,但目前总体规模较小。较大规模信息内容安全产品一般由 BAT 等互联网公司提供,包含全系列的智能内容安全审核解决方案。

由科研机构或公司主导的部分研究项目或产品见表 1-3。

表 1-3 科研机构或公司主导的研究项目或产品

单 位	项目名称	简 介
UCLA	Private Keyword Search on Streaming Data	该项目需防止多台服务器到网络各处收集网络上特定信息后传回信息处理中心,减轻了将所有信息直接传回信息处理中心的负担。项目特点在于,虽然这些放在信息源附近的机器没有集中式服务器的物理性和系统安全性,甚至有可能为敌对方获取,但该系统会利用同态加密(Homomorphic Encryption)实现编码混淆(Code Obfuscation)。该技术保证了机器上安装的软件不会被逆向工程侵犯,即敌对方无法利用缴获的服务器来获取该服务器过滤的明确规划。另外,由于预先滤除了大量信息,系统在安全和隐私方面也取得了较好均衡。项目网址:http://www.research.ucla.edu/tech/ucla05-487.htm
Autonomy	IDOL Server	Autonomy 公司的产品 IDOL Server 是用途广泛的文本信息挖掘工具,具有能进行语义级别的检索、文本分类与推送等功能。支持多种自然语言,利用信息论的相关知识进行文本特征选择与提取,利用贝叶斯理论进行分类。在 FBI 与 CIA 中有广泛应用。产品网址:http://www.autonomy.cm/content/Products/IDOL/index.en.html
Secure Computing	SmartFilter	用于组织网络间谍软件与网络钓鱼软件对网络用户的侵害。在军事、民事领域都有应用
NICTA	SAFE	澳大利亚国家信息与通信技术研究中心的紧急状态灵活应对系统计划,该项目通过人脸识别等机器视觉技术来分析可能的异常行为,从而实现预先判断,以组织恐怖主义活动

单 位	项目名称	简 介
Cornell	Sorting acts and opinions for Homeland security	该项目由美国国土安全部资助,康奈尔大学联合匹兹堡大学和犹他大学负责实施。重点是通过信息抽取等多种自然语言理解与机器学习技术,从收集到的文本中判断各种信息所包含的观点,并且研究如何寻找信息的可能来源,利用这些信息进行辅助决策。项目网址: http://www. eurekalert. org/pub_releases/2006-09/cuns-sfa092206.php
阿里巴巴	云盾	云盾内容安全产品是由阿里巴巴为企业用户提供的成熟的、轻量化接入的内容安全解决方案,帮助企业、开发者在复杂多变的互联网环境下快速发现文本、图片、视频的各类风险,保障应用的信息内容安全。云盾主要提供内容检测 API 服务,对包含色情、涉政、暴恐、广告、垃圾信息的文本、图片、视频进行检测和识别
网易	网易易盾	网易易盾的内容安全技术经过更新升级,一共分为三代:第一代内容安全技术建立在关键词、黑白名单、过滤器和分类器上;第二代内容安全技术基于内容特征识别(肤色、纹理)、贝叶斯过滤、相似度匹配和规则系统;第三代则升级为大数据分析(用户行为、用户分类)、人机识别、人工智能和机器学习(语义识别、图像识别)、语义池挖掘算法、在线学习算法等。
腾讯	天御系列产品	腾讯优图、天御、智聆、云鸮等信息内容产品依托智能识别、智能分析等多项 AI 技术,可为用户提供"音视图文"全场景的智能内容安全审核解决方案,能够协助审核人员高效、准确定位多类型内容风险,赋能审核人才智能化转型,从传统人工审核转型为智能辨别、智能纠错、智能策略制定

1.4 网络信息内容安全研究的意义

在信息化社会的建设过程中,网络信息内容安全研究有着广泛的应用。根据考查层次对象不同,可分为如下几方面。

(1)提高网络用户及网站的使用效率。网络用户经常遇到垃圾邮件、流氓软件等恶意干扰,网站中也存在某些用户发布一些广告或恶意言论的情况。信息内容安全研究有望提供技术上的解决方案,包括对电子邮件、论坛、博客回复和聊天室等进行信息过滤,通过预先过滤不良信息,减少手工处理各类无用信息所花费的时间与精力,从而有效提高网络的使用效率。

(2)净化网络空间。互联网的迅猛发展,既满足了广大群众日益丰富的文化生活需求,成为人们获取信息、生活娱乐、互动交流的新兴媒体,同时也存在传播各种不良信息的现象。例如,传播格调低下的文字与图片、侵犯知识产权的盗版影音或软件,以及不负责任地传播未证实的消息,甚至别有用心地散布虚假消息以制造恐慌气氛等。此外,随着网络的发展,上网的未成年人也越来越多,只有营造健康文明的网络文化环境,才有利于青少年的身心健康与顺利成长。消除不健康信息已成为社会的共同呼唤和强烈要求,也对网络信息内容安全相关课题的研究提出了迫切要求。

从建设国家信息安全保障体系的角度看,随着时代的发展,安全问题也拓展到网络这个看不见、摸不着的虚拟世界,提高国家信息安全保障水平是保障国家安全的重要环节。互联网作为信息传播和知识扩散的新式载体,加剧了各种思想文化的激荡与碰撞。各种观点与宣传在互联网上长期互存、互相影响,这是一个客观现实。各种违法犯罪活动也利用网络作为传播的新场所,出现了各种网络诈骗活动与网络恐怖主义活动。上述种种情况,都需要更为完善的信息处理技术,尽早或尽量准确地发现安全隐患,以提高预防保护能力,降低各种不良活动发生的可能性,减少其带来的损失。

1.5 网络信息内容安全的未来及发展趋势

随着 Web2.0 应用的普及,互联网将面临更多、更复杂的内容安全威胁,而另一方面,随着大数据及云计算技术的飞速发展,网络信息内容安全在未来仍然具有进一步拓展的空间,以下问题值得关注。

1. 网络信息内容可信性

关于大数据环境下网络信息内容研究的一个普遍的观点是,数据自己可以说明一切,数据自身就是事实。但实际情况是,如果不仔细甄别,数据也会欺骗,就像人们有时会被自己的双眼欺骗一样。大数据可信性的威胁之一,是伪造或刻意制造的数据,而错误的数据往往会导致错误的结论。若数据应用场景明确,就可能有人刻意制造数据,营造某种"假象",诱导分析者得出对其有利的结论。由于虚假信息往往隐藏于大量信息中,使得人们无法鉴别真伪,从而做出错误判断。例如,一些点评网站上的虚假评论混杂在真实评论中,使得用户无法分辨,可能误导用户去选择某些劣质商品或服务。由于当前网络社区中虚假信息的产生和传播变得越来越容易,其所产生的影响不可低估。用传统信息安全技术手段鉴别所有来源的真实性是不可能的。大数据可信性的威胁之二,是数据在传播中的逐步失真。原因之一是人工干预的数据采集过程可能引入误差,由于失误导致数据失真与偏差,最终影响数据分析结果的准确性。此外,数据失真还有数据版本变更的因素。在传播过程中,现实情况发生了变化,早期采集的数据已经不能反映真实情况。例如,餐馆电话号码已经变更,但早期的信息已经被其他搜索引擎应用或收录,所以用户可能看到矛盾的信息而影响其判断。因此,大数据的使用者应该有能力基于数据来源的真实性、数据传播途径、数据加工处理过程等,了解各项数据可信度,防止分析得出无意义或者错误的结果。

2. 数据水印技术

数字水印是指将标识信息以难以察觉的方式嵌入在数据载体内部且不影响其使用的方法,多见于多媒体数据版权保护,也有部分针对数据库和文本文件的水印方案。由数据的无序性、动态性等特点所决定,在网络信息内容中添加水印的方法与多媒体载体上有很大不同。其基本前提是上述数据中存在冗余信息或可容忍一定精度误差。基本思路大都基于数据库中数值型数据存在误差容忍范围,将少量水印信息嵌入到这些数据中随机选取的最不重要的位置上。水印的生成方法种类很多,可大致分为基于文档结构微调的水印(依赖字符间距与行间距等格式上的微小差异)、基于文本内容的水印(依赖于修改文档内容,如增加空格、修改标点等)以及基于自然语言的水印(通过理解语义实现变化,如同义词替换或句式变化等)。上述水印方案中有些可用于部分数据的验证,例如,残余元组数量达到阈值就可以成功验证出水印。该特性在大数据应用场景下具有广阔的发展前景,例如,强健水印类可用于大数据的起源证明,而脆弱水印类可用于大数据的真实性证明。存在的问题之一是当前的方案多基于静态数据集,针对大数据的高速产生与更新的特性考虑不足,这是未来亟待提高的方向。

3. 基于大数据的网络信息真实性分析

目前,基于大数据的网络信息真实性分析被广泛认为是最为有效的方法。许多企业已经开始了这方面的研究工作,例如 Yahoo 和 Thinkmail 等利用大数据分析技术来过滤垃圾邮件;Yelp 等社交点评网络用大数据分析来识别虚假评论;新浪微博等社交媒体利用大数据分析来鉴别各类垃圾信息等。基于大数据的数据真实性分析技术能够提高垃圾信息的鉴别能力。一方面,引入大数据分析可以获得更高的识别准确率。例如,对于点评网站的虚假评论,可以通过收集评论者的大量位置信息、评论内容、评论时间等进行分析,鉴别其评论的可靠性,如果某评论者为某品牌多个同类产品都发表了恶意评论,则其评论的真实性就值得怀疑。另一方面,在进行大数据分析时,通过机器学习技术,可以发现更多具有新特征的垃圾信息。该技术仍然面临一些困难,主要在于知识驱动的内容安全创新,技术方向包括跨媒体知识获取、内容安全知识库构建、大规模知识库的管理及知识演化、面向内容安全的知识推理等。

4. 移动互联网信息内容安全

手机终端智能化或者移动互联网化以后,为人们所有的硬件带来了新的生机。但在移动生活到来的同时,移动互联网信息内容安全也会变得越来越重要。未来,只有利用大数据才能实现互联网的安全创新。从目前移动互联网的安全现状来说,移动互联网网络犯罪已经不像十几年前那样黑客只是"秀能力"那么简单,移动终端安全将会变得越来越重要。一方面,未来应利用大数据和云查杀技术,实时在云服务器端做出行为判断,来保障移动终端的安全。另一方面,应研究如何挖掘移动终端发布的海量短文本信息。在用户创造数据的时代,用户越来越倾向于大量发布短文本信息,最典型的手段是通过微博。短文本信息一方面有着清晰的突出主题、突出观点,但另一方面也容易断章取义,造成误传或谣传,极大地威胁了网络内容安全,如何借助大技术分析手段从中挖掘有价值的信息,也是一大挑战。

1.6　本　章　小　结

互联网已经成为人们获取信息、相互交流、协同工作的重要途径,但互联网也带来一些负面影响,例如色情、反动等不良信息在网络中大肆传播,垃圾邮件、广告等恶意营销行为的泛滥,网络欺诈、钓鱼以及网络暴力、网络恐怖主义等恶意行为层出不穷。这些恶意信息和行为完全背离了互联网设计初衷,也不符合广大网民的意愿,并且影响到了正常秩序和规范。因此研究网络信息内容安全,提供对互联网中各种不利信息的检测分析能力,是体现我国信息技术水平的重要环节,也是建设信息化社会的坚实保障。

网络信息内容安全作为信息安全领域的一个研究分支,是对上述问题的解决方案,它主要包含多媒体信息处理、数据分析、计算机网络、网络应用等多个研究领域。通过学习本章的内容,为后续章节的学习奠定扎实基础。

习　　题

1. 网络信息内容安全的主要技术有哪些?
2. 网络信息内容安全要求有哪些?
3. 网络信息内容安全威胁包括什么?
4. 你在生活中遭遇过哪些网络诈骗或互联网诈骗?
5. 你认为有哪些方法(包括技术、管理等多方面)可以更好地保障网络信息内容的安全?
6. 列举一些你所了解的国内外信息内容安全相关产品。

第2章

网络信息的获取

2.1 互联网信息分类

理论讲解

受益于国际互联网基础设施建设的长足发展,当前基于互联网实现信息传播这一网络应用已经相当普及。据 2021 年 8 月的第 48 次《中国互联网络发展状况统计报告》显示,截至 2021 年 6 月,我国 IPv4 地址数量为 39 319 万个,IPv6 地址数量为 62 023 块/32 (即每段 32 位元的 IPv6 地址数目),IPv6 活跃用户数达 5.33 亿;我国域名总数为 3136 万个,其中,".CN"域名数量为 1509 万个,占我国域名总数的 48.1%;".CN"域名已超过德国国家顶级域名".DE",成为全球注册保有量第一的国家和地区顶级域名(ccTLD)。

实验讲解

同时,为满足活跃的国际互联网交流需求,2020 年年度国际出口带宽创新高。截至 2020 年 12 月,中国国际出口带宽为 11 511 397Mbps,较 2019 年底增长 30.4%。同时,中国网页数量突破 3000 亿。中国企业越来越广泛地使用互联网工具开展交流沟通、信息获取与发布、内部管理等方面的工作,为企业"互联网+"应用奠定了良好基础。

国际互联网容纳着数以万 TB 的信息总量,并且正处于内容爆炸性增长的时代,包含了各式各样、内容迥异的信息。从宏观角度上来讲,互联网公开传播的信息基本可以分为网络流量信息与网络媒体信息两大类型,其中网络媒体信息是本书重点分析的内容。

2.1.1 网络流量信息

网络流量信息一般指互联网用户使用除网络浏览器以外的专用客户端软件,实现与特定点的通信或进行点对点通信时所交互的信息。常见的网络流量信息包括使用电子邮件客户端收发邮件时通过网络传输的信息,以及使用即时聊天工具进行点对点交流时所传输的网络信息。网络流量信息捕获就是通过物理接入网络的方式在网络的传输信道上获取数据。如图 2-1 所示,在 Linux 环境下可以使用 nload 命令抓取显示流经网卡的网络流量信息。

不管是无线网络还是有线网络,只要能够接入网络,就可以通过技术手段获取网络中的数据。网络流量信息捕获的基本思想就是利用网络传输信道获取网络数据。第 4 章中将对网络流量信息的具体分析方法进行重点阐述。

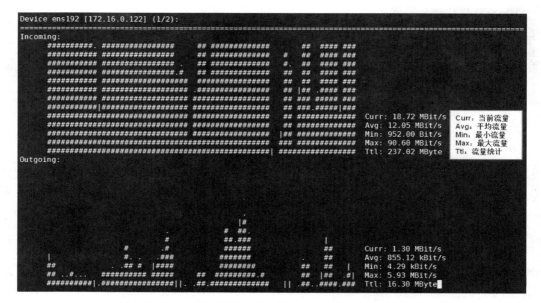

图 2-1　Linux/UNIX Shell 下使用 nload 监控网络流量信息

2.1.2　网络媒体信息

网络媒体信息是指传统意义上的互联网网站的公开发布信息。网络用户通常可以基于通用网络浏览器(例如 Microsoft 公司的 Internet Explorer、Netscape 公司的 Navigator、Mozilla 公司的 Mozilla Firefox)获得互联网公开发布的信息。本书将这类信息统称为网络媒体信息。宏观意义上的网络媒体信息涉及较广,可以通过网络媒体形态、发布信息类型、媒体发布方式、网页具体形态与信息交互协议等多种划分方法进一步细分与区别,主要包括以下几种。

1. 网络媒体形态

根据网络媒体具体形态的不同,网络媒体可以分为广播式媒体与交互式媒体两类。其中,传统的广播式媒体主要包含新闻网站、论坛、博客等形态;新兴的交互式媒体涵盖搜索引擎、多媒体(视/音频)点播、网上交友、网上招聘与电子商务(网络购物)等形态。并且,每种形态的网络媒体都以各自的方式向互联网用户推送其公开发布信息。

2. 发布信息类型

从公开发布信息的具体类型上看,网络媒体信息可以细分为文本信息、图像信息、音频信息与视频信息 4 种类型。其中,网络文本信息始终是网络媒体信息中占比最大的信息类型。

3. 媒体发布方式

按照网络媒体所选择的信息发布方式的不同,网络媒体信息还可以分成可直接匿名浏览的公开发布信息,以及需要实现身份认证才可以进一步阅读的网络媒体发布信息。

4. 网页具体形态

根据超链接网络地址(统一资源定位符,URL)的组成,一般可将网页分成静态网页和动态网页两类。静态网页指 URL 中不含"?"或输入参数的网页,而动态网页则为 URL 中含"?"或输入参数的网页。针对网页内容的具体构成形态,还可以对网络媒体信息中的静态网页与动态网页进行更加明确的区分。例如,网页主体内容以文本形式、网页内嵌链接信息以超链接网络地址格式存在于网页源文件中的网页属于静态网页,如图 2-2 所示。网页主体内容或网页内嵌链接信息完全封装于网页源文件中的脚本语言片段内的网页属于动态网页,如图 2-3 所示。

```
<html>
<head>
<title>文字滚动的设置</title>
</head>
<body>
<font size="5" color="#cc0000">
文字滚动示例(默认): <marquee>做人要厚道</marquee>
</font>
</body>
</html>
```

图 2-2　静态网页实例

图 2-3　动态网页实例

从网页内容的构成形态不难发现,动态网页与静态网页不同,它使用传统的基于 HTML 标记匹配的网页解析方法,提取网页主体内容和网页内嵌链接所对应的超链接地址。

5. 信息交互协议

按照所使用的信息交互协议的不同,网络媒体信息可以分为 HTTP(S)信息、FTP 信息、MMS 信息、RTSP 信息与已经不多见的 Gopher 信息等。其中,MMS 信息与 RTSP

信息属于视/音频点播协议,当互联网用户通过网络浏览器单击 MMS 或 RTSP 协议信息时,浏览器会通过操作系统调用该协议解析所对应的默认应用程序,实现互联网用户请求的视/音频片段播放。

2.2　网络媒体信息的获取

与面向特定点的网络流量信息的获取范围不同,网络媒体信息的获取范围在理论上可以是整个国际互联网。传统网络媒体信息的获取一般从预先设定的、包含一定数量 URL 的初始网络地址集合出发,依次获取初始集合中每个网络地址所对应的发布内容。本节将依次对网络媒体信息获取方法的分类、一般流程及特点进行介绍。

2.2.1　网络媒体信息获取方法分类

网络媒体信息获取可以按照多种不同方式进行划分。按照网络媒体信息获取涉及的网络范围划分,可以将网络媒体信息获取分为面向整个国际互联网的全网信息获取,以及面向某些具体网络区域的定点信息获取。按照信息获取行为在工作范围内所关注的对象划分,网络媒体信息获取还可以分为针对工作范围内所有发布信息的面向全部内容的信息获取,以及仅关注工作网络范围内某些热门话题的基于具体主题的信息获取。根据技术方法的不同,网络媒体信息获取方法又可分为批量型、增量型和垂直型 3 种方法。下面对网络媒体信息分类方法进行简单介绍。

1. 网络媒体信息获取按照网络范围分类

1) 全网信息获取

全网信息获取其工作范围涉及整个国际互联网内所有网络媒体发布信息,主要应用并服务于搜索引擎(Search Engine)(如 Google、Baidu 或 Yahoo 等)和大型内容服务提供商(Content Service Provider)的信息获取。随着网络新型媒体的不断出现和网络信息发布形式的更新换代,纯粹通过跟踪回溯网络链接已经很难达到遍历整个互联网的效果。因此,全网信息获取发起方在不断更新、扩展用于信息获取的初始 URL 集合的同时,还建议新接入互联网的网络媒体主动向信息获取方提交自身网站地图(SiteMap)。这有利于全网信息获取机制面向新网络媒体实现发布内容采集,从而保证其信息获取范围尽可能全面地覆盖整个国际互联网。

如前文所述,整个国际互联网的信息总量非常庞大,考虑到本地用于信息采集的存储空间有限,全网信息获取发起方实际上并没有把所有网络媒体信息都采集到本地。例如,搜索引擎或大型内容服务提供商在进行全网信息获取时,通常基于特定的计算方法(例如 Google 的 PageRank 算法)对每条网络信息进行评判,只是获取或长时间保存在信息评判系统中排名靠前的网络信息,例如链接引用率较高的网络媒体发布内容。另外,由于其工作对象遍布整个国际互联网,单次全网信息获取一般需要数周乃至数月的时间。因此在面对信息更新相对频繁的网络媒体(如论坛或博客)时,全网信息获取机制的内容失效率相对较高,其对于每个网络媒体发布内容获取的时效性无法实现统一保证。尽管如此,全网信息获取作为搜索引擎与内容服务提供商不可或缺的信息获取机制,依然在网络信息应用中发挥着极为关键的作用。

2)定点信息获取

由于全网信息获取不仅对于内容存储空间要求过高,而且无法保证网络媒体发布内容获取的时效性,因此当网络媒体信息获取只是重点关注某些特定的网络区域,并且向信息获取机制相对于媒体内容发布的网络时延提出较高要求时,定点信息获取的概念应运而生。

定点信息获取的工作范围限制在服务于信息获取的初始 URL 集合中每个 URL 所属的网络目录内,深入获取每个初始 URL 所属的网络目录及其下子目录中包含的网络发布内容,不再向初始 URL 所属网络目录的上级目录乃至整个互联网扩散信息获取行为,如果说全网信息获取关注的是信息获取操作的全面性,即信息获取在整个互联网中的覆盖情况,定点信息获取机制则更加重视在限定的网域范围内进行深入的网络媒体发布内容获取,同时有效保证获取信息的时效性。

定点信息获取通过周期性地遍历每个初始 URL 所属的网络目录,达到在初始 URL 设定的网域范围内深入获取网络发布内容的技术需求。与此同时,周期性遍历初始 URL 所属网络目录的时间间隔,是定点信息获取用于确保内容采集时效性的关键参数。合理设定周期轮询、查新获取初始 URL 所属网络目录的时间间隔,可以确保定点信息获取机制不至于错失目标网络媒体不断更新的发布内容,同时可防止不合理的信息获取机制过分增加目标网络媒体的工作负载。

3)基于主题的信息获取与元搜索

由于在整个国际互联网或限定的网域范围内,全面获取所有网络媒体发布内容可能造成本地存储信息泛滥,因此在所关注的网络范围内只面向某些特定话题进行基于主题的信息获取,是在面向全部内容的信息获取以外另一个行之有效的信息获取机制。顾名思义,基于主题的信息获取只把与预设主题相符的内容采集到本地,并在信息获取过程中增加了内容识别环节,可以只是简单的主题词汇匹配,也可以面向发布内容进行基于主题的模式识别,从而在关注的网络范围内有选择地获取网络媒体发布内容。相对于面向全部内容的信息获取,基于主题的信息获取机制正是通过有效减少需要采集的内容总量,进一步降低已采集内容的失效率,同时显著减少服务于信息采集的内容存储空间。

伴随搜索引擎应用的不断深入,在搜索引擎的协助下进行基于主题的信息获取技术——元搜索技术,得到了越来越多的应用。元搜索属于特殊的基于主题的信息获取,它将主题描述词传递给搜索引擎进行信息检索,并把搜索引擎针对主题描述词的信息检索结果作为基于主题信息获取的返回内容。

元搜索技术得以实现的关键原因是:每个搜索引擎在为输入词目构造信息检索 URL 时是有规律可循的。以中/英文信息检索词目为例,常用搜索引擎是把英文词目的原本内容,或中文词目所对应的汉字编码作为信息检索 URL 的参数输入。例如,Baidu是选择中文词目的 GB 编码作为信息检索 URL 参数。除输入参数不同以外,用于相同搜索引擎的信息检索 URL 的其余部分完全相同,如图 2-4 所示。

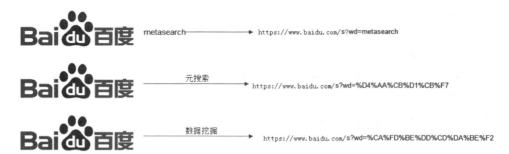

图 2-4　搜索引擎信息检索 URL 构造范例

元搜索技术正是通过在不同搜索引擎的网络交互过程中,根据每个搜索引擎的具体要求构造主题描述词信息检索 URL,向搜索引擎发起信息检索请求。元搜索技术利用搜索引擎进行基于主题的信息获取操作,它把搜索引擎关于主题描述词的信息检索结果作为信息获取对象,从而实现面向特定主题的网络发布内容获取。

2. 网络媒体信息获取按照技术方法分类

网络媒体信息获取方法在许多方面存在差异,根据技术方法的不同,大体可以将网络媒体信息获取方法系统分为如下 3 种类型。

1) 批量型方法

批量型方法有比较明确的抓取范围和目标,当网络抓取算法达到这个设定的目标后,即停止抓取过程。批量型方法的具体目标可能不同,可以设定抓取一定数量的网页,也可以设定抓取的时间。

2) 增量型方法

增量型方法与批量型方法不同,该方法会保持持续不断地抓取,对于抓取到的网页,要定期更新。由于互联网网页一直处于不断更新变化中,网页新增、网页删除或者内容更改都很常见,增量型方法需要及时反映这种变化,所以处于持续不断的抓取过程中,即不是抓取新网页,就是更新已有网页。通用的商业搜索引擎抓取算法一般都属于此类。

3) 垂直型方法

垂直型方法关注持续主题内容或者属于特定行业的网页,例如对于健康网站来说,只需要从互联网页面中找到与健康相关的页面内容即可,其他行业的内容不在考虑范围内。垂直型方法最大的特点和难点在于如何识别网页内容是否属于指定行业或主题。从节省系统资源的角度考虑,为避免造成资源浪费,一般不可能把所有互联网页面下载之后再进行筛选,因此需要抓取算法在抓取阶段就能够动态识别某个网址是否与主题相关,并尽量不抓取无关页面,以达到节省资源的目的。垂直搜索网站或者垂直行业网站一般应用该方法进行相关网络媒体信息获取。

2.2.2　网络媒体信息获取的一般流程

理想的网络媒体信息获取流程主要由初始 URL 集合(信息"种子"集合)、等待获取的 URL 队列、信息获取模块、信息解析模块、信息判重模块与互联网信息库共同组成,如图 2-5 所示。网络抓取算法的基本工作流程如下:

（1）首先选取一部分精心挑选的种子 URL，将这些 URL 放入待抓取 URL 集合；

（2）从待抓取种子 URL 集合中取出待抓取 URL，解析 DNS，得到主机的 IP，并下载 URL 对应的网页，存储到已下载网页库中；

（3）针对网页内容进行解析，分离出网络媒体信息 URL 与内容摘要两大元素；

（4）对网页内容进行信息判重，实现信息采集/存储的与否判断；

（5）分析已抓取 URL 集合中的 URL，并将未重复的 URL 放入待抓取 URL 集合，从而进入下一个循环。

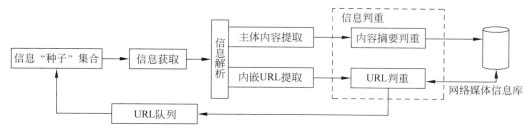

图 2-5　网络媒体信息获取的一般流程

流程中的主要模块解释如下。

1. 初始 URL 集合

初始 URL 集合概念最初由搜索引擎研究人员提出。商用搜索引擎为了使自身拥有的信息充分覆盖整个国际互联网，需要维护包含相当数量网络地址的初始 URL 集合。搜索引擎跟随初始 URL 集合发布页面上的网络链接进入第一级网页，并进一步跟随第一级网页内嵌链接进入第二级网页，最终形成周而复始地跟随网页内嵌地址的递归操作，从而完成所有网页发布信息的获取工作，因此，初始 URL 集合通常被形象地称为信息"种子"集合，如图 2-6 所示。

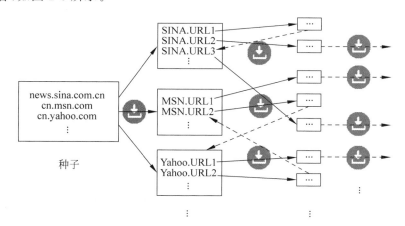

图 2-6　跟随网页内嵌链接逐级递归遍历互联网

从理论上讲，只要维护包含足够数量网络地址的初始 URL 集合，搜索引擎即可遍历整个国际互联网（通常还需要网站主动向搜索引擎提供网站地图 Sitemap）。源于搜索引擎应用研究的网络媒体信息获取环节，同样需要根据后续网络媒体信息分析环节所关注的互联网络范围,事先维护包含一定数量网络地址的初始 URL 集合,作为信息获取操作的起点。

2. 信息获取

信息获取模块先根据来自初始网络地址集合或 URL 队列中的每条网络地址信息,确定待获取内容所采用的信息发布协议。在完成待获取内容协议解析操作后,信息获取模块将基于特定通信协议所定义的网络交互机制,向信息发布网站请求所需内容,并接收来自网站的响应信息,将它们传递给后续的信息解析模块,基于 HTTP 协议发布的文本信息获取范例如图 2-7 所示,对于 HTTP 信息网络交互过程细节可查阅协议规范 *Hypertext Transfer Protocol-HTTP/1.1,RFC2616,June*1999。

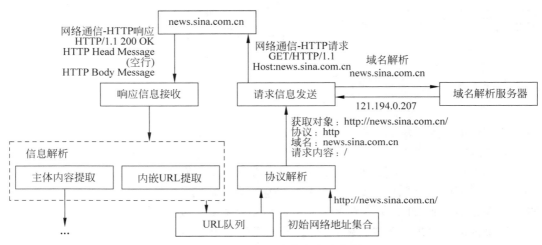

图 2-7　HTTP 文本信息获取范例

在理论原理层面上,立足于开放系统互连参考模型(OSI/RM)的传输层,可以通过重构各类通信协议(例如 HTTP 和 FTP 等)所定义的网络交互过程,实现基于不同通信协议的发布内容获取。随着互联网中文本、图像信息发布形态不断推陈出新(人机交互式信息发布形态的出现直接导致文本、图像信息请求网络通信过程愈加复杂),视/音频发布内容层出不穷(视/音频信息网络交互过程重构困难,部分视/音频网络通信协议交互细节并未公开),纯粹依赖于各类协议的网络通信交互过程重构,实现信息内容获取的操作复杂度和网络交互重构难度呈指数级增长。

因此,当前关于信息获取的研究正在逐步转向在应用层利用开源浏览器部分组件,甚至整个开源浏览器实现网络媒体信息内容的主动获取,其相关内容将在 2.2.4 节中做进一步讲解。

3. 信息解析

在信息获取模块获得网络媒体响应信息后,信息解析模块的核心工作是根据不同通信协议的具体定义,从网络响应信息相应位置提取发布信息的主体内容。为了便于开展信息采集与否判断,信息解析模块通常还将按照信息判重的要求,进一步维护与网络内容发布紧密相关的关键信息字段,例如信息来源、信息标题,以及在网络响应信息头部可能存在的信息失效时间(Expires)或信息最近修改时间（Last-Modified）等。信息解析模块会把提取到的内容直接交给信息判重模块,在通过必要的重复内容检查后,网络媒体发布信息的主体内容及其对应的关键字段将被存入互联网信息库。

为了实现跟随网页内嵌链接递归遍历所关注的网络范围这一技术需求,对于响应信息类型(Content-Type)是 text/ * 的 HTTP 文本信息,信息解析模块在完成响应信息主体内容及关键信息字段提取的同时,还需要进一步开展 HTTP 文本信息内嵌 URL 的提取操作。信息解析模块实现 HTTP 文本信息内嵌 URL 提取的理论依据,是 HTML 语言关于网络超文本链接(Hypertext Link)标记的系列定义。信息解析模块一般通过遍历HTTP 文本信息全文,查找网络超文本链接标记的方法,实现 HTTP 文本信息内嵌 URL的提取。当前信息解析模块还可以先面向 HTTP 文本信息构建文档对象模型(Document Object Module,DOM)树,并从 HTML DOM 树的相应节点获取 HTTP 文本内嵌 URL 信息。

4. 信息判重

在网络媒体信息获取环节,信息判重模块主要基于网络媒体信息 URL 与内容摘要两大元素,实现信息采集/存储的与否判断。其中,URL 判重通常是在信息采集操作启动前进行,而内容摘要判重则是在采集信息存储时发挥作用。

来自 HTTP 文本信息的内嵌 URL 信息,首先通过 URL 判重操作确定每个内嵌URL 是否已经实现信息获取。对于尚未实现发布内容采集的全新 URL,信息获取模块将会启动完整的信息采集流程。对于已经实现内容采集,同时注明信息失效时间及最近修改时间的 URL(URL 信息失效时间及最近修改时间已由信息解析棋块从网络响应信息中提取得到,并存于互联网信息库中),信息采集模块将会向对应的网络内容发布媒体发起信息查新获取操作。此时,信息采集模块只会对已经失效或者已被重新修改的网络内容重新启动完整的信息采集操作。信息采集模块通常被要求重新采集已经实现信息获取,但未注明信息失效时间及最近修改时间的 URL 所对应的发布内容。

在面向没有提供发布信息失效时间及最近修改时间的网络媒体(网络通信协议并未强制要求响应信息必须提供信息失效时间及最近修改时间)时,仅依靠 URL 判重机制,是无法避免同一内容被重复获取的。因此在获取信息存储前,需要进一步引入内容摘要判重机制。网络媒体信息获取环节可以基于 MD5 算法,逐一维护已采集信息的内容摘要,杜绝相同内容重复存储的现象。

2.2.3　网络媒体信息获取方法特点

优秀网络媒体信息获取方法的特性对于不同的应用来说,可能实现的方式各有差异,但是实用的网络媒体信息获取方法都应该具备以下特性。

（1）高性能。互联网的网页数量是海量的,所以网络媒体信息获取方法的性能至关重要。这里的性能主要是指抓取算法下载网页的抓取速度。常见的评价方式是以抓取算法每秒能够下载的网页数量作为性能指标。单位时间能够下载的网页数量越多,获取方法的性能越高;要提高获取方法的性能,在设计时程序访问磁盘的操作方法及具体实现时数据结构的选择很关键,考虑到 URL 数量非常大,不同实现方式性能表现迥异,高效的数据结构对抓取算法性能影响很大。

（2）可扩展性。即使单个获取方法的性能很高，要将所有网页都下载到本地，仍然需要相当长的时间周期，为了能够尽可能缩短抓取周期，抓取算法应该有很好的可扩展性，如能够通过扩展抓取服务器和抓取进程数量来达到此目的。目前实用的大型网络媒体信息获取方法一般都采用多台服务器分布式运行方式。每台服务器部署多个内容抓取程序，每个抓取算法多线程运行，通过多种方式增加并发性。对于巨型的搜索引擎服务商来说，可能还要在全球范围、不同地域分别部署数据中心，获取方法也被分配到不同的数据中心，这样对于提高获取系统的整体性能是很有帮助的。

（3）健壮性。网络媒体信息获取方法要访问各种类型的网站服务器，可能会遇到多种非正常情况，例如网页 HTML 编码不规范、被抓取服务器宕机，甚至遭遇抓取算法陷阱等。抓取算法对各种异常情况能否正确处理显得尤其重要，否则将导致不定期停止工作。一个健壮的网络媒体信息获取方法应当保证，当网络媒体信息获取程序在抓取过程中死掉，或者网络媒体信息获取程序所在的服务器宕机时，能够再次启动抓取算法，并可恢复之前抓取的内容和数据结构。这也是网络媒体信息获取方法健壮性的一种体现。

（4）友好性。网络媒体信息获取方法的友好性包含两方面含义：一是保护网站私密性；二是尽量减少被抓取网站的网络负载。抓取算法抓取的对象是各类型的网站，对于网站所有者来说，有些内容不希望被所有人搜寻并被爬取，所以需要设定协议来告知网络媒体信息获取方法哪些内容是不允许抓取的。目前有两种主流的方法可达到此目的，即抓取算法禁抓协议和网页禁抓标记。抓取算法禁抓协议指由网站所有者生成一个指定的文件 robot.txt，并放置在网站服务器的根目录下。该文件指明网站中哪些目录下的网页不允许网络媒体信息获取方法抓取。具有友好性的抓取算法在抓取该网站的网页前，首先要读取 robot.txt 文件，对于禁止抓取的网页不进行下载。网页禁抓标记一般在网页的 HTML 代码中加入 meta name＝"robots"标记，content 字段中指出允许或者不允许抓取算法的哪些行为。这可以进一步区分为两种情形：一种是告知抓取算法不要索引该网页内容，以 noindex 作为标记；另一种是告知抓取算法不要抓取网页所包含的链接，以 nofollow 作为标记。通过这种方式，可以达到对网页内容的一种隐私保护。从保护私密性的角度来说，遵循以上协议的网络媒体信息获取方法可以被认为是友好的；另外一种友好性则体现在，网络媒体信息获取方法对某网站爬取时所造成的网络负载较低。抓取算法一般会根据网页的链接连续获取某网站的网页，如果网络媒体信息获取方法访问目标网站频率过高，会给目标网站服务器造成很大的访问压力，有时甚至会影响网站的正常访问，造成类似 DoS 攻击的效果。为了减少网站的网络负载，友好性的网络媒体信息获取方法应该在抓取策略部署时考虑每个被抓取网站的负载，在尽可能不影响网络媒体信息获取方法性能的情况下，减少对单一站点短期内的高频访问。

2.2.4　网络媒体信息获取方法质量评价标准

从搜索引擎用户体验的角度考虑，评价网络媒体信息获取方法的工作效果最主要的三个标准是抓取网页的覆盖率、时新性及重要性。

（1）覆盖率。对于现有的搜索引擎来说，由于不存在某个搜索引擎能够将互联网上出现的所有网页都下载并建立索引。大部分搜索引擎只能索引互联网内容的一部分。而所谓的抓取覆盖率指的是信息内容爬取算法抓取网页的数量占互联网所有网页数量的比例,显然覆盖率越高,等价于网络信息内容召回率越高,其最终用户体验及对应分析效果越好。

(2)时新性。由于网络媒体信息抓取完一轮需要较长的时间周期,因此抓取到的网页中很有可能会有一部分是过期数据。通过索引网页和互联网网页的对比,抓取到的本地网页有可能已经发生变化,或被删除,或内容被更改。即抓取算法很难在网页内容变化后第一时间反馈到网页数据库中。一般来说,网页库中过期的数据越少,则网络信息内容的时效性越好,这对改善内容分析效果大有裨益。

(3)重要性。互联网尽管网页繁多,但是每个网页的差异性都很大,例如来自腾讯、网易新闻的网页和某个作弊网页相比,其重要性差别巨大。如果搜索引擎抓取到的网页大部分是重要网页,则可认为网络信息内容抓取的质量越高。

通过以上三个标准的说明,可以将网络信息内容抓取程序研发的目标简单描述如下:①在资源有限的情况下,既然抓取程序只能抓取互联网现存网页的一部分,那么就尽可能选择比较重要的那部分页面来索引;②对于已经抓取到的网页,尽可能快地更新内容,使得索引网页和互联网对应页面内容同步更新;③在此基础上,尽可能扩大抓取范围,抓取到更多以前无法发现的网页。大型商业搜索引擎为了满足这 3 个质量标准,大都开发了多套针对性很强的抓取算法系统。以 Google 为例,至少包含两套不同的抓取算法系统:一套被称为 Fresh Bot,主要考虑网页的时新性,对于内容更新频繁的网页,目前可以达到以秒计的更新周期;另外一套被称为 Deep Crawl Bot,主要针对更新不是那么频繁的网页抓取,以天为更新周期。

2.3 网络媒体信息获取的难点分析

在网络媒体信息获取功能实现过程中,无论是全网信息获取,还是下载缓存及并发处理上,都存在相当程度的技术实现难度。另外,元搜索作为特殊的基于主题的信息获取,其在信息获取结果排序方面仍然存在尚未完全解决的技术难点。

2.3.1 数据抓取策略

在网络信息内容数据抓取的过程中,待抓取的 URL 列表可能包含多个 URL 地址。如何决定抓取算法针对 URL 的爬取顺序是一个值得关注的问题。尤其在一些特殊应用场景中,例如聚焦网络抓取算法,其爬取的顺序及策略非常重要,直接决定了最终抓取网络信息内容质量。一般来说,数据抓取顺序一般由抓取策略决定。抓取算法常见的抓取策略主要有深度优先爬行策略、广度优先爬行策略、大站优先策略、反链策略及其他爬行策略等。按照不同抓取策略,其最终抓取结果质量将会有显著差别,如图 2-8 所示。

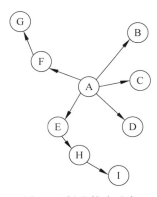

图 2-8 抓取策略示意

假设有一个网站,ABCDEFG 分别为站点下的网页,图 2-8 中箭头表示网页的层次结构。假如此时网页 ABCDEFG 都在爬行队列中。如果按照深度优先爬行策略爬取,此时会首先爬取一个网页,然后将这个网页的下层链接依次深入爬取完再返回上一层继续进行爬取,最终爬行顺序可以是 A→D→E→B→C→F→G。但如果遵循广度优先爬行策略,则首先会爬取同一层次的网页,在把同一层次的网页全部爬取完后,再选择下一个层次的网页爬取,最终爬行顺序可以是 A→B→C→D→E→F→G。除了以上两种爬行策略之外,如果采用大站爬行优先策略,例如首先针对网页所属的站点进行归类,如果某个网站的网页数量多,则将其称为大站。按照这种策略,网页数量越多,网站越大,其优先级也越高,抓取算法将优先爬取大站中的网页 URL 地址。也有按反链策略进行网络信息内容抓取,即哪个网页的反链数量越多,哪个网页将被优先爬取。当然,如果单纯按反链策略去决定一个网页的优先程度,那么可能会出现大量的作弊情况。例如,做一些垃圾站群,并将这些网站互相链接,每个站点都将获得较高的反链,从而达到作弊的目的。

互联网是实时变化的,具有很强的动态性,在决定使用何种数据抓取策略或方法时,还需要考虑根据网页实时状况进行实时分析更新,并决定网页抓取策略。网页更新策略主要是决定何时更新之前已经下载过的页面。常见的更新策略有以下三种。

(1)历史参考策略。顾名思义,根据页面以往的历史更新数据,预测该页面未来何时会发生变化。一般来说,可通过泊松过程进行建模预测。

(2)用户体验策略。尽管搜索引擎针对某个查询条件能够返回数量巨大的结果,但是用户往往只关注前几页结果。因此,抓取系统可以优先更新实际查询结果中的前几页网页,再更新后续页面。这种更新策略需要用到历史信息。用户体验策略保留网页的多个历史版本,并且根据过去每次内容变化对搜索质量的影响,得出一个平均值,利用这个值作为决定下次何时重新抓取的依据。

(3)聚类抽样策略。前面提到的两种更新策略存在前提是:需要质询网页的历史访问信息。这样会引出两个问题:第一,系统需要为每个系统保存多个版本的历史信息,无疑会显著增加系统负担;第二,如果新增加网页完全没有历史信息,则无法确定更新策略。这种策略隐藏的假设在于,网页具有很多属性,类似属性的网页,可认为其更新频率也类似。因此,要计算某一个类别网页的更新频率,须对这一类网页抽样,以其更新周期作为整个类别的更新周期。

本节给出了常见的几种数据抓取策略,但在网络媒体信息实际获取过程中,还需要根据互联网网络分布情况、实际内容需求等信息合理选择数据获取策略,来达到快速高效获取网络信息内容的目的。

2.3.2　网络信息内容下载缓存

网络信息内容抓取时一般是从一个或多个网址开始下载网页,并将这些网页中的 URL 提取出来,作为下次抓取任务列表。在此循环过程中,抓取算法必须要对新提取出来的 URL 进行去重处理,即过滤 URL 库中已有信息内容,只将从来没有出现过的 URL 放入任务队列,避免重复下载。由于待抓取内容一般都为大型网站,因此抓取算法的

URL 去重工作量巨大。以下载新浪新闻页面为例，普通新浪新闻页面大小约为 50～60KB，每个页面约有 90～100 个 URL。如果每秒下载 10 个页面，将会产生 900～1000 次 URL 去重操作。如果每次去重操作都要在几百万至几千万的 URL 库中去查询，将会严重降低数据库系统运行效率。理论上任何需要产生磁盘 I/O 动作的存储系统都难以满足这种海量查询需求。考虑到大型的网络信息内容抓取算法往往是上百台机器同时运行多个网页采集线程，这些短时海量查询新操作将对本地数据库性能造成灾难性影响。实际上，网站每天提供的内容一般不都为全新。在持续下载的过程中，新 URL 出现的概率非常小。以新浪网为例，一天 24 小时中出现的新 URL 一般约为 10 000 个。因此为解决网络信息爬取时的去重问题，一种可行的解决方法是将整个数据结构都存储在内存中。但是，按照平均一个 URL 40B 计算，5000 万个 URL 将需要 2GB 的内存空间，并且随着系统规模的扩展，如果算上系统和应用程序的内存开销，去重操作所需内存空间还将迅速增加。因此，如何解决网络信息内容爬取的性能问题是在大型网络内容抓取时必须面对的难点问题。

解决上述去重问题的最好办法就是采用缓存算法，类似于操作系统中的虚拟存储器管理。所谓虚拟存储器，是指具有请求调入和置换功能，能从逻辑上对内存容量加以扩充的一种存储器系统。虚拟存储器运作思想的关键在于允许一个作业只装入部分的页或段就可以启动运行，当作业运行时内存中找不到所需要的页或段，才会发生请求调入，而从外存中找到的页或段将会置换内存中暂时不运行的页面外存。在网络信息内容抓取过程中，缓存是内存的一部分，可以用来存储同等大小的原子数据项。假设一段缓存大小为 k，则它可以存储 k 项数据。在单位时间内，缓存只接受一个访问请求。如果被请求项目在缓存中，这种情况被称为一次命中，不需要对该数据项进行其他操作。相反的情况则被称为遗失或失败。如果缓存还有空间，则将遗失的该项原子数据添加到缓存中，否则，该算法必须根据一定策略选择某些页面内容将其从缓存中清除。缓存策略决定页面内容的替换，缓存算法的目标是尽量减少遗失的情况。为了节省空间并提高效率，网络抓取算法使用缓存算法之前可以把 URL 进行压缩，如为每个 URL 生成一个提取指纹，也就是每个 URL 的特征，每个 URL 指纹的大小为 8 字节。其中高位的 3 字节的校验和用于进行散列运算，实际上只需要存储低位的 5 字节进行排重比较。这样的话，即使算上数据结构上的指针和计数器的开销，存储 10 亿个 URL 也只需要略多于 5GB 的空间。网络抓取算法可以采用 Hash 表等数据结构来实现 URL 缓存。在 Hash 表中，URL 指纹通过计算 Hash 值后存储在其对应的线性表中，具有相同 Hash 值的指纹都采用链表存储在溢出区中。Hash 表的键并不存储在表中，表中的每个元素都包含一个指向链表的指针。需要指出的是，当大量的 URL 指纹产生相同的 Hash 值时，将导致缓存性能下降。如何为 Hash 表确定合适的容积率是一个需要深入考量的问题。

2.3.3　网络信息内容并发下载

如何快速有效地抓取与主题相关的网络信息是网络信息内容抓取过程中的关键课题。而提高抓取算法性能在于有效地识别、获取和及时更新网络上与主题相关的信息，这也是增强某一领域资源搜集能力，满足网络信息内容安全分析等需求的关键。主题抓取算法作为抓取算法的重要组成部分,其基本思路是在特定主题的指导下在互联网上最大限度地搜索、抓取与主题相关的网页,并尽量避免抓取与主题不相关的网页。

网络抓取算法最主要的效率瓶颈是:网络带宽利用率低、适应性差;功能模块设计不合理;各个功能模块协同工作效率低下等。目前绝大多数抓取算法系统都采用并发工作流的设计,以充分利用网络带宽。抓取一个页面可能有数秒的网络延迟,大量工作线程同步意味着排队等待时间增加,系统工作效率甚至会因线程数量的增加而下降,同时还会带来大量的系统开销来实现临界区操作。如何设计高效、快速、友好的网络抓取算法,尽可能地利用网络带宽,抓取多个页面,在保持抓取器较高的吞吐量的同时,又避免对目标服务器造成性能冲击,成为目前网络抓取算法研究的热点及难点。

一般来说,URL 队列是整个抓取算法中访问最频繁的部分,设计时应尽量避免同步问题。在现有大部分抓取算法中,一般都采用 URL 队列独享的方法,这将导致严重的同步等待消耗问题。假设现有线程工作队列 $P_1, P_2, \cdots, P_n$,各需要进行 m_i 个 URL 入队列操作,令 α 为其中试图访问临界区线程的比例,β 为入队列操作的平均重叠率,且每个线程进行入队列操作时间为 t。假定 CPU 线程调度均匀(此时线程入队列操作排队等待时间平均分摊到每个线程上),则得到同步等待时间:

$$T = \alpha \sum_{i=1}^{n} (\beta m_i t_i) \tag{2-1}$$

如果 m_i、t_i 分别表示 m、t 的平均值,并且假设有一半的访问临界区线程,其中有 20% 的操作重叠,也就是 $\alpha = 0.5, \beta = 0.2$。按上述条件可粗略地计算出线程 P_i 在 URL 入队列的过程中,由于同步浪费的等待时间为 $T = nmt/10$。由此可看出,当 URL 散列结构为共享时,大大减少了由于同步所浪费的等待时间。反之,如果 URL 散列结构作为线程独立的结构,需要大量额外的时间、空间来为每个线程进行同步 URL 散列操作,从而影响整个工作队列。

在网络信息获取的并发处理中,还可以采用如下策略来提升性能。

(1) 网络资源利用率的提升策略。基于 Socket(以下统称套接字)的网络抓取算法使用套接字,通过发送 HEAD、GET、POST 等 HTTP 方法,抓取算法能在 HTTP 协议上通过指定的端口与服务器进行数据信息交换。爬行过程中抓取算法需要两次使用网络资源:域名解析与页面采集,致使网络延时占据绝大部分抓取算法运行时间,形成抓取算法运行效率的瓶颈。有测试表明,对 100 个主机名通过查询 DNS 服务器得到 IP 地址,平均时间为 327ms。其中有少数域名的查询返回时间甚至超过数秒。同时,某些数据量大的网页的传输等待时间也会超过数秒。因此采用优化抓取调度算法可以有效提升网络资源利用率。

(2) DNS 解析缓存。引入并优化 DNS 缓存模块。URL 中重复的域名使用频繁,DNS 本地缓存能大量减少因重复的域名解析造成的网络占用及等待时间。为提高域名缓存模块的效率,可考虑设计一个以 Hash 表为表头、以线性指针序列为索引、以域名长度为跳跃单位的数据结构保存域名,暂命名为"域名跳检 Hash 表",能够高效地写入域名、检索域名、为域名排序以及按需求替换域名。

2.4　网络媒体信息获取的典型方法

在完成关于网络媒体信息获取技术的一般性原理描述后,本节继续介绍针对各类网络媒体的发布信息获取方法。按信息发布方式分类,网络媒体信息可分成直接匿名浏览信息与需身份认证网络媒体发布信息两类;按网页具体形态分类,网络媒体信息又可分成静态网页与动态网页两类。

本节首先介绍采用网络交互过程重构机制,实现需要身份认证的静态网页发布信息获取方法。在此基础上,本节进一步介绍基于开源浏览器脚本解析组件,实现内嵌脚本语言片段的动态网页发布信息获取方法。最后重点介绍基于浏览器模拟技术,实现形态各异、类型不同的网络媒体发布信息获取。

2.4.1　需身份认证静态媒体发布信息获取

随着网络社区概念及个性化信息概念的不断普及,当前多数网络媒体首先需要身份认证,才可进行正常的内容访问。对于正在进行网络浏览的用户而言,身份过程是相对简单的。互联网用户只需要根据网络内容发布者的提示,在身份认证网页上填写正确的用户名、密码信息,进行必要的图灵测试(正确输入以图像信息显示的身份认证验证码内容),并提交所有信息,就能成功完成身份认证。尽管如此,对于通过网络交互的重构实现信息获取的计算机而言,增加身份认证过程将直接导致用于信息获取的网络通信过程模拟变得更加复杂。在此重点探讨基于网络交互的重构机制,面向需要身份认证的对外发布的网页形态(都属于静态网页范畴的静态网络媒体),实现发布内容提取的具体方法。

在基于网络交互重构实现信息获取的过程中,如果网络媒体要求身份认证,信息获取环节就需要在原有的信息请求过程重构前,首先模拟基于 HTTP 协议的网络身份认证过程,这是由于面向网络媒体的身份认证通常基于 HTTP 协议。基于网络交互重构实现身份认证信息获取主要涉及用于表明身份认证成功的 Cookie 信息获得,以及携带相关Cookie 信息进一步向网络媒体请求发布内容两个独立环节。

1. 基于 Cookie 机制实现身份认证

Cookie 机制用于同一互联网客户端在不同时刻访问相同网络媒体时,客户端信息的恢复与继承。HTTP/1.1 针对 Cookie 机制定义了两类报头选项(Header Fields),分别是Set-Cookie 选项和 Cookie 选项。其中,Cookie 选项存在于互联网客户端发送的请求信息中,而 Set-Cookie 选项则出现在网络媒体响应信息的头部。

在互联网客户端向网络媒体发送信息请求,尤其是个性化(自定义)的信息请求时,网络媒体响应信息头部通常会包含 Set-Cookie 选项,返回记录在网络媒体端的互联网用户身份信息。在获得网络媒体响应信息后,互联网客户端在提取响应信息主体内容的同时,还会将响应信息中的 Set-Cookie 选项内容存入本地 Cookie 信息记录文件。当互联网客户端再次向相同的网络媒体发送信息请求时,请求信息就会包含 Cookie 选项,若 Cookie选项内容与先前的 Set-Cookie 选项内容一致,则互联网客户端在网络媒体端保留的身份信息就会得以继承,网络媒体会自动根据先前的用户自定义信息返回相应的响应内容,如图 2-9 所示。

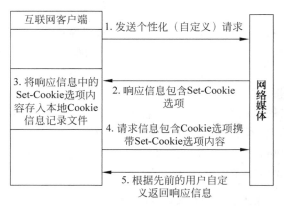

图 2-9 基于 Cookie 机制的 HTTP 信息交互过程

利用 Cookie 机制实现身份认证,就是在互联网客户端面向需身份认证网络媒体认证成功后,网络媒体向客户端返回记录在媒体端的用户信息,即用于表明身份认证成功的 Cookie 信息,只要客户端在随后的发布信息请求中携带表明认证成功的 Cookie 信息,网络媒体就会向客户端返回需要身份认证才可访问的网络发布内容。对于没有携带表明认证成功 Cookie 的客户端请求,网络媒体则返回身份认证失败信息,并要求用户进行身份认证,如图 2-10 所示。

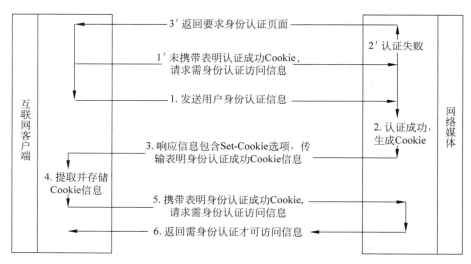

图 2-10 基于 Cookie 机制实现需身份认证才可访问信息请求

2. 基于网络交互重构实现信息获取

基于网络交互重构实现媒体信息获取是指立足于真实的网络通信过程,通过网络编程顺序模拟网络媒体信息请求过程的各个环节,最终实现网络媒体发布信息获取。在面对需身份认证才可浏览的静态媒体进行发布信息获取时,网络身份认证过程与静态媒体所含网页及其内嵌 URL 发布信息请求过程,都需要进行正确的网络交互过程模拟,才能达到获取静态媒体发布信息的最终目标。

在基于网络交互重构实现媒体信息获取过程中,媒体信息获取环节是通过响应信息返回码判断信息获取请求是否成功的。一般而言,HTTP/1. X 20X(例如 HTTP/1. 1 200OK)标志着信息请求成功,HTTP/1. X 40X 标志着信息请求失败,而 HTTP/1. X 401 则标志着在信息请求过程中身份认证失败,此时网络媒体信息获取环节需要智能地进行身份认证过程模拟,如图 2-11 所示。

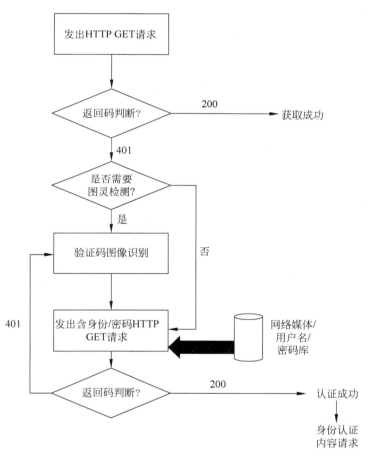

图 2-11　网络媒体信息获取身份认证模拟

当针对首次信息请求的响应返回码是 401 时,媒体信息获取环节首先判断内容发布媒体身份认证过程是否需要图灵检测。所谓图灵检测,是指目前在网络媒体身份认证过程中普遍使用的高噪声数字/字母图像,在互联网客户端填写用户名/密码信息时,必须同时辨识数字/字母信息,并与用户名/密码信息一同提交,才可以通过身份认证。用于网络媒体信息获取的用户名/密码信息,可以事先在目标媒体上手动申请得到,并针对不同网络媒体维护用户名/密码库。

需要特别说明的是,在基于网络交互重构实现静态媒体发布信息获取过程中,网络编程模拟信息请求过程,理论上可以通过充分了解相关通信协议的具体交互过程予以实现。但是考虑到每个网络媒体身份认证过程不尽相同,并且针对不同网络媒体发布信息的请求数据包内容组成各异,完全基于理论进行通信协议数据交互过程模拟在网络交互数据包重组与分析环节存在诸多难点。

这时可以在常见的局域网侦听工具协助下,手动完成身份认证请求与静态网页信息浏览全过程,并从侦听工具中获得身份认证请求数据包、网络媒体响应数据包,以及静态网页信息请求数据包的具体构成,如图 2-12 所示。

图 2-12　基于局域网侦听工具了解网络交互数据包组成

在此基础上编程模拟网络交互过程时,可以直接按照信息请求数据包的实际组成,构造身份认证及网页信息请求数据包(携带表明认证成功的 Cookie),并在面向身份认证请求的响应数据包相应位置提取表明身份认证成功的 Cookie 信息,例如 Set-Cookie 选项内容。在完全掌握真实网络通信过程的前提下进行网络交互重构,能够有效降低网络通信数据包的重组与分析以及编程重构网络交互过程的工作复杂度。

通过网络交互重构获取到静态网络媒体起始网页发布信息后,可以采用传统的基于HTML 标记匹配的网页解析方法,提取网页主体内容及其内嵌 URL 信息。例如,可以从＜W＞与＜/body＞标记对中提取静态网页主体内容,从＜a href＝…＞与＜/a＞标记对中提取网页内嵌 URL 信息。关于网页解析方法可能涉及其他 HTML 标记,读者可以自行查阅文献——$HTML 4.01\ Specification$,$W3C\ Recommendation$,$December 1999$。之后,网络媒体信息获取环节将继续为每个内嵌 URL 构建并发送信息请求包(内含表明身份认证成功的 Cookie),以获取其发布内容,最终在所关注的互联网范围内,针对需要身份认证的静态网络媒体事先发布信息提取工作。

2.4.2　内嵌脚本语言片段的动态网页信息获取

动态网页主体内容及其内嵌 URL 信息完全封装于网页源文件中的脚本语言片段

内,如图 2-13 所示。当通过网络交互重构获得动态网页发布信息时,无法直接使用基于 HTML 标记匹配方法提取网页主体内容及其内嵌 URL 信息。在这种情况下,可以先把动态网页中包含的所有脚本语言片段传递给 Mozilla 浏览器的脚本解释组件——SpiderMonkey,或独立脚本解释引擎——Rhino,实现动态脚本解析并获得脚本片段所对应的静态网页内容,进而按照静态网页信息获取方法完成动态网页及其内嵌 URL 发布内容的获取工作。

图 2-13　动态网页主体内容封装于源文件脚本语言片段中

鉴于当前 JavaScript 广泛应用于动态网页的编写,本节主要讲解如何基于脚本解释引擎 Rhino,面向包含 JavaScript 的动态网页实现发布信息获取。不过在这以前,首先介绍利用文档对象模型 DOM 树提取动态网页所含脚本语言片段的具体方法。该方法同样适用于提取静态网页主体内容以及网页内嵌 URL 信息。

1. 利用 HTML DOM 树提取动态网页内的脚本语言片段

文档对象模型 DOM 是以层次结构组织的节点或信息片段集合,它提供跨平台并且可应用于不同编程语言的标准程序接口。DOM 把文档转换成树形结构,使文档中的每个部分都成为 DOM 树的节点。HTML DOM 是专门应用于 HTML/XHTML 的文档对象模型,主要包含 Window、Document、Location、Screen、Navigator 与 History 等 HTML DOM 对象。HTML 网页与 HTML DOM 树间的对应关系如图 2-14 所示。

HTML 网页对应的 HTML DOM 树存储于浏览器内存对象中,该对象实现了包含若干方法的标准程序接口。网页开发人员可以通过相应接口,对 HTML DOM 树上的每个节点进行遍历、查询、修改或删除等操作,从而动态访问和实时更新 HTML 网页的内容、结构与样式。

动态 HTML 网页的脚本语言片段通常书写于< Script >与</Script >标记对中,而特定的 JavaScript 脚本语言片段可以使用"JavaScript:"在片段开始处进行标记。因此可以在 HTML DOM 树中,通过遍历标记脚本片段的 Script 节点或 JavaScript 节点,获得动

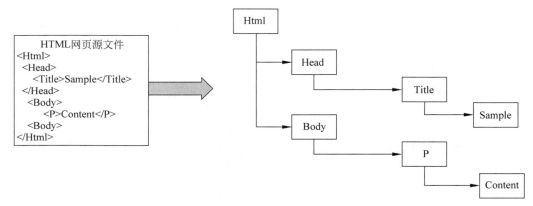

图 2-14　HTML 网页对应的 HTML DOM 树

态 HTML 网页内包含的所有脚本语言片段。同理,可以通过查询 Body 节点,获得静态网页主体内容。另外,由于静态网页内嵌网络超链接地址通常位于< ahref >和</a >标记对中,可以通过遍历 A 节点,获得静态网页内嵌 URL 信息。

2. 基于 Rhino 实现 JavaScript 动态网页信息获取

正如上文所述,遍历 HTML DOM 树可以得到 JavaScript 动态网页所包含的脚本片段。为了实现 JavaScript 网页发布信息的获取,需要把提取到的 JavaScript 片段输入独立解释引擎 Rhino 实现动态脚本解析,获得脚本片段所对应的静态网页形式,并最终完成 JavaScript 动态网页发布信息获取工作,如图 2-15 所示。

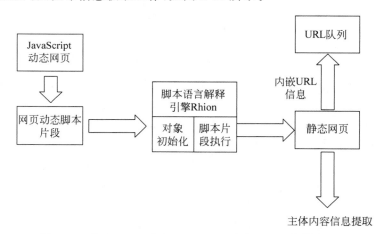

图 2-15　基于 Rhino 实现 JavaScript 动态网页发布信息获取

在 Rhino 进行 JavaScript 网页动态脚本解析过程中,需要首先完成脚本片段包含的所有对象初始化操作,然后按照动态网页加载过程顺序执行 JavaScript 脚本片段。

1) 对象初始化

作为脚本解释引擎,Rhino 虽然可以直接识别 JavaScript 语言内置对象与动态网页脚本片段自定义对象,并自动调用可识别对象定义的方法,但是它无法识别与调用某些特殊对象定义的方法。在脚本解释引擎对象初始化阶段,Rhino 无法识别的特殊对象主要是指上文提到的 Window、Document、Location、Screen、Navigator 与 History 等 HTML DOM 对象。

因此,在启动 Rhino 顺序执行 JavaScript 片段前,首先需要自定义脚本片段所含 HTML DOM 对象方法的具体功能,完成 HTML DOM 对象的本地创建工作,如图 2-16 所示。随着 Ajax 机制在 Web 2.0 应用中的不断普及,多数动态网页还选择 Ajax 技术调用静态文本信息。对于包含 Ajax 机制的动态网页,在对象初始化阶段,还需要附加对 Ajax 机制中 XmlHttpRequest 对象方法的自定义。

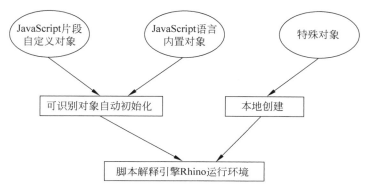

图 2-16　脚本解释引擎 Rhino 对象初始化

在对象初始化阶段进行 Rhino 无法识别的特殊对象本地创建,就是在 Rhino 运行环境中定义特殊对象方法函数的具体功能。例如,HTML DOM 对象 Window 方法函数 Open 的参数是动态页面内嵌 URL 信息,默认功能是新建浏览器窗口显示该 URL 发布内容。在 Window 对象 Open 方法的本地创建过程中,可在 Rhino 运行环境中自定义该方法的功能,把对应 URL 信息置入信息获取环节的 URL 队列,等待进行信息获取操作。相应地,HTML DOM 对象 Document 方法函数 Write 的参数是静态网页信息,默认功能是在当前浏览器窗口中显示静态网页发布内容。可在 Document 对象 Write 方法功能自定义时说明该方法,用于把静态网页信息写入位于信息采集端的特定文件中。

在 Rhino 进行 JavaScript 片段解析过程中,如果遇到无法直接识别的特殊对象,它会在运行环境中寻找该对象方法函数的具体定义,即调用特殊对象在本地创建时声明的方法功能。

2) Rhino 执行 JavaScript 脚本片段

在按照动态网页加载过程顺序执行 JavaScript 脚本片段过程中,脚本解释引擎 Rhino 逻辑上可以分为前端环节和后端环节两部分。前端环节顺序进行词法及语法分析,其中语法分析产生语法树,前端环节正是基于语法树生成中间代码。前端环节产生的中间代码就是后端环节需要解释执行的目标代码,后端环节对于中间代码解释执行的最终输出是 JavaScript 脚本片段对应的静态网页信息。脚本片段变量信息统一存储于记录表模块的符号表中,常量信息及对象属性名信息存储于记录表模块的常量表中,记录表模块贯穿脚本片段解释的全过程,如图 2-17 所示。

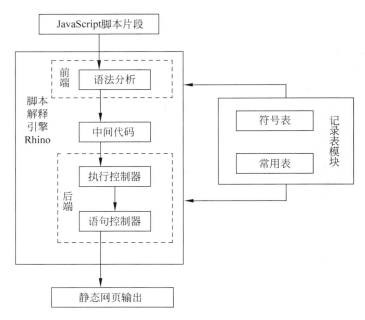

图 2-17   JavaScript 脚本片段在 Rhino 中的执行过程

Rhino 按照加载过程顺序执行 JavaScript 动态网页脚本片段后的输出,是脚本片段所对应的静态网页形式。在此基础上,可以利用传统的 HTML 标记匹配方法,也可以通过遍历静态网页的 HTML DOM 树,获得静态网页主体内容,提取网页内嵌 URL 信息并置入待获取 URL 队列,从而最终完成 JavaScript 动态网页发布信息的获取工作。

2.4.3　基于浏览器模拟实现网络媒体信息获取

之前介绍的网络媒体信息获取方法的技术实质,可以统一归属于采用网络交互重构机制实现网络媒体信息获取。一方面,在面向需要身份认证的静态网页实现发布信息获取过程中,网络媒体信息获取环节通过网络交互重构完整实现身份认证过程与信息请求/响应过程;另一方面,为了实现动态网页发布信息的获取,在通过网络交互重构取得动态网页发布内容后,首先需要基于独立解释引擎实现动态脚本片段解析,获得动态网页所对应的静态网页形态,进而继续采用网络交互重构机制实现静态网页主体内容与内嵌 URL 发布信息的获取。

网络交互重构机制是网络媒体信息获取的一般性方法,从理论上讲,只要掌握网络通信协议的信息交互过程,就可以通过网络交互重构实现对应协议发布信息获取。但是,随着网络应用的逐步深入、网络媒体发布形态的不断推陈出新,不同网络媒体信息交互过程存在着极大差别。同时,新型网络通信协议正在不断得到应用,而部分网络通信协议,尤其是视/音频信息的网络交互过程并未对外公开发布。

因此,在通过网络交互重构实现网络媒体信息获取过程中,需要对不同网络媒体逐一进行网络信息交互重构,其信息获取技术实现的工作量异常庞大。与此同时,对于网络交互过程尚处于保密阶段的部分网络通信协议而言,无法直接通过网络交互重构实现对应协议发布信息获取。

正是由于通过网络交互重构机制实现媒体信息获取存在相当程度的技术局限性,因此在 Web 网站自动化功能/性能测试的启发下,浏览器模拟技术在网络媒体信息获取环节得到越来越广泛的应用。基于浏览器模拟实现网络媒体发布信息获取的技术,实现过程是利用典型的 JSSh 客户端向内嵌 JSSh 服务器的网络浏览器发送 JavaScript 指令,指示网络浏览器开展网页表单自动填写、网页按钮/链接单击、网络身份认证交互、网页发布信息浏览,以及视/音频信息点播等系列操作。

在此基础上,JSSh 客户端进一步要求网络浏览器导出网页文本内容、存储网页图像信息,或在用于信息获取的计算机上对正在播放的视/音频信息进行屏幕录像,最终面向各种类型的网络内容、各种形态的网络媒体实现发布信息获取,如图 2-18 所示。

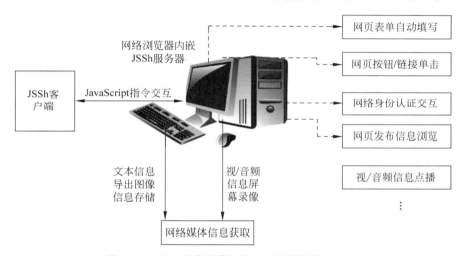

图 2-18　基于浏览器模拟实现网络媒体信息获取

1. 内嵌 JSSh 服务器的 Firefox 浏览器

MozillaFirefox 属于典型的内嵌 JSSh 服务器的开源浏览器,它将 JSSh 服务器作为自身的附加组件。外部应用程序 JSSh 客户端可与 Firefox、浏览器内嵌的 JSSh 服务器(默认侦听9997端口)建立通信连接,并向其发送 JavaScript 指令,指示 Firefox 操作当前网页的文档对象,如图 2-19 所示。内嵌 JSSh 服务器的 Firefox 顺序执行来自 JSSh 客户端的 JavaScript 指令,其整体过程与 Firefox 解析动态网页内的 JavaScript 脚本片段类似。

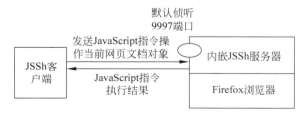

图 2-19　JSSh 服务器与客户端间的 JavaScript 指令交互

2. 典型 JSSh 客户端——Firewatir

作为典型的 JSSh 客户端,FireWatir 广泛应用于 Web 网站功能和性能自动化测试。Firewatir 是基于脚本语言 Ruby 编写的,可通过发送 JavaScript 指令指示内嵌 JSSh 服务器的网络浏览器(例如 Mozilla Firefox)进行网页表单填写、按钮/链接单击、网页内容浏览等系列操作。另外,FireWatir 通过 JavaScript 指令还可以方便地操纵浏览器加载网页的 DOM 对象,从而导出网页主体内容,实现网络媒体信息的获取。

1) 基于浏览器模拟实现身份认证与网站信息采集

当前 Web 网站主要通过填写并提交 HTTP 网页上的认证表单,实现网络客户端身份认证。因此,网络媒体信息获取环节可以通过 JSSh 客户端向内嵌 JSSh 服务器的 Firefox 浏览器发送 JavaScript 指令,指示浏览器自动填写网页上的身份认证表单,并单击相应按钮提交身份认证请求。身份认证协商过程即身份认证网络交互过程,是由浏览器自行处理的,整个过程如同正在浏览网络的用户与 Web 网站进行身份认证网络交互。

在身份认证成功后,JSSh 客户端继续向内嵌 JSSh 服务器发送 JavaScript 指令,指示浏览器加载身份认证网站发布信息。浏览器自行完成用于发布信息请求的网络交互,并告知 JSSh 客户端网站发布页面加载完成。在此基础上,JSSh 客户端指示浏览器导出当前加载网页主体内容,并对网页内嵌 URL 逐一进行单击浏览与内容导出,最终完成对于身份认证网站发布信息的获取工作。

(1) 身份认证表单自动填写。在实现 HTTP 认证网页身份认证表单的自动填写前,首先需要识别身份认证表单元素,即身份认证表单所涉及的 HTTP 对象——用于用户名、密码信息输入的文本框对象类型与对象名称。在此基础上,可以使用已在目标媒体上申请得到的用户名、密码信息,根据脚本语言 Ruby 的语法格式,构建并向 JSSh 服务器发送用于身份认证表单自动填写的 JavaScript 指令,指示内嵌 JSSh 服务器的网络浏览器,从而完成身份认证表单的自动填写。

在基于浏览器模拟实现身份认证表单自动填写的技术实现过程中,只需根据不同网络媒体认证表单元素的区别,构建用于认证表单自动填写的 JavaScript 指令即可。在指示网络浏览器完成认证表单自动填写后,身份认证网络交互过程全部由浏览器自行完成。这与通过网络交互重构实现身份认证与网站发布信息获取期间,需要针对不同网络媒体重构及不同网络交互过程相比,功能实现的复杂度显著降低,技术方案的普适性明显提高。

(2) 身份认证协商与发布信息获取。在 JSSh 客户端完成身份认证表单自动填写与提交后,网络浏览器转向与 Web 网站进行身份认证协商,这期间不再需要 JSSh 客户端继续参与。在浏览器成功完成网络身份认证后,JSSh 客户端继续指示 JSSh 服务器加载身份认证与网站发布信息,并进一步通过 JavaScript 指令操作所加载网页的文档对象,提取网页主体内容与网页内嵌 URL 信息。内嵌 JSSh 服务器的浏览器在 JSSh 客户端的指示下,逐一浏览并导出当前网页内嵌 URL 所对应的网页主体内容,最终完成身份认证网站发布信息获取工作,如图 2-20 所示。

2) 基于浏览器模拟实现动态网页信息获取

采用浏览器模拟技术进行动态网页发布信息获取,首先需要由 JSSh 客户端通过

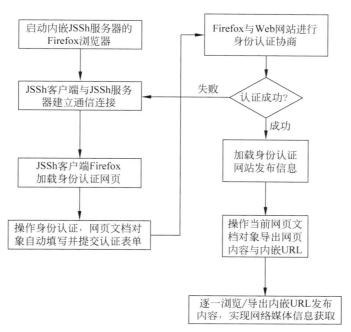

图 2-20　基于浏览器模拟实现身份认证协商与发布信息获取

JavaScript 指令指示内嵌 JSSh 服务器的网络浏览器加载动态网页发布信息。在获得网络媒体关于动态网页的响应信息后,浏览器自动完成对于动态网页内各类脚本片段的解析工作,从而获得动态网页所对应的静态网页形态。该阶段不再只是针对具体的脚本语言(例如 JavaScrjpt)进行动态脚本片段解析。凡是能在通用浏览器中正常浏览的动态网页,其包含的任何脚本片段都可以基于浏览器模拟技术实现动态脚本解析。

　　在此基础上,浏览器进一步通过自身包含的网页排版引擎 Gecko 生成静态网页的 HTML DOM 树。然后 JSSh 客户端可以通过 JavaScript 指令操作静态网页的 HTML DOM 树,逐一导出静态网页及其内嵌 URL 所对应的发布内容,最终完成动态网页发布信息的获取工作,如图 2-21 所示。

　　在通过 Rhino 实现 JavaScript 动态网页发布信息的获取时,首先需要基于网络交互重构获取动态网页发布内容,并进一步遍历动态网页 HTML DOM 树,提取网页所含 JavaScript 脚本片段。在对 JavaScript 脚本片段中的 HTML DOM 对象实现本地创建后,Rhino 按照动态网页加载过程顺序执行 JavaScript 脚本片段,然后输出动态网页所对应的静态网页形态,最终实现动态脚本解析。

　　与其对应,在基于浏览器模拟实现动态网页信息获取过程中,动态网页发布内容获取与动态网页脚本片段解析工作全由浏览器自行完成。JSSh 客户端只是通过 JavaScript 指令指示网络浏览器加载动态网页,并在 JSSh 服务器告知与所请求的动态网页对应的静态网页形态加载成功后,继续通过 JavaScript 指令操作当前网页 HTML DOM 树获取动态网页发布信息。整体过程与 JSSh 客户端指示浏览器加载静态网页并无实质区别。

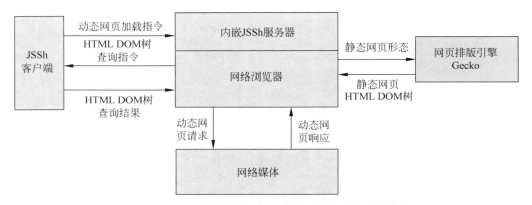

图 2-21　基于浏览器模拟实现动态网页发布信息的获取

3) 利用浏览器模拟进行网络媒体信息获取的技术优势

一方面,与通过网络交互重构实现网络媒体信息获取不同,在基于浏览器模拟进行网络媒体信息获取过程中,与身份认证、信息请求相关的网络交互过程,与脚本解析、HTML DOM 树生成相关的网页处理过程,全都是在 JSSh 客户端的指示下由内嵌 JSSh 服务器的网络浏览器自行完成。网络媒体信息获取环节不再需要针对不同网络媒体重复实现网络交互重构机制,从而有效降低了网络媒体信息获取工作的复杂度,显著提高了网络媒体信息获取机制的普适性。

另一方面,在面对网络交互过程极为复杂,甚至网络交互方式并未对外公开的视/音频信息时,可以基于浏览器模拟机制实现视/音频内容自动点播,并对正在播放的视/音频流进行屏幕录像,最终完成视/音频信息的统一获取。在这种情况下,所有能够通过网络浏览器得到的各种形态、各个类型的互联网信息,都可以采用浏览器模拟技术实现网络媒体发布信息的获取,这也是本书将这类互联网公开传播信息统称为网络媒体信息的根本原因。

2.5　网络流量信息的获取

随着计算机网络的快速发展,越来越多的信息通过计算机网络进行传输,为了有效地对计算机网络进行管理,对计算机网络的性能进行分析,快速解决计算机网络的故障,发现潜在的安全威胁,需要高效的网络管理和网络分析工具。作为网络管理和网络分析的基础和核心技术,网络流量信息捕获技术得到了充分的研究和发展。

2.5.1　网络流量信息获取的一般流程

网络流量信息捕获就是通过物理接入网络的方式在网络的传输信道上获取数据。不管是无线网络还是有线网络,只要能够接入网络,就可以通过技术手段获取网络中的数据。网络流量信息捕获的基本思想就是利用网络传输信道获取网络数据。以太网中利用载波监听多路访问/冲突检测方法(Carrier Sense Multiple Access/Collision Detection, CSMA/CD)和共享媒体的方式,保证了总线上挂接的所有节点都有机会接收到任一个节点发送的信息,而以太网默认的多向地址访问的工作原理又使每个节点只能接收目的地址指向它的数据信息。通过设置以太网网络适配器,改变其工作模式,可以实现数据捕获。

广播式局域网是共享通信介质的,而且采用广播机制使得在这种环境下监听非常方便。仅仅需要将某一台主机的网络适配器设置成混杂模式,就可以实现对整个网段的监听。以太网采用广播机制,在物理线路上传输的数据包能到达链接在集线器的每一台主机。当数字信号到达一台主机的网络接口时,正常状态下网络接口对读入数据帧进行检查,如果数据帧中携带的物理地址是自己的或者物理地址是广播地址,那么就会将数据帧交给上层服务软件。如果通过程序将网络适配器的工作模式设置为“混杂模式”,那么网络适配器将接收所有流经它的数据帧。

在局域网中采用交换机,不但可以提升网络性能,还能解决一些集线器有关的安全问题,其中包括防止数据被捕获。交换机不是采用端口广播的方式,而是通过 ARP 缓存来决定数据包传输到哪个端口上。因此,在交换网络上,即便设置网络适配器为混杂模式,也不能进行数据捕获。

在交换环境下有两种方式可以实现数据的捕获。一种方式是通过端口镜像来捕获整个局域网的数据。所谓端口镜像,就是可以将一个或多个端口的传输数据按要求复制到指定监控端口分析和保存。一般的交换机都具有端口镜像的功能。另外一种方式是攻击交换机以得到所有的数据包,主要方法有 MAC Flooding 攻击和 ARP 包欺骗。

(1) MAC Flooding 攻击。交换机维护着一个动态的 MAC 缓存,实际上是交换机端口和 MAC 地址的对应表。这个表初始是空的,后续记录是从来往数据帧中学习得来的。交换机通过这个地址映射表才知道把进来的数据帧转发到哪个端口,而用于维护这个表的内存是有限的。某些交换机,当受到大量含有错误的 MAC 地址的数据帧攻击时就会溢出,退回到 HUB 的广播式工作方式,这样就可以达到数据捕获的目的。

(2) ARP 包欺骗。在发送以太网数据包时要根据目的 IP 地址查询 ARP 缓存表,取得目的 MAC 地址,如果本地查询不到就要向网络中广播目的 ARP 请求包,通过 ARP Replay 刷新本机的 IP-MAC 对应表。因此攻击者向目标机发送正常的 ARP Reply 包,但将网关的 IP 地址映射为自身的 MAC 地址,就可以获得全部的网络数据包。

基于 IEEE 802.11b 的 WLAN 采用的是带冲突避免的载波侦听多路访问协议(CSMA/CA)来访问介质,与有线局域网中的 CSMA/CD 一样,使用的也是广播机制,而且无线网络适配器也有混杂模式。处于混杂模式的无线网络适配器除了可以接收数据包外,同时还可以发送数据包,但是和有线局域网不同的是,设为混杂模式的无线网络适配器捕获的只是 IEEE 802.11b 中的以太帧,而忽略了 IEEE 802.11b 的帧头,这对于后续的分析是很不利的。大多数无线网络适配器除了正常的工作模式和混杂模式以外,还有一种射频监听工作模式,工作在这种模式下的无线网络适配器只能接收数据而不能发送数据。当无线网络适配器工作在射频监听模式时,就能捕获到其所在的基本服务集(Basic Service Set,BSS)中的所有数据包。所以,在进行无线网络环境下的数据捕获时,要把无线网络适配器设置为射频监听模式。需要指出的是,由于芯片类型和驱动程序的不同,不同的无线网络适配器进行数据捕获的方法不一定相同。

2.5.2 网络流量信息获取的分类

使用特定客户端进行网络通信时所传输的互联网信息属于网络流量信息,这类信息包含使用客户端软件(例如 Microsoft Outlook、FoxMail 等)收发电子邮件,基于即时通信软件进行网上聊天,采用金融机构发布的客户端进行网上财经交易等。与网络媒体以广播方式向互联网客户端传播信息不同,多数网络通信客户端以对等的、点对点的方式进行互联网通信交互。因此在面向网络流量信息进行互联网交互内容获取时,无法直接借鉴之前提到的网络媒体信息获取方法进行网络流量信息获取。

当前网络流量信息获取过程主要涉及网络流量信息镜像、网络交互数据重组、通信协议数据恢复、网络流量信息存储等技术环节。网络流量信息获取主要通过局域网总线数据侦听、城域网(例如数字社区、拥有互联网接入的公寓区等)三层交换机通信端口数据导出的方式,实现包含网络流量信息在内的互联网交互数据镜像。

在此基础上,网络流量信息获取机制选择在 OSI/RM 网络层针对具体的互联网客户端,实现特定协议的网络通信数据包重组。对于明文传输且公开发布协议交互过程的网络通信协议,信息获取机制通过协议数据恢复获得通信交互内容,并将其存入网络流量信息库,实现网络流量信息获取,如图 2-22 所示。不过,在网络流量信息通过密文传输的情况下,或者部分网络通信协议尚未公开协议交互过程时,网络信息获取环节无法通过协议数据恢复获得网络流量信息。

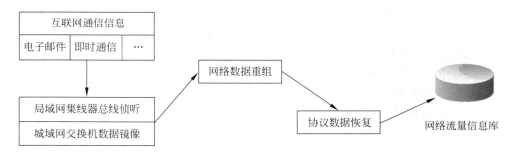

图 2-22 网络流量信息获取流程

需要特别说明的是,在使用特定客户端进行网络通信交互时,所传输的网络信息并不算是互联网公开传播信息。因此在没有得到网络通信当事人或网络监管部门授权的情况下,本书并不建议面向属于个人隐私范畴的网络流量信息进行内容镜像与信息获取尝试。

2.5.3 网络流量信息获取的难点分析

网络信息自动采集现阶段存在的主要难点是互联网网络信息虽然资源丰富,但分散、缺乏有效的一体化管理。开放的互联网是全球性分布的结构网络,它庞大的信息资源存储在世界各地的服务器与主机中,因此决定了其信息资源比较分散的特征。我国信息传输速率较低的现象十分严重,虽然近年来我国各大网络服务平台、各级运营商的网络信号通路宽度实现了大幅度改善,然而这样的提升速度却远远赶不上我国互联网网络高速发展的需求。而且我国各大互联网网络机构之间并没有实现及时有效的联通,这也给国内网络用户带来了很大的不便。当前国内各大互联网公司的网络通信费用虽然呈现逐步下降的态势,但和发达国家相比始终还是偏高。再者,与全球互联网网络快速发展现状形成鲜明对比的是,目前还是没有找到一种有效的方法对网络资源进行管理。目前很多检索软件单单是把手工编排好的资料主题目录跟计算机检索软件中所提供的关键词查询进行简单结合,发挥两者的集成优势,但是由于互联网网络的包容信息范围和数量是无限扩大的,所以始终没有办法建立统一的信息管理和组织机制,在现有的任何智能检索工具中都没有办法实现对网络信息综合全面的检索。虽然目前的信息采集技术已经相对成熟化,网络上已经有很多种技术方案可以帮助用户解决在网络信息自动采集方面的需求。但是现在仍然有 4 个很突出的问题摆在面前,阻碍网络信息自动采集技术的持续发展:一是数据爆发式增长所造成的狂潮困扰着用户,从中提取有用信息仍然是一大难题;二是开放性、动态性的互联网信息,用户如果要快捷地获取信息,仍然存在一定难度;三是由于网络上缺乏有效监管,人人都可以发布信息,很多情况下难以保证信息的真实可靠;四是安全性难以保证,道高一尺魔高一丈,黑客们容易发布错误的信息以混淆视听。

2.5.4　Linux 和 Windows 环境下的流量信息获取

在了解以太网不同环境下进行数据捕获的原理后,就能够通过系统提供的网络流量信息捕获引擎开发出特定的网络流量信息捕获软件。网络流量信息捕获引擎的处理流程在不同的操作系统中较为类似,只是局部细节方面有些不同。由于数据捕获的处理要经过网络适配器、内核过滤器和应用程序的流程,因此都涉及内核态和用户态的处理。

在数据捕获中,用户可能只需要某些类型的数据包,那么针对数据包类型进行过滤设置就可以很大程度提高处理能力和效率,因此数据的过滤处理就十分重要。数据的过滤规则一般根据用户设定的规则,在内核态生成过滤指令,由于数据的过滤一般发生在网络适配器捕获数据之后,用户获得数据之前,因此数据包过滤器和处理就成为数据捕获技术的关键所在。数据包过滤器和捕获器紧密关联,构成网络流量信息捕获引擎,其中比较突出的有 BPF(Berkeley Packet Filter)和 NPF(Network Packet Filter)。

1. UNIX 和 Linux 系统

BPF 采用 Linux 内核下加载模块的方式,实现数据包信息的俘获。它可只捕获用户需要分析统计的数据包。在 Linux 2.4 和 Linux 2.6 版本中,提供了 netfilter 框架,可通过注册钩子函数实现数据包的捕获。BPF 框架如图 2-23 所示,系统由三部分组成:Network Tap、BPF 和 Libpcap,分别工作在网络物理层、内核态和用户态。其中 Network Tap 负责获取网络中的所有数据包;BPF 则利用过滤条件匹配所有由 Network Tap 获取的数据包,若匹配成功,则将其从网络适配器驱动的缓冲区中复制到核心缓冲区;Libpcap 负责处理用户应用程序和 BPF 的接口。

BPF 过滤器的过滤功能是通过虚拟机(Pseudo Machine)执行过滤程序来实现的。过滤程序(Filter Program)实际上是一组用户定义的过滤规则,以决定是否接收数据包和需要接收多少数据。BPF 的过滤过程如下:当数据包到达网络接口时,链路以驱动程序将其提交到系统协议栈;如果 BPF 正在此接口监听,则驱动程序将首先调用 BPF,BPF

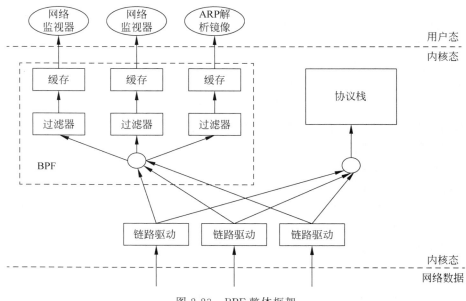

图 2-23　BPF 整体框架

将数据包发送给过滤器,过滤器对数据包进行过滤,并将数据提交给过滤器关联的上层应用程序;然后链路层驱动将重新取得控制权,将数据包提交给上层的系统协议栈处理。BPF 是内嵌于操作系统中的,它给用户提供了 Libpcap 开发动态链接库,Libpcap 隐藏了用户程序和操作系统内核交互的细节。主要完成如下工作:

(1) 向用户程序提供了一套功能强大的抽象接口;

(2) 根据用户要求生成过滤指令;

(3) 管理用户缓冲区(User buffer);

(4) 负责用户程序和内核的交互。

2. Windows 系统

NPF 作为外在 Windows 环境下的演化版,继承了 BPF 的过滤器、两级缓冲(核心和用户)以及用户级的一些函数库,NPF 的整体结构如图 2-24 所示。

NPF 主要用于 Windows 系统平台,但 Windows 系统没有像 UNIX 系统一样将捕获过滤机制内置于操作系统,所以需要安装 NPF 系统包。WinPcap 就是这样的驱动安装包,该安装包在系统中安装了三个文件:高级系统无关库(Wpcap. dll)、低级动态链接库(Packet. dll)和内核级的数据包监听设备驱动程序(Npf. sys/Npf. vxd)。

WinPcap(Windows Packet Capture)是 Windows 平台下一个免费的网络访问系统,用于为 Win32 应用程序提供访问网络底层的能力。WinPcap 目前最新的稳定版本是4.1.3,可以在以下地址下载:http://www. winpcap. org/install/default. htm。WinPcap 的安装过程比较简单,按照提示一步一步安装即可。

WinPcap 提供了两个用于包捕获和过滤的动态链接库:Packet. dll 和 Wpcap. dll。Packet. dll 在 Win32 平台上提供了与 NPF 的一个通用接口,基于 Packet. dll 的应用程序可以在没有重新编译的情况下用于不同的 Win32 平台。Packet. dll 还有几个附加功能,

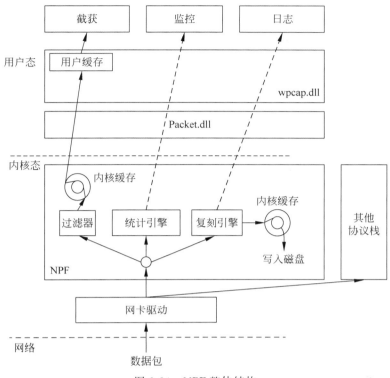

图 2-24　NPF 整体结构

它可用来取得适配器名称、动态驱动器加载和获得主机掩码及以太网冲突次数等。Wpcap.dll 是通过调用 Packet.dll 提供的函数生成的,它包括过滤器生成等一系列可以被用户级调用的高级函数,另外还有诸如数据包统计及发送功能。Wpcap.dll 的设计目标是提供一套可移植并且系统无关的捕获 API 集合,因此它不可能将驱动所提供的全部功能都输出。所以在有些情况下,需要使用 Packet.dll 提供的特殊函数来满足对系统开发的更高要求。

使用 Wpcap.dll 接口的监听程序流程如图 2-25 所示,其中用户对数据包的检查或者处理程序可以通过 CallBack 调用。

下面将分别介绍该流程中各个阶段中用到的关键 pcap 库函数。

(1)选择监听网络接口。可以调用 pcap_lookupdev 函数寻找本机网络接口,pcap_lookupdev 函数原型如下:

char * pcap_lookupdev (char * errbuf)

函数返回网络接口的指针,也可以调用 pcap_freealldevs 来完成网络设备的选择功能。

(2)建立监听会话。实现该功能一般调用 pcap_open_live 函数,其原型如下:

pcap_t * pcap_open_live (char * device, int snaplen, int promisc, int to_ms, char * ebuf)

该函数中一个重要的参数就是 promisc,如图 2-25 所示,它用于将网卡设置为混杂模式。该函数调用成功则返回监听会话句柄。

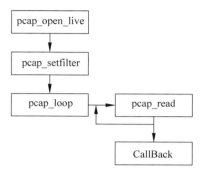

图 2-25   Wpacap.dll 接口的监听程序流程

(3)编辑过滤器。在有了活动的监听会话句柄后,可以开始设置过滤器,通常使用 pcap_complie 函数将字符串形式的过滤语句编译成二进制形式存储在 bpf_program 结构中,其函数原型如下:

```
int pcap_compile ( pcap_t * p,struct bpf_progrram * fp,char * str,int optimize,bpf_u_int32
netmask ).
```

其中参数 str 即为过滤语句的字符串指针,fp 用于存放编译后的 BPF 结构体。

(4)设置过滤器。在编译了过滤器后必须调用 pcap_setfilter 函数设置内核过滤器方能使之生效,其原型如下:

```
int pcap_setfilter ( pcap_t * p,struct bpf_program * fp ).
```

(5)捕获数据包。捕获数据包一般调用 pcap_loop 函数或者 pcap_dispatch 函数, pcap_loop 函数原型如下:

```
int pcap_loop ( pcap_t * p,int cnt,pcap_handler callback,u_char * user ).
```

callback 回调函数在捕获一个包后自动调用,在该函数中可以对数据进行下一步的处理。

网络数据包捕获与分析系统中,抓包模块的主要流程就是调用 WinPcap 提供的函数库实现网卡混杂模式的设置,并且从链路层直接截获数据存储到硬盘,并实时显示所捕获数据包中各种协议类型数据包的数量和比例,具体介绍如下。

首先,抓包模块对网卡设置对话框进行初始化。通过调用 pcap_findalldevs()函数来获取本机上的以太网卡列表,初始化时默认选中第一块网卡。当用户改变所选的网卡时,设备描述信息相应更新。为了不影响捕获的速度,在捕获数据时,不进行数据协议的实时分析和显示,所以采用在捕获的数据存储到硬盘上的临时文件中,在捕获结束时再进行离线的分析。因此在选择网卡的同时需要设置临时文件的路径,默认的存储路径为 C 盘 TEMP 文件夹,以.pcap 为文件后缀。

其次,抓包开始时,创建并运行抓包工作线程 PcapThread(),同时打开统计对话框,对获取的数据包进行分类统计。抓包工作线程 PcapThread()首先要调用 pcap_open_live()函数来打开要捕获的网络适配器,设置网卡为混杂模式,并返回监听会话句柄。如需要进行在线过滤,则通过调用过滤设置函数来进行。在调用回调函数开始抓包之前,调用WinPcap 提供的 pcap_dump_open()函数来打开一个文件,用来暂时存放捕获的数据,最后调用 pcap_loop(adhandle,0,packet_handler,(unsigned char *)dumpfile)函数,以回调的方式开始循环抓包,其中参数 packet_handle 为回调函数。在回调函数中主要完成两个工作:一是调用 WinPcap 提供的函数 pcap_dump(),将捕获的数据存储到临时文件中;二是简单分析数据的协议类型,向统计窗口提供数据。

最后,抓包结束,调用列表视图显示模块,显示捕获数据包的摘要信息。

系统的运行界面如图 2-26 所示。

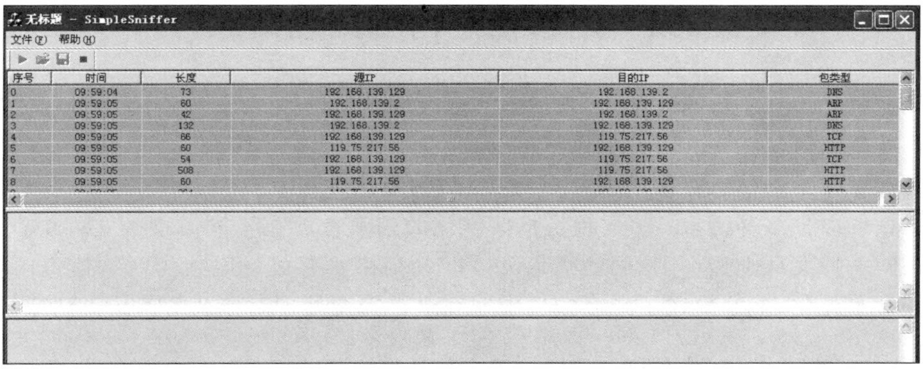

图 2-26　抓包程序运行界面

2.6　本 章 小 结

随着网络通信应用的不断普及,互联网已经成为信息发布的第一大平台。本章将互联网信息分为网络媒体信息和网络流量信息两大类型,并针对这些类型信息的获取原理进行一般性介绍,包括信息获取的一般技术、流程及难点分析。网络信息内容获取是网络信息内容安全研究的基础,为后续研究提供了原始素材。通过本章学习,可以掌握网络信息内容获取的多种方法和手段。

习　　题

1. 简述互联网信息分类。
2. 简要描述网络媒体信息获取的一般流程。
3. 描述基于浏览器模拟技术进行网络媒体信息获取的过程。
4. 网络媒体信息获取时的难点主要包括哪些?
5. 简要说明网络流量信息获取方案。
6. 数据包捕获技术的核心是什么?

网络信息内容处理技术

3.1 网络信息内容处理概述

计算机和 Internet 的普及,带来了现代社会的信息爆炸,每天都会有海量的信息需要处理。互联网信息的存在方式和形式可以归纳为四个"多":多媒体、多语言、多文种、多格式。多媒体是指信息存在的媒体多种多样,包括文本、声音、视频等;多语言是指自然语言信息可以是多种语言;多文种是指数字化的信息存放在不同类型的文件中;多格式是指在同一种文件类型中,相同的信息可以以多种格式存放。原始的网络信息内容格式一般较为多样化,本章简述了网络信息内容在进行安全处理时涉及的通用方法或技术。

3.1.1 网络信息内容处理一般流程

一般来说,在网络信息内容处理中,被研究的业务对象——信息内容,也可被认为是数据,是整个过程的基础,它驱动了整个网络信息内容处理过程,也是检验最后结果和指引分析人员完成网络信息内容处理的依据和顾问。信息内容可以分为文本信息内容和数据信息内容,其处理流程非常类似,一般遵循图 3-1 所示步骤,整个过程中还会存在步骤间的反馈。网络信息内容处理过程并不是自动的,绝大多数工作需要人工完成。整个网络信息内容处理过程和一般的数据挖掘过程非常类似,60%的时间用在数据准备上。这说明了网络信息内容处理对数据的严格要求,而后续安全分析工作仅占总工作量的 20%~30%。

图 3-1   网络信息内容处理一般流程

网络信息内容处理过程主要包含 6 个步骤,各步骤的大体内容如下:

(1)定义问题。首先明确定义将要解决的问题。信息内容安全分析者要熟悉所研究行业的数据和业务问题,缺乏这些,就不能够充分发挥数据挖掘的价值,很难得到正确的结果。模型建立取决于问题的定义,有时相似的问题所定义要求的模型几乎完全不同。清晰地定义业务问题,认清信息内容并分析目的,是数据挖掘的重要一步。挖掘的最后结果是不可预测的,但定义的安全问题应是有预见的。为了信息内容处理而处理带有盲目性,是不会成功的。

（2）数据预处理。网络信息内容处理过程可以看作是一个"矿石精炼过程"，输入的是原始数据，输出的是"钻石"。数据预处理正是这个过程的核心。数据预处理阶段又可分为 3 个子步骤，即数据集成、数据选择、数据清洗。其中数据集成可将多文件或多数据库运行环境中的数据进行合并处理，解决语义模糊性问题、处理数据中的遗漏和清洗脏数据等。数据选择的目的是辨别出需要分析的数据集合，缩小处理范围，提高数据挖掘的质量，因此需要搜索所有与业务对象有关的内部和外部数据信息，并从中选择出适用于数据挖掘应用的数据。而数据清洗则是为了克服目前数据挖掘工具的局限性，提高数据质量，同时将数据转换成一个适用于特定安全分析算法的分析模型。建立一个真正适合挖掘算法的分析模型是数据挖掘成功的关键。

（3）确定分析主题。网络信息内容处理和数据挖掘一样，是经常需要进行回溯的过程。因此，没有必要在数据完全准备好之后才开始进行分析处理。因为随着时间的推移，分析处理所使用的数据、分组方式和数据清洗的效果等都将改变，并有可能改进整个模型。因此，在建立模型之前，需要了解研究主题的局限性，确定待研究的合适数据元素并决定如何进行数据操作等。

（4）读入数据并建立模型。一旦确定要输入的数据之后，接着就是要用数据挖掘工具读入数据，并从中构造出安全分析模型。根据所选用的数据挖掘工具的不同，所构造出的数据模型也会有很大的差别。

（5）安全分析操作。依照上述准备工作，利用选好的数据挖掘工具在数据中查找。这个搜索过程可以由系统自动执行，自底向上搜索原始事实以发现它们之间的某种联系，也可以加入用户交互过程，由分析人员主动发问，从上到下地找寻以验证假设的正确性。网络信息内容处理过程需要反复多次，通过评价数据挖掘结果不断调整网络信息内容处理的精度，以达到发现知识的目的。

（6）结果表达和解释。根据最终用户的决策目标对提取出的信息进行分析，把最有价值的信息区分出来，并通过决策支持工具提交给决策者。

一个网络信息内容处理工作的生命周期一般都包含上述 6 个阶段。这 6 个阶段顺序并非固定，可根据实际特定任务的产出进行前后调整。

3.1.2　文本信息内容预处理技术

在众多的网络信息内容中，文本信息占了很大的比重。文本信息是指用文本或带有格式标志信息的文本来存放的信息，如纯文本文件、HTML 文件及各种字处理器产生的文件等，其中又有自由文本（Free Text）和自然语言文本（Natural Language Text）之分。自由文本是指任何以文本形式存在的信息，包括程序源代码、数据等；自然语言文本则是指以文本形式存在的、主要是自然语言书写的信息。自然语言文本还可以由多种语言书写。以下约定，如果不做特别的说明，本书所提及的文本是指中文的自然语言文本。

对文本信息的处理包括文本信息的分类、检索和浓缩等。目前在这几个方面的研究都取得了很大的进展，产生了许多可喜的成果。如上海交大纳讯公司由王永成教授主持开发的中英文自动摘要系统，在信息浓缩和抽取等方面的研究处于世界领先的地位，摘要的质量可以达到与手工摘要无明显差别甚至稍高的程度。但是，这些成果的研究大都是建立在比较理想条件下的。所谓理想条件,是指所处理的文本信息的形式比较单一(大多是纯文本信息),格式比较规范,文本中的一些特征信息比较清晰、容易识别等。而现实中的各种文本信息,形式多样化,格式不都很规范,而且一些重要的特征信息比较模糊,这些可以称为文本信息的噪声和变形。噪声和变形的存在使处理文本信息非常困难,达不到预想的质量。在将实验室的研究成果产品化并推向市场时,就会面临这样一个问题:如何去除和减弱文本信息噪声和变形的影响。

这也是许多文本信息处理软件所遇到的一个共同的问题。为了便于交流使用,许多国家和地区都制定了不少信息发布的标准,但这些标准不可能包括信息发布的所有形式,而且即使是标准本身,因为各国所使用的媒体、语言、代码、控制符以及格式等都不一定相同,在信息交流中也会出现困难。为了方便对文本信息进一步加工处理,全世界掀起了研究与开发"预处理器"的热潮,并提出了很多网络信息内容预处理框架。

一般来说,网络信息内容预处理流程包括中文分词、停用词过滤、数据标准化等几个步骤,如图 3-2 所示。下面将对这些步骤依次进行介绍。

图 3-2　文本信息内容预处理流程

1. 中文分词

中文是以字为基本书写单位,单个字往往不足以表达一个意思,通常认为词是表达语义的最小元素。在汉语中,一句话的意思通过一段连续的字符串来表达,字符串之间并没有明显的标志将其分开,计算机如何正确识别词语是非常重要的步骤。例如,一条英文文本消息"I love this movie.",其汉语意思为"我喜欢这部电影。"在计算机处理过程中,可以依靠空格识别出 movie 是一个词,但不能识别"电"和"影"是一个词,只有将"电影"切分在一起才能表达正确意思。因此,须对中文字符串进行合理的切分,可认为是中文分词。下面分别介绍分词技术特点与常见的中文分词系统。

1) 分词技术特点

中文信息处理首要解决的就是对文本内容进行分词。如何实现准确、快速的分词处理,是自然语言处理领域研究中的一个难点。当前主要的分词处理方法分为基于字符串匹配的分词方法、基于统计的分词方法和基于理解的分词方法。这三类分词技术代表了当前的发展方向,有着各自的优缺点。

基于字符串匹配的分词方法优点是:分词过程是跟词典做比较,不需要大量的语料库、规则库,其算法简单、复杂性小,对算法进行一定的预处理后分词速度较快。缺点是:不能消除歧义、不能识别未登录词,对词典的依赖性比较大,若词典足够大,其效果会更加明显。

基于统计的分词方法优点是：由于是基于统计规律的,因此对未登录词的识别表现出一定的优越性,不需要预设词典。缺点是：需要一个足够大的语料库来统计训练,其正确性很大程度上依赖于训练语料库的质量好坏,算法较为复杂、计算量大、周期长,但是都较为常见,处理速度一般。

基于理解的分词方法优点是：由于能理解字符串含义,因此对未登录词具有很强的识别能力,因此能很好地解决歧义问题,不需要词典及大量语料库训练。缺点是：需要一个准确、完备的规则库,依赖性较强,效果好坏往往取决于规则库的完整性。算法比较复杂,实现技术难度较大,处理速度比较慢。

2）常用的中文分词系统

中文分词技术是对汉语文本进行处理的基础要求,一直是自然语言处理领域的研究热点,目前已取得了很多成果,出现了一大批实用、可靠的中文分词系统。其代表有：基于 Lucene 为应用主体开发的 IKAnalyzer 中文分词系统、庖丁中文分词系统,纯 C 语言开发的简易中文分词系统 SCWS,中国科学院计算技术研究所推出的汉语词法分析系统 ICTCLAS,哈尔滨工业大学信息检索研究室研制的 IRLAS,另外国内的北大语言研究所、清华大学、北京师范大学等机构也推出了相应的分词系统。

林林总总的分词系统各有其特点,例如 IKAnalyzer 实现了以词典分词为基础的正反向全切分算法,更多的用于互联网的搜索和企业知识库检索领域；庖丁中文分词系统致力于成为互联网首选的中文分词开源组件,它追求分词的高效率和用户的良好体验；而简易中文分词系统 SCWS 目前仅用于 UNIX 族的操作系统；哈工大 IRLAS 主要采用 Bigram 语言模型,大大提高了对未登录词识别的性能。目前来看,表现最为抢眼的无疑是中国科学院研制的 ICTCLAS,该分词系统综合性能十分突出,在国内外权威机构组织的多次公开评测中都取得了优异成绩,已得到国内外大多数中文信息处理用户的支持。

2. 停用词过滤

停用词也被称为功能词,与其他词相比通常是没有实际含义的。在中文信息处理中,停用词一般是指在文本内容中出现频率极高或者极低的介词、代词、虚词,以及一些与情感无关的字符。这些字符在中文信息研究中没有实际意义。若计算机对其处理,不但是没有价值的工作,还会增加运算复杂度,通常在文本的停用词处理中可采用基于词频的方法将其除去。

停用词过滤一般都是基于对自然语言的观察,过滤一些几乎在所有样本中出现,但是对分类没有贡献的特征项。例如,当以词作为特征项时,英语中的冠词、介词、连词和代词等。这些词的作用在于连接其他表示实际内容的词,以组成结构完整的语句。

停用词表可以手工建立,也可以通过统计自动生成。英语领域有手工建立的与领域无关以及面向具体领域的停用词表,一般停用词表中含有数十到数百个停用词,汉语的停用词表较英语的可用资源少一些。对于特征项抽取时采用亚词级别的 n 元模型情况,应当先进行停用词过滤,然后再对文本内容进行 n 元模型构建；对于多词级别采用相邻词构成特征项的情况,也可先进行停用词去除。

除手工建立停用词表外,还可以采用统计方法,统计某一个特征项 t 在训练样本中出现的频率($n(t)$ 或 $tf(t)$),当达到限定阈值后则认为该特征项在所有类别或大多数文本中频繁出现,对分类没有贡献能力,因此作为停用词而被去除。

针对具体应用还可以建立相关领域的停用词表,或者用于调整领域的无关停用词表。例如,汉字中的"的"字,通常可以作为停用词,但在某些领域,有可能"的"字是某个专有名词的一部分,这时就需要将其从停用词表中去除,或调整停用策略。

3. 数据标准化

网络信息内容中一部分内容有可能包含一些结构化数据。针对这些结构化数据的处理过程和前面文本内容的处理又有很大的不同,其中一个最关键的步骤是初始数据集的准备和转换。这个步骤与网络信息内容处理应用高度相关,但在大多数网络信息内容处理应用中,所给定的原始数据需要进行一定的转换操作,才能产生对所选的安全分析方法更有用的特征。转换操作如下:使用不同的方式计算,采用不同的样本大小,选择重要的比率,针对时间相关数据改变数据窗口的大小、移动平均数的变化等。

3.1.3　网络信息内容中数据信息的预处理

一般来说,网络信息内容中数据预处理阶段主要有两个中心任务,即数据标准化和数据平整化,下面分别进行介绍。

1. 数据标准化

一些安全分析方法,例如基于 n 维空间的点间距离计算的方法,可能需要对数据进行标准化,以获得最佳结果。测量值可按比例对应到一个特定的范围,如$[-1,1]$或$[0,1]$。如果这些值没有标准化,距离测量值将会超出数值较大的特征。数据的标准化有许多方法,这里列举 3 个简单有效的标准化技术。

1) 小数缩放

小数缩放也称小数定标规范化,是指通过移动属性值的小数位数,将属性值映射到$[-1,1]$之间,移动的小数位数取决于属性值绝对值的最大值。但仍然保留大多数原始数值。常见的缩放是使值在$-1\sim1$内。小数缩放可以表示为

$$v'(i)=v(i)/10^k \tag{3-1}$$

式中,$v(i)$是特征 v 对于样本 i 的值,$v'(i)$是缩放后的值,k 是保证$|v'(i)|$的最大值小于 1 的最小比例。

小数缩放方法在具体处理时首先在数据集中找出$|v'(i)|$的最大值,然后移动小数点,直到得出一个绝对值小于 1 的缩放新值。这个因子可用于所有其他的$v(i)$。例如,数据集中的最大值为 455,最小值是-834,那么特征的最大绝对值就是 0.834,所有的$v(i)$都用同一个因子$1000(k=3)$。

2) 最小-最大标准化

假设特征 v 的数据范围为$150\sim250$,则前述的标准化方法将使所有标准化后的数据取值在$0.15\sim0.25$,整个取值范围堆积在一个极为狭窄的子区间中,不利于后续的特征提取操作。要使特征值在整个的标准化区间如$[0,1]$上获得较好的分布,可以用最小-最大标准化公式:

$$v'(i)=\frac{v(i)-\min[v(i)]}{\max[v(i)]-\min[v(i)]} \tag{3-2}$$

其中特征 v 的最小值和最大值是通过一个集合自动计算的,或者是通过特定领域的专家估算得到。这种转换也可应用于标准化区间 $[-1,1]$。最小值和最大值的自动计算需要对整个数据集进行另一次搜索,但是计算过程较为简单。

3）标准差标准化

按标准差进行的标准化对距离测量值非常有效,但是把初始数据转化成了未被认可的形式。对于特征 v,平均值 $\mathrm{mean}(v)$ 和标准差 $\mathrm{sd}(v)$ 是针对整个数据集进行计算的。那么对于样本 v,可用下述等式来转换特征的值:

$$v(i) = \frac{v(i) - \mathrm{mean}(v)}{\mathrm{sd}(v)} \tag{3-3}$$

如果一个属性值的初始集合是 $v = \{1,2,3\}$,$\mathrm{mean}(v) = 2$,$\mathrm{sd}(v) = 1$,利用式(3-3)进行计算,则标准化值的新集合为 $v^* = \{-1,0,1\}$。

需要指出的是,数据标准化处理对几种数据挖掘方法来说很有用,如利用距离进行聚类等分析方法。但标准化并不是一次性或一个阶段的事件,除对信息内容处理当前阶段所需的数据进行转换和转变以外,还必须对后续阶段可能出现的新数据进行同样的数据标准化。因此,数据预处理时必须把标准化的参数和方法一起保存。

2. 数据平整化

在大型数据集中,通常有一些样本不符合数据模型的一般规则。这些样本和数据集中的其他数据有很大的不同,称为异常点。异常点可能是测量误差造成的,也可能是由于数据固有的可变性。例如,如果一个人的年龄在数据库中显示为 -1,这个值显然不正确,这个错误可能是计算机程序中字段"未记录年龄"的默认设置造成的。另一方面,如果在数据库中,一个人的子女数为 25,这个数据是不同寻常的,需要检查其合理性,确认其是否为排版错误,还是真实情况。

在数据预处理过程中希望尽量将异常点对最终模型的影响减到最小或去除。异常点检测方法可以检测出数据中的异常观察值,并在适当时去除它们。出现异常点的原因有机械故障、系统行为的改变、欺诈行为、人为错误、仪器错误或样本总体的自然偏差。异常检测可以识别出系统故障和错误,以免它们逐渐累积,最终造成灾难性的结果。异常点检测也可被称为野点检测、反常检测、噪声检测、偏差检测等。异常点的存在可能导致机器学习方法失效,原因在于异常点可能会在数据模型中引入非正态分布或复杂性,从而很难(甚至不可能)以可行的计算方式找到准确的数据模型。因此,异常点的有效检测可以显著降低因异常数据做出错误决策的风险,并有助于识别、防止、去除由于恶意或错误行为带来的负面影响。

网络信息内容中数据平整化处理一般采用机器学习的方法。该方法是建立在数据集合中"正常"观测值要远远多于异常点的假设基础上,主要包含两个主要步骤:找出"正常"行为的规律和使用"正常"规律来检测异常点。例如在检测银行交易中的信用卡欺诈行为时,异常点检测揭示出其中的欺诈行为。但在大多数数据挖掘应用中,尤其是应用于大型数据集时,异常点并不是很有用,它们只是由于搜集数据时出现过失而产生的结果,而不是数据集的特征。

检测异常点,并从数据集中去除它们的过程可以描述为:从 n 个样本中选 k 个与其余数据显著不同、例外或不一致的样本($k \ll n$)。异常点检测方法的主要类型有数据可视化方法、基于统计的异常点检测方法和基于距离的异常点检测方法。

1) 数据可视化方法

数据可视化方法是一种较为常见的异常检测辅助方法。该方法可根据待检测数据所处的维度,将其转换成用户易于理解、可直接观测的异常点分布图。在一维到三维场景中,异常点检测方法很有用,但在多维数据中其作用就降低很多,原因在于多维空间缺乏恰当的可视化方法。图 3-3 和图 3-4 给出了利用数据可视化方法针对二维样本和三维样本数据进行异常点检测的例子。该方法的主要局限是对数据维度有限制且过程非常耗时,对异常点探测具有一定的主观性。

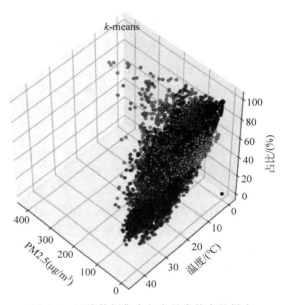

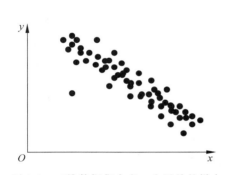

图 3-3   二维数据集中有一个无关的样本

图 3-4   三维数据集中包含异常偏离的样本

2) 基于统计的异常点检测方法

基于统计的异常点检测方法是目前较为常用的检测方法,它可分为一元方法和多元方法。在早期工作中,一般采用一元方法,其检测效率都依赖一个假设:数据的基本分布是已知、相同且独立的,并且分布参数和异常点的期望类型也是已知的。在一元异常点探测中,如果样本没有被异常点污染,则通过样本均值和样本方差能很好地估计数据位置和数据模型。但在数据样本库受到异常点的污染后,这些参数就会背离目标,显著影响异常点检测的性能。最简单的一维样本异常点检测方法基于传统的单峰统计学,即假定值的分布已知,并确定好了基本的统计参数,如均值和方差。根据这些值和异常点的期望(预测)数目,就可以确定方差函数的阈值。所有阈值之外的样本都可能是异常点,如下例。

如果给定的数据集用 20 个不同的值描述年龄特征:

年龄 = {3,56,23,39,156,52,41,22,9,28,139,31,55,20, – 67,37,11,55,45,37}

那么,相应的统计参数:

$$均值 = 39.9$$
$$标准差 = 45.65$$

如果选择数据正态分布的阈值：

$$阈值 = 均值 \pm 2 \times 标准差$$

那么，所有在 $[-54.1,131.2]$ 区间以外的数据都是潜在的异常点。年龄特征还有一个特性：年龄总是大于零，于是可进一步把该区间缩小到 $[0,131.2]$。在上例中，根据所给的条件，有 3 个值是异常点：$156,139$ 和 -67。那么可以断定，这 3 个都是输入错误（多输入一个数字或"$-$"号）的概率很高。

这种一元异常点检测方法存在的主要问题在于预先假设了数据的分布，而在大多数现实案例中，数据分布是未知的。

3）基于距离的异常点检测方法

基于距离的异常点检测方法能够直观指出远离数据分布中心的样本。该方法一般需要使用特定的距离度量值来完成。马氏（Mahalanobis）距离值法是常见的基于距离的异常点检测法所使用的量度，该方法通过分析样本内部属性之间的依赖关系并进行比较分析检测。马氏法依赖多元分布的估计参数。如给定 p 维数据集中的 n 个观察值 x_i（其中 $n \gg p$），用 $\bar{\boldsymbol{x}}_n$ 表示样本平均向量，$\boldsymbol{V}_n$ 表示样本协方差矩阵，其中

$$\boldsymbol{V}_n = \frac{1}{n-1} \sum_{i=1}^{n} (x_i - \bar{\boldsymbol{x}}_n)(x_i - \bar{\boldsymbol{x}}_n)^{\mathrm{T}} \tag{3-4}$$

每个多元数据点 $i(i=1,2,\cdots,n)$ 的马氏距离用 M_i 表示，则

$$M_i = \left[\sum_{i=1}^{n} (x_i - \bar{\boldsymbol{x}}_n)^{\mathrm{T}} V_n^{-1} (x_i - \bar{\boldsymbol{x}}_n) \right]^{1/2} \tag{3-5}$$

于是，马氏距离很大的 n 维样本就被看作异常点。许多统计方法要求，数据特有的参数表示以前的数据知识。但此类信息常无法获得，或者计算成本很高。另外，大多数现实世界中的数据集并不遵循某个特定的分布模型。

基于距离的异常点检测技术在实现时，并没有预先假设数据分布模型。但它们的计算量呈指数型增长，因为它们要计算所有样本之间的距离。计算的复杂性依赖数据集的维数 m 和样本的数量 n，常常表示为 $O(n^2 m)$。因此，非常大的数据集往往没有合适的方法检测异常点。另外，数据集存在密集区域和稀疏区域时，该定义还会出问题。例如，维数增加时，数据点会散布在更大的空间中，其密度会减小，这样凸包就更难识别，这就是所谓的维数灾难。

3.2 语义特征抽取

根据语义级别由低到高来分，文本语义特征可分为亚词级别、词级别、多词级别、语义级别和语用级别。其中，应用最为广泛的是词级别。

3.2.1 词级别语义特征

词级别（Word Level）以词作为基本语义特征。词是语言中最小的、可独立运用的、有意义的语言单位，即使在不考虑上下文的情况下，词仍然可以表达一定的语义。以单词作

为基本语义特征在文本分类、信息检索系统等任务中工作良好,也是实际应用中最常见的基本语义特征。

在英文文本中以词为基本语义特征的优点之一是易于实现,利用空格与标点符号即可将连续文本划分为词。如果进一步简化,忽略词之间的逻辑语义关系及词与词之间的顺序,则文本将被映射为一个词袋(Bag of Words),在词袋模型中只有词及其出现的次数被保留下来。图 3-5 为一个转换示例。

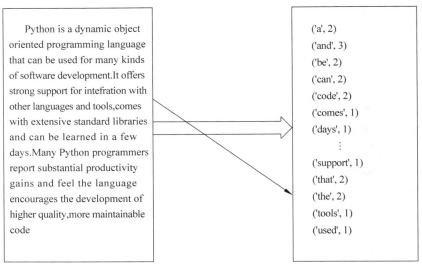

图 3-5 词袋模型

以词为基本语义特征会受到一词多义与多词同义的影响,前者指同一单词可用于描述不同对象,后者指同一事物存在多种描述形式。虽然一词多义与多词同义现象在普通文本信息中并非罕见,且难以在词特征索引级别有效解决,但是这种现象对分类的不良影响却较小,例如英文中常见的 book、bank 等词汇存在一词多义现象,在网络内容安全中判断一个文本是否含有不良信息时并不易受其影响。对使用词作为基本语义特征有较好分类效果,Whorf 曾经做过相关分析,认为在语言的进化过程中,词作为语言的基本单位朝着能优化反映表达内容、主题的方向发展,因此词汇有力地表示了分类问题的前沿分布。

当英文以词为特征项时,需要考虑复数、词性、词格、时态等词形变化问题。这些变化形式在一般情况下对于文本分类没有贡献,有效识别其原始形式并合为统一特征项,有利于降低特征数量,并避免单个词被表达为多种形式带来的干扰。

词特征可进行计算的因素有很多,最常用的有词频、词性等。

1. 词频

文本内容中的中频词往往具有代表性,高频词区分能力较小,而低频词或者未出现词常常可以作为关键特征词,所以词频是特征提取中必须考虑的重要因素,并且在不同方法中有不同的应用公式。

2. 词性

在汉语言中,能标识文本特性的往往是文本中的实词,如名词、动词或形容词等,而文本中的一些虚词,如感叹词、介词或连词等,对于标识文本的类别特性并没有贡献,也就是对确定文本类别没有意义。如果把这些对文本分类没有意义的虚词作为文本特征词,将会带来很大影响,从而直接降低文本分类的效率和准确率。因此,在提取文本特征时,应首先考虑剔除这些对文本分类没有用处的虚词;而在实词中,又以名词和动词对文本类别特性的表现力最强,所以可以只提取文本中的名词和动词作为文本的一级特征词。

3. 文档、词语长度

一般情况下,词的长度越短,其语义越泛。通常,中文中较长的词往往反映比较具体、下位的概念,而短的词往往表示相对抽象、上位的概念。短词具有较高的出现频率和更多的含义,是面向功能的;而长词的出现频率较低,是面向内容的。增加长词的权重,有利于词汇进行分割,从而更准确地反映特征词在文章中的重要程度,词语长度通常不被研究者重视,但是在实际应用中发现,关键词通常是一些专业学术组合词汇,长度较一般词汇长。考虑候选词的长度,会突出长词的作用,长度项也可以使用对数函数来平滑词汇间长度的剧烈差异,通常来说,长词汇含义更明确,更能反映文本主题,适合作为关键词,因此需要将包含在长词汇中低于一定过滤阈值的短词汇进行过滤。所谓过滤阈值,就是指进行过滤短词汇的后处理时,短词汇的权重和长词汇的权重比的最大值如果低于过滤阈值,则过滤短词汇;否则,保留短词汇。

根据统计,两字词汇多是常用词,不适合作为关键词,因此对实际得到的两字关键词可以做出限制。例如,抽取 5 个关键词(本文最多允许 3 个两字关键词存在)。这样的处理无疑会降低关键词抽取的准确度和召回率,但是同候选词长度项的运用一样,人工评价效果将会提高。

4. 词语直径

词语直径(Diameter)是指词语在文本中首次出现的位置和末次出现的位置之间的距离。词语直径是根据实践提出的一种统计特征。根据经验,如果某个词汇在文本开头处提到,在结尾处又提到,那么它对该文本来说将是个很重要的词汇,不过统计结果显示,关键词的直径分布出现了两极分化的趋势,在文本中仅仅出现了 1 次的关键词占全部关键词的 14.184%,所以词语直径是比较粗糙的度量特征。

5. 首次出现位置

Frank 在 Kea 算法中使用候选词首次出现位置(First Location)作为 Bayes 概率计算的一个主要特征,它被称为距离(Distance),简单地统计可以发现,关键词一般在文章中较早出现,因此出现位置靠前的候选词应该加大权重,实验数据表明,首次出现位置和词语直径两个特征只选择一个使用就可以了。例如,由于文献数据加工问题导致中国学术期刊全文数据库的全文数据,不仅包含文章本身,而且还包含了作者、作者机构及引文信息。针对这一特点,可以使用首次出现位置这个特征,尽可能减少由全文数据的附加信息所造成的不良影响。

6. 词语分布偏差

词语分布偏差(Deviation)所考虑的是词语在文章中的统计分布,在整篇文章中分布均匀的词语通常是重要的词汇。

3.2.2 亚词级别语义特征

亚词级别(Sub-Word Level)也称为字素级别(Graphemic Level)。在英文中比词级别更低的文字组成单位是字母,在汉语中则是单字。

英文有 26 个字母,每个字母有大小写两种形式。英文中大小写的区别并不在于内容方面,因此在表示文本时通常合并大小写形式,以简化处理模型。

1. n 元模型

亚词级别常用的索引方式是 n 元模型(n-Grams)。n 元模型将文本表示为重叠的 n 个连续字母(对应汉语情况为单字)的序列作为特征项,例如,单词 shell 的三元模型为 she、hel 和 ell(考虑前后空格,还包括_sh 和 ll_两种情况),英文中采用 n 元模型有助于降低错误拼写带来的影响:一个较长单词的某个字母拼写错误时,如果以词作为特征项,则错误的拼写形式和正确的词没有任何联系。若采用 n 元模型表示,当 n 小于单词长度时,错误拼写与正确拼写之间会有部分 n 元模型相同;另外,考虑到英文中复数、词性、词格、时态等词形变化问题,n 元模型也起到与降低错误拼写影响类似的作用。

采用 n 元模型时,需要考虑数值 n 的选择问题。当 $n<3$ 时,无法提供足够的区分能力(在此只考虑 26 个字母的情况);$n=3$ 时,有 $26^3=17576$ 个三元组;$n=4$ 时,有 $26^4=456976$ 个四元组。n 取值越大,可表示的信息越丰富,随着 n 的增大,特征项数目也以指数函数方式迅速增长,因此,在实际应用中大多取 n 为 3 或 4(随着计算机硬件技术的增长,以及网络的发展对信息流通的促进,已经有 n 取更大数值的实际应用)。仅考虑单词平均长度情况,本文统计了一份 GRE 常用词汇表,7444 个单词的平均长度为 7.69;考虑到不同单词在真实文本中出现的频率不同,统计 reuters-21578(路透社语料库),平均长度为 4.98 个字母;考虑到长度较短单词使用频率较高,而拼写错误词汇一般长度较长,可见采用 $n=3$ 或 4 可以部分弥补错误拼写与词形变化带来的干扰,并且有足够的表示能力。

2. 多词级别语义特征

多词级别(Multi-Word Level)指用多个词作为文本的特征项,多词可以比词级别表示更多的语义信息。随着时代的发展,一些词组也越来越多地出现,例如英文 machine learning、network content security、text classification、information filtering 等,对于这些术语,采用单词进行表示会损失一些语义信息,因为短语与单个词在语义方面有较大区别;随着计算机处理能力的快速增长,处理文本的技术也越来越成熟,多词作为特征项也有更大的可行性。多词级别中的一种思路是应用名词短语作为特征项,这种方法也称为 Syntactic Phrase Indexing,另外一种策略则是不考虑词性,只从统计角度根据词之间较高的同现频率(Co-Occur Frequency)来选取特征项,采用名词短语或者同现高频词作为特征项,需要考虑特征空间的稀疏性问题,词与词可能的组合结果很多,下面仅以两个词的组合为例进行介绍。根据统计,一个网络信息检索原型系统包含的两词特征项就达 10 亿项,而且许多词之间的搭配是没有语义的,绝大多数组合在实际文本中出现频率很低,这些都是影响多词级别索引实用性的因素。

3.2.3　语义与语用级别语义特征

如果我们能获得更高语义层次的处理能力,例如实现语义级别(Semantic Level)或语用级别(Pragmatic Level)的理解,则可以提供更强的文本表示能力,进而得到更理想的文本分类效果。然而在目前阶段,由于还无法通过自然语言理解技术实现对开放文本理想的语义或语用理解,因此相应的索引技术并没有前面的几种方法应用广泛,往往应用在受限领域。在自然语言理解等研究领域取得突破以后,语义级别甚至更高层次的文本索引方法将会有更好的实用性。

3.2.4　汉语的语义特征抽取

1. 汉语分词

汉语是一种孤立语,不同于印欧语系的很多具有曲折变化的语言,汉语的词汇只有一种形式而没有诸如复数等变化。另外,汉语不存在显式(类似空格)的词边界标志,因此需要研究中文(汉语和中文对应的概念不完全一致,在不引起混淆的情况下,文本未进行明确区分而依照常用习惯选择使用)文本自动切分为词序列的中文分词技术,中文分词方法最早采用了最大匹配法,即与词表中最长的词优先匹配的方法。根据扫描语句的方向,可以分为正向最大匹配(Maximum Match,MM)、反向最大匹配(Reverse Maximum Match,RMM),以及双向最大匹配(Bidirectional Maximum Match,BMM)等多种形式。

梁南元的研究结果表明,在词典完备、不借助其他知识的条件下,最大匹配法的错误切分率为 169~245 字/次,该研究实现于 1987 年,以现在的条件来看,当时的实验规模可能偏小,另外,如何判定分词结果是否正确也有较大的主观性。最大匹配法由于思路直观、实现简单、切分速度快等优点,所以应用较为广泛,采用最大匹配法进行分词遇到的基本问题是切分歧义的消除问题和未登录词(新词)的识别问题。

为了消除歧义,研究人员尝试了多种人工智能领域的方法:松弛法、扩充转移网络法、短语结构文法、专家系统法、神经网络法、有限状态机方法、隐马尔可夫模型、Brill 式转换法。这些分词方法从不同角度总结歧义产生的可能原因,并尝试建立歧义消除模型,也达到了一定的准确程度,然而由于这些方法未能实现对中文词的真正理解,而且也没有找到一个可以妥善处理各种分词相关语言现象的机制,因此目前尚没有广泛认可的完善的歧义消除方法。

未登录词识别是中文分词时遇到的另一个难题,未登录词也称为新词,是指分词时所用词典中未包含的词,常见有人名、地名、机构名称等专有名词,以及相关领域的专业术语,这些词不包含在分词词典中却对分类有贡献,就需要考虑如何进行有效识别。孙茂松、邹嘉彦的相关研究指出,在通用领域文本中,未登录词对分词精度的影响超过了歧义切分。

未登录词识别可以从统计和专家系统两个角度进行:统计方法从大规模语料中获取高频连续汉字串,作为可能的新词;专家系统方法则是从各类专有名词库中总结相关类别新词的构建特征、上下文特点等规则,当前对未登录词的识别研究,相对于歧义消除来说更不成熟。

孙茂松、邹嘉彦认为分词问题的解决方向是建设规模大、精度高的中文语料资源,以此作为进一步提高分词技术的研究基础。

对于文本分类应用的分词问题,还需要考虑分词颗粒度问题。该问题考虑了存在词汇嵌套情况时的处理策略,例如,"文本分类"可以看作一个单独的词,也可以看作"文本、分类"两个词,应该依据具体的应用来确定分词颗粒度。

2. 汉语亚词

在亚词级别,汉语处理也与英语存在一些不同之处。一方面,汉语中比词级别更低的文字组成部分是字,与英文中单词含有的字母数量相比偏少,词长度以 2~4 个字为主,对搜狗输入法中 34 万条词表进行统计,不同长度词所占词表比例分别为两字词 35.57%、三字词 33.98%、四字词 27.37%,其余长度共 3.08%。

另一方面,汉语包含的汉字数量远远多于英文字母数量,GB 2312—1980 标准共收录了 6763 个常用汉字(GB 2312—1980 另有 682 个其他符号,GB 18030—2005 标准收录了 27484 个汉字,同时还收录了藏文、蒙文、维吾尔文等主要的少数民族文字),该标准还是属于收录汉字较少的编码标准。在实际计算中,汉语的二元模型已超过英文中五元模型的组合数量,即 $6763^2(45738169) > 26^5(11881376)$。

因此,汉语采用 n 元模型就陷入了一个两难境地:n 较小时($n=1$),缺乏足够的语义表达能力;n 较大时($n=2$ 或 3),则不仅计算困难,而且 n 的取值已经使得 n 元模型的长度达到甚至超过词的长度,又失去了英语中用于弥补错误拼写的功能。因此汉语的 n 元模型往往用于其他用途,在中文信息处理中,可以利用二元或一元汉字模型来进行词的统计识别,这种做法基于一个假设,即词内字串高频同现,但并不阻止词的字串低频出现。

在网络内容安全中,n 元模型也有重要的应用,对于不可信来源的文本可以采用二元分词方法(即二元汉字模型),例如"一二三四"的二元分词结果为"一二""二三""三四",这种表示方法,可以在一定程度上消除信息发布者故意利用常用分词的切分结果来躲避过滤的情况。

3.3 特征子集选取方法

3.3.1 特征子集选择概述

特征子集选择从原有输入空间,即抽取出的所有特征项的集合,选择一个子集合组成新的输入空间。输入空间也称为特征集合。选择的标准是要求这个子集尽可能完整地保留文本类别区分能力,而舍弃那些对文本分类无贡献的特征项。

机器学习领域存在多种特征选择方法,Guyon 等对特征子集选择进行了详尽讨论,分析比较了目前常用的 3 种特征选择方式:过滤(Filter)、组合(Wrappers)与嵌入(Embedded)。文本分类问题由于训练样本多、特征维数高等特点,决定了在实际应用中以过渡方式为主,并且采用评级方式(Single Feature Ranking),即对每个特征项进行单独的判断,以决定该特征项是否会保留下来,而没有考虑其他更全面的搜索方式,以降低运算量。在对所有特征项进行单独评价后,可以选择给定评价函数大于某个阈值的子集组成新的特征集合,也可以评价函数值最大的特定数量特征项来组成特征集。特征子集选择涉及文本中的定量信息,一些相关参数定义如表 3-1 所示。

表 3-1　文档及特征项各参数含义

参　　　数	含　　　义
N	训练样本数
n_{c_i}	c_i 类别包含的训练样本数
$n(t)$	包含特征项 t 至少一次的训练样本数
$\overline{n}(t)$	不包含特征项 t 的训练样本数
$n_{c_i}(t)$	c_i 类别包含特征项 t 至少一次的训练样本数
$\overline{n}_{c_i}(t)$	c_i 类别不包含特征项 t 的训练样本数
tf	所有训练样本中所有特征项出现的总次数
tf(t)	特征项 t 在所有训练样本中出现的次数
tf$_{d_j}(t)$	特征项 t 在文档 d_j 中出现的次数

很容易可知,参数间满足如下关系:

$$n = \sum_{i=1}^{k} n_{c_i} \tag{3-6}$$

$$n(t) = \sum_{i=1}^{k} n_{c_i}(t) \tag{3-7}$$

式(3-6)表示样本总数等于各类别样本数之和,式(3-7)表示只包含任一特征项 t 的样本集合,也满足类似关系。

$$n = n(t) + \overline{n}(t) \tag{3-8}$$

$$n_{c_i} = n_{c_i}(t) + \overline{n}_{c_i}(t) \tag{3-9}$$

式(3-8)表示 $n(t)$ 和 $\overline{n}(t)$ 互补,式(3-9)表示这种关系也适用于任意给定文本类别。

$$tf = \sum_{i=1}^{\hat{m}} tf(t_i) \tag{3-10}$$

$$tf(t) = \sum_{j=1}^{n} tf_{d_j}(t) \tag{3-11}$$

式(3-10)和式(3-11)给出了 tf 和 tf(t) 的计算方法。

利用这些参数,结合统计学、信息论等学科,即可进行特征子集选择。

3.3.2　文档频率阈值法

文档频率阈值法(Document Frequency Threshold)用于去除训练样本集中出现频率较低的特征项,该方法也称 DF 法。对于特征项 t,如果包含该特征项的样本数 $n(t)$ 小于设定的阈值 δ,则去除该特征项 t,通过调节 δ 值能显著地影响可去除的特征项数。

文档频率阈值方法基于如下猜想:如果一个作者在写作时,经常重复某一个词,则说明作者有意强调该词,该词同文章主题有较强的相关性,从而也说明这个词对标识文本类别的重要性;另外,不仅在理论上可以认为低频词和文本主题、分类类别相差程度不大,在实际计算中,低频词由于出现次数过低,也无法保证统计意义上的可信度。

语言学领域存在一个与此相关的统计规律——齐夫定律(Zipf Laws),美国语言学家齐夫在研究英文单词统计规律时,发现将单词按照出现的频率由高到低排列,每个单词出现的频率 $rank(t)$ 与其序号 $n(t)$(式 3-12 中未出现)存在近似反比关系:

$$rank(t) \cdot TF(t) \approx C \tag{3-12}$$

中文也存在类似规律,对新浪滚动新闻的 133577 篇新闻的分词结果进行统计,结果见图 3-6,其中 x 轴表示按照词频(特征项频率)逆序排列的序号,y 轴表示该特征项出现的次数。

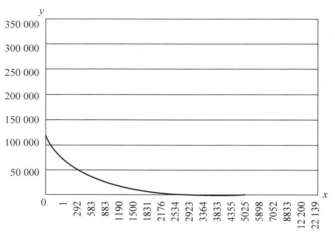

图 3-6   中文语料的齐夫定律现象验证

这个规律说明,在训练样本集中大多数词低频出现(由于这一特点,这一语言规律也称为长尾(Long Tail)现象),解释了文档频率阈值法只需不太大的阈值,就能够明显降低维数的原因。另外,对于出现次数较多的项,有可能属于停用词性质,应当去除。因此,对于汉语没有成熟的停用词表,尤其对于网络内容安全相关的停用词表情况,单纯使用文档频率阈值法会包含一些频率较高而对分类贡献较小的特征项。

3.3.3   TF-IDF 法

特征项频率——逆文本频率指数(Term Frequency-Inverse Document Frequency,TF-IDF)可以看作是文档频率阈值法的补充与改进。文档频率阈值法认为,出现次数很少的特征项对分类贡献不大,可以去除。TF-IDF 方法则结合考虑两个部分:第一部分认为,出现次数较多的特征项对分类贡献较大;第二部分认为,如果一个特征项在训练样本集中的大多数样本中都出现,则该特征项对分类贡献不大,应当去除。

一个直观的特例:如果一个特征项 t 在所有样本中都出现,这时有 $n(t)=n$,保留 t 作为特征,特征值采取二进制值表示方式时(特征出现时,特征值为 1;特征不出现时,特征值为 0),则该特征没有任何分类贡献,因为对应任一样本,该特征项都取 1,所以应当去除该特征。TF 背后隐含的假设是,查询关键字中的单词应该相对于其他单词更加重要,而文档的重要程度也就是相关度,与单词在文档中出现的次数成正比。例如,Car 这个单词在文档 A 中出现了 5 次,而在文档 B 中出现了 20 次,那么 TF 计算就认为文档 B 可能更相关。

具体来说,第一部分可以用 TF(t)表示某关键词在文档中出现的频率,可简单理解为词出现的次数越多,则该词重要程度越高;第二部分采用逆文本频率指数(Inverse Document Frequency,IDF)来表示,一个特征项 t 的逆文本频率指数 IDF(t)由样本总数与包含该特征项文档数决定,一个词在其他文档中出现的次数越多,分母就越大,取对数的值就越小,说明这个词在所有文章中的重要程度就越小:

$$\text{IDF}(t) = \log \frac{n}{n(t)} \tag{3-13}$$

第一部分和第二部分都满足取值越大时,TF-IDF 特征对类别区分能力越强,取两者乘积作为该特征项 TF-IDF 值:

$$\text{TF-IDF}(t) = \text{TF}(t) \cdot \text{IDF}(t) = n(t) \cdot \log \frac{n}{n(t)} \tag{3-14}$$

一般停用词第一部分取值较高,而第二部分取值较低,因此 TF-IDF 等价于停用词和文档频率阈值法两者的综合。

3.3.4　信噪比法

信噪比(Signal-to-Noise Ratio,SNR)源于信号处理领域,表示信号强度与背景噪声的差值,如果将特征项作为一个信号来看待,那么特征项的信噪比可以作为该特征项对文本类别区分能力的体现。

信号背景噪声的计算,需要引入信息论中熵(Entropy)的概念,熵最初由克劳修斯在 1864 年提出并应用于热力学,1948 年由香农引入到信息论中,称为信息熵(Information Entropy)。其定义为:如果有一个系统 X,存在 c 个事件 $X = \{x_1, x_2, \cdots, x_c\}$,每个事件的概率分布为 $P = \{p_1, p_2, \cdots, p_c\}$,则第 i 个事件本身的信息量为 $-\log(p_i)$,该系统的信息熵即为整个系统的平均信息量:

$$\text{Entropy}(X) = -\sum_{i=1}^{c} p_i \log p_i \tag{3-15}$$

为方便计算,令 p_i 为 0 时,熵值为 0(即 0log0),熵的取值范围是 $[0, \log c]$,当 X 以 100% 的概率取某个特定事件,其他事件概率为 0 时,熵取得最小值 0;当各事件的概率分布越趋于相同时,熵的值越大;当所有事件趋于可能性发生时,熵取最大值 $\log c$。根据熵的概念,定义特征项的噪声:

$$\text{Noise}(t) = -\sum_{j=1}^{n} P(d_j, t) \log P(d_j, t) \tag{3-16}$$

式(3-16)中,$P(d_j, t) = \dfrac{\text{TF}_{d_j}(t)}{\text{TF}(t)}$ 表示特征项 t 出现在样本 d_j 中的可能性,特征项 t 的噪声函数取值范围为 $[0, \log n]$,当特征项 t 集中出现在单个样本内时,取得最小值 0;当特征项 t 以等可能性出现在所有(n 个)样本中时,取得最大值 $\log n$,这符合越集中在较少样本中,特征项为噪声可能性越小的直观认识,相应特征项 t 的信号值若用 $\log \text{TF}(t)$ 来表

示,可得信噪比计算公式:

$$SNR(t) = \log TF(t) - Noise(t)$$
$$= \log TF(t) + \sum_{j=1}^{n} P(d_j, t) \log P(d_j, t)$$
(3-17)

信噪比取值范围为$[0, \log TF(t)]$,仅当特征项t在全部(n个)样本中均出现1次时,取得最小值0,表明这种情况下当前特征项是一个完全的噪声,没有任何分类贡献能力;当特征项t集中出现在一个样本内时,取得最大值$\log TF(t)$。

计算信噪比时未考虑样本所属类别。当特征项只出现在较少样本时,信噪比较高,如果这些文本基本属于同一类别,则表明该特征项是一个有类别区分能力的特征;如果不满足这种分布情况,则在特征项的信噪比取值较大时也不表明其有较好的类别区分能力。

3.4 网络信息内容安全分析

网络信息内容安全分析是一门交叉学科,融合了数据库、人工智能、机器学习、统计学等多个领域的理论和技术。下面简单介绍网络信息内容常见的安全分析方法。

3.4.1 网络信息内容安全分析方法概述

网络信息内容安全分析中采用了很多结构或非结构化数据,并使用了大量数据挖掘理论和方法。由于数据挖掘应用领域十分广泛,因此产生了多种数据挖掘的算法和方法,如关联分析、聚类分析等。这些方法的效果依赖于网络信息内容分析中样本数据的分布情况。因此,应针对具体的挖掘目标和应用对象来选择不同的安全分析方法。目前具有代表性的安全分析方法一般有以下几类。

1. 概念描述

概念通常是对一个包含大量数据的数据集总体情况的描述。概念描述就是通过汇总、分析和比较与某类对象关联的数据,对此类对象的内涵进行描述,并概括这类对象的有关特征。这种描述是汇总的、简洁的和精确的,当然也是非常有用的。概念描述分为特征性描述和区别性描述。前者描述某类对象的共同特征,后者描述不同类对象之间的区别。生成一个类的特征性描述只涉及该类对象中所有对象的共性;生成区别性描述则涉及目标类和对比类中对象的共性。该功能在网络信息内容安全分析中可以用于从一堆新闻或博客信息中抽象提取出某个热点事件或话题。

2. 分类分析

分类刻画了一类事物,这类事物具有某种意义上的共同特征,并明显与不同类事物相区别。分类分析就是通过分析示例数据库中的数据,为每个类别做出准确的描述,或建立分析模型,或挖掘出分类规则,然后用这个分类规则对其他数据库中的记录进行分类。从机器学习的观点来看,分类技术是一种有指导的学习,即每个训练样本的数据对象已经有类标识,通过学习可以形成与表达数据对象和类标识间对应的知识。目前已有多种分类分析模型得到应用,主要有神经网络方法、Bayesian分类、决策树、统计分类、粗糙集分类、SVM方法、覆盖算法等。在数据挖掘中这些方法均遇到数据规模的问题,即大多数方法能有效解决小规模数据库的数据挖掘问题,但当应用于大数据量的数据库时,会出现性能恶化、精度下降的问题。分类分析可用于恶意代码检测分析或入侵检测中的恶意流量分析。

3. 聚类分析

聚类是把一组个体按照相似性归成若干类别,其目的是使得属于同一类别的个体之间的差别尽可能小,而不同类别上的个体间的差别尽可能大。聚类结束后,每类中的数据由唯一的标志进行标识,各类数据的共同特征也被提取出来,用于对该特征进行描述。提高聚类效率、减少时间和空间开销,以及如何在高维空间进行有效数据聚类是聚类研究中的主要问题。聚类分析的方法很多,如 k-平均算法、k-中心点算法、基于凝聚的层次聚类和基于分裂的层次聚类等。采用不同的聚类方法,对于相同的记录集合可能有不同的划分结果。

分类和聚类技术不同,前者总是在特定的类标识下寻求新元素属于哪个类,而后者则是通过对数据的分析比较生成新的类标识。由于聚类可使用无监督的数据集,因此可应用于网络信息内容安全分析中的舆情分析。

4. 关联分析

关联分析的目的是找出样本数据集中属性值之间的联系,形成关联规则。为了发现有意义的关联规则,需要给定两个阈值:最小支持度和最小可信度。在这个意义上,挖掘出的关联规则就必须满足最小支持度和最小可信度。关联规则是 1993 年由 R. Agrawal 等人提出的,然后扩展到从关系数据库、空间数据库和多媒体数据库中挖掘关联关系,并且要求挖掘出通用的、多层次的、用户感兴趣的关联规则。随着应用和技术的发展,近年来对网络信息内容安全分析的技术提出了更新的要求,如大数据开源数据情报的在线挖掘以及如何提高挖掘大型安全数据库的计算效率、减小 I/O 开销、挖掘定量型关联规则等。

5. 时间序列分析

时间序列分析中的相似模式发现分为相似模式聚类和相似模式搜索两种。相似模式聚类是将时间序列数据分隔成等长或不等长的子序列,然后用模式匹配的方法进行聚类,找出序列中所有相似的模式。相似模式搜索是指给定一个陌生子序列,在时间序列中搜索所有与给定子序列模式最接近的数据子序列。时间序列分析主要应用于话题跟踪检测中检测出热点话题,并依据时间序列进行后续跟踪挖掘处理等场景。

6. 偏差分析

偏差分析包括分类中的反常实例、例外模式、观测结果对期望值的偏离以及量值随时间的变化等,基本思想就是对数据库中的偏差数据进行检测和分析,检测出数据库中的一些异常记录,它们在某些特征上与数据库中的大部分数据有着显著不同。通过发现异常,可以引起人们对特殊情况的格外关注。异常包括的模式有:出现在其他模式边缘的奇异点;不满足常规类的异常实例;与父类或兄弟类不同的类;观察值与模型推测出的期望值有明显差异的例子等。偏差分析方法主要有:基于统计的方法、基于距离的方法和基于偏移的方法。孤点数据的发现可以应用于网络信息内容安全分析入侵检测中的异常检测等领域。

3.4.2　分类分析方法

网络信息内容安全分析中,分类分析是较为常见的方法。分类分析就是确定对象属于哪个预定义的目标类。分类问题是一个普遍存在的问题,有许多不同的应用。例如,根据电子邮件的标题和内容检查出垃圾邮件,根据核磁共振扫描的结果区分肿瘤是恶性的还是良性的。

分类技术(或分类法)是一种根据输入数据集建立分类模型的系统方法。分类法主要包括决策树分类法、基于规则的分类法、粗糙集理论、支持向量机和朴素贝叶斯分类法。这些技术都使用一种学习算法(Learning Algorithm)确定分类模型,该模型能够很好地拟合输入数据中类标号和属性集之间的联系。学习算法得到的模型不仅要很好地拟合输入数据,还要能够正确地预测未知样本的类标号。因此,训练算法的主要目标就是建立具有很好的泛化能力的模型,即建立能够准确预测未知样本类标号的模型。

图 3-7 展示了解决分类问题的一般方法。首先,需要一个训练集(Training Set),它由类标号已知的记录组成。使用训练集建立分类模型,该模型随后将运用于检验集(Test Set),检验集由类标号未知的记录组成。

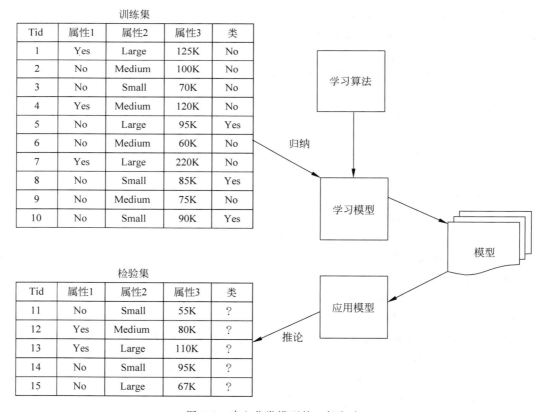

图 3-7　建立分类模型的一般方法

分类模型的性能根据模型正确和错误预测的检验记录计数进行评估,这些计数存放在称作混淆矩阵(Confusion Matrix)的表格中。表 3-2 描述了二元分类问题的混淆矩阵。每个表项 f_{ij} 表示实际类标号为 i 但被预测为类 j 的记录数,例如,f_{01} 代表原本属于类 0 但被误分为类 1 的记录数。按照混淆矩阵中的表项,被分类模型正确预测的样本总数是 $(f_{11}+f_{00})$,而被错误预测的样本总数是 $(f_{10}+f_{01})$。

表 3-2　二元分类问题的混淆矩阵

实际的类	预测的类	
	类＝1	类＝0
类＝1	f_{11}	f_{10}
类＝0	f_{01}	f_{00}

　　虽然混淆矩阵提供衡量分类模型性能的信息,但是用一个数汇总这些信息更便于比较不同模型的性能。为实现这一目的,可以使用性能度量(Performance Metric),如准确率(Accuracy),其定义如下:

$$准确率 = \frac{正确预测数}{预测总数} = \frac{f_{11}+f_{00}}{f_{11}+f_{10}+f_{01}+f_{00}} \tag{3-18}$$

　　同样,分类模型的性能可以用错误率(Error Rate)来表示,其定义如下:

$$错误率 = \frac{错误预测数}{预测总数} = \frac{f_{10}+f_{01}}{f_{11}+f_{10}+f_{01}+f_{00}} \tag{3-19}$$

　　大多数分类算法都在寻求这样一些模型,当把它们应用于检验集时具有最高的准确率,或者等价地,具有最低的错误率。通过估计误差有助于学习算法进行模型选择(Model Selection),即找到一个具有合适复杂度、不易发生过分拟合的模型。模型一旦建立,就可以应用到检验数据集上,预测未知记录的类标号。

　　测试模型在检验集上的性能是有用的,因为这样的测量给出模型泛化误差的无偏估计。在检验集上计算出的准确率或错误率可以用来比较不同分类器在相同领域上的性能。然而,为了做到这一点,检验记录的类标号必须是已知的。

3.4.3　聚类分析方法

　　聚类是指根据数据对象之间的相似性,把一组数据对象划分为多个有意义组的过程,每个组称为类或簇(Cluster),同一个簇内的数据对象之间具有较高的相似性,不同簇内的数据对象之间相差则较大。与分类不同的是,聚类目标所要求划分的类别是未知的,且聚类数据对象中没有关于类别特征的数据,其划分簇的过程不是以包含类别的数据对象为指导,而是根据数据对象的特征来进行的。以此为基础的聚类分析对于数据理解及数据处理都有着重要的作用。数据理解用来分析和描述类或概念上有意义的、具有共同特征的对象组,而聚类分析是研究自动地发现潜在的类或簇的技术。在许多领域中有着大量基于数据理解的聚类分析应用,以下是一些常见的例子。

　　在数据处理方面,聚类分析一般用于汇总、压缩、发现最近邻等处理。聚类分析提供由个别数据对象到数据对象所指派的簇的抽象。此外,一些聚类技术使用簇原型(即代表簇中其他对象的数据对象)来刻画簇特征。这些原型可以用作大量数据分析和数据处理技术的基础。

(1) 汇总。许多数据分析技术,如回归和PCA,都具有$O(n^2)$或更高的时间或空间复杂度(其中n是对象的个数)。因此,对于大型数据集,这些技术不切实际。然而,可以将算法用于仅包含簇原型的数据集,而不是整个数据集。依赖分析类型、原型个数和原型代表数据的精度,汇总结果可以与使用所有数据得到的结果相媲美。

(2) 压缩。簇原型可以用于数据压缩。例如,创建一个包含所有簇原型的表,即每个原型赋予一个整数值,作为它在表中的位置。每个对象用与它所在的簇相关联的原型的索引表示。这类压缩称作向量量化(Vector Quantization),并常常用于图像、声音和视频数据,此类数据的特点是:①许多数据对象之间高度相似;②某些信息丢失是可以接受的;③希望大幅度压缩数据量。

(3) 发现最近邻。找出最近邻可能需要计算所有点对点之间的距离。通常,可以更有效地发现簇和簇原型。如果对象相对地靠近簇的原型,则可以使用簇原型减少发现对象最近邻所需要计算的距离的数目。直观地说,如果两个簇原型相距很远,则对应簇中的对象不可能互为近邻。这样,为了找出一个对象的最近邻,只需要计算到邻近簇中对象的距离,其中两个簇的邻近性用其原型之间的距离度量。

聚类技术的基本类型一般包括划分法、密度法、层次法、网格法和模型法。同样的数据集采用不同聚类方法,其聚类结果也往往不相同。甚至采用相同类型的聚类算法,选用不同参数,结果也很不一样。实际应用中,聚类结果好坏不仅仅取决于算法的选择,同时取决于业务领域的认识程度。聚类用户需要深刻了解所选用的聚类技术,而且要知道数据收集的细节和业务领域知识。对聚类数据了解越多,用户越能成功地评估数据集的真实结构。

划分法(Partition Method)聚类把一个包含n个数据对象的数据集分组成k个簇($k \leqslant n$)。每一个簇至少包含一个数据对象,且每一个数据对象属于且仅属于一个簇。对给定k,基于划分法的聚类算法首先给出一个初始的分组方法,随后通过反复迭代重新分组,使得每一次重新分组好于前一次分组。评判分组好与差的标准是:同一簇中的数据对象相似度越高越好,不同簇中的数据对象相异度越高越好。为计算一个簇内所有数据对象的相似度,需要为簇指定一个原型(簇中心、代表对象),簇内所有对象的相似度为簇内其他对象与原型之间相似度之和。因此,又称划分法为基于原型的聚类算法。划分法的代表算法有k-means、k-medoids、k-modes、PAM(Partition Around Medoid)等。由于划分法基于与原型的距离进行分组,因此一般只能发现圆形或球形的簇。

与基于簇原型和相似度的划分法不同,密度法(Density-Based Methods)聚类基于密度定义分组数据对象。密度法中,首先根据用户给定参数,计算每个数据对象的密度大小,并以此区分低密度区域和高密度区域,前者将后者分隔,每个高密度区域中的数据对象则可构成一个聚类或簇。密度法的代表算法有DBSCAN(Density-Based Spatial Clustering of Application with Noise)、OPTICS(Ordering Points to Identify the Clustering Structure)和DENCLUE(Density Based Clustering)。密度聚类法可以克服基于距离的聚类只能发现圆形或球形的簇的缺点,聚类结果也不要求每个数据对象都划分到某个簇中。图 3-8(b)给出了密度法聚类的结果示意图。图中,虚线包围的区域为高密度区域,共有 4 个,即密度法聚类识别该数据集有 4 个簇。没有被虚线包围的其他区域为低密度区域。

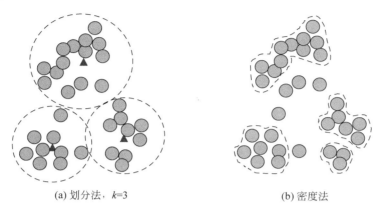

(a) 划分法,k=3 　　　　　(b) 密度法

图 3-8　同样的数据集采用划分法和密度法聚类结果

3.4.4　关联分析法

"数据海量,信息缺乏"是很多行业在数据爆炸过程中普遍面对的尴尬,如今对信息的获取能力,决定了在前所未有的激烈竞争环境中的决策能力。如何挖掘出数据中存在的各种有用的信息,即对这些数据进行分析,发现其数据模式及特征,然后可能发现某个客户、消费群体或组织的金融和商业兴趣,并可以观察金融市场的变化趋势。如何有效地获取信息,是每个人、每个组织面临的难题。信息是现代企业的生命线,如果一个"节点"既不提供信息也不使用信息,也就失去了存在的价值。关联分析(Association Analysis)用于发现隐藏在大型数据集中的令人感兴趣的关联关系,描述数据之间的密切度。所发现的模式通常用关联规则(Association Rule)或频繁项集的形式表示。

关联规则的概念产生于 1993 年,由 Agrawal、Imielinski 和 Swami 提出。其一般定义如下:令 $I=\{i_1,i_2,\cdots,i_m\}$ 表示一个项集。设任务相关的数据 D 是数据库事务的集合,其中每个事务 T 是项的集合,使得 $T\subset I$。每一个事务都有一个标识符,称为 TID。设 A 是一个项集,事务 T 包含 A,当且仅当 $A\subseteq T$。关联规则是形如 $A\Rightarrow B$ 蕴含式,其中 $A\subset I,B\subset I$,并且 $A\cap B=\varnothing$。

如果 D 中包含 $A\cup B$(即集合 A 和 B 的并或 A 和 B 二者)的比例是 s,则称关联规则 $A\Rightarrow B$ 在事务集 D 中的支持度为 s,也可以表示成概率 $P(A\cup B)$。如果 D 中包含 A 事务的同时也包含 B 的比例是 c,则称关联规则 $A\Rightarrow B$ 在事务集 D 中具有置信度 c,它可以表示为条件概率 $P(B|A)$。即

$$\text{support}(A\Rightarrow B)=P(A\cup B) \tag{3-20}$$
$$\text{confidence}(A\Rightarrow B)=P(B\mid A) \tag{3-21}$$

支持度和置信度是描述关联规则的两个重要概念,支持度用于衡量关联规则在整个数据集中的统计重要性。简单来说,支持度度量的是在所有行为中规则 A 和 B 同时出现

的概率。置信度用于衡量关联规则的可信程度,即置信度度量的是出现 A 的情况下 B 出现的概率。如对于购物篮分析,挖掘支持度的意义就是"购买 A 商品,也购买 B 的人数/全部销售订单";置信度就是"购买 A 商品,也购买 B 的人数/所有包含商品 A 的销售订单"。

同时满足最小支持度阈值(min_sup)和最小置信度阈值(min_conf)的规则称为强关联规则。一般来说,只有支持度和置信度较高的关联规则才可能是用户感兴趣、有用的关联规则。在本书中采用 $0 \sim 100\%$ 之间的值表示支持度和置信度值。

项的集合称为项集。包含 k 个项的项集称为 k 项集。例如集合{computer,antivirus_software}是一个 2 项集。

项集的出现频率是包含项集的事务数,简称项集的频率、支持度计数或计数。式(3-20)定义的项集支持度有时称作相对支持度,而出现频率称作绝对支持度。如果项集 I 的相对支持度满足预先定义的最小支持度阈值(即 I 的绝对支持度满足对应的最小支持度计数阈值),则 I 是频繁项集。频繁 k 项集的集合通常记作 L_k。

由式(3-21),有

$$\text{confidence}(A \Rightarrow B) = P(B \mid A)$$

$$= \frac{\text{support}(A \bigcup B)}{\text{support}(A)} = \frac{\text{support\_count}(A \bigcup B)}{\text{support\_count}(A)} \tag{3-22}$$

式(3-22)表明规则 $A \Rightarrow B$ 的置信度容易从 A 和 $A \bigcup B$ 的支持度计数推出。即一旦得到 A、B 和 $A \bigcup B$ 的支持度计数,导出对应的关联规则 $A \Rightarrow B$ 和 $B \Rightarrow A$,并检查它们是否是强关联规则。这样一来,挖掘关联规则的问题可以归结为挖掘频繁项集。

一般说来,关联规则的挖掘可以看作以下过程。

(1) 根据最小支持度找出数据集 D 中所有的频繁项集:根据定义,这些项集的每一个出现的频繁性至少与预定义的最小支持度计数 min_sup 一样。

(2) 由频繁项集产生强关联规则:根据定义,这些规则必须满足预先给定的最小支持度和最小置信度阈值。

关联规则的原理看似很简单,但实际运用的时候,就会发现存在很多问题,想从浩瀚的记录集中,挖掘一条有意义的关联规则,如果仅从支持度和置信度两个度量指标进行评估和选择强弱,会发现在个别情况下推荐的规则效果非常差。由于第二步的开销远低于第一步,所以挖掘关联规则的总体性能由第一步决定。第一步是关键,它将影响整个关联规则挖掘算法的效率,因此,关联规则挖掘算法的核心问题是频繁项集的产生。

从大型数据集中挖掘频繁项集的主要挑战是这种挖掘常常产生大量满足最小支持度(min_sup)阈值的项集,当 min_sup 设置得很低时尤其如此。这是因为如果一个项集是频繁的,则它的每个子集也是频繁的。一个长项集将包含组合个数较短的频繁子集项。例如,一个长度为 100 的频繁项集$\{a_1, a_2, \cdots, a_{100}\}$包含 $C_{100}^1 = 100$ 个频繁 1 项集 a_1,$a_2, \cdots, a_{100}$,C_{100}^2 个频繁 2 项集$\{a_1, a_2\}, \{a_1, a_3\}, \cdots, \{a_{99}, a_{100}\}$,以此类推。这样,频繁项集的总个数为

$$C_{100}^1 + C_{100}^2 + \cdots + C_{100}^{100} = 2^{100} - 1 \approx 1.27 \times 10^{30} \tag{3-23}$$

这对于任何计算机而言,项集的个数都太大,无法计算和存储。为了克服这一困难,引进

闭频繁项集和极大频繁项集的概念。

　　如果不存在真超项集①Y 使得 Y 与 X 在 S 中有相同的支持度计数,则称项集 X 在数据集 S 中是闭合的。如果 X 在 S 中是闭合的和频繁的,则项集 X 是 S 中的闭频繁项集。如果 X 是频繁的,并且不存在超项集 Y 使得 $Y \supset X$ 并且 Y 在 S 中是频繁的,则项集 X 是 S 中的极大频繁项集(或极大项集)。

　　设 C 是数据集 S 中满足最小支持度阈值 min_sup 的闭频繁项集的集合,令 M 是 S 中满足 min_sup 的极大频繁项集的集合。假定有 C 和 M 中的每个项集的支持度计数。注意,C 和它的计数信息可以用来导出频繁项集的完整集合。因此,称 C 包含了关于频繁项集的完整信息。另一方面,M 只存储了极大项集的支持度信息。通常,它并不包含其对应的频繁项集的完整的支持度信息。用下面的例子解释这些概念。

　　闭频繁项集和极大频繁项集。假定事务数据库只有两个事务:$\{a_1, a_2, \cdots, a_{100}\}$,$\{a_1, a_2, \cdots, a_{50}\}$。设最小支持度计数阈值 min_sup=1。有两个闭频繁项集和它们的支持度,即 $C = \{\{a_1, a_2, \cdots, a_{100}\}:1; \{a_1, a_2, \cdots, a_{50}\}:2\}$。只有一个极大频繁项集:$M = \{\{a_1, a_2, \cdots, a_{100}\}:1\}$(不能包含 $\{a_1, a_2, \cdots, a_{50}\}$ 为极大频繁项集,因为它有一个频繁超集 $\{a_1, a_2, \cdots, a_{100}\}$)。与上面相比,确定了 $2^{100}-1$ 个频繁项集,数量太大,根本无法枚举。

　　闭频繁项集的集合包含了频繁项集的完整信息。例如,可以从 C 推出:①$\{a_2, a_{45}:2\}$,因为 $\{a_2, a_{45}\}$ 是 $\{a_1, a_2, \cdots, a_{50}:2\}$ 的子集;②$\{a_8, a_{55}:1\}$,因为 $\{a_8, a_{55}\}$ 不是 $\{a_1, a_2, \cdots, a_{50}:2\}$ 的子集,而是 $\{a_1, a_2, \cdots, a_{100}:1\}$ 的子集。然而,从极大频繁项集我们只能断言两个项集 $\{a_2, a_{45}\}$ 和 $\{a_8, a_{55}\}$ 是频繁的,但是不能断言它们的实际支持度计数。

3.4.5　安全分析常用算法

　　网络信息内容安全分析本质上属于数据挖掘应用的一种,其常用算法涵盖但不限以下多种。

1. 决策树方法

　　决策树表示形式简单,所发现的模型也易于为用户理解,是挖掘分类知识中最流行的方法之一。它利用信息论中的信息熵作为节点分类的标准,建立决策树的一个节点,再根据属性当前的值域建立节点的分支。决策树的建立是一个递归过程。在知识表示方面具有直观、易于理解等优点。最早的决策树算法是 ID3 方法,它对较大的数据集处理效果较好。在 ID3 的基础上,Quinlan 又提出了改进的 C4.5 算法。

2. 模糊集方法

　　模糊集方法是利用模糊集合理论对实际问题进行模糊评判、模糊决策、模糊模式识别和模糊聚类分析,是一种应用较早的处理不确定性问题的有效方法。系统的复杂性越高,模糊性越强。模糊集理论是用隶属度来刻画模糊事物的亦此亦彼性的。

　　在很多场合,数据挖掘任务所面临的数据具有同样的模糊性和不精确性,因此把模糊

---

　　① Y 是 X 的真超项集,即 X 是 Y 的真子项集,$X \subset Y$。换言之,X 中的每一项都包含在 Y 中,但是 Y 中至少有一个项不在 X 中。

数学理论应用于数据挖掘则顺理成章。使用模糊集方法可以对已挖掘的大量的关联规则的有用性、兴趣度等进行评判,也可用于分类、聚类等数据挖掘任务。

3. 神经网络方法

神经网络是指一类计算模型,它模拟人脑神经元结构及某些工作机制,利用大量的简单计算单元连成网络来实现大规模并行计算,它有并行处理、分布存储、高度容错、自组织等诸多优点,因此它是数据挖掘中的重要方法。近年来人们研究从训练后的神经网络中提取规则的方法,从而推动了神经网络在数据挖掘分类问题中的应用。神经网络的知识体现在网络连接的权值上,它是一个分布式矩阵结构;神经网络的学习体现在神经网络权值的逐步调整上。在数据挖掘中应用最多的是前馈式网络。它以感知器、反向传播模型、函数型网络为代表,可用于预测、模式识别等方面。

4. 粗糙集方法

粗糙集是一种刻画不完整性和不确定性的数学工具,能有效地分析和处理不精确、不一致、不完整等各种不完备信息,并从中发现隐含的知识,揭示潜在的规律。粗糙集的核心概念是不可区分关系以及上近似、下近似等。对于给定的一个信息表,粗糙集的方法是通过等价类的划分寻找信息表中的核属性和约简集,然后从约简后的信息表中导出分类/决策规则。对信息表进行属性约简,获得和原信息表具有相同信息分布的子表,提高了数据挖掘的效率,并且使得获得的知识更为简单、易于理解。属性约简是数据挖掘中数据预处理阶段的重要环节。

粗糙集理论具有良好的数学性质和可解释性,但在应用于实际数据时,还需要解决复杂度高、数据中的噪声等问题。

5. 统计分析方法

统计方法是从事物的外在数量上的表现去推断该事物可能的规律性,统计分析的本质是以数据为对象,从中获取规律,为人类认识客观事物,并对其发展趋势进行预测、决策和控制提供有效的依据。统计分析方法在数据挖掘中有许多应用,理论也最为成熟。常见的统计方法有回归分析、判别分析、差异分析、聚类分析、描述统计、相关分析和主成分分析等。

6. 生物智能算法

生物智能算法在优化与搜索应用中前景广阔,用于数据挖掘中,常把任务表示成优化或搜索问题,利用生物智能算法可以找到最优解或次优解。生物智能算法主要包括以下几个方面:

(1) 遗传算法。该方法是由 John Holland 于 1975 年提出的一种有效地解决最优化问题的方法,是一种基于生物进化理论的技术。其基本观点是"适者生存",用于数据挖掘中,则常把任务表示为一种搜索问题,利用遗传算法强大的搜索能力找到最优解,是一种仿生全局优化方法。遗传算法作用于一个由问题的多个潜在解(个体)组成的群体上,并且群体中的每个个体都由一个编码表示,同时每个个体均需依据问题的目标函数而被赋予一个适应值。遗传算法是多学科结合与渗透的产物,它广泛应用在计算机科学、工程技术和社会科学等领域。

(2) 蚁群算法。该方法由意大利学者 Dorigo M. 等在 20 世纪 90 年代初首先提出。

它是一种新型仿生类进化算法,是继模拟退火、遗传算法、禁忌搜索等之后的又一启发式智能优化算法。蚂蚁有能力在没有任何提示的情况下找到从巢穴到食物源的最短路径,并且能随环境的变化,适应性地搜索新的路径,产生新的选择。蚁群算法成功地应用于求解 TSP、二次分配、图着色、车辆调度、集成电路设计及通信网络负载等问题。

（3）粒子群优化（PSO）算法。该方法是一种基于群体智能的随机优化算法,源于对鸟群或鱼群群体运动行为的研究。由于 PSO 算法概念简单、易于实现、调整参数少,现已广泛应用于许多工程领域。然而,粒子群优化算法具有易于陷入局部极值点、进化后期收敛慢、精度较差的缺点,为了克服粒子群优化算法的缺点,目前出现了大量的改进粒子群优化算法。

（4）人工鱼群算法（AFSA）。该方法是李晓磊等于 2002 年提出的一种基于动物自治的优化方法,是集群智能思想的一个具体应用。它的主要特点是不需要了解问题的特殊信息,只需要对问题的解进行优劣的比较,通过各人工鱼个体的觅食、聚群和追尾等局部寻优行为,最终在群体中使全局最优解突显出来。该算法具有良好的求解全局极值的能力,收敛速度较快。

3.5　本 章 小 结

本章介绍了网络信息内容的预处理技术,重点从文本预处理技术、文本内容分析方法、文本内容安全应用三个方面介绍了文本内容安全状态。文本预处理技术涉及中文分词技术、文本表示和文本特征提取,中文分词涉及机械分词法、语法分词法。文本表示介绍了布尔模型、向量空间模型和概率模型等内容。文本特征提取给出了停用词过滤、文档频率阈值法、TFIDF 方法及信噪比的内容。在 3.4 节中,分别从分类分析、聚类分析以及关联分析三个方面介绍了网络信息内容常用的安全分析方法,为后续的网络信息内容处理提供解析方法及量化指标。本章内容重点是网络信息内容的预处理技术,难点是文本的安全分析。

习　　题

1. 简述文本信息的语义特征。
2. 如何进行文本特征提取?
3. 词语情感倾向性分析有哪些方法?
4. 如何衡量特征抽取过程与选择过程所造成的信息损失?
5. 列举安全分析常用的方法有哪些? 聚类和分类方法最主要的区别在于?

第 4 章

网络流量分析及入侵检测

4.1 网络流量分析概述

理论讲解

实验讲解

近年来互联网发展迅猛,其规模飞速膨胀,网络流量越来越大,网络信息对人们生活的影响也越来越深远。然而网络中非关键业务如垃圾邮件、恶意拒绝服务攻击等行为正大量消耗网络带宽资源,并显著影响一些关键业务的正常展开。一方面,通过对网络中的各种业务流量进行深度分析,建立合适的预测模型,及时发现网络中的异常,可以使网络管理更主动,为网络的持续高性能运行提供主要的保障,为规划、设计网络提供科学依据,是维护互联网正常运作的关键举措。另一方面,随着网络技术的高速发展以及 SSL、SSH、VPN 和 Tor 等加密技术在网络中的广泛使用,网络加密流量快速增长且在改变威胁形势。加密流量给攻击者隐藏其命令与控制活动提供了可乘之机,攻击者已将加密作为隐藏活动的重要技术手段。针对包括加密流量在内的网络流量进行分析识别,高准确度识别与恶意流量检测对保证网络信息安全和维护网络正常运行具有重要的实际意义。

4.1.1 网络流量分析目的及现状

伴随着信息科学技术的快速发展,互联网业务已经从传统的通信咨询升级到现在的电子商务、智慧城市、人工智能等综合性服务。未来,在云计算、大数据、物联网等应用的带动下,互联网将进一步推动生产服务业、现代制造业、农业和文化产业的发展与转型升级。2018 年 4 月,国家领导人习近平总书记在全国网络安全与信息化会议中明确指出了信息领域核心技术的突破对实现社会经济稳定运行做出的突出贡献,强调了网络安全对新型工业化、农业现代化、生态城镇化可持续进步的安全保障。互联网业务种类繁多,用户规模不断上升,场景更加丰富,随之带来了以下几方面问题。

(1) 网络宽带资源严重消耗,网络资源的时域空域分布不均衡。例如,学校或者商务办公区在工作日会消耗大量的网络资源,而周末的资源消耗相对较少,与此同时住宅区或者商业中心的资源消耗增加。在空间上,城市和乡镇由于地域的差异,网络资源的利用率会有很大不同。

(2) 用户对于应用的服务质量(Quality of Service,QoS)得不到保障,增多的应用业务、不断扩大的数据规模导致网络阻塞、带宽利用率下降等一系列问题。新兴互联网业务的出现造成许多网络资源只是被部分利用,容易出现链路负载不均衡的情况,导致网络中出现大量拥塞并且耗能巨大。

（3）互联网的用户数量逐年增长，新型网络应用迅猛发展，网络安全遭受威胁。用户在使用互联网应用的过程中会遭遇个人信息泄露、病毒木马植入、网络虚拟诈骗等安全威胁，对人们的经济和精神产生一定的损失。如何对网络病毒和恶意进程进行流量识别成为维护网络安全的前提。

针对网络恶意流量检测及预测困难，非主要业务导致的网络频谱资源的减少等问题，需要对网络流量进行实时预测和分类。随着网络设施的不断完善，能够提取的网络流量特征日益丰富，如何利用新兴的网络信息内容安全处理技术从网络流量数据中提取有价值的特征进而解决网络安全威胁问题受到广泛关注。从运营商的角度考虑，高效准确地对网络恶意流量进行检测及业务识别，可以提高网络资源的利用率，节约网络资源，减少网络堵塞和恶意流量威胁，满足用户对应用的服务质量的需求；对于用户而言，网络流量的检测和识别有利于使用户预知网络环境的好坏，提升安全上网体验。因此，网络流量高效实时预测及业务识别方法在实际生活和应用中都有深远的意义。

网络流量分析和预测建模是在已有的线性和非线性随机序列分析技术的基础上，对未来某个时间段内某个网络节点即将产生的网络数据流量进行精确预测的数据分析技术。伴随着网络规模的不断扩大和新兴网络应用业务的涌现，网络流量出现了许多复杂的特性，网络流量分析与预测方法有了本质的变化。在网络流量特性中，自相似性、相关性、周期性、突变性尤为重要，流量预测模型从基本的随机过程理论诸如马尔可夫过程、布朗运动和泊松过程，发展到了以自相似特性等理论为基础的复杂模型。

典型流量预测模型如自回归模型（Autoregression，AR）是拟合平稳序列的模型之一，自回归移动平均模型（Autoregression Moving Average，ARMA）是自回归模型和移动平均模型的混合，具有更精确的谱分辨率和更好的拟合效果。自回归积分滑动平均模型（Autoregression Integrated Moving Average，ARIMA）以时间序列的自相关分析为基础，在网络流量预测的过程中既考虑了流量趋势在时间上的周期相关性，同时引入随机波动等干扰性因素。随着非线性业务的出现，以上传统的线性预测模型已经不能描述非线性网络业务，许多能够描述网络流量特性的非线性预测模型不断被提出，如基于统计特性的多重分形小波模型（Multifractal Wavelet Model，MWM）、灰色模型、门限自回归（Threshold Autoregression，TAR）模型、支持向量机（Support Vector Machine，SVM）、混沌理论（Chaos Theory）模型、人工神经网络（Artificial Neural Network，ANN）模型。随着时间序列预测技术的逐渐成熟，在其他方面也出现了许多丰富多样的预测模型。有研究者所提出的长短期记忆神经网络通过由许多存储器单元组成的二维网络来考虑交通系统中的时空相关性，取得了良好的预测效果；有研究者采用非线性自回归和时间序列神经网络算法来对网络流量数据集的建模，通过改变延迟系数 r 使预测的结果更加精确。Wang Qiming 等在基于支持向量机的预测模型的基础上，通过模糊层次分析法优化 SVM 的损失函数，不仅可以跟踪网络流量的变化趋势，而且可以实现预测误差波动很小的精确预测。卷积神经网络（Convolutional Neural Network，CNN）方法可以利用网络流量的非线性规律，在数据的平均绝对值和标准差方面提供显著改进，并且其预测精度高于线性模型。

随着互联网大数据时代的到来,网络流量波动趋势表现出复杂多样的宏观特性。采用数据挖掘算法对网络流量特征进行提取,并对网络流量的变化趋势建模,达到网络预测的实时性需求变得尤为重要,是实现网络安全态势监控的先决条件,也是国家提高网络服务质量和实现网络安全管理的基础。

4.1.2　网络流量分析定义及特性

网络流量是单位时间内通过网络设备或传输介质的信息量(报文数、数据包数或字节数)。基于TCP/IP的四层协议的体系结构显示,通过网络传输的会话数据一般以四种形式存在,分别是帧、包、数据报和消息。数据在网络接口层会组装成帧的形式进行传输,每一帧包含数据和控制信息,无法从中提取出流量的类型信息;在网际层中传输的数据分组或者数据包,比帧级数据包含了更多的信息,但是可提取的特征并不充足;在应用层的消息中含有最丰富的统计特征,但是消息的特征获取方式比较困难,而且特征解析过程需要大量的传输协议,不符合网络流量实时分类的要求。在网络流量分类问题中,网络数据流是指由五元组数据包(源IP地址、源端口号、目的IP地址、目的端口号、协议类型)组成的序列,一条网络流中含有多个数据包。网络数据流反映的是某种网络应用的实际使用状态,主要包含三类重要的信息,如图4-1所示。

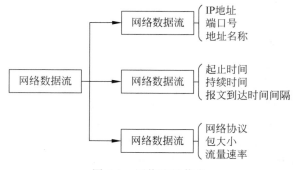

图 4-1　网络流量信息

网络流量的特性主要分为宏观特性和微观特性。网络流量的宏观特性是指根据网络流量变化趋势能直观看到的特征,包括在一定时间范围内表现出的自相似性、周期性、长相关性、突变性等特点。

1. 自相似性

自相似性是指网络流量在一定的条件下,局部变化的趋势、结构等信息与整体变化的状态相似。20世纪90年代初,有学者研究发现处于不同的网络应用环境下,在网络流量中都能检测到自相似特性。自相似的定义如下:

对于连续的随机过程满足条件:$\{X(t), t \in \mathbf{R}\}$,对于任何 $d \geqslant 1$,且随机过程的任意时刻 $t_1, t_2, \cdots, t_d \in T$ 和 $a > 0$,都有:

$$(X(at_1), X(at_1), \cdots, X(at_1)) \underset{=}{d} (a^H X(t_1), a^H X(t_2), \cdots, a^H X(t_d)) \qquad (4\text{-}1)$$

式中,d 为随机过程的分布式渐进分布。

对于任意的 $a > 0$,$\{X(at), t \in \mathbf{R}\}$ 与 $\{a^H(t), t \in \mathbf{R}\}$ 的分布具有相同的特性,则 $X(t)$

是具有参数 H 的自相似随机过程。参数 H 是用来表示随机过程自相似程度的唯一参数,称为 Hurst 参数,取值范围为(0,1)。

2. 周期性

周期性是指在一定时间范围内,网络流量在不同的时间区间有反复出现的、相似的变化趋势,其周期性是客观存在的,是局部对局部的概念,周期的长短可以是任意的时间单位。在网络管理的过程中可以根据网络流量周期规律提前规划,提高管理效率。

3. 长相关性

长相关性是指在长时间范围内网络流量表现出的变化规律。若随机过程的自相关函数满足式(4-2),则具有长相关性。

$$\sum_{k=1}^{+\infty} |r(k)| = +\infty, r(k) = \frac{E[(x_i-\mu)(x_{i-k}-\mu)]}{E[(x_i-\mu)^2]} \tag{4-2}$$

式中,μ 为随机过程的均值。

网络流量的长相关性与其自相似性密不可分,自相似性表现的是网络流量在整体与局部之间的关联性;当时间长度一定时,从宏观整体上分析,网络流量在长时间范围内表现出来的是长相关性。

4. 突变性

随着网络环境的日益复杂,网络应用也越来越多,网络流量可能在某瞬间表现出一定的突变性。这种突变性很难预测,因为在复杂的网络环境中,任何因素都可能导致突变发生,给网络的规范化管理和安全运行带来巨大的挑战。

网络流量的微观特性主要是对网络流量数据进行更深层次的分析得到的,挖掘出描述网络状态的多种特征及其取值。例如源端口发送的包的数目、目的端口接受的包的数目以及主机连接的有效 IP 数目、上下行数据包数目、上下行字节数目、通信中使用的网络协议等。网络流量的微观特性主要用于流量分类和网络的异常入侵检测,对微观特性的深入研究是网络流量分类的基础。目前学者统计出来的网络流量特征多达 256 种,表 4-1 给出了部分网络流量微观特征,其中数据包大小及其分布特性、包到达时间间隔相关特征、上下行字节数之比、下行字节速率等特征在网络流量统计特性中占有重要地位。

表 4-1　部分网络流量微观特征

特 征 描 述	网络数据流对象
包大小的均值、方差、最大值、最小值	上行、下行、整体
包到达时间间隔的均值、方差	上行、下行、整体
上下行字节数之比	上行、下行
下行字节速率	下行
有效 IP 数目	下行
分组速率	上行、下行、整体
子流片段数目	下行

网络流量复杂的宏观特性和多样的微观特性对其自身的变化趋势和业务使用产生了很大的影响,如何能够定性或者定量地进行实时预测和业务识别成为网络管理者首先需

要解决的问题。解决这一问题的前提是能够精确掌握网络流量特性的变化规律,通过数据挖掘技术对网络流量特性进行深度挖掘来实现实时预测和业务识别。

4.1.3   网络流量分析流程概述

网络流量统计分析是网络运行管理、网络测量、网络性能分析及网络规划设计中的一个重要内容,对网络流量行为特征的分析可以在不同测量粒度或者不同的层面上展开。其中,比特级的流量分析主要关注网络流量的数据特征,如网络线路的传输速率、吞吐量的变化等。分组级流量分析关注的是 IP 分组的到达过程、延迟、抖动和丢包率等。流级流量分析的划分主要依据地址和应用协议,它主要关注流的到达过程、到达间隔及其局部的特征。一般使用一个由源 IP 地址和端口号、目标 IP 地址和端口号以及应用协议组成的五元组描述。上述流量的粒度由小到大递增,时间尺度也逐渐增大,在不同时间尺度下,网络流量往往表现出不同的行为规律。例如,毫秒级的细时间粒度的网络流量行为主要受到网络协议的影响;小时以上的粗时间粒度的网络流量行为主要受到外界因素的影响,而两者之间的秒时间粒度上的网络流量则表现为自相似性。通常,网络设备本身都提供基于 IP 分组头的分析功能,因此,流级别的流量分析逐渐成为发展趋势。

4.2   网络流量获取

4.2.1   网络流量获取的一般方法

网络流量的测量与分析系统一般由数据采集、数据存储和数据分析三个部分组成。数据采集捕获流量信息,并把它们发送到数据存储设备进行存储,数据分析负责对存储的流量数据和模型进行分析处理。通常,要分析和研究网络流量所体现的各种特性,首先需要获得大量有效、可靠的真实网络流量数据,通过统计和分析这些由业务流量构成的时间序列,就可以获得网络业务的各种特性。在第 2 章中对通过截包技术来获取网络流量的方法已经做了详细介绍。在本节中,我们对获取真实网络流量的其他途径进行简单介绍。

1. 专业软件获取

目前,国内外主要使用的流量采集和特性分析工具包括开源工具 MRTG 、SnifferPortable 和思科(Cisco)公司的 Netflow 等。其中 MRTG 是一个免费软件,支持 UNIX 和 Windows NT 操作系统,结果输出采用 Web 页面形式。MRTG 通常被网管人员用来收集网络节点端口流量统计信息,是典型的监视网络链路流量负荷的工具。它将真实流量数据统计信息通过 HTML 页面实时输出,使维护人员可以迅速地发现网络的故障和可能发生故障的节点;其缺点是分析功能不强,一般不用于复杂的分析。

SnifferPortable 属于 NetworkAssociates 公司的 Sniffer 产品系列。一般来说,用 Sniffer 采集流量的过程就是将安装了 Sniffer 的主机接入交换机的某个端口,然后将其他需要采集流量的交换机端口(可以不在同一交换机)流量映射到此端口,从而实现通过对一个端口的扫描就可以采集到多个端口的流量。通过端口映射可以实时采集多种数据并保存到数据库中,也可以通过其分析部件实时监视和显示这些数据的统计信息,比较适合小范围内的性能维护和分析。

NetFlow 是一项流量特征监控技术,可以提供全面的历史和实时网络性能数据,非常适合网络性能的分析。NetFlow 由流采集器、流收集器和数据分析器三个部分组成,描述了用于路由器输出流量的统计数据方法。首先,在路由器接口上启用 NetFlow 流收集功能,就可以根据 flow 统计流入该接口的数据包的流量信息,把这些信息动态存储在一个缓存中,按照一定的规则将其输出,然后利用 NetFlow 数据分析器对这些数据进行统计分析,从中提取流量特性,这些统计信息对于网络管理、监控、规划和趋势分析都是非常有意义的。NetFlow 非常适用于大型的网络,实施方便而且不受速率的限制。

2. 网络开源流量数据集

实际上,互联网上也有一些免费提供的流量数据供研究人员下载使用,例如美国的 NLANR 项目就提供了一些测量得到的流量数据;同时,也可以从互联网数据流量文库 http://www.acm.org/sigcomm/ITA 中获得短时间内的数据流量;流量文库 http://newsfecd.ntcu.net/news 也收集并提供了主节点路由器 NEW 在任意时间段的流量数据。

3. 个人或组织开发的抓包和分析工具

有一些组织或个人出于研究目的,自行开发了一些简单的网络工具来实时地抓取网络链路上的流量数据,并对其进行统计和分析。例如有研究者基于.NET 开发框架,采用 Visual C++.NET 开发了一种分布式网络流量测量和分析系统。该系统采用了分布式的解决方案,提出基于主动测量和被动测量相结合的测量方法,可以根据网络的复杂程度进行域的划分,具有良好的伸缩性和扩展性;同时,该系统还向用户提供了友好的 Web 界面,使用户可以通过相对较为灵活的操作方式来选择分析的对象,并以直观的图形将网络历史数据和实时业务流量的状况显示出来,为大规模网络流量的监测和分析提供了一个很好的支持平台。分布式网络流量采集器如图 4-2 所示。

在实际分析过程中,可以根据需要选择已有流量集或网络流量采集器进行流量收集。

4.2.2　网络流量采集典型数据集

随着网络技术的不断进步、网络应用的不断增多,网络流量迅速爆发,对于服务质量、带宽计费以及入侵检测等网络管理而言,准确的流量分类变得更加重要。为便于研究分析,有很多组织或个人已经提供了具有准确应用类型标签的网络流量数据集,典型数据集有如下几种。

1. KDD CUP99 数据集

KDD CUP99 数据集是专门用来研究评估入侵检测算法的数据集。该数据集在 DARPA98 数据集的基础上进行了预处理,提取出了以"连接"为单位的大量数据记录,包含了丰富的入侵数据类型,目前已成为 KDD CUP 竞赛使用的专有数据集。KDD CUP99

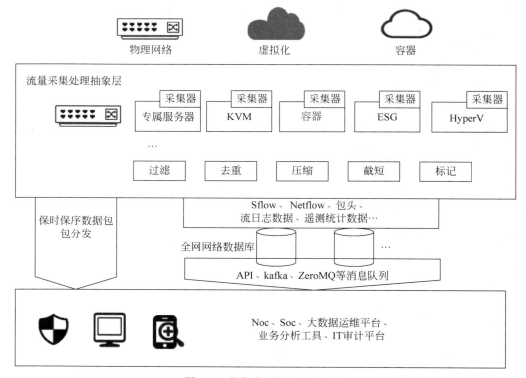

图4-2　分布式网络流量采集器

数据集总共含有490万个数据,在使用 KDD CUP99 数据集进行算法验证时,一般只从完整数据集中取10%的数据作为测试集,即正常行为数据97278个和异常行为数据396473个。由于 KDD CUP99 数据集中的所有数据都是使用 Tcpdump 工具获得的网络原始数据包,再对数据包进行 ASCII 格式变换后的数据,因此在数据集中入侵数据的比例比较高,用于对正常数据的关联分析或异常数据的聚类分析都不合适,所以在使用数据集前需要对入侵数据进行筛选。

KDD CUP99 数据集中主要有以下几种类型的攻击。

(1) 拒绝服务(Denial of Service,DoS)攻击。

(2) 非法的远程主机访问(Remote to Local,R2L)攻击。

(3) 本地超级用户的非授权访问(User to Root,U2R)攻击。

(4) 侦察和探测(Probing)攻击。

(5) 数据传输攻击。

另外,KDD CUP99 数据提供了41个特征,可分为4类:基本特征、流量特征、内容特征、其他特征。

1) 基本特征

对使用 Tcpdump 工具从网络中捕获的每一个数据包进行格式转换后,可生成统一格式的记录,其中含有的基本特征有9个,各特征含义如表4-2所示。

表 4-2　基本特征表

特 征 名 称	特 征 描 述	特 征 类 型
Duration	连接时间长度	连续型
Protocol_type	协议类型,如 TCP 等	离散型
Service	目的主机网络服务,如 HTTP 等	离散型
Src_bytes	从源主机到目标主机的数据的字节数	连续型
Dst_bytes	从目标主机到源主机的数据的字节数	连续型
Flag	错误或正常连接的状态	离散型
Land	若连接到相同主机或端口为 1,其他为 0	离散型
Wrong_fragment	错误分段的数量	连续型
Urgent	紧急包的数量	连续型

2) 流量特征

为了检测 DoS 攻击和 Probing 攻击,需要有这两种攻击的相关特征数据,数据集中主要有以下两种流量特征:统计与当前连接目的主机相同的流量属性(只统计过去的 2 秒)以及统计与当前连接服务相同的流量属性(只统计过去的 2 秒)。通过对两个流量属性在过去 2 秒内的检测可以获得当前目的主机相同、连接服务相同的比例,从而得到不同服务的连接所占的百分比,例如,REJ 错误(拒绝连接)所占的百分比。具体含义如表 4-3 所示。

表 4-3　流量特征具体含义

特 征 名 称	描 述	数 据 类 型
count	在过去 2 秒内与当前连接连接到相同主机的连接次数	连续型
serror_%	连接有 SYN 错误的百分比	连续型
rerror_%	连接有 REJ 错误的百分比	连续型
same_srv_%	有相同服务的连接的百分比	连续型
diff_srv_%	有不同服务的连接的百分比	离散型
srv_count	在 2 秒内与当前连接具有相同服务的连接次数	连续型
syn_rerror_%	连接有 SYN 错误的百分比	连续型
rej_rerror_%	连接有 REJ 错误的百分比	连续型
srv_diff_host_%	到不同主机的连接的百分比	连续型

3) 内容特征

内容特征通过分析连接的内容,将有关的连接内容转成了"内容特征",用于表征并发现 R2L 攻击和 U2R 攻击。具体含义如表 4-4 所示。

表 4-4　内容特征具体含义

特 征 名 称	描 述	数 据 类 型
hot	票器的数量	连续型
num_failed_logins	尝试登录失败的次数	离散型
logged_in	成功登录为 1,否则为 0	连续型
num_compromised	compromised 情形的数量	离散型

续表

特 征 名 称	描　　述	数 据 类 型
root_shell	获得根权限为1,否则为0	离散型
su_auttempted	若尝试用根用户登录命令为1,其他为0	连续型
num_root	以根用户访问的数量	连续型
numfile_creation	文件创建操作的数量	连续型
num_shells	Shell prompts 的数量	连续型
num_access_files	文件存取操作的数量	连续型
num_outbound_cmds	fip 会话中外部绑定连接的数量	连续型
is_hot_login	若登录属于 hot 列表为1,否则为0	离散型
is_guest_loin	若以 guest 登录为1,其他为0	离散型

4）其他特征

其余 10 个特征如表 4-5 所示。

表 4-5　其他特征

特 征 名 称	数 据 类 型
dst_host_count	连续型
dst_host_srv_count	连续型
dst_host_same_srv_rate	连续型
dst_host_diff_src_rate	连续型
dst_host_same_src_port	连续型
dst_host_srv_diff_host_rate	连续型
dst_host_serror_rate	连续型
dst_host_srv_serror_rate	连续型
dst_host_rerror_rat	连续型
dst_host_srv_rerror_rat	连续型

2. NSL-KDD 数据集

NSL-KDD 数据集是 KDD CUP99 数据集的改进版,解决了 KDD CUP99 数据集的许多潜在问题。NSL-KDD 数据集没有改变 KDD CUP99 数据集的基本结构,其中约有 4900000 条网络连接,以行向量表示,每一条向量由 41 个特征值和 1 个分类标识组成。NSL-KDD 数据集改进的地方在于：①去除训练集中的冗余数据；②去除测试集中的重复数据；③协调数据集中的训练集、测试集的维度数,以更好地适应机器学习建模的需求。由于 NSL-KDD 数据集中的数据无法直接用于机器学习建模,所以在进行应用时需要对其先进行预处理,使其具有现实意义的特征值转变为数学模型可以使用的特征值。预处理一般可以分为三步：数据转化、数据归一化和数据离散化。

1）数据转化

在 NSL-KDD 数据集中约有 4900000 行数据,每一行代表着一个网络连接的实例。与之对应的是 42 列数据,每一列代表一个网络连接中的属性。变化较为频繁的属性包括

Duration、Protocol_type、Service、Src_bytes 和 Dst_bytes 等。算法模型的主要变化来源于实例中的这些属性。42 个属性并不是所有属性都以数值表示，所以无法直接在建模中使用。因此，在实际应用时需要通过数据转化把其中值为字符串的特征转化为用数值表示。原始的 NSL-KDD 数据中的第 42 列特征值代表的是网络连接是否是一个攻击。若当前链接是一个正常网络链接，则特征值为 normal；若当前链接是一个有异常的网络链接，则特征值会表明网络攻击的名称。可使用机器学习方法把网络连接类型进行二分类，特征值为 normal 的转化为 0，其他所有攻击都归为异常，转化为 1。例如把 tcp 映射成数值 2，udp 映射成数值 3，icmp 映射成数值 4。

2）数据归一化

NSL-KDD 数据集体量十分庞大，因此预先对数据进行归一化处理，以进一步加强入侵检测的效率和准确性。由于 NSL-KDD 数据集的产生没有任何规律可以预测，也不符合正态分布模型。因此，对归一化方法的选择可以不用考虑协方差的影响。一般可使用 min-max 方法对数据进行归一化，与其他归一化方法相比较，其具有计算量小的优点。

3）数据离散化

数据离散化的作用在于将同质的连续值归为一类，即使用范围离散化对连续型数据进行处理。在实际应用中，可分别抽取训练集和测试集的 20%、40%、60%、80% 作为实验数据，然后在得到的训练集中随机抽 15% 作为开发集。考虑到实验结果的波动性，每一次实验的训练过程建议重复 10 次，最终结果为不同比例条件下所有相关实验的平均值。另外由于四大攻击类型的数量相差悬殊，在不同攻击类型设置为未知攻击的条件下，检测方法对不同攻击类型的检测性能有所不同，因此具体在检测之前对每一类别数据都分别进行了未知检测评估。

3. UNSW-NB15 数据集

为了解决现有数据集中数据内容陈旧以及数据不平衡的问题，许多研究机构都进行了相应的研究，但多少都存在一些问题。例如 SSENet-2011 数据集采用了人工操作生成数据的方式，虽然值得借鉴，但是该数据集在生成过程中并没有完整的实验方案，漏洞很多。DARPA-2009 数据集虽然基本解决了数据陈旧的问题，但是攻击记录与正常记录之间存在不平衡，导致高度虚假的报警率，也无法发现零日攻击。在众多研究中，表现最为突出的是澳大利亚网络安全中心 Cyber Range 实验室推出的 UNSW-NB15 数据集。该数据集是一个用于网络入侵检测评估的综合数据集。为了满足当前的流量特点，该数据集混合了当前网络流量中的正常活动和异常行为的网络流量。在该数据集生成的过程中除了采用之前研究的成果外，也添加了许多新技术。

首先，在实验网络环境配置方面，使用最新的技术如 IXIA 流量生成器；在搭建网络方面，使得网络与实际的网络更加相近，从而使得生成的网络流量与真实网络流量的相似度更高。其次，为了表示真实的现代威胁环境，IXIA 工具使用了 9 个攻击类型。这些攻击包含从公共漏洞和暴露（Common Vulnerabilities & Exposures，CVE）网站上连续更新的新攻击的所有信息。CVE 网站是对公开信息安全漏洞进行曝光的专用网站。网络流量的收集分为两个阶段。第一个阶段，使用 Tcpdump 工具从网络中捕捉 16 个小时内产生的网络流量数据包,一共捕捉了 50GB 的文件。此时,IXIA 工具被设置为每秒产生一次攻击。第二阶段,IXIA 被配置为每秒产生 10 次攻击,用同样方法收集 50GB 流量数据包,用时 15 个小时。最后,是对收集数据的处理及数据集的特征提取过程。由于使用 Tcpdump 工具收集的 PCAP 文件不便于处理,因此 Nour Moustafa 等使用 Argus 和 Bro-IDS 工具以及 12 种现代算法提取了 5 大类共 47 个特征,如表 4-6 所示。

表 4-6　UNSW-NB15 数据集的特征

特　　征	特征编号(数量)	特征标记内容
Flow	1~5(5)	用于标记主机间的属性,如 IP 地址端口号等
基本特征	6~18(13)	协议中呈现的属性,如生存时间、字节数等
内容特征	19~26(8)	概括了 TCP/IP 协议的属性,主要包含一些 HTTP 服务的属性
时间特征	27~35(9)	包含属性时间,如包裹间的到达时间、起始包裹时间和 TCP/IP 协议往返时间
附加生成时间	36~40(5)	通用目的特征:通过每一个特征都有其目的,根据此保护协议服务
	41~47(7)	连接特征:建立在基于最优厚一次特征的序列命令的 100 个连接记录流

此外,为了标记该数据集,提供了两个属性用于标记攻击的类型,用于标记是正常(值为 0)还是攻击(值为 1)。因此,该数据集具有 49 个特征,共包含四个 CSV 文件,文件名称分别是 UNSW-NB15_1.csv、UNSW-NB15_2.csv、UNSW-NB15_3.csv 和 UNSW-NB15_4.csv,每个 CSV 文件包含攻击和正常记录。前三个 CSV 文件每个文件包含 70 万条记录,第四个文件包含 440044 条记录,合计为 2540044 条记录。由于该数据集的数据量也过于庞大,因此从总数据集中选取大约 10% 用作训练集 UNSW_NB15_training-set.csv 和测试集 UNSW_NB15_testing-set.csv。训练集和测试集数据分布如表 4-7 所示。

表 4-7　UNSW-NB15 数据集的数据分布情况

种　　类	训　练　集	测　试　集
Normal	56000	37000
Fuzzers	2000	677
Analysis	1746	583
Backdoors	12264	4089
DoS	33393	11132
Exploits	18184	6062
Generic	40000	18871
Reconnaissance	10491	3496
Shellcode	1133	378
Worms	130	44
Total Records	175341	82332

4.3　常用的流量分析模型及方法

目前比较主流的网络流量分析识别技术主要有三种：基于特定的协议类型的识别方法，也称为端口识别方法；基于有效载荷的识别方法；基于流统计特征和机器学习的识别方法。由于网络流量具有各自不同的特点，随着网络应用的增多，许多业务不局限于使用固定的端口，导致采用现有流量识别分析技术效果退化，只能在特定的网络部署场景下才能使用。

4.3.1　端口分析

端口指的是网络中面向连接服务和无连接服务的通信协议端口。在互联网发展的初期，应用层协议的流量识别是通过端口和应用层协议的对应关系来确定的。端口号为 0～1023 的被称作公认端口，每个端口对应一个特定的应用层协议，通过进程使用的端口号就可以确定该数据报文属于哪一个进程。常见的应用层协议与端口号的对应关系及该协议使用的运输层协议如表 4-8 所示。

表 4-8　常见应用层协议的端口号及其使用的运输层协议

应用层协议	端　　口　　号	使用的运输层协议
FTP	20,21	TCP
TELNET	23	TCP
SMTP	25	TCP
HTTP	80	TCP
pop3	110	TCP
IMAP	143	TCP
SNMP	161	UDP
IPX	213	UDP
HTTPS	443	TCP/UDP
QQ	1080	UDP

但是基于端口的识别方法随着互联网的蓬勃发展开始出现越来越多的问题，新的协议和端口号源源不断加入标准端口号列表，导致标准端口号列表难以维护。更不利的因素正在不断出现，例如许多应用程序采用了动态端口或者端口隐藏技术，并且传统协议也开始尝试采用标准端口以外的端口来进行通信。以上诸多原因，导致基于端口的流量识别方法已经不适用于当前互联网的发展，采用该方法的流量识别越来越少。综上所述，基于端口的网络流量识别技术虽然简单高效，但是其本身的局限性也很明显。基于端口的识别技术对于现今互联网的应用程序已经不具备高识别率，所以，该技术逐渐成为协议识别的辅助手段。

4.3.2　特征码分析

21 世纪初期，随着基于端口的流量识别方法的局限性越来越明显，国内外的研究人员开始从数据包的具体内容中提取应用层协议的特征信息,这些信息通常包括有效载荷中的特征字符串和特征字段等。该识别方法现在已经比较成熟,许多常见的防火墙、入侵检测系统都是采用这种方法,但是这种方法的不足之处在于需要不断地更新应用的特征码。

基于特征码的流量识别技术首先需要对待识别的应用层协议进行深入分析,然后找出在交互过程中与其他应用层协议不同的特征字符串或者特征字段,从而弥补端口号识别流量的缺陷。如果可以确定某个字段或者字符串为某个应用层协议所独有的特征,就可以将此特征作为识别该应用层协议的特征值。特征值的选取情况主要有以下三种情况。

(1) 如果是无固定格式类型的应用层协议样本,可以寻找能够表示该协议样本服务类型的单词作为该协议的静态特征值。

(2) 如果是文本命令类型协议数据包,可以直接提取应用层协议样本中的命令或状态码作为该协议的静态特征值。

(3) 如果是有着固定协议报头的报文,可以将固定报头中的字段类型分成静态字段和动态字段类型,然后查找尽可能长、连续的静态类型字段,最后把该字段作为协议的静态特征值。这种方法对于识别已知的应用,如各种流行的 P2P 应用程序(例如迅雷、六维、Skype、PPS 等)以及一些流媒体应用程序有比较高的正确率。当然这种方法依然存在一些缺陷:当被抓取的数据包被加密后,基于数据报载荷内容的流量识别方法将没有效果。

4.3.3　统计特征分析

基于流量统计特征的流量识别技术的基本思想是利用不同的应用层协议具有不同的流量统计特征。因为不同的网络应用程序有不同的时延、丢包率和带宽的要求,这样就会在流量统计特征方面存在差异。该方法可以根据不同的网络应用具有不同的统计特征来建立特征模型,具体地说,就是可以根据不同应用具有不同的数据流时长以及到达间隔等来建立具体的特征模型。该方法的本质是利用不同网络应用的流量特征差异来进行网络的流量识别。基于流量统计特征的识别方法的特点是不需要分析数据包载荷的具体内容。该方法通过统计数据流中的流的时长、字节大小分布、到达间隔、流间隔分布以及流量间的连接等特性来归纳出某种特定的规律,然后按照这种规律对应用层协议的数据流量进行识别。该方法的优点有许多:一方面,可以处理加密的报文,不会有侵犯用户的隐私的风险;另一方面,应用的特征一般不会因为版本的升级发生大的改变,使得该方法不需要太多维护。随着加密协议的逐渐增多,业内人士也越来越关注基于流量统计特征的识别技术,这种网络流量的识别技术极有可能会成为流量识别领域未来的热点问题。

4.3.4　网络流量分析常见模型

网络流量模型是理解和预测网络行为、分析和评价网络性能、设计网络结构的基础。网络流量建模的基本原则是:以流量的重要特性为出发点,设计流量模型以刻画实际流量的突出特性,同时又可以进行数学上的研究。习惯上,人们称早期的模型为传统的网络流量模型,而随着研究的深入,人们发现网络流量具有自相似的特性,于是就出现了自相似的网络流量模型。

1. 传统网络流量模型

传统的网络流量模型认为若间隔时间 s 足够大,当前时刻 t 与过去时间的业务量是不相关的。这些模型产生的流量通常在时域上仅具有短相关性,随着时间分辨率的降低,流量的突发性得到缓和。它的优点是系统性能评价易于数学解析,但无法描述网络长相关性,因而不能准确描述流量自相似性。基于传统流量模型的典型模型有泊松模型(Poisson Model)、马尔可夫模型(Markov Model)、自回归模型(Autoregressive Model)等。

其中,泊松模型就是时间序列间隔是离散的,呈指数分布,并且时间序列的到达也是服从指数分布。它的核心思想是网络事件是独立分布的,并且只与一个单一的速率参数有关,能够较好满足早期流量建模的需求。但泊松流量模型从不同的数据源汇聚的网络流量将随着数据源的增加而日益平滑,这和实际测试的流量不符。

马尔可夫模型利用某一变量的现在状态和动向去预测该变量的未来状态和动向,在随机过程中引入相关性,可以在一定程度上捕获业务流的突发性。同时马尔可夫模型是一种具有无后效应的随机过程,它的缺点是只能预测网络的近期流量而无法描述网络流量的长相关性。

自回归模型强调时间序列未来的点数由同一时间序列过去的值来决定,采用线性映射,用过去的值来影响将来的值,主要适用于高速通信网络中消费带宽的规划。它的优点是计算相对简单,但由于其自相关函数以指数形式衰减,所以不能很好地模拟比指数衰减慢的自相关结构的流量。

2. 自相似网络流量模型

网络流量的自相似性,是指在统计意义上具有尺度不变性的一种随机过程,其流量具有多重分形的特点,能描述流量的突发性和长相关性,并刻画了业务流量的自相似特性。但在实际的网络业务流中,网络流量一般存在多种特性。因此,自相似模型也难以描述网络流量的全部特征。自相似流量模型有 ON/OFF 模型、分形布朗运动(Fractional Brownian Motion)模型、多重分形小波模型(Multi-fractal Wavelet Model,MWM)等。ON/OFF 流量叠加模型定义了叠加大量的 ON/OFF 源,每个源都有周期交替的 ON 和 OFF 状态,在 ON 状态,数据源以连续的速率发送数据包;在 OFF 状态,不发送任何数据包,且每个发送源处于 ON 或 OFF 状态的时长独立地符合重尾分布。ON/OFF 模型的优点是物理意义明确,可以更加深入地了解自相似本身,但缺点是各个源端必须是独立同分布,且输出速率为常数,而大多数网络业务分布无法满足这些要求。

分形布朗运动模型是一种能够描述网络业务流量自相似特性的模型,它的优点是只需要较少的参数就可以完整地刻画整个模型,有坚实的数学基础,可以方便地应用于流量的实时仿真和特性分析。但缺点是参数较少,使得其描述能力有限,可用来对长相关数据进行建模,但无法描述业务的短相关特性。另外,此模型对非高斯的信号不能很好地分析。因此分形布朗运动模型只适用对局域网内实时流量的仿真和性能分析,而不能完整地描述流量的实际情况。多重分形小波模型是基于 Haar 小波的网络流量模型,其小波模型功率谱在理论上可以任意接近幂律,而功率谱满足幂律的随机过程是自相似的。多重分形小波模型是一个乘法模型,需要较少参数就能对网络流量中的短相关和长相关进行描述,同时,该模型对长相关性给出了物理解释,可以很好匹配实际网络流量,缺点是小波变换并不是在每个尺度下都独立,而且小波基的选取也影响模型的质量。

3. 流量预测模型的发展

随着智能算法的不断发展,流量预测模型良好的非线性映射能力在预测领域中表现出很大的优势和潜力,在网络流量预测领域应用较多的是人工神经网络。人工神经网络(Artificial Neural Network)预测模型是通过采集历史流量数据整理成神经网络的训练集,通过训练确定网络模型,并用该模型估计未来指定时间的流量。神经网络具有优良的非线性特性,特别适用于高度非线性系统的处理,但神经网络技术性能还不十分稳定,而且预测需要大量的训练样本和多次迭代,不断修正模型从而增加了时间和空间复杂度。网络本身是复杂的非线性系统,受到多种外界因素的影响。随着 P2P 等类型的新应用的不断出现和网络业务需求的增长,单一的模型在刻画和预测流量信息时不可避免地会产生较大的误差。近年来,不断有学者根据网络流量存在多个特征的事实,提出将各种模型组合起来得到混合流量模型来预测业务流,混合模型可以拟合多个模型的优点,可以更加全面地描述复杂网络中的流量特性和预测网络流量,但难点是要确定合适的方法。例如,有的学者将小波分析和神经网络结合起来,构造了小波神经网络模型。

4.4　网络流量预测系统

上节介绍了网络流量分析的常见方法及模型,本节将介绍一个网络流量预测系统的设计实现方法。

4.4.1　整体布局设计

一个典型网络流量分析与预测原型系统的网络布局如图 4-3 所示。

由图 4-3 可知,这里研究的网络流量分析与预测系统在布局时将系统分析以及系统控制两部分进行了分离,分别通过两个设备对其进行相关处理。其中,直路设备主要是为了实现流量的分光以及控制,并通过旁路设备实现流量分析以及流量控制策略的下放处理。

这个系统框架综合了旁路以及直路两个方面的优势,通过旁路设备实现协议的剖析,将最终协议分析结果传递到直路设备中,直路设备接收分析结果并通过丢包的方式进行网络流量的直接控制。这样的设计不仅可以避免为了控制协议而引发的业务量,同时可以直接借助于丢包实现流量控制,对于网络影响也比较小。

此外,在具体的处理过程中,数据分析与处理是旁路设备实现的一部分功能。对数据的控制方式分为两种情况,对于简单协议,旁路设备就可以实现控制,对于复杂协议,则要求由直路设备对用户信息进行控制和处理。通常情况下,可以选择防火墙作为直路设备,具体的网络流量数据采集流程如图 4-4 所示。

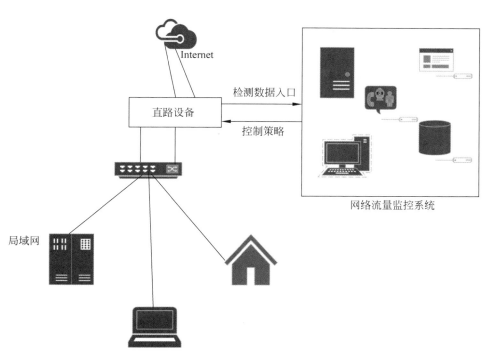

图 4-3 网络流量分析与预测原型系统的网络布局图

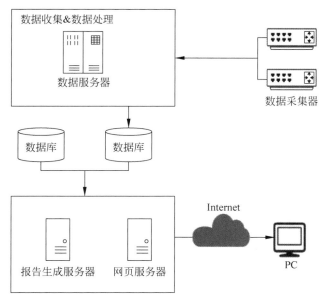

图 4-4 采集网络数据的流程示意图

4.4.2 系统结构设计

系统网络架构的选择包括硬件和软件两个部分。其中,硬件平台的选择必须明确系统的职能、运作模式。而软件平台的选择应该从系统的先进、成熟、易用性、可靠性、可扩展性等因素来考虑。网络流量分析与预测系统采用三层结构模型开发,使得系统可以轻松地实现分布式管理,其体系架构如图 4-5 所示。

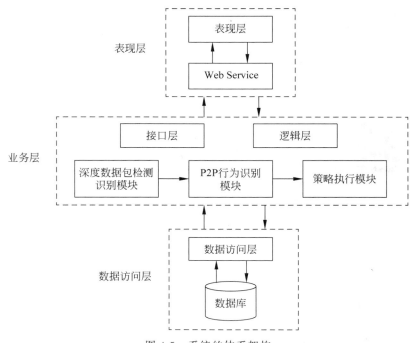

图 4-5　系统的体系架构

1. 表现层

表现层是实现客户浏览器显示的用户界面。表现层的主要目的是将中间业务层中的逻辑数据以适当的形式展现给用户,同时接收用户的操作与输入,其功能的实现是通过 HTML 语言以及 CSS 模式。该模块的主要功能包括制定和更新流量控制策略,将控制策略发送到后台模块进行处理。该模块是系统与用户之间的交互接口,网络管理员通过该模块选择或者输入流量控制的指令,输入的信息包括需要控制流量的协议、需要截断通信连接的应用程序等。模块根据用户的输入自动生成控制策略,其中包括目标设备、目标协议、控制方式(限流或者是阻断)等。

2. 业务层

业务层包括接口层和逻辑层。业务层是整个模式的分层中介,也是最重要的层状模型层。这层是对表现层提供业务功能调用,它也可以调用这个函数的数据层提供的数据库访问功能。这一模块是整个方案的重点与核心,功能上负责实现对所有流经的网络数据流进行基于数据挖掘的准确识别,然后根据前台分发的流量控制策略,对指定的协议进行带宽限制或者截断连接的操作。

后台流量处理模块又包括了三个子模块：深度数据包检测识别模块、P2P 行为识别模块和策略执行模块。其中，深度数据包检测识别模块主要是负责对数据流中特征信息的提取与识别，处理的对象是网络报文中的数据负载部分，通过对比数据包的特征与类型数据库中的特征信息，达到确定流量具体类型的目的；P2P 行为识别模块是对深度流检测技术的扩展应用，由于深度数据包检测技术虽然具有较高的检测准确度，但无法对特征信息不明显的数据包进行识别，而如 P2P 类占用大量网络带宽的协议在加密后，数据包的特征信息十分不明显，需要利用基于数据流的流检测技术进行二次识别，P2P 行为识别模块专门针对 P2P 协议的流行为特征进行了设计，使方案具备对加密 P2P 流量的识别能力；策略执行模块的功能主要是根据前台分发的流量控制策略，结合经过流量类型识别后需要进行流量限制的协议或者应用，限制其带宽或者截断其连接。

3. 数据访问层

数据访问层用来实现与数据库的互动，即执行数据库的不同操作，包括插入、修改、更新以及查询等。数据层为中间业务层提供服务，根据设计任务书中对中间业务层的要求，数据访问层可以从数据库中提取数据，并实现在数据库中更改相关数据。因为在系统中访问数据库是最常见的操作之一，也是最消耗数据资源的操作之一，所以有必要针对这层的数据库访问进行一定的优化，从而改善系统的性能和可靠性。数据库管理模块的主要功能是存储系统中的所有数据，并为其他功能模块提供数据服务。具体的功能包括：存储流量统计信息、提供数据查询服务、为前台策略与分发模块提供策略存储服务、为后台处理模块提供策略的读取服务、为流量统计模块提供查询与报表服务。

4.4.3　功能模块设计

如图 4-6 所示，网络流量分析与预测原型系统的功能分布主要由两大部分组成，一部分是系统控制，另一部分是系统维护。系统控制可以完成主要的系统功能，包括流量分析与控制策略的制定、Agent 的管理、流量数据的管理、流量的分析以及流量的控制等。系统的维护模块则主要是在系统日常的工作过程中实现对系统工作状态的维护与管理，主要包括网络安全状况的审核、网络日志的建立与管理、网络异常的检测与记录、系统的自主管理等。

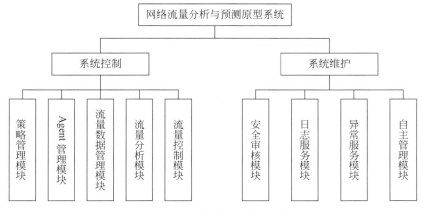

图 4-6　系统的功能模块示意图

(1) 策略管理模块：主要管理两种策略，一种是对 Agent 的管理，主要是对底层的数据进行采集管理，另一种是对流量数据采集的策略管理。对于 Agent 的策略管理，主要是通过制定相应的数据过滤规则，并将这些规则发送并添加到 Agent 中，Agent 再根据这些规则对采集到的数据流量进行处理，将符合要求的数据信息提交到上层；对于流量数据采集的策略管理，主要是指将用户设置的规则应用于流量数据采集的策略中，包括对以太网卡的设置等，目的是对数据采集的策略进行控制。该模块的主要功能包括制定和更新流量控制策略，将控制策略发送到后台模块进行处理。

(2) Agent 管理模块：主要实现对网络数据采集 Agent 的管理功能，包括注册、更改运行状态与服务、调用、扩展等。系统开发人员根据实际的需求开发新的 Agent 组件，并通过管理模块实现注册和扩展。Agent 可被看作一个组件，但该组件具有应激性与自治性。网络数据分析与预测系统中的 Agent 可分为三个组成部分，分别是数据采集部分、数据存储部分、数据分析与响应部分。具体的工作流为：在网络数据采集主机中安装监控 Agent，负责数据的采集工作，将采集到的数据通过传输 Agent 提交给数据存储部分，再由上层应用系统对存储在用户态缓冲区中的数据进行提取与分析，再将分析的结果返回给网络管理员或网络管理模块，帮助其更新安全应用策略文件，同时提交给其他需要使用到的相关功能模块。

(3) 流量数据管理模块：该管理模块的主要功能是融合处理来自资源层的网络数据，并将这些数据提供给流量分析模块，同时利用数据库操作组件在数据库中存储这些数据。在处理得到网络数据的总体信息后，一方面存入数据库，另一方面通过表现层展示给用户。对于网络流量数据的管理，需要针对网络流量数据量较大、分布较为混杂的特点，提高数据库的存储效率。此外，由于存储到数据库中的网络数据流量需要被网络流量分析模块等调用，因此要建立适当的索引机制，以保证数据查询与处理的速度。

(4) 流量分析模块：该模块的主要功能是通过处理算法，利用网络流量数据管理模块传递过来的网络流量数据进行统计分析，主要是对网络的带宽、瓶颈、异常流量以及应用流量等进行监视和分析，并对网络目前的状态以及未来的发展趋势进行研判。流量分析模块是整个系统的核心模块之一，主要是通过流量分析的相关算法，提取不同的流量特征值，再对其行为状态进行分析。例如，很多企业的局域网中，如果出现了大量的 P2P 网络数据流量，则会影响到网络的正常工作，抢占大量的网络带宽资源，流量分析模块需要及时高效地侦测出 P2P 流量的存在，并将这一信息提交给网络流量控制模块，由它来对其进行处理。

(5) 流量控制模块：该模块的主要功能是根据流量分析模块得到的目前网络状态以及未来网络流量发展趋势情况，对网络中可能出现的拥塞进行判断，并将这些信息传递给网络拥塞控制站，网络拥塞控制站有一套处理拥塞的机制，根据传递过来的信息采取应该的处理措施来对网络的流量进行控制，限制异常流量的带宽。对于网络流量控制的执行，需要针对不同的流量特征来执行，根据从流量分析模块中得到的流量信息，网络流量控制模块需要制定相应的处理策略，总的来说，可以采用截断、限制带宽等相关处理方式。例如，如果发现 P2P 流量已经严重影响到公司正常业务工作的进行，系统管理员设置截断的指令，则所有具有 P2P 特征的流量就无法执行通信和传输。

（6）安全审核模块：该模块的主要作用是对网络流量数据分析后的结果进行安全层次的审核与分析。网络流量数据分析得到的结果是对网络数据的统计，并将数据挖掘得到的信息传递给各个需要处理的模块。在安全审核模块中，保存着由网络管理员制定的网络数据安全审核规则，在模块中利用这些规则对接收到的网络数据流量统计信息进行分析和处理，最后得到对当前所处理数据流量的安全审核报告。

（7）日志服务模块：该模块的主要作用是将网络流量处理的信息记录下来并保存到数据库中。这些日志记录有利于网络管理员对一个时期内的网络安全及管理情况进行研究和分析，可以帮助网络管理员制定下一阶段的安全策略和措施。对日志服务也可以进行数据挖掘处理，可以摸清一个阶段内的网络状态变化规律，有利于网络安全监管水平的提高。

（8）异常服务模块：该模块主要处理在网络流量分析与预测过程中出现的异常情况，并对其进行分析。正常的网络运行状态可以确保网络的安全，而如果发生黑客入侵或者恶意访问的情况，则会引发网络流量数据的异常，将这些异常情况进行记录和处理，可以统计并分析异常出现的普遍规律，从而有针对性地制定相应的应对策略，实现对网络安全管理能力的提升。

（9）自主管理模块：该模块的主要职责是对网络流量数据分析与预测系统自身进行配置与管理。具体的功能包括人员身份认证、数据库管理操作、安全策略规则的管理、各类初始化参数的设置等。对系统自身的管理，有利于系统更好地根据网络管理员的需求实现对网络流量数据的采集、分析以及预测等功能。同时，也可以确保系统运行处于正常的状态。

4.5　流量分析在入侵检测中的应用

随着计算机技术和网络技术的飞速发展，网络的开放性、共享性、互连程度随之扩大，信息网络设施和资源对于国家、企业和个人的重要性日益增强，在不断改变人们传统的生活、工作与学习的同时，也带来个人隐私泄露等问题和挑战。为了应对当前的网络安全问题，目前已经发展出防火墙、加密以及访问控制等技术。防火墙、加密以及访问控制等技术属于静态安全技术，对于信息安全只能提供有限的保护。这些静态安全技术无法跟踪与定位网络攻击、无法主动发现潜在的网络攻击，同样无法阻止来自内部的网络攻击。从目前的网络安全发展情况来看，仅仅依靠静态安全技术无法获得较好的效果。在这种背景下，使用入侵检测构建网络安全防线逐渐受到业界的认同并得到大力发展。

作为一种主动安全技术，入侵检测通过监视目标系统、获得并分析网络流量数据然后对未知行为进行判断的方式发现入侵行为，并根据已有的安全策略做出相应操作来阻止攻击。入侵检测系统一般与防火墙等静态安全技术同时使用，从多个角度阻止恶意行为，用来补充现有技术的固有缺陷。由于入侵检测系统具有很高的实用价值和研究意义，因此在当前的新形势下已发展为网络安全方向的研究重点。本节将简单介绍流量分析技术在入侵检测中的应用。

4.5.1 入侵检测系统原理

入侵检测,就是对入侵行为的检测,是通过计算机网络或者计算机系统的关键节点来收集系统审计数据,包括操作系统、应用程序、网络协议包等数据流量信息,对收集的数据进行分析,尝试发现是否有不符合安全策略的行为或者有被攻击的对象,然后反馈给系统并采取相应的安全措施,从而对系统进行保护的一种技术。入侵检测技术是一种网络安全技术,能够保护系统应对网络的攻击,方便系统管理员扩展安全管理能力,以及提高整个网络的安全性、可维护性。具有入侵检测功能的系统一般称为入侵检测系统(Intrusion Detection System,IDS)。入侵检测系统的作用包括以下几个方面:

(1) 识别入侵者和入侵迹象;

(2) 判别入侵行为和被攻击对象;

(3) 监视和检测已经成功识别的入侵;

(4) 对抗入侵事件,将入侵维持在可控范围内;

(5) 排除入侵,恢复系统的正常,并记录入侵信息。

随着互联网的高速发展,入侵行为的种类越来越多,涉及范围逐渐扩大,对网络的破坏也日益严重。类似于2017年5月的一种勒索病毒,袭击了全球150多个国家和地区,严重影响了包括政府部门、医疗服务、公共交通、邮政、通信和汽车制造业,带来了巨额的损失。很多攻击是经过长期准备的,往往能够出其不意。面对这种情况,入侵检测系统不同的功能组件之间相互协作、共享同一类别的攻击信息是十分重要的。如图4-7所示,现在流行的入侵检测模型一般可分为发生器、分析器、数据收集器和响应器等多个模块。

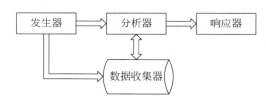

图 4-7　入侵检测系统的基本构成

1. 发生器

发生器收集计算机网络或者系统中关键节点的数据信息,包括应用程序、网络数据包、日志文件等,这些数据流信息都可能包括入侵行为。发生器是原始数据的采集部分,为分析器提供了一个可以分析的行为事件,并和数据收集器连接。

2. 分析器

分析器是系统的分析检测部分,从发生器接收一个或者多个数据信息,通过分析来判断是否为非法入侵行为或者异常现象,如果是,则将分析结果转化为报警信息输出,并适当给出应对措施的相关信息,同时传递给响应器。

3. 数据收集器

数据收集器是数据信息的存储部分,从发生器接收数据的具体信息,从分析器接收入侵或异常行为的相关信息,一般对数据可以保存较长的时间。可以用复杂的数据库作为数据收集器,也可以用简单的文件来保存。

4. 响应器

响应器是从分析器接收信息并对报警做出反应的部分,是具体的实施阶段。可以是简单的报警可视化,也可以是强烈地切断连接、终止服务这样的行为。响应器是入侵检测系统和用户或者系统管理员的交互平台,又称"管理器"或者"控制台"。为实现对计算机系统的实时保护,入侵检测系统的主要工作过程包括监视、分析用户及系统活动,对系统构造和弱点进行审计,识别反映已知攻击的活动模式并进行报警,对异常行为模式进行统计分析,评估重要系统和数据文件的完整性,以及审计跟踪管理操作系统并识别违反安全策略的用户行为。入侵检测的模式匹配算法将当前检测的数据包与系统中的知识库进行比较,从而判断当前的数据包是否为入侵行为,然后根据检测结果做出响应,其原理图如图 4-8 所示。

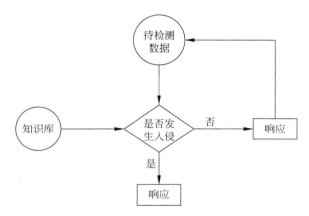

图 4-8　入侵检测系统响应过程原理

4.5.2　常见入侵检测系统

入侵检测系统可以依据不同的方法区分为多种类型。如图 4-9 所示,根据信息收集模块的数据来源不同,入侵检测系统可以分为基于主机的入侵检测系统、基于网络的入侵检测系统和混合式入侵检测系统。其中,基于主机的入侵检测系统是将入侵检测系统部署在被保护的主机系统上,主要检测主机是否遭受入侵行为;基于网络的入侵检测系统是将入侵检测系统部署在网络的进出口处,通过监测整个网络的运行状态判断是否有入侵;混合式入侵检测系统集中了基于主机的入侵检测和基于网络的入侵检测两种检测模式,可以从网络和主机状态判别入侵是否发生。

根据分析器所采用的分析技术不同,入侵检测系统分为异常入侵检测系统和误用入侵检测系统。异常入侵检测系统首先建立一个正常的网络状态,然后比较当前运行的网络状态和正常状态的差异情况,当差异比较大时则判定为入侵行为;误用入侵检测系统则需要利用之前的攻击行为提取特征,建立入侵特征库,在检测时将当前网络的特征和特征库进行匹配,并依照匹配的结果判定入侵是否发生。

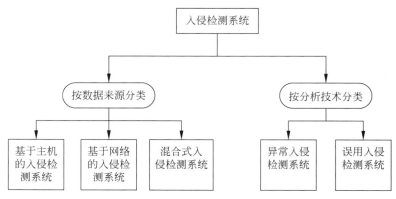

图 4-9 入侵检测系统分类

1. 基于主机的入侵检测系统

基于主机的入侵检测系统（Host-based Intrusion Detection System，HIDS）是将入侵检测系统部署在主机上，通过提取被保护系统的审计数据，例如，应用程序使用情况、登录或命令操作等，进行智能分析和判断，若主体活动可疑则视为入侵攻击产生，同时采取相应措施。HIDS 通常可以对 UNIX 系统和 Windows 系统下的日志记录、系统活动事件等进行监测。HIDS 不是孤立的系统，它可以在其他主机上用代理交互通信或者利用特殊的 API 提供数据源来进行远程控制。

HIDS 具有处理速度快、分析代价小、检测率高的优点。它不受网络信息流加密和交换网络使用的影响，可以检测到特洛伊木马以及其他破坏软件完整性的攻击，能够准确迅速定位入侵者，并且能够结合操作系统和应用程序的行为特征对入侵做进一步的分析和响应。HIDS 也存在着一些不足之处：①HIDS 要求系统本身具有基本的安全功能和合理的设置，才能提取入侵信息，在一定程度上依赖系统的可靠性；②主机的日志可以提供的信息是有限的，部分入侵手段不会在日志中留有痕迹，对于此类攻击 HIDS 无能为力；③HIDS 一般安装在需要保护的主机上，因此占用了主机资源，影响所监测的主机性能，即使使用代理也会带来额外安全问题；④需要系统提供较大存储空间，难于管理。

2. 基于网络的入侵检测系统

基于网络的入侵检测系统（Network-based Intrusion Detection System，NIDS）通常放置在较为重要的网段内，通过对进出网络的各种数据包和各种流量指标进行特征分析，提取出有用的特征模式，继而将特征模式和已有的入侵特征或者正常的网络行为原型进行匹配，若识别出入侵事件，入侵检测系统就会立即报警甚至切断网络连接。NIDS 可以监测网络层的攻击，其位于服务端和客户端的通信链路中央，可以访问通信链路所有层次，通常使用嗅探技术从混杂模式的网络接口中获取系统网络层信息。目前，已经有大部分的入侵检测产品是基于网络的。

相较 HIDS 而言，NIDS 具有检测速度快、隐蔽性好的优点。大多数基于主机的入侵检测产品需要对几分钟内的审计数据进行分析，而 NIDS 对网段信息不停监测，能够在秒级发现问题。另外，基于网络的检测器不运行其他应用程序，也不提供网络服务，不像一个主机那样明显,因此不容易遭受攻击,可以保证安全。同时,NIDS 还具有检测点少、攻击者不易转移的优点。HIDS 在每个主机上需要配备代理,花费昂贵,难以管理。NIDS 则是对网络的进出口信息进行监测,一个检测点可以保护一个共享网段,所以不需要很多。NIDS 是对网络通信实时监测,若监测到攻击发生则会立刻有所反应,一般攻击者无法及时转移证据。

NIDS 通常情况下也存在下列不足之处:①监测范围受限。NIDS 不能检测在不同网段的网络包,而只能检查与其直接连接的网段内通信信息,在使用交换以太网的环境内会因监测范围受到限制,如果增加监测器则会导致整个系统的部署成本大大增加。②难以检测基于主机的入侵。NIDS 是部署在网络层面上的,对于引起异常的攻击能够检测出来,但是类似于缓冲区溢出攻击这样的基于主机的入侵攻击就难以检测。③处理工作大。因为 NIDS 是实时监测网段,所以需要检测大量的网络包,对于更加繁重的网络存在处理上的困难。并且,在一些系统中监听特定的数据包会产生大量的分析数据,这对于入侵检测系统更加不利。④NIDS 不能分析加密的信息,在越来越多的组织使用 VPN 时这个问题愈发严重。

3. 混合式入侵检测系统

随着网络的体系结构变得更加庞大,更加交错繁重,入侵行为也越来越复杂多样。简单的入侵防御体系已经不能够满足现在的网络需求,这就要求不同的检测系统之间互相协作,优劣互补,以达到更加精准定位入侵行为、构建更加完备系统的目的。

混合式入侵检测系统将 HIDS 和 NIDS 结合起来。HIDS 和 NIDS 都有着自己不足的一面,单单使用一种检测方法会造成系统防御体系不够全面。混合式入侵检测方法部署在系统内可以构成一个较为完整而全面的入侵防御体系。它可以从网络层面发现攻击和异常信息,也可以在分析系统日志后判断是否有入侵事件发生。

4. 异常入侵检测系统

异常检测又称为基于行为的检测。在这种模式中,系统首先对一段时期内正常操作活动的历史数据进行统计分析,然后建立正常的行为模式,并规定距离正常行为的阈值。检测时将检测到的行为和已经建立的正常行为模式进行比对,对于超出设定阈值的即判定为入侵。

异常入侵检测中观测到的不是已知的入侵行为,而是使用者行为和资源使用状况相较于预定义的正常行为具有较大偏离的异常动作。这种异常可以分为内部渗透、外部闯入和资源使用不合理。异常入侵检测系统结构如图 4-10 所示。

异常入侵检测系统较少依赖特定的操作系统环境,通用性比较强,能够发现任何企图发掘、试探系统最新和未知漏洞的行为,有可能检测出之前从未出现过的攻击方法。虽然可以判别更为广泛的网络异常现象,方便网络管理人员及时采取防范措施,但是无法准确识别攻击的类型,也因此具有较高的误警率。另外,因为构建正常行为模式时并不能包括所有的正常活动数据,所以要求检测系统能够在线学习,不断扩充数据库。但是这样一来,学习阶段的系统无法正常工作,学习到的新的行为模式会致使系统产生额外的虚假警告信息。同时,如果入侵者恶意训练,促使检测数据库慢慢更改统计数据,会导致之前被认为是异常的行为训练后变成正常。这也是异常入侵检测系统面临的一个难题。

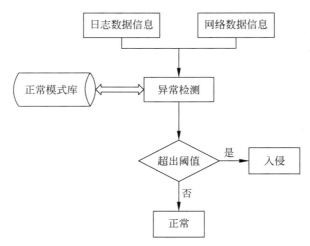

图 4-10　异常入侵检测系统结构图

　　异常入侵检测系统存在一些不足之处,主要在于正常行为模式的有效表示。例如有时候正常的用户行为之间存在较大的差异,如何选择具有代表性的行为事件去构建正常行为模式决定了系统的适用性。正常模式具有时效性,是会不断修正和更新的,此时用户操作行为的改变会引发系统误报。异常入侵检测系统的另一个缺点是阈值确定比较困难。阈值设置较低时,容易引起误报,那些稍微和正常模式偏离的行为活动都会被判定为入侵攻击,造成系统繁忙;而阈值设置较高又会容易引起漏报,伪装效果比较好的攻击行为就会乘虚而入。阈值的设定对系统的检测准确度具有不小的影响,如何确定适当的阈值有待商榷。

5. 误用入侵检测系统

　　误用入侵检测又称为基于知识的检测或者特征检测。和异常检测相反,误用入侵检测系统是建立在对已知的各种入侵攻击方法和系统缺陷的知识积累上,通过了解已经出现的攻击手段和异常现象,建立一个较为完备的知识数据库。检测时,将待检测行为事件的触发信息在数据库中进行匹配,发现符合要求的就会产生报警;不符合的事件被认为是对于系统安全的或者可以接受的,不管其中是否包含了隐藏的入侵攻击。所以误用入侵检测对于未知的攻击很难检测侦查,误用入侵检测系统结构示意图如图 4-11 所示。

　　误用入侵检测系统具有较高的检测率和较低的虚警率,因为对于入侵行为有明确有效的描述,所以为系统管理员提供了具体参照,方便相应措施的实施。误用入侵检测系统依靠完备的入侵知识库,如果知识库构建详细,则系统会具有良好的入侵检测防御能力。但是统计所有已知攻击行为和系统漏洞并加以分析提取是十分困难的,庞大知识库的维护工作量也很繁重。随着攻击方式的变化,知识库也需要紧跟着更新。因为绝大多数的网络攻击与主机的操作系统、软件平台以及应用劣性密切相关,所以误用入侵检测对于特定的系统依赖性较强,没有很好的可移植性。

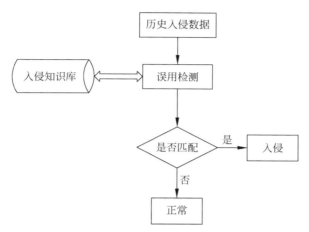

图 4-11　误用入侵检测结构示意图

4.6　基于聚类的入侵检测分析

本节将给出一个流量分析技术在入侵检测中的应用例子。

4.6.1　基于聚类的入侵检测一般流程

聚类是一个将数据集中某些方面相似的数据成员进行分类组织的过程。处于相同聚类中的数据实例彼此相似,处于不同聚类中的实例彼此不同。聚类技术经常被称为无监督学习。

将聚类等数据挖掘技术引入入侵检测的关键在于,根据从审计数据中观察到的用户行为,提取感兴趣、隐含、潜在的知识,从而判断异常检测行为。目前已有许多研究者将KDD(Knowledge Discovery in Database)算法引入 IDS 的设计中,主要涉及关联规则、神经网络、聚类分析、遗传算法、免疫算法在入侵检测技术中的应用。

如图 4-12 所示,基于聚类分析的入侵检测一般可分为三个阶段:数据预处理、聚类分析和检测分析。数据预处理阶段将待检测数据集进行标准化,转化为适合聚类算法运算的数据格式。模型训练阶段利用聚类算法对这些数据进行聚类和分类,区分哪些是正常连接记录,哪些是异常连接记录;数据经过聚类分析模块后,产生若干个簇,由于正常连接记录和异常连接记录的特性不同,因此会被放入不同的簇中,这样就可以进行标记簇的操作,包含较多数据的类是正常类,包含较少数据类则是异常类。检测分析阶段针对收集到的新记录进行标准化处理,然后计算标准化后的数据到各个聚类中心的距离,选取距离最近的聚类,若该聚类标记为正常类,则判定该数据为正常数据,否则认为该数据为异常数据。

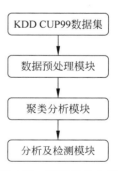

图 4-12　基于聚类分析的入侵检测模型

4.6.2　基于 k-means 的入侵检测技术

聚类异常检测是一种无须指导的异常检测技术,它将相似的数据划分到同一个聚类中,而将不相似的数据划分到不同的聚类,以实现对未知攻击的自动检测。常用的聚类检测算法为 k 均值(k-means)聚类检测算法。该算法采用划分法聚类技术,是一种出现较早、应用广泛的聚类算法,一般用于 p 维度连续空间中的对象聚类。给定参数 k 和包含 n 个数据对象的数据集,k-means 算法把 n 个对象划分 k 个簇,簇内的数据对象具有较高相似度,簇间的数据对象相似度则较低。为计算一个簇的相异度,需要计算该簇内所有对象的平均值,即簇的质心,指定为簇中心(原型、代表对象),簇的相异度为簇内所有对象与簇质心相异度之和,因此 k-means 算法又称为基于质心的聚类技术。k-means 算法的主要优势是简洁和高效,容易被理解同样也容易被实现。它的时间复杂度是 $O(tkn)$,其中 n 是数据点的个数,k 是聚类的个数,t 是循环次数。由于 k 和 t 通常都远远小于 n,因此从数据点的数目角度考虑 k-means 算法被认为是线性的。

利用 k-means 聚类算法进行入侵检测的基本流程为:算法首先随机地从已经预处理完毕的给定流量数据集中选择 k 个对象,每个数据对象初始代表了一个簇的中心。剩下的其他对象根据与各个簇中心的距离,指派到最近的簇中心。被指派到同一个簇中心的所有对象则构成一个簇。然后通过计算整个簇的平均值即质心,重新指定簇中心。重复指派剩余对象和更新簇中心,直到簇不发生变化,即簇中心不发生变化,或变化小于指定阈值。

k-means 聚类过程如算法 4-1 所示,其执行过程如图 4-13 所示。由图 4-13 可知,k-means 聚类算法从簇中心出发,通过 4 次指派和更新操作,将数据集划分为 3 个簇。图中灰色背景的圆表示数据对象,圆内的符号 ∗、+、♯ 分别表示所属的类,属于同一个类的所有对象对应的圆内使用同样的符号。符号 ▲ 表示簇中心。每个子图显示了各次迭代开始时的簇中心,以及各数据对象围绕簇中心的指派(即各次执行完步骤 3 之后的结果)。

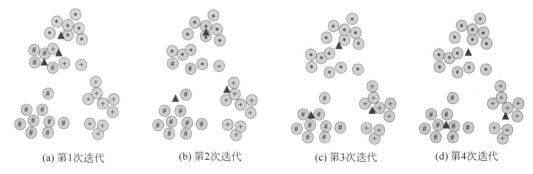

(a) 第1次迭代　　(b) 第2次迭代　　(c) 第3次迭代　　(d) 第4次迭代

图 4-13　k-means 聚类检测迭代过程示例

图 4-13(a)给出了第 1 次迭代开始时随机选择的 3 个簇中心以及数据对象指派到离其最近的簇中心。被指派到同一个簇中心的对象使用同一个符号,表示属于同一个簇。图 4-13(b)显示了第 1 次迭代后更新的簇中心。这些簇中心是根据第 1 次指派对象后,形成 3 个簇的基础上,计算每个簇的平均值得到。其他对象被重新指派到最新的

离其最近的簇中心。同样的方式,图 4-13(c)和图 4-13(d)分别给出在第 2 次、第 3 次迭代结果基础上重新选出的簇中心。依据更新的簇中心,重新指派对象。执行第 4 次迭代后,簇中心不再发生变化,算法终止。识别的 3 个簇的划分情况最终如图 4-13(d)所示。

算法 4-1　*k*-means 聚类检测算法

输入:结果簇的数目 k,包含 n 个对象的流量数据集。

输出:输出 k 个簇,使得簇内所有对象与簇的平均值的相异度总和最小。每个簇可以视为一种攻击类型。

步骤 1:随机选择 k 个流量数据对象作为初始簇中心

步骤 2:repeat

步骤 3:　将每个对象指派到最近的簇中心,构成 k 个簇

步骤 4:　计算簇的质心,指定为新的簇中心

步骤 5:until 簇中心不发生变化

通过算法的迭代过程,一般情况下 k-means 算法总是收敛于一个解,即 k 的均值会到达一种状态,其中所有的数据对象都不会从一个簇转移到另一个簇,因此簇中心不再改变。实际上由于大多数收敛都发生在早期迭代,例如图 4-13 子图中可看到靠前子图中,簇之间移动对象的数量较大。因此通常用弱条件替换算法 4-1 的第 5 行。例如,用"直到仅有 0.1% 的点改变簇"结束迭代,可在一定程度上减少运算时间。

把 n 个数据对象划分为 k 个簇,实质是把 n 个模式划分到 k 个原型模式,最小化所有对象(模式)与其参照中心点(原型模式)之间的相异度总和。设把 n 个对象划分为 k 个簇 $C_1, C_2, \cdots, C_k$,对应的簇中心为 $o_1, o_2, \cdots, o_k$,那么相异度总和为

$$E = \sum_{j=1}^{k} \sum_{i \in C_j} d_{io_j} \tag{4-3}$$

其中,d_{io_j} 为对象 i 与簇中心 o_j 之间的相异度。在 k-means 算法中,簇中心是簇的均值,通过算法迭代、反复计算簇均值并指定新的簇中心,可令 E 值越来越小。因此,k-means 聚类问题可看作一个 E 值优化问题。

k-means 入侵检测算法复杂度分析如下:由于 k-means 算法内存消耗主要用来存放数据点和簇中心,因此空间复杂度为 $O((n+k)p)$,其中 n 是数据集大小,k 是划分的簇数目,p 为属性数。k-means 算法的时间复杂度基本上与数据集大小线性相关,所需要的时间复杂度为 $O(I \times k \times n \times p)$,其中 I 是收敛所需要的迭代次数。由于簇中心的大部分变化通常出现在前几次,因此 I 通常很小,可以是有界的。因此,只要簇数目 k 显著小于数据对象数目 n,则 k 的均值的计算时间与 n 线性相关。

4.6.3　*k*-means 聚类入侵算法改进

利用距离进行入侵检测分析存在一些性能问题,例如 k-means 算法仅适用于数据对象平均值有意义的数据集,也就是 p 维连续空间中的对象集。对于包含名义尺度或序数尺度等属性的数据对象,平均值无法定义,也无法计算簇质心,因此 k-means 算法无法适

用于这样的数据。另外,应用 k-means 算法进行聚类入侵检测时,用户需要事先制定聚类数目 k,而在异常检测中,攻击类型一般来说是未知的,因此 k-means 算法预先指定聚类数目的限定,显著弱化了该算法的实际应用效果。同时,k-means 算法在每次迭代中通过计算簇均值重新指定簇中心。若数据集中存在着极大值或孤立点数据,将会影响这些数据对均值的计算,并最终必然影响簇中心的指定。在这种情况下,使得 k-means 算法对于异常值十分敏感,这里异常值是指数据中那些其他数据点相隔很远的数据点,异常值可能是数据采集时产生的错误或者以下具有不同值的特殊点。还需要指出的是,k-means 算法对于初始种子十分敏感,即那些被最初选为初始聚类中心的数据点。因为 k-means 算法通常从数据对象中随机选择几个作为初始聚类中心,这样就使得产生的聚类结果具有很大的不确定性。不同的初始种子可能会造成不同的聚类结果,这也导致 k-means 聚类检测算法产生的是局部最优解,而不是全局最优解。

造成这两个问题的根本原因都是因为算法计算簇平均值作为簇中心,因此改进的一个办法是不采用簇对象的平均值,取而代之,用每个簇中最靠近中心的对象即 medoid,作为簇中心(原型、代表对象)。称这种基于 medoid 的聚类算法为 k-medoids,这里 k 是指聚类过程中始终维护 k 个 medoid,对应着 k 个簇。

应用 k-medoids 算法进行入侵检测与 k-means 算法划分聚类的原则相同,都是基于最小化所有对象与其所指派簇中心之间的相异度之和,即最小化式(4-3)。不同之处在于在 k-means 算法中,式(4-3)中的 o_j 为簇 C_j 的质心,而在 k-medoids 算法中,式(4-3)中的 o_j 为 C_j 的 medoid。k-medoids 聚类算法的基本思路为:算法首先随机地选择 k 个对象,每个对象初始代表了一个簇的中心。剩下的对象根据与各簇中心的距离,分配到最近的簇中心。被分配到同一个中心的所有数据对象构成一个簇。然后反复地用非中心对象替换中心对象,重新指派非中心对象,改进聚类质量,即降低式(4-3)的相异度值,直到簇中心不发生变化。

为判断一个非中心数据对象 o_r 能否替换簇中心对象 o_j,需要判断 E^0 和 E^{00} 的大小关系。这里 E^0 是替换之前 k 个簇的相异度,E^{00} 是 o_j 换为 o_r 之后重新划分得到 k 个簇的相异度,E^0 和 E^{00} 都依据式(4-3)进行计算。若 $E^{00}-E^0<0$ 则将 o_j 替换为 o_r,否则保持不变。在 o_j 换为 o_r 后,其他非中心对象 o_s 则根据以下四种情况指派到簇中心。

第一种情况:o_s 当前指派到 o_j。如果 o_j 替换为 o_r,但 o_s 这时距离其他某个簇中心 $o_i(i \neq j)$ 最近,则 o_s 重新指派到 o_i。

第二种情况:o_s 当前指派到 o_j。如果 o_j 替换为 o_r,且 o_s 这时距离 o_r 最近,则 o_s 重新指派给 o_r。

第三种情况:o_s 当前指派到 o_j。如果 o_j 替换为 o_r,但 o_s 这时距离其他某个簇中心 $o_i(i \neq j)$ 最近,则 o_s 的指派无须改变。

第四种情况:o_s 当前指派到其他某个簇中心 $o_i(i \neq j)$。如果 o_j 替换为 o_r,但 o_s 这时距离 o_r 最近,则 o_s 重新指派到 o_r。

图 4-14 描述了上述的四种情况。图中实线表示替换前 o_s 的指派关系,虚线表示替换后 o_s 的指派关系。

典型的 k-medoids 入侵检测算法如算法 4-2 所示。

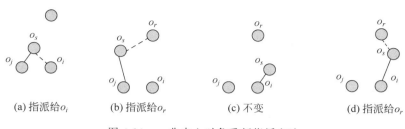

图 4-14　　非中心对象重新指派方法

算法 4-2　k-medoids 入侵检测算法

输入：结果簇的数目 k，包含 n 个对象的数据集。

输出：输出 k 个簇，使得簇内所有对象与簇中心对象的相异度总和最小。每个簇为标记好的攻击类型。

步骤 1：随机选择 k 个对象作为初始簇中心

步骤 2：repeat

步骤 3：　　将其他每个非中心对象指派到最近的簇中心 o_j，构成 k 个簇

步骤 4：　　for each (o_r, o_j)

步骤 5：　　　　计算用 o_r 替换 o_j 后的 $\Delta_{rj} = E^{00} - E^0$

　　　　　如果 $\min\limits_{1 \leqslant r \leqslant n-k, 1 \leqslant j \leqslant k} \Delta_{rj} < 0$，则用 o_r 替换 o_j，生成新的 k 个簇

步骤 6：until 簇中心不发生变化

当存在噪声数据和孤立点数据时，k-medoids 算法比 k-means 算法更具有鲁棒性，这是由于聚类中心 medoid 不像平均值那样容易受到孤立点数据的影响。然而，k-medoids 算法的时间代价比 k-means 算法高，比较适用于小流量数据集，对于中、大型流量数据集效率较低，这是由 k-medoids 算法的复杂度决定的。在步骤 5 中，每对 o_i 和 o_j 需要检查 $(n-k)$ 个非中心对象来计算 E^{00}，步骤 4 可看出共有 $k(n-k)$ 对 o_r 和 o_j，因此进行一次迭代的复杂度为 $O(k(n-k)^2)$。一般情况下有可能需要迭代多次算法才能收敛，因此 k-medoids 算法时间开销非常大。k-means 算法的空间开销主要消耗在保存 n 个数据对象和 k 个中心点，空间复杂度为 $O(o_r(n+k)p)$，其中 p 为属性数。

4.7　本章小结

网络加密流量快速增长且在改变着威胁形势。加密流量给攻击者隐藏其命令与控制活动提供了可乘之机，攻击者已将加密作为隐藏活动的重要技术手段。针对网络流量进行分析识别，高准确度识别与恶意流量检测对保证网络信息安全和维护网络正常运行具有重要实际意义。本章介绍了网络流量分析技术的一般方法以及典型数据集，并对常用的流量分析模型及方法进行概述。接着介绍了基于聚类的入侵检测分析技术，重点介绍了基于划分法的 k-means 算法、k-medoids 算法在入侵检测场景中的应用。

习　　题

1. 网络流量分析技术中常用的模型及方法有哪些?
2. 入侵检测按信息收集模块的数据来源不同可分为哪几种?
3. 基于聚类方法进行入侵检测的一般流程是什么?
4. 简述 k-means 算法和 k-medoids 算法的基本步骤,并比较它们的优缺点。
5. 找出图 4-15 所示数据对象中所有明显分离的簇。

图 4-15　习题 5 图

6. 采用 k-means 算法将 10 个流量数据对象(用 (x,y) 表示位置)聚类为 3 个簇,并分别采用欧氏距离、曼哈顿距离和明考斯基距离($q=3$)。假设选择 A_1,A_2,A_3 作为初始聚类中心,请分别给出:①第一次循环后 3 个簇的聚类中心;②最后聚类结果。

数据对象:$A_1(3,10)$,$A_2(5,16)$,$A_3(15,22)$,$A_4(4,7)$,$A_5(11,23)$,$A_6(6,4)$,$A_7(14,3)$,$A_8(21,15)$,$A_9(4,7)$,$A_{10}(10,16)$。

第 5 章

网络信息内容过滤

5.1 网络信息内容过滤概述

理论讲解

5.1.1 网络信息内容过滤的定义

随着 Internet 的飞速发展和在世界范围的普及,越来越多的数据库和信息不断加入网络,网络上的各种信息正以指数级的速度增长,Internet 已经发展为当今世界上资料最多、门类最全、规模最大的信息库和全球范围内传播信息的主要渠道。Internet 主要以超文本的形式呈现给用户各种各样的信息,构成一个异常庞大的具有异构性、动态性和开放性的分布式数据库。然而,在 Internet 极大丰富用户信息量的同时,用户也面临着信息过载和资源迷向的问题。Internet 上的信息过于庞杂,而且具有不稳定和变动快的特点,缺乏一个权威机构对这些信息进行全面的整理和归类。这一方面给用户发现信息、利用信息带来了不便,另一方面,无序、庞大的信息世界和成千上万的超链接,又常常使用户在查找其所需信息时感到力不从心。

实验讲解

早期解决这个矛盾主要采用信息检索技术。所谓信息检索,也就是我们熟知的搜索引擎,是指对有序化知识信息的检索查找,本质上是一种"人找信息"的服务形态,每次检索时要求用户一次性提交一个或几个查询关键词。当时的搜索引擎虽然算法简单,但数据库容量小,其查找信息效率较高,从 1994 年 4 月 Web Crawler 搜索引擎在网上正式发布并开始服务以来,搜索引擎已经成为发展最快、最引人注目的网络服务之一。

当前,搜索引擎正经历着从"数量累积阶段"向"质量精炼阶段"的变革。随着 Internet 上的信息数量呈指数级增长,大量信息垃圾也混杂其中。如何向用户提供质量好且数量适当的检索结果,成为搜索引擎技术发展的方向之一。由于大多数搜索引擎的搜集范围是综合性的,它们的机器抓取技术是尽其可能地把各类网页"抓"回来,经过简单的加工后存放到数据库中备检;另外,搜索引擎直接提供给用户的检索途径大都是基于关键词的布尔逻辑匹配,返回给用户的就是所有包括关键词的文献。这样的检索结果在数量上远远超出了用户的吸收和使用能力,让人感到束手无策。这也就是现在经常谈论的"信息过载""信息超载"现象。其实,这就是这一代搜索引擎的突出缺陷:缺少智力,不能通过"学习"提高自身的检索质量。

针对网络的日益普及和信息量的爆炸增长而导致的信息过载、信息污染等问题,网络信息过滤技术作为筛选信息、满足用户需求的有效方法应运而生。网络信息过滤是根据用户的信息需求,运用一定的标准和工具,从大量的动态网络信息流中选取相关的信息或剔除不相关信息的过程。也就是在设置好过滤条件后,在运行过程中一旦触发条件则将有关的信息拒之门外,而其他信息可以进入。网络信息过滤技术的目的就是让搜索引擎具有更多的"智力",让搜索引擎能够更加深入、更加细致地参与用户的整个检索过程。从关键词的选择、检索范围的确定到检索结果的精炼,帮助用户在浩如烟海的信息中找到和需求真正相关的资料。现在,Internet 上已经有很多有关这方面的研究,包括已经部署运行的信息过滤系统。这些都表明了信息过滤技术对于网络发展和应用的重要意义。

相比于信息检索技术,网络信息过滤技术是一种更系统化的方法,用来从动态的信息流中抽取出符合用户个性化需求的信息;而传统的信息检索则是从静态数据库中查找信息。信息过滤系统检查所有的进入信息流并与用户需求进行匹配计算,只将用户需要的文档送给用户。相比于传统的信息检索模式,信息过滤技术具有较高的可扩展性,能适应大规模用户群和海量信息;可以为用户提供及时、个性化的信息服务,具有一定的智能和较高的自动化程度。而如何能够更有效、更准确地找到自己感兴趣的信息,滤除与需求无关的信息,真正做到"各取所需",一直是基于 Internet 的网络信息领域的核心问题。网络信息过滤技术正在被越来越多地应用于 Web 空间,并获得了长足的发展,成为研究和工程实践的热点区域。自 20 世纪 90 年代开始,相关主题的国际会议不断举行,有力地推动了网络信息过滤技术的不断完善和进一步深入。

5.1.2　网络信息内容过滤的原理

现有的网络信息内容过滤方法较多,从过滤的手段来看,可以分为基于内容的过滤、基于网址的过滤和混合过滤三种。基于内容的过滤是通过文本分析、图像识别等方法阻挡不适宜的信息;基于网址的过滤是对认为有问题的网址进行控制,不允许用户访问其信息;混合过滤是将内容过滤与网址过滤结合起来控制不适宜信息的传播。从是否对网络信息进行预处理来看,信息过滤可以分为主动过滤和被动过滤两种。主动过滤是预先对网络信息进行处理,如对网页或网站预先分级、建立允许或禁止访问的地址列表等,在过滤时可以根据分级或地址列表决定能否访问;被动过滤是不对网络信息进行预处理,过滤时才分析地址、文本或图像等信息,决定是否过滤。无论采用哪种过滤方法,一个最简单的网络信息过滤系统一般包括四个基本组成部分:信源(Information Source)、过滤器(Filter)、用户(User)、用户需求模板(Profiles)。图 5-1 是信息过滤系统的一个简单结构图。

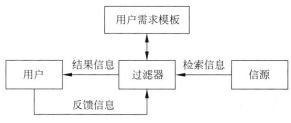

图 5-1　网络信息内容过滤基本原理

　　信源向过滤器提供信息,信息过滤器处于信源与用户之间,通过用户需求模板获取用户的兴趣信息,并据此检验信源中的信息,将其中与用户兴趣相关的信息递送给用户。反过来,用户也可以向信息过滤器发送反馈信息,以说明哪些信息的确符合他们的信息需求,通过这种交互行为使得过滤器不断进行学习,调整自身的过滤操作,进而能在以后提供更多更好满足用户兴趣的信息。

　　由于信息过滤的目的是向用户提供需要的信息。因此,网络信息内容过滤系统有以下最常见的特点。

　　(1) 过滤系统是为无结构化和半结构化的数据而设计的信息系统,它与典型的具有结构化数据的数据库系统不同。一个电子邮件就是半结构化数据的例子,它的头域有明确的定义,而它的正文却是半结构化的。

　　(2) 信息过滤系统主要用来处理大量的动态信息。非结构化数据这个词常用来作为它的同义词使用。一些多媒体信息系统包含图像、声音和视频信息。对于这些信息,传统的数据库系统没有进行很好的处理和表示。

　　(3) 过滤系统包含大量的数据。一些典型的应用基本上都要处理 G 字节以上的正文信息,其他媒介比这要大得多。

　　(4) 典型的过滤系统应用包含输入的数据流或是远程数据源的在线广播(例如新闻组、E-mail)。过滤也用来描述对远程数据库的信息进行检索,可用智能代理来实现。

　　(5) 过滤是基于对个体或群组的信息偏好的描述,也称为用户趋向。一般来说,这个用户趋向表示的是用户长久的信息偏好。

　　(6) 过滤是从动态的数据流中收集或去掉某些文本信息。

5.1.3　网络信息内容过滤的意义

　　网络信息内容过滤具有重要的现实意义和巨大的应用价值,主要体现在如下几个方面。

1. 改善 Internet 信息查询技术的需要

　　随着用户对信息利用效率要求的提高,以搜索引擎为主的现有网络查询技术受到挑战,网络用户的信息需求与现有的信息查询技术之间的矛盾日益尖锐,其不足主要有如下几方面。

　　(1) 在使用搜索引擎时,只要使用的关键词相同,所得到的结果就相同,它并不考虑用户的信息偏好和用户的不同,对专家和初学者一视同仁;同时,返回的结果成千上万、参差不齐,使得用户在寻找自己喜欢的信息时犹如大海捞针。

　　(2) 网络信息是动态变化的,用户时常关心这种变化。而在搜索引擎中,用户只能不断在网络上查询同样的内容,以获得变化的信息,这花费了用户大量的时间。因此,在现有情况下,传统的信息查询技术已经难以满足用户的信息需求,对信息过滤技术的研究日益受到重视,把信息过滤技术用于 Internet 信息查询已成为非常重要的研究方向。

2. 个性化服务的基础

　　个性化的实质是针对性,即对不同的用户采取不同的服务策略,提供不同的服务内容。个性化服务将使用户以最少的代价获得最好的服务。在信息服务领域,就是实现"信息找人,按需要服务"的目标。既然是"信息找人",那什么信息找什么人就是关键。每个用户都有自己特定的、长期起作用的信息需求。用这些信息需求组成过滤条件,对资源流进行过滤,就可以把资源流中符合需求的内容提取出来进行服务。这种做法就叫作"信息过滤",信息过滤是个性化主动服务的基础。利用网络信息内容过滤技术有利于减轻用户的认知压力。它在为用户提供所需要信息的同时,着重剔除与用户不相关的信息,从而提高用户获取信息的效率;它根据用户信息需求的变化提供稳定的信息服务,能够节约用户获取信息的时间,从而极大地减轻用户的认知负担,起到减压阀的作用。网络信息过滤对个性化信息服务起到了巨大的推动作用。在个性化信息服务中,最重要的是收集和分析用户的信息需求。由于信息过滤的反馈机制具有自我学习和自我适应的能力,可以动态地了解用户兴趣的变化,因此可以越来越明确、具体地掌握用户的信息需求,从而为用户提供更有针对性的信息。在协作过滤系统中,还可以根据用户之间的相似性来推荐信息,从而有可能为用户提供新的感兴趣的信息,拓宽用户的视野。通过网络信息过滤,可以减少不必要的信息传递,节约宝贵的信道资源。

3. 维护我国信息安全的迫切需要

网络为信息的传递带来了极大的方便,也为机密信息的流出和对我国政治、经济、文化等有害信息的流入带来了便利。发达国家通过网络进行政治渗透和价值观、生活方式的推销,一些不法分子利用计算机网络复制并传播一些色情的、种族主义的、暴力的封建迷信或有明显意识形态倾向的信息。我国80%的网民在35岁以下,80%的网民具有大专以上文化学历,而这两个80%正是国家建设发展的主力军。所以,我国的信息安全问题已迫在眉睫,必须引起高度警惕和重视,而信息过滤是行之有效的防范手段。目前主要通过过滤软件及分级制度对来往信息尤其是越境数据流进行过滤,将不宜出口的保密或宝贵信息资源留在国内,将不符合国情或有害信息挡在网络之外,其中用得较多的为Internet 接收控制软件和 Internet 内容选择平台(Platform for the Internet Content Selection,PICS)。

随着网络不良信息的泛滥,信息过滤作为解决不良信息问题的技术手段,更是受到社会各方面的广泛关注。过滤网络不良信息是信息过滤的重要的应用之一。通过分级类目、关键词、规则等描述用户的信息需求,以分级、URL 地址列表、自动文本分析等方法来过滤不良信息,同时运用一些人工干预的方法提高信息过滤的效率,在保护网络用户尤其是未成年用户免受不良信息侵扰方面发挥了很好的作用。

4. 信息中介(信息服务供应商)开展网络增值服务的手段

信息中介行业的发展要经过建立最初的客户资料库、建立标准丰富档案内容和利用客户档案获取价值三个阶段。其中第一阶段和第三阶段的主要服务重点都涉及信息过滤服务。过滤服务过滤掉客户不想要的推销信息,信息中介将建立一个过滤器以检查流入的带有商业性的电子邮件,然后自动剔除与客户的需要和偏好不相符的不受欢迎的信息。客户可提前指定他们想经过过滤服务得到的信息或经过过滤服务排除出去的任何种类的经销商或产品。对于不受欢迎的垃圾信息,信息中介将会在客户得到之前把它们过滤掉。

利用网络信息过滤,可以对网络信息的流量、流向和流速进行合理的配置,使网络更加顺畅。而对于用户来说,信息过滤由于剔除了大量不相关信息的流入,因此可以避免塞车现象。在网络环境下,尽量减少无效数据的传输对于节省网络资源、提高网络传输效率具有十分重要的意义。通过信息过滤,可减少不必要的信息传输,节省费用,提高经济效益。

5.2　网络信息内容过滤技术的分类

面对纷繁的过滤系统,按照单一的标准是无法准确区分的,下面按照如下三个标准对网络信息内容过滤技术进行分类。

5.2.1　根据过滤方法分类

1. 基于内容的过滤

基于内容的过滤(Content Based Filtering)又叫认知过滤,是利用用户需求模板与信息的相似程度进行的过滤,能够为用户提供其感兴趣的相似的信息,但不能为用户发现新的感兴趣的信息。在反馈机制的作用下,用户的信息需求处于循序渐进的变化过程中。基于内容的过滤首先要将信息的内容和潜在用户的信息需求特征化,然后再使用这些表述,职能化地将用户需求同信息相匹配,按照相关度排序把与用户信息需求相匹配的信息推荐给用户,其关键技术是相似性计算。其优点是简单、有效;缺点是难以区分资源内容的品质和风格,而且不能为用户发现新的感兴趣的资源,只能发现和用户已有兴趣相似的资源。

2. 协作过滤

协作过滤(Collaborative Filtering)又叫社会过滤,是利用用户需求之间的相似性或用户对信息的评价进行的过滤。对于价值观念、思想观点、知识水平或需求偏好相同或相似的用户,他们的信息需求往往也具有相似性。基于这一思路,通过比较用户需求模板的相似程度或者根据用户对信息的评价而进行的过滤,既可以为用户提供正感兴趣的信息,又可以提供新的感兴趣的信息。在这种系统中,用户的信息需求有可能呈现跃进式的变化。

协作过滤支持社会上个人间和组织间的相互关系,并将人们之间的推荐过程自动化。一个数据条款被推荐给用户,是基于他同其他有相似兴趣用户的需求相关。协作过滤推荐的核心思想是用户会倾向于利用具有相似意向的用户群的产品,因此,它在预测某个用户的利用倾向时是根据一个用户群的情况而决定的。可见,协作过滤法是找出一群具有共同兴趣的使用者形成社群,也就是有某些相似特性成员的集合,通过分析社群成员共同的兴趣与喜好,再根据这些共同特性推荐相关的项目给同一社群中有需求的成员。其优点是对推荐对象没有特殊要求,能处理非结构化的复杂对象,并且可以为用户发现新的感兴趣的资源,这种过滤类型对那些不是很清楚自己的信息需求或者表达信息需求很困难的用户非常重要。其缺点是存在两个很难解决的问题:一是稀疏性问题,即在系统使用初期,由于系统资源还未获得足够多的评价,系统很难利用这些评价来发现相似的用户;二是可扩展性问题,即随着系统用户和信息资源的逐渐增长,其可行性将会降低。协同过滤方法只考虑了用户评分数据,忽略了项目和用户本身的诸多特征,如电影的导演、演员和发布时间等,用户的地理位置、性别、年龄等,如何充分、合理地利用这些特征,获得更好的推荐效果,是基于内容推荐策略所要解决的主要问题。

这两类过滤方法侧重不同,各有优点,综合使用这两类技术会给网络信息内容过滤带来更好的效果。

5.2.2 根据操作的主动性分类

1. 主动过滤

主动过滤(Active Filtering)系统主动为网络用户寻找他们需要的信息。这类系统可以在一个较大范围内或局部范围内帮助用户收集同用户兴趣相关的信息,然后主动从Web上为其用户推送相关的信息。因特网上所谓的"推送技术(Pushing Technology)"就是这个范畴内的应用。在有些主动信息过滤系统中,预先对网络信息进行处理,例如,对网页或者网站预先分级、建立允许或禁止访问的地址列表等,在过滤时可以根据分级标记或地址列表决定能否访问。这类系统有 BackWeb。

2. 被动过滤

被动过滤(Passive Filtering)系统不对网络信息进行预处理,当用户访问时才对地址、文本或图像等信息进行分析,以决定是否过滤及如何过滤。这类系统是针对一个相对固定的信息源过滤掉其中用户不感兴趣的信息。例如信息源可以是用户的电子邮件、某些固定看的新闻组等,而主动型系统要主动地在可能的范围内寻找信息源。这类系统一般都是根据用户兴趣将信息源中新到的信息根据相关程度按从大到小的顺序排给用户,或根据某一门限值将系统认为用户不感兴趣的信息提前过滤掉。这类系统有 GHOSTS、CiteSeer。

5.2.3 根据过滤位置分类

1. 上游过滤

用户需求模板存放在网络服务器端或者代理端上。一般来说,为了减小服务器端和客户端的负荷,过滤系统也可能处在信息提供者与用户之间的专门的中间服务器上,这种情况也叫作中间服务器过滤。中间服务器如同一个大型的网络缓存器,Internet 信息内容只有经过它的过滤才能进入本地系统或局域网,而本地信息也要经过它的中转才能传递出去。服务器端采用隐含式方法获取用户信息需求,过滤系统通过记录用户的行为来获得用户的信息需求,如用户在指定页面的停留时间、用户访问页面的频率、是否选择保存数据、是否打印、是否转发数据等对信息项的反应都能作为用户兴趣的标志。一般上游过滤的优点是不仅支持基于内容的过滤,也支持协作过滤;缺点是模板不能用于不同的网络应用中,容易受到干扰的影响,所以这种方法通常用作下游过滤的补充。

2. 下游过滤

用户需求模板存放在客户端上,也称为客户端过滤。采用显式方法获取用户信息需求的过滤系统,通常要求用户填写一个描述他们兴趣领域需求的表或者要求用户根据提供的特征项构造自身对特定领域信息需求的描述模型。用户根据自身需要设置一定的限定条件,将不感兴趣的信息排除在外。其优点是模板可用于不同的网络应用;缺点是只能实现基于内容的过滤。系统要求用户提供自身明确的信息,使系统能够把用户与用户原型模型相关联。所谓原型模型,是指一组用户的默认信息,将对用户原型模型上的隐含式推测与用户提供的明确知识相结合,可得到更好的表示用户信息需求的用户模板。

5.2.4　根据过滤的不同应用分类

网络信息内容过滤技术还可以根据过滤的不同应用进行分类,具体可分为如下几种类型。

1. 专门过滤软件

这是为过滤网络信息而专门开发的软件,一般要加载到网络应用程序中,根据预先设定的过滤模板扫描、分析网络信息并阻挡不适宜的信息。专门过滤软件又可以分为专用过滤软件和通用过滤软件两种。前者只能过滤某种网络协议的信息,如网页过滤软件、邮件过滤软件、新闻组过滤软件等;或者只能在某种网络应用中起作用,如儿童浏览器、儿童搜索引擎、广告过滤软件等。后者能对多种网络协议或应用起作用,如 NetNanny 可以过滤网页、电子邮件、网络聊天的信息,除此之外 NortonInternetSecurity 还可以过滤 ICQ、FTP 和新闻组的信息。目前用得比较多的是通用过滤软件。

2. 网络应用程序

有些网络应用程序如 Web 浏览器、搜索引擎、电子邮件、新闻组等附有过滤的功能,可以设置过滤不适宜的信息。如 IE 的内容分级审查功能,用户通过设置黑名单、白名单或组合使用各种支持 PICS 的分级标记进行过滤,该功能具有过滤成本低、使用方便的特点。典型的如浏览器端过滤,这种过滤方式使用存储一些已知的散布不良网站的 IP 地址、URL 地址的数据库,在浏览器进行访问时,将访问地址与数据库中的 IP 地址、URL 地址等信息进行匹配,如果浏览器需要访问的地址在数据库中是处于需要限制的内容,那么在浏览器请求访问的时候,对其进行限制,达到过滤的效果。过滤性能伴随数据库中的 IPP 地址、URL 地址数量以及准确性的提升而提升。

3. 其他过滤工具

如防火墙、代理服务器等,可以通过对源地址、目标地址或端口号的限制,防止子网不适宜的信息流出。运用 IP 地址或 URL 地址进行过滤有路由器端过滤方式。这种方式将过滤规则放置在路由器端,在路由器的"安全设置"的"IP 地址过滤"中可以设置 IP 地址、禁止访问的端口和协议等。使用路由器端的 IP 地址过滤,反应速度较快,可以对端口、协议等进行设置,可限制更多网站。但是路由器设置较为复杂,地址等一般不全面,不能普及。根据 IP 地址、URL 地址进行网页过滤是一种非常有效的手段,在 IP 库与 URL 库非常全面时,能够准确地识别需要过滤的网址。但是这种方式有一定的局限性,在当今网站层出不穷的情况下,缺少对于未知网址的发现,某些不法分子经常修改网址 IP 及端口设置,使用多级代理变换网址形式,对 IP 过滤造成了影响。

5.3　网络信息内容过滤的一般流程

1. 网络信息过滤的一般流程

为便于理解,首先给出网络信息过滤的一般流程,如图 5-2 所示。

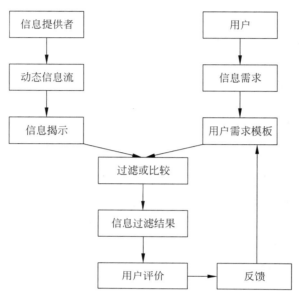

图 5-2　网络信息过滤一般流程

从图 5-2 中可以看出,用户通过网络进行工作、学习、生活,从而产生了大量信息。用户的信息需求必须以计算机能够识别的形式揭示出来,这就是用户需求模板(Profile,也叫过滤模板)。对于用户需求模板,可以是正向的,也可以是反向的,也就是说既可以揭示用户希望得到的信息,也可以描述用户希望剔除的信息。在系统中,对动态的网络信息集不做预处理,只是当信息流经过系统时才运用一定的算法把信息揭示出来。匹配算法和用户需求模板的描述方法、信息的揭示方法是相互联系的,常用的匹配模型有布尔模型、向量空间模型、概率模型、聚类模型、基于知识的表示模型以及混合模型等,主要任务是剔除不相关的信息,选取相关的信息并按相关性的大小提供给用户。

为了提高信息过滤的效率,系统还根据用户对过滤结果的反应,即通过反馈机制作用于用户和用户需求模板,使用户逐渐清晰自己的信息需求,使得用户对需求模板的描述也会越来越明确、具体。图 5-2 中的反馈模块主要用于处理用户的反馈信息并依据反馈信息进一步精化用户模型,保存以便下一次用户注册登录时直接读取到精化后的模型。用户对返回的文档集进行评估,由系统根据这些反馈信息进一步修改用户兴趣文件,以利于下一次的过滤。在整个系统中,用户需求模板的生成、信息揭示、匹配算法和反馈机制是最为关键的部分。在实际应用中,往往会在这些关键部分进行必要的人工干预,如对动态的信息流做预处理、人工修改用户需求模板等。

2. 网络文本信息过滤模型

参考图 5-2 网络信息过滤的一般模型,可以创建一个基于 Web 的文本信息过滤模型,如图 5-3 所示。

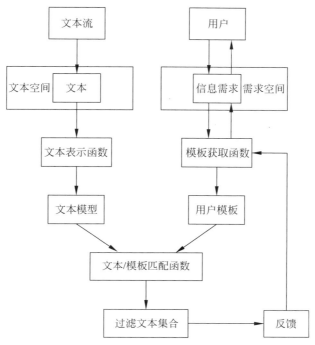

图 5-3　网络文本信息过滤模型

从图 5-3 来看,文本信息过滤模型中主要包含文本表示模块、文本过滤匹配模块、用户(兴趣)模板生成模块、反馈模块等。其中,文本表示模块主要针对采集到的信息提取其中的特征信息,按照一定的格式来描述,然后作为输入信息传递给过滤匹配模块;用户模板生成模块是依据用户对信息的需求和喜好来生成,它根据用户提供的学习样本或主动跟踪用户的查询行为建立用户兴趣的初始模板,再根据用户反馈模块不断更新用户模板;文本过滤匹配模块就是将用户兴趣模板与信息表示模块中的信息分析表示的结果按照一定的算法进行匹配,并按照匹配算法决定将要传递给用户的相关信息项;用户得到文本过滤的结果后,对其进行评价并反馈给用户模块,用户模块通过不断跟踪学习用户兴趣的变化及用户反馈来调整甚至更改用户需求表达,以达到不断实现正确过滤无用信息的目的。以下简要介绍模型中各部分的主要技术。

(1) 文本表示。将 Web 中的有效文本信息内容提取出来,对于中文文本过滤来说,涉及中文分词、停用词处理、语法语义分析等过程。常用的方法是建立文本的布尔模型、向量空间模型和概率模型等。

(2) 用户模板的建立。用户模板空间常按照倒排索引的方式存储用户信息,建立用户模板的方式有建立关键字表和示例文本,而常用的技术有建立向量空间模型、预定义关键字、层次概念集和分类目录等。

（3）用户模板与文本的匹配。最常用的方法有布尔模型、向量空间模型和概率模型。

（4）用户反馈。用户反馈分为确定性反馈和隐含性反馈。确定性反馈指的是二元（是或否）反馈，另外还有分级打分的方法。利用这些反馈信息，应用机器学习方法，完善用户模板。

综合以上介绍分析，可以将网络文本信息内容过滤的工作概括为两个方面：一是建立用户需求模型，即用户模板，用于描述用户对于信息的具体需求，建立用户需求模型的主要依据是用户提交的关键词、主题词或示例文本；二是匹配技术，即用户模板与文本的匹配技术。简单地讲，文本过滤模型就是根据用户的查询历史创建用户需求模型，将信息源中的文本有效表示出来，然后根据一定的匹配规则，将文本信息源中可以满足用户需求的信息返回给用户，并根据一定的反馈机制，不断地调整改进用户需求模型，以期获得更好的过滤结果。从技术角度来看，文本信息过滤的关键技术是获得用户信息需求（用户模板的建立）和解决信息过滤算法，即信息过滤技术的研究应当集中在解决用户模板的表示及根据模板对文本流进行评价（ranking）的方法上。为提高信息过滤系统的性能，应加强对过滤匹配算法和用户模型的研究与实践。

3. 实例分析

下面将以 Websense 为例，介绍网络信息内容过滤的实际应用。Websense 是全球知名的过滤软件开发商，有 18000 多家公司、学校、图书馆和政府部门在使用 Websense 公司的过滤软件。软件主要用于企业网络管理，防止员工滥用网络，经过调整后也可用于网吧、图书馆等部门。软件由主数据库、Enterprise 应用程序、报表及三台用户机组成。Websense Enterprise 过滤系统如图 5-4 所示。

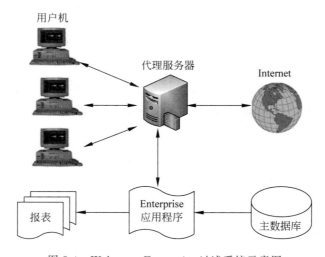

图 5-4　Websense Enterprise 过滤系统示意图

1）Websense 主数据库

Websense 主数据库存储了 400 多万个网站、10 亿个网页。这些网页涉及英、法、德、日、西等 44 种语言，根据不同的内容归入 Websense 分级体系的 31 个一级类目和 50 多个子类目中，号称是世界上最大最精确的采用自动和人工分级相结合的分级网址数据库。

主数据库安装在用户的代理服务器上,与 Enterprise 应用程序结合才能过滤网络信息。为了建立和维护这个庞大的数据库,Websense 公司有专门的工具收集网页。网页收集回来后利用自动分类器进行分级,对于分类器无法确定的类目再由人工分级,分级的结果保存在 Websense 的分级数据库中。用户代理服务器上的 Enterprise 应用程序每天都会自动从分级数据库中下载最新的内容,更新主数据库的记录。由于网络信息处于动态变化过程中,为了保证网页分级的有效性,Websense 有专门的工具定期回访网页,对内容有变化的网页进行重新分级。

2)Websense Enterprise 应用程序

Enterprise 应用程序是 Websense 过滤软件直接与用户交互的部分,也是整个系统的核心组成部分。它可以与防火墙、代理服务器整合,在 Windows NT/2000、Sun Solaris 和 Linux 系统中运行。它能够根据用户定制的过滤模板调用主数据库的数据过滤不适宜的信息,并将处理的结果传递给报表程序。由于 Websense 分级体系的类目众多而且周详,除了不良信息的类目外,还有许多类目是从防止员工滥用网络的角度而设立的,管理人员可以根据不同的用户、组、部门、工作站、IP 地址或网络设置不同的过滤模板,而且还可以为每一类目分别设置以下内容。

(1)时基限额。利用时基限额,允许用户在适当的时间内访问与工作无关的类目。例如,每天允许访问银行及购物站点的时间不超过 20 分钟。

(2)继续或延迟。用户可以选择“继续”浏览不允许的类目,或者选择“延迟”至在工作时间外浏览。

(3)设定时段。按类目设置过滤的时段。例如,每天的工作时间内禁止访问购物网站,而其他时间则可以访问。Websense Enterprise 应用程序可以通过白名单限制用户访问的范围,采用关键词列表阻挡不适当的内容,根据主文件名或扩展名进行过滤,还支持对网络聊天的限制。

5.4 网络信息内容过滤模型

从前面章节中可以看出内容过滤模型是网络信息内容过滤系统中的核心模块。在实际应用中,常用的过滤模型一般包括布尔模型、向量空间模型和神经网络模型。根据过滤系统的应用对象不同,其过滤效率也不同。下面将对这些模型做简要介绍。

5.4.1 布尔模型

布尔模型是基于特征项的严格匹配模型。首先建立一个二值变量的集合,这些变量对应着信息源的特征项。如果在信息源中出现相应的特征项,则特征变量取 True,否则特征变量取 False。查询是由特征项和逻辑运算符 AND、OR 和 NOT 组成的布尔表达式。信息源与查询的匹配规则遵循布尔运算的法则。根据匹配规则将信息源分为两类:相关类和不相关类。由于匹配结果的二值性,所以无法对结果集进行相关性排序。

布尔模型实现简单,检索速度快,易于理解,在许多商用的过滤系统中得到了应用。但是这种传统的布尔过滤技术也存在着一些不足之处。

（1）原始信息表示不精确。布尔模型仅仅以特征项在原始信息中出现与否的布尔特性来表示原始信息,忽略了不同特征项对信息内容贡献的重要程度,容易造成结果的冗余。

（2）基于布尔运算法则的匹配规则过于严格,容易造成漏检。严格且缺乏灵活性的布尔过滤规则往往会导致仅仅因为一个条件未满足的文档被漏检。

（3）布尔模型匹配结果的二值性导致系统无法按结果信息的相关性大小为用户提供信息。

为了克服传统布尔模型的缺陷,人们对其进行了改造,引入了权重来表示特征项对文档的贡献程度,形成了所谓的加权布尔模型,即拓展的布尔模型(Extended Boolean Model)。

5.4.2　向量空间模型

向量空间模型已被人们普遍认为是一种非常有效的检索模型。它具有自然语言界面,易于使用。同样,向量空间模型也可以应用到信息过滤系统中。在以向量空间模型构造的信息过滤系统中,用户模板和原始信息均被表示成 n 维欧氏空间中的向量,用它们之间的夹角余弦作为相似性的度量。运用向量空间模型构造信息过滤系统主要包括四个方面的工作:

（1）给出原始信息的向量表示;

（2）给出用户模板的向量表示;

（3）计算原始信息和用户模板之间的相似度,二者的相似度通常用原始信息向量和用户模板向量之间夹角的余弦值来衡量;

（4）将与用户模板之间相似度大于给定阈值的原始信息提供给用户,并获得用户的反馈。

向量空间模型的优点在于将原始信息和用户模板简化为项及项权重集合的向量表示,从而把过滤操作变成向量空间上的向量运算,通过定量的分析,完成原始信息和用户模板的匹配。

向量空间模型的缺点在于存在信息在向量表示时的项与项之间线性无关的假设,在自然语言中,词或短语之间存在十分密切的联系,即存在"斜交"现象,很难满足假定条件,这对计算结果的可靠性造成一定的影响。此外,将复杂的语义关系归结为简单的向量结构,丢失了许多有价值的线索。因此,有许多改进的技术,以获取深层潜藏的语义结构,如潜在语义索引方法就是对向量空间模型的一种有效改进。

5.4.3　神经网络模型

神经网络模型(Neural Network Model)模拟人脑对信息的处理方式,用该模型过滤信息的基本思想是在其内部存储可行模式的整个集合,这些模式可被外部暗示唤起,即使"外部"提供的资料不足,也可以在其内部进行构造。当给系统输入一个文本的特征向量时,可通过神经网络存储的内部信息对此文本进行主题判断,即神经网络的输入为文本的特征向量,输出为用户给出的评价值。经过训练的网络模型通过将不同文本的特征向量映射为大小不等的评价来实现主题区分的目的。

5.5　网络信息内容过滤的主要方法

分类是一个有指导的学习过程,也是网络信息内容过滤中的一个重要技术方法。其特点是根据已经掌握的每类若干样本(训练数据)的数据信息,总结出分类的规律,建立判别公式和判别规则。然后,当遇到待分类的新样本点(测试数据)时,只需根据总结出的判别公式和判别规则,就能确定该样本所属的类别。

实际上,基于内容的文本过滤在不考虑学习和自适应能力时是一个分类过程,如 TREC 中的 Batch(自动过滤,结果不排序)和 Routing(自动过滤,结果排序)过滤任务。其中,过滤的主题(用户需求)相当于分类的类别,过滤的检出准则相当于分类的判别规则,而判断某文档跟哪些主题相关的过程等价于判别文档所属的类别的过程。对于自适应过滤任务(Adaptive Filtering),其基本框架仍然是一个类似文本分类的判别过程。不同之处主要有两点:一是训练样本很少,几乎没有训练过程;二是在过滤过程中需要根据用户的反馈进行自适应学习,不断自我调整以实现边学习边提高的目的。后者是自适应过滤研究的重点,但是,作为核心的过滤算法仍然是一个分类算法。

过滤算法的选择是影响文本过滤效果好坏的重要因素。分类技术涉及很多领域,包括统计分析、模式识别、人工智能、神经网络等。由于过滤与分类、检索技术的共通性,上述领域的研究成果同样可以应用到网络信息内容过滤中。这些方法大致可以分为统计方法和逻辑方法。

5.5.1　统计方法

统计判别方法是统计分析领域的过滤和分类算法的总称,在网络信息内容过滤的实际应用中,常用的方法主要有向量中心法、相关反馈法(如 Rocchio 法)、K 近邻(K-Nearest Neighbor,KNN)法、贝叶斯法、朴素贝叶斯(Naive Bayes)法和贝叶斯网络(Bayes Nets)、多元回归模型(Multivariate Regression Models)、支持向量机(Support Vector Machines)以及概率模型(Probability Model)等。

1. 向量中心法

向量中心法是建立在向量空间模型基础上的。该方法通过计算新到来的文档与表示过滤主题的用户兴趣(向量中心)之间的夹角余弦值:

$$\mathrm{sim}(D_1, D_2) = \cos\theta = \frac{\sum_{k-1}^{n} w_{1k} w_{2k}}{\sqrt{\left(\sum_{k-1}^{n} w_{1k}^2\right)\left(\sum_{k-1}^{n} w_{2k}^2\right)}} \tag{5-1}$$

或者向量内积

$$\mathrm{sim}(D_1, D_2) = \sum_{k-1}^{n} w_{1k} \cdot w_{2k} \tag{5-2}$$

来判断文档是否跟该主题相关。由于这种方法简单实用,因而在信息过滤、信息检索、文本分类等多个领域得到了广泛应用。

2. 相关反馈法

Rocchio法是一个在信息检索中广泛应用于文本处理与过滤等业务的算法,它是一种基于相关反馈(Relevance Feedback)的、建立在向量空间模型上的方法。它用TF-IDF方法来描述文本,其中$\mathrm{TF}(w_i,d)$是词w_i在文本d中出现的频率,$\mathrm{DF}(w_i)$是出现w_i的文本数。该方法中可以选择不同的词加权方法、文本长度归一化方法和相似度测量方法以取得不同的效果。Rocchio法首先通过训练集求出每一个主题的用户兴趣向量,其公式如下:

$$\boldsymbol{C}_j = \alpha \frac{1}{|\boldsymbol{C}_j|} \sum_{d \in C_j} \frac{\boldsymbol{d}}{\|\boldsymbol{d}\|} - \beta \frac{1}{|\boldsymbol{D} - \boldsymbol{C}_j|} \sum_{d \in D - C_j} \frac{\boldsymbol{d}}{\|\boldsymbol{d}\|} \tag{5-3}$$

其中,$\boldsymbol{C}_j$是主题的用户兴趣,α、β反映正反训练样本对$\boldsymbol{C}_j$的影响,$\boldsymbol{d}$是文本向量,$\|\boldsymbol{d}\|$是该向量的欧氏距离,$\boldsymbol{D}$是文本总数。

若以余弦计算相似度,则判别文本$\boldsymbol{d}$是否跟主题$\boldsymbol{C}_j$相关的公式为

$$
\begin{aligned}
H_{\mathrm{TF\text{-}IDF}}(\boldsymbol{d}) &= \operatorname{argmax} \cos(\boldsymbol{C}_j, \boldsymbol{d}) = \operatorname{argmax} \frac{\boldsymbol{C}_j}{\|\boldsymbol{C}_j\|} \cdot \frac{\boldsymbol{d}}{\|\boldsymbol{d}\|} \\
&= \operatorname*{argmax}_{C_j \in c} \frac{\sum_{i=1}^{n} \boldsymbol{C}_j^{(i)} \boldsymbol{d}^{(i)}}{\sqrt{\sum_{i=1}^{n} (\boldsymbol{C}_j^{(i)})^2 (\boldsymbol{d}^{(i)})^2}}
\end{aligned}
\tag{5-4}
$$

其中,n为每个文档的特征项(词)的个数。式(5-4)中忽略了$\boldsymbol{d}$的长度,因为它不影响argmax的结果。Rocchio法实现起来较为容易,但是它需要事先知道若干正负样本,受训练集合的影响较大,有时会导致性能下降。

3. K近邻法

K近邻法的原理也很简单。给出未知相关主题的文本,计算它与训练集中每个文本的距离,找出最近的k篇训练文档,然后根据这k篇来判断未知文本相关的主题。可以选择出现在这k个邻居中相关的文本与未知文本的相似度,值最大的主题就被判定为未知文本相关的主题,这就是最近邻法。最近邻法不是仅仅比较与各主题类均值的距离,而是计算和所有样本点之间的距离,只要有距离最近者就归入所属主题类。为了克服最近邻法错判率较高的缺陷,K近邻法不是仅选取一个最近邻进行判断,而是选取k个近邻,然后检查它们相关的主题,归入比重最大的那个主题类。

4. 贝叶斯法

(1) 朴素贝叶斯法。朴素贝叶斯算法在机器学习中有着广泛的应用。其基本思想是在贝叶斯概率公式的基础上,根据主题相关性已知的训练语料提供的信息进行参数估计,训练出过滤器。进行过滤时,分别计算新到文本跟各个主题相关的条件概率,认为文本跟条件概率最大的主题类相关。其计算公式如下:

$$P(C_j \mid d;\hat{\theta}) = \frac{P(C_j \mid \hat{\theta}) P(d_i \mid C_j;\hat{\theta}_j)}{P(d_i \mid \hat{\theta})} \tag{5-5}$$

式(5-5)中,等式右边的概率均可根据训练语料运用参数估计的方法求得。朴素贝叶斯法

是在假设各特征项之间相互独立的基本前提下得到的。这种假设使得贝叶斯算法易于实现。尽管这个假设与实际情况不相符,但实际应用证明,这种方法应用于信息过滤中是比较有效的。

(2)贝叶斯网络。Heckerman 和 Sahami 分别提出了对贝叶斯网络的改进方法。贝叶斯网络的基本思想是取消纯粹贝叶斯方法中关于各特征之间相互独立的假设,而允许它们具有一定的相关性。K-相关贝叶斯网络是指允许每个特征有至多 k 个父节点 f,即至多有 k 个与之相关的特征项的贝叶斯网络。朴素贝叶斯则是贝叶斯网络的一个特例,也被称为 0-相关贝叶斯网络。

5. 多元回归模型

多元回归模型运用了线性最小平方匹配(Linear Least Square Fit)的算法。通过求解输入-输出矩阵的线性最小平方匹配问题,得到一个回归系数矩阵作为过滤器。具体来讲就是求出一个矩阵 $\boldsymbol{X}$ 使得 $\parallel \boldsymbol{E} \parallel_F = \left(\sum_{i=1}^{N} \sum_{j=1}^{i} e_{ij}^2 \right)^{1/2}$ 最小,其中 $\boldsymbol{E} = \boldsymbol{AX} - \boldsymbol{B}$。在信息过滤中 $\boldsymbol{A}$ 是输入矩阵,是训练集文本的词-文本矩阵(词在文本中的权重),$\boldsymbol{B}$ 是输出矩阵,是训练集文本的文本-相关主题矩阵(主题在文本中的权重)。求得的矩阵 $\boldsymbol{X}$ 是一个关于词和主题的回归系数矩阵,它反映了某个词在某一主题类中的权重。在过滤过程中,用相关主题未知的文本的描述向量 $\boldsymbol{a}$ 与回归系数矩阵 $\boldsymbol{X}$ 相乘就得到了反映各个主题与该文本相关度的矩阵 $\boldsymbol{b}$。相关度最大的主题就是该文本所相关的主题。

6. 支持向量机

支持向量机算法是 Vapnik 提出的一种统计学习方法,它基于有序风险最小化归纳法(Structural Risk Minimization Inductive Principle),通过在特征空间构建具有最大间隔的最佳超平面,得到两类主题之间的划分准则,使期望风险的上界达到最小。支持向量机在文本分类领域得到了比较成功的应用,成为表现较好的分类技术之一,其主要缺点是训练过程效率不高。N. Cancedda 等人将这种方法用于解决自动信息过滤问题,同样取得了较好的效果。

7. 概率模型

概率模型是 Stephen Roberson 等人提出的信息检索模型,该模型同样可以用于信息过滤。其主要特点是认为文档和用户兴趣(查询)之间是按照一定的概率相关,因而在特征加权时融入了概率因素,同时也综合考虑了词频、文档频率、逆文档长度等因素。

5.5.2　逻辑方法

逻辑方法就是研究怎样学习主题过滤规律的方法,该方法认为知识就是过滤。逻辑方法比较适应于具有离散变量的样本。对于连续性的变量,常常采用一些离散化的手段把它们转化成离散值。传统的逻辑方法主要包括基于覆盖的 AQ 家族算法,以信息熵为基础的 ID3 决策树算法以及基于 Rough 集理论的学习算法。

1. ID3 决策树(Decision Tree)算法

ID3 是 Quinlan 于 1986 年提出的一种重要的归纳学习算法,在机器学习中有广泛的应用,它从训练集中自动归纳出决策树。在应用时,决策树算法基于一种信息增益标准来

选择具有信息的词,然后根据文本中出现的词的组合判断相关性。决策树有以下三个特点:

(1) 使用一棵过滤决策树表示学习结果;

(2) 决策树的每个节点都是样本的某个属性,采用信息熵作为节点的选择依据;

(3) 采用了有效的增量学习策略。

2. AQ11 算法

AQ11 使用了逻辑语言来描述学习结果。整个学习过程就是一个逻辑演算过程:

$$E_p \wedge \neg E_N = (e_1^+ \vee e_2^+ \cdots e_k^+) \wedge \neg(e_1^- \vee e_2^- \cdots e_m^-)$$
$$= (e_1^+ \wedge \neg e_1^- \wedge \neg e_2^- \wedge \cdots \wedge \neg e_m^-) \vee \cdots (e_k^+ \wedge \neg e_1^- \wedge \neg e_2^- \wedge \cdots \wedge \neg e_m^-)$$

$$(5\text{-}6)$$

其中,$e_1^+ \in E_p$ 表示正例样本集合中的一个正例样本,$e_1^- \in E_N$ 表示反例样本集合中的一个反例样本,然后使用分配率和吸收率对式(5-6)进行简化。

3. 基于 Rough 集理论的逻辑学习算法

Rough 集是波兰数学家 Pawlak 提出的一种不确定性知识的表示方法,后来被人们用作数据约简。数据约简是指去除那些对于过滤不起作用的元素,分为只删除属性值的值约简,以及可以删除整个属性的属性约简。数据约简可以在保持相关主题一致的约束下大大简化样本数据,最终使用很少的几条逻辑规则就能描述过滤规则。

5.6   网络信息内容过滤典型系统

本节针对互联网中信息需求个性化的特点,首先介绍一种多 Agents 信息过滤系统模型。接下来,从中文网页信息内容过滤系统的需求分析出发,讨论基于文本匹配的过滤系统的设计实现。

5.6.1   基于多 Agents 的过滤系统

由于 Internet 信息空间的分布性、异构性,人们对信息的需求体现出个性化的特征。本节介绍一种采用智能 Agents 技术的多 Agents 信息过滤系统模型,该模型借助 5.5 节介绍的过滤算法对系统检索得到的结果进行信息过滤,按照用户需求过滤掉无关信息,重视用户反馈,以用于进一步优化用户的检索;同时,建立个性化知识库,该知识库可使得检索过滤系统能够自学习用户兴趣,为信息过滤自动化过程提供事实依据,增强自动检索功能。

1. 智能 Agents 技术特点

智能 Agents 是一种计算机程序,它在计算机系统中的执行功能类似于现实世界的 Agent。软件 Agent 是一个处于某种环境并作为环境一部分持续自主运行的实体,它感知环境并作用于环境,执行自己的议程或目标序列以影响其将来可以感知到的东西。在充满分布性、异构性的 Web 信息空间中,人工智能方法特别是智能代理(Agent)技术,为基于 Internet 的信息过滤系统提供了一种智能化的信息获取和访问手段,是实现人机交互学习和信息收集、过滤、聚类以及融合的较好方法,尤其是应用在智能信息方面,以及实现对传统信息检索系统的智能化接口的封装上有较好的效果。智能信息 Agent 具有以下五个特性。

（1）综合性（Integrated）：Agent 必须支持一个易懂、相容的界面。

（2）表达性（Expressive）：Agent 必须接受和理解不同形式的查询。

（3）意图性（Goal-oriented）：Agent 必须知道"什么时候"和"如何完成"一个目标任务。

（4）合作性（Cooperative）：Agent 必须同用户进行合作。

（5）用户化（Customized）：Agent 能够适应不同的用户。

正是由于智能 Agents 的这些特性，许多组织和研究采用它来提高网上信息检索的能力。需要说明的是，本书介绍的基于多 Agents 的智能信息过滤系统并不给出各个 Agents 的具体形式定义和实现，对专门 Agents 技术的研究已经超出了本书的范畴。我们的主要目的是在现有 Agents 技术的基础上，利用 Agent 的特性，给出一个个性化的基于多 Agents 技术的智能信息过滤系统模型，以便从智能性、主动性、扩充性、易维护性等方面弥补现有智能信息过滤系统中的不足，提高检索速度和精度，帮助人们最大限度地发现自己感兴趣的问题。

2. 多 Agents 智能过滤系统中知识库的建立

多 Agents 智能过滤系统的核心是知识库的建立，建立过程一般需要三个表，分别用来存放学习得到的三种知识：①主题词、相关词和过滤词表；②用户个性化文件表；③检索结果数据表（WWW 资源表）。

在基于关键词的检索过程中，通常会遇到关键词的内涵和外延不够明确的问题，为此，引入了主题词和关联词的概念。主题词是指关键词，关联词是指与主题词相关的词，是对主题词的补充。关联词分为限制性关联词和近似性关联词，关联词典就是这些关联词的有机结合。在关联词典中存放的就是主题词和与之对应的关联词。例如，对于我们研究的智能 Agent 而言，主题词是 Agent，其相似的关联词是"智能代理"，限制性关联词是"人工智能"。可见，近似性关联词就是与原主题词内涵相同的词汇，限制性关联词就是对原主题词外延加以限制的词汇。而过滤词表示的是用户对与此词相关的信息不感兴趣的词。用户提交主题词和过滤词后，系统会构造包含主题词、关联词和过滤词的布尔表达式。在上例中，用户提交主题词 Agent 和过滤词"硬件"后，系统会给出如下的布尔表达式：

$$(((Agent \lor 智能代理) \land 人工智能) \land ! 硬件)$$

其中 $\land$ 表示"与"，$\lor$ 表示"或"，! 表示"非"。

采用关联词典的优点在于：

（1）用户界面友好。采用关联词典，用户不必适应各种搜索引擎的关键词搜索界面和由此带来的不便，只要输入主题词和过滤词，系统就能给出各个搜索引擎的查询词，供其调用。

（2）用户可以根据自己的需求生成不同的关联词典，从而满足个性化查询。其结构见表 5-1。

表 5-1　关键词表结构

字　段　名	说　　　　明
keyWordID	关键字 ID
KeyWord	关键字
RelevantWord	关联词
FilterWord	过滤词

WWW 资源表存储从 WWW 上获取的站点信息，包括 Title、URL、文档主题内容、站点更新时间等，这些站点信息大多数是用户感兴趣的信息，这为进一步的信息过滤提供了本地资源。其基本结构见表 5-2。

表 5-2　WWW 资源结构表

字　段　名	说　　　　明
PageID	页面 ID
SiteID	所属站点 ID
Title	页面标题
URL	页面地址
StoredPath	存储路径
Description	页面描述
UpdateTime	页面更新时间
AnalysisResult	页面分析结果

用户个性化文件表包含两个内容：一是保存了各个用户感兴趣的主题信息；二是保存了用户经常性的网络行为特征，例如用户经常搜索的关键词信息、经常访问的网站的信息、关键词的访问频率等。

3. 多 Agents 智能过滤系统的总体框图

图 5-5 给出了一种通用的多 Agents 过滤系统结构，按照功能的不同，将系统分成用户界面 Agent、兴趣管理 Agent、过滤查找 Agent、站点操作 Agent、搜索更新 Agent 和系统主控 Agent 六大部分。其中，用户界面 Agent 是用户和过滤系统的中介；过滤查找 Agent 接受用户的特征请求，对 WWW 资源库进行查找和过滤；兴趣管理 Agent 接收来自用户界面的反馈信息，对个性化文件库的信息进行修改；搜索更新 Agent 和站点操作 Agent 是面向网络操作的，搜索更新 Agent 按一定周期自动从 web 上获取信息补充到 WWW 资源库中，站点操作 Agent 直接面向资源系统或者站点获取信息，并将结果返回到用户界面 Agent；系统主控 Agent 负责多 Agents 之间的通信与协作。

下面将详细介绍系统主要模块的功能及采用的相关技术。

1）用户界面 Agent

用户界面 Agent 是用户和过滤系统的中介，其主要功能包括三方面：一是实现信息导引，帮助用户确定自己需要的信息所在的领域，细化和规范查询要求；二是提供用户相关信息反馈窗口，记录用户对查找结果的满意程度；三是为用户提供注册登录界面，以便存储用户的个性化信息，这是用户兴趣管理的一部分，也是个性化服务的一个

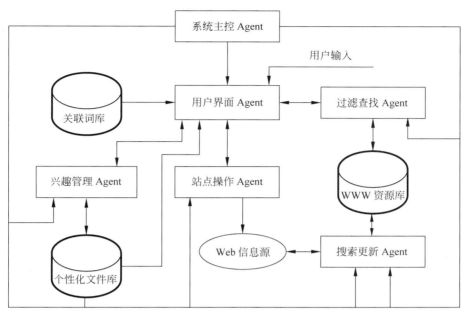

图 5-5　多 Agents 过滤系统的结构

特点。

其中,实现信息导引的关键技术是主题信息分类。对此,我们分别在知识库中建立了针对不同用户不同主题的个性化文件库和关联词库,用户界面 Agent 根据知识库对用户提交的查询请求给出最满意的表示方式。对反馈信息的描述一般采用等级化选择的返回方式,由用户对结果匹配的满意程度做出评价。

2）过滤查找 Agent

过滤查找功能是根据用户界面 Agent 的请求实现对 WWW 资源库的查找,并将查找结果反馈给用户界面。这里所涉及的技术是查找方式,单纯的关键词匹配查找是不够的,容易造成返回结果过多或定位不准确。这里充分利用了布尔模型和向量空间模型的优点,给出一种新的过滤算法,同时计算用户特征文件与检索文档的匹配度和相似度,从而为用户提供最能反映用户特征主题的过滤结果,前文已有详细介绍。过滤查找 Agent 返回的只是用户查找的中间结果,例如,相关站点 IP 地址和站点的主题内容等。由用户界面 Agent 返回中间结果给用户,并由用户人工选定后,再交给站点操作 Agent,由其直接从目标站点获取所需结果。

3）站点操作 Agent

站点操作 Agent 是直接与信息源进行连接获取信息的代理,可以在现有网络通信协议 TCP/IP 的基础上实现。技术关键在于 Agent 与相关系统之间的接口关系的确定。我们的方法是在 WWW 资源库中直接存储资源站点的绝对路径,这种方案与当前的网络数据获取方式是一致的,但前提是 WWW 资源库中获取数据的路径必须绝对正确,不能出现链接不上或链接错误的情况。

4）兴趣管理 Agent

兴趣管理 Agent 与用户界面 Agent 以及个性化文件库相连,接受并存储用户界面 Agent 的反馈评价信息表,能对用户反馈意见进行统计分析,按一定的学习规则对个性化文件库 Profile 中特征词条的权重信息进行修改,同时根据用户要求设定兴趣监控站点。建立合理的权重更新修改规则是该 Agent 的技术重点,可以引入相关反馈技术(Relevance Feedback)和 Hopfield 神经网络的联想记忆学习功能进行处理。

5）搜索更新 Agent

搜索更新 Agent 的主要功能是完成网上信息的自动获取,实时扩充和更新 WWW 资源库的内容,保证 WWW 资源库中的站点信息是实时的、正确的和有效的。关键技术有两点:一是多线程机制,提高检索速度;二是借助已有的搜索引擎实现自己的搜索目标。最常见的问题在于常用的搜索引擎用户接口一般为异构的,有其特定和复杂的连接方式和查询语法。针对这种状况,通用的解决方案是在搜索更新 Agent 模块中使用屏蔽接口转换技术,将搜索引擎的位置、接口等细节屏蔽起来,将用户的查询转换成不同的形式连接到不同的搜索引擎,同时将不同搜索引擎的返回结果处理成一致的形式,输入 WWW 资源库。此搜索更新 Agent 具有如下优点:

(1)将用户的查找请求转换为若干个底层搜索引擎处理格式;

(2)向各个搜索引擎发送查询请求,并统一其返回检索结果;

(3)不需要建立庞大的索引数据库,也不需要使用复杂的检索机制,便于维护。

6）系统管理模块

该模块分为系统初始化和系统设置两个子模块。系统初始化子模块在系统加载时自动启动,该模块处理过程包括连接数据源、打开数据库、启动自动网页监视后台进程、初始化程序界面、调出已写入注册表的系统初始化默认信息、恢复默认搜索引擎、恢复默认代理设置等。系统设置子模块用于重新设置代理和默认的搜索引擎等,所设置的内容写入系统配置表,当再次启动系统时,该配置将作为默认的系统参数配置。

7）知识库管理模块

对用户长期没有访问的网站信息和主题兴趣,采用一定策略减少其权值,当权值低于预先设定的阈值时,将该网站信息或主题兴趣抛弃,这样可以避免随着时间的增加,数据库的内容无限增大,以达到对知识库进行动态管理和维护的目的,并且提高程序的运行速度。

5.6.2　基于文本匹配的过滤系统

本节从中文网页信息内容过滤系统的需求分析出发,讨论基于文本匹配的过滤系统的总体结构设计和模块划分,并对系统各模块的功能进行详细阐述。

1. 总体设计

系统采用后台程序和监控端相结合的结构。监控端负责网页信息的截获,并将其反馈给后台程序,接收后台程序的命令对网页重定向不做处理。后台程序负责网页信息的检测和判定,并将判定结果发送给监控端,同时,维护数据库更新并提供相关管理界面等。系统工作原理如图 5-6 所示。

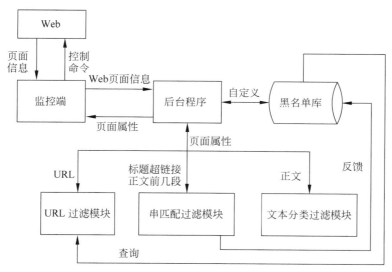

图 5-6　基于文本匹配的过滤系统工作原理

　　网页判定流程图如图 5-7 所示。系统对 IE 浏览器实时监控,当监控到用户有新的访问请求时,系统将用户访问的 URL 和对应的网页文本信息发送给后台程序,在没有接收到后台程序指令之前,屏蔽 IE 浏览器的显示。后台程序收到监控端的新数据后进行网页属性判定,根据网页的 URL 和网页文本信息判定网页性质,并发送判定消息到监控端。

　　系统的过滤方法采用 URL/IP 过滤和内容过滤相结合的方法。根据监控端发送到后台程序的网页信息,首先,判断该 Web 页面的 URL 是否在黑名单上,若网页在黑名单上则阻止用户访问,若不在则进入内容过滤模块,对文字图片进行分别处理得到 Web 页面的属性信息;接着,根据属性信息判断是否阻止用户访问,并且反馈给数据库,加入黑名单。由于图片的处理速度要慢于文字的处理速度,且很多情况下文本不良信息和图像不良信息会同时出现,因而采用先文本过滤后图片过滤的过滤策略,这样可以减少图片过滤模块的调用次数,从而提高系统的处理速度。当然,在系统配置允许的情况下,也可以将文本过滤和图片过滤并行处理。

　　网页文本过滤模块采用字符串匹配过滤和文本分类过滤两种过滤模式相结合的策略。首先依据敏感词库对网页文本信息一些特定的位置进行字符串检索,如果检索出敏感词汇,则判定为网页非法,发送判定消息给监控端;否则继续进入文本分类过滤检测,通过文本分类算法判定网页属性,并发送判定消息给监控端。对于判定非法的网页,须及时反馈 URL(空格)到黑名单库,当再次访问同一个网页时就不需要再进行文本过滤模块处理。由以上分析可知,系统采用三级过滤的策略,分别为 URL 过滤、字符串匹配过滤和文本分类过滤。过滤顺序按照处理速度进行排序:URL 本身长度很短,检测过滤只需要对比黑名单,处理速度最快;字符串匹配过滤在网页的一部分文本中检索敏感词汇,将文本内容和敏感词库进行对比,速度次之;文本分类算法计算复杂,耗时最长。三级处理中任意一级将网页判定为非法网页后,就不需要再进行接下来的判定,只有当网页判定为正常网页时才需要进行下一级的处理。这样的设计策略可以用最短的时间检测出不良

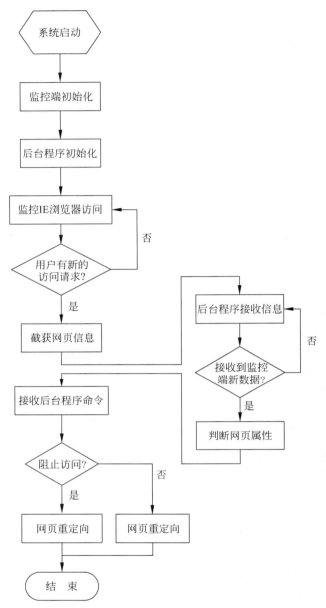

图 5-7   网页判定流程

网页,最大限度提高系统的效率,保证系统的实时响应。

2. 模块设计

中文网页过滤系统最关键的是过滤算法的设计和实现。系统总体设计采用三级过滤系统,将过滤系统分为三个主要的模块,分别是基于 IP/URL 的过滤模块、基于字符串模式匹配的过滤模块和基于文本分类技术的过滤模块。下面对各个模块详细设计进行说明。

1）基于 IP/URL 的过滤模块

基于 IP/URL 的过滤模块是三个过滤模块中的最上层，网页信息要首先经过该模块的处理。模块流程图如图 5-8 所示。从网页信息中提取出 URL，然后在黑名单库中进行查询，若查询到该 URL 则表示网页包含不良信息，并予以阻止，否则不进行处理，进入后续模块的处理。基于 IP/URL 的过滤模块的所有操作都是以黑名单库为中心，围绕黑名单库进行的，由此可见模块的关键是黑名单库的设计，且黑名单库的设计好坏直接关系模块处理速度的快慢。黑名单数据库主要包含两个查询操作和三个更新操作。

两个查询操作分别是：

（1）待检测网页 URL 的查询；

（2）用户自定义黑名单库的查询操作。

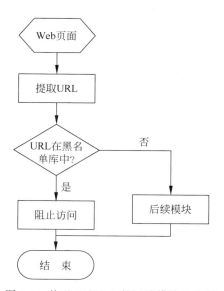

图 5-8　基于 IP/URL 的过滤模块流程图

黑名单库还要接收三个更新操作，分别是：

（1）接收基于字符串模式匹配的过滤模块反馈信息；

（2）接收基于文本分类技术的过滤模块反馈信息；

（3）接收用户自定义操作，对黑名单库进行的添加和删除操作。

2）基于字符串模式匹配的过滤模块

网页文本的信息一般包含在标题、正文和超链接中。标题通常是网页内容的概括，一般情况下，当人们看到标题就可以知道文章大概讲述的内容，因此，标题中一般包含比较大的信息量，是检索敏感信息的重点。相比于标题，正文内容较长，但是重要的信息一般会在前几段出现，前几段如果不出现不良信息，则后面再出现不良信息的概率就比较小，因此，正文的前几段也是不良信息检索的重点。现在越来越多的网站通过超链接的形式嵌入到其他的网站中，而超链接中的文字一般会选择比较诱人且信息量大的文字，因此，这也成为检索的重点。由以上可以看出，从标题、正文前几段和超链接中检索出不良信息的概率比较大，应对其进行特殊处理。

基于字符串匹配技术的过滤模块流程图如图 5-9 所示。首先，模块得到用户将要访问的互联网 Web 页面，对 Web 页面进行分析，提取出标题、正文前几段和超链接；然后，初始化字符串模式匹配算法，通过敏感词库在标题、正文前几段和超链接中进行敏感词汇检索，若没有检测出不良信息，则对用户访问不加限制并进入后续模块的处理，一旦检索出敏感词汇则阻止用户访问，同时将网页的 URL 信息反馈给黑名单库。

基于字符串匹配的过滤模块采用 AC-BMH 作为其核心算法，这主要是由于基于字符串匹配的文本过滤有两个特点：一是主要针对中文文本过滤；二是敏感词库中的词语一般较短。这两点都使得拥有好后缀规则的应用较少，起主导作用的是坏字符规则。因此，针对这种大字符集上的应用采用 AC-BMH 算法，只使用坏字符规则对算法进行优

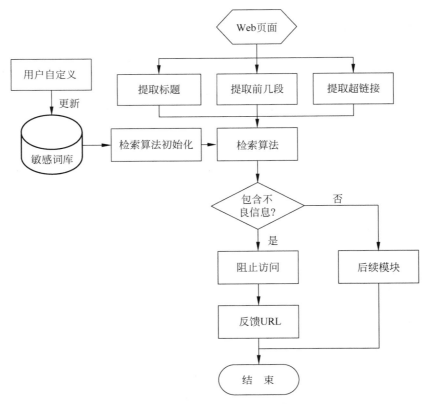

图 5-9　基于字符串匹配技术的过滤模块流程图

化,提高效率。敏感词库的建立,是通过对大量文章中词频的统计,选出最能代表敏感文章的词语。高频率词汇通常是文章中的常用语,如"我们""开始"等,这些词汇在所有文章中出现的频率都很高,因而不能代表文章的类别;低频词包含信息很少,也不能反映文章的类别;最能表达文本属性的一般是文章中的中频率词汇。通过词频统计选出最能体现文本属性的中频词,将这些词加入敏感词库,也可以通过人工手动添加作为补充,同时,也可以为特定用户、特定的过滤添加不同的词库。敏感词库在 AC-BMH 算法初始化时通过 Init_tree 函数读取并添加到模式树中,初始化时对词库顺序没有要求,依次读取敏感词库的每一个词汇。处理过程中没有复杂的处理和其他数据的出现,因而在这里仅采用了普通文本形式来存储敏感词库。

　　3) 基于文本分类技术的过滤模块

　　基于文本分类技术的过滤模块是三层过滤中最后一层,当前两种过滤策略都将网页判定为正常网页时才进行该模块的处理。文本分类技术将待检测文本自动分类,具体到中文网页过滤的应用中是一种二文本分类,文本只有合法和非法之分,没有类别的区分。该模块的数据处理对象是网页文本的正文部分,通过分类模型判定文本的分类属性,依据分类属性进行过滤。该模块涉及整个正文部分的检测,数据处理量大,分类模型计算复杂,因而整体速度偏慢。模块首先得到用户将要访问的互联网 Web 页面,提取出正文内容,然后对正文进行预处理,得到分类器可以识别的文本数据,然后通过分类计算得到 Web 页面的属性判定,网页归为正常网页则允许访问,若归为不良网页则阻止访问,同时将网页的 URL 信息反馈给黑名单库。

基于文本分类的过滤模块选取支持向量机算法作为模块的核心算法。主要原因有以下三点:

(1) 中文网页过滤的处理对象是单个的 Web 页面,一般来讲页面比较小,而支持向量机算法对小样本分类时速度快、分类准确率高;

(2) 训练样本库只包含支持向量的样本,训练出来的分类模型占用空间少;

(3) 支持向量机是一种原生的两类分类算法,很适合网页过滤。

支持向量机文本分类算法分为训练过程和识别过程。训练过程是对训练样本库训练得出分类模型的过程。训练样本库中的数据均是已确定分类属性的有代表性的文本,其质量好坏关系到分类模型的质量,进而影响系统识别过程的准确性。训练样本库中的不良文本要涵盖暴力、色情和反动等多个方面的文本,正常文本要包含政治、经济、科技、生活等全方位的文本。这样的样本库才最有代表性,也能突出两类文本各自的特点,训练出来的分类模型的准确率和实用性才会更好。由于没有标准库,只能是从网络手动搜集一些样本库资源,尽可能做到准确详尽。

5.6.3　基于朴素贝叶斯算法的垃圾邮件过滤

随着互联网的迅速发展,网络改变了人们传统的通信方式。电子邮件因为其方便快捷而被人们广泛接受和使用。但是现今垃圾邮件问题日益泛滥严重,邮件系统的安全和可靠性依然是人们关注的焦点。根据中国网络不良与垃圾信息举报受理中心 2016 年的数据显示,中国网民平均每周收到的垃圾邮件达 12 封,每年收到的垃圾邮件总计 3700 亿封。垃圾邮件严重干扰了正常的互联网秩序,研究并设计有效的垃圾邮件过滤器具有非常重要的现实意义。白名单、行为监控、黑名单以及关键字过滤等是目前常用的垃圾邮件过滤技术,但这些过滤技术缺乏自适应性,面对内容多变的垃圾邮件其过滤效果并不够理想。针对这一问题,面向信息内容的朴素贝叶斯过滤器不仅具有自适应性,算法复杂度低、分类精度高等优点,而且也可以根据用户需求进行个性化过滤。本节介绍了一种基于朴素贝叶斯算法的垃圾邮件过滤方法。

1. 原理概述

1) 贝叶斯定理

贝叶斯定理描述的是两个不同的事件 A、B,A 为条件 B 发生的概率与 B 为条件 A 发生的概率之间的关系。贝叶斯公式可表示为

$$P(A \mid B) = \frac{P(A)P(B \mid A)}{P(B)} \tag{5-7}$$

在式(5-7)中,P 为事件发生的概率。$P(A)$ 称为先验概率(Prior Probability),即在 B 事件发生之前,对 A 事件概率的一个判断。$P(A \mid B)$ 称为后验概率(Posterior Probability),即在 B 事件发生之后,对 A 事件概率的重新评估。$P(B \mid A)/P(B)$ 称为可能性函数(Likelihood),这是一个调整因子,使得预估概率更接近真实概率。所以条件概

率可以理解为

$$后验概率 = 先验概率 \times 调整因子$$

这就是贝叶斯推断的含义,也就是首先预估一个先验概率,然后加入实验结果,观察这个实验到底是增强还是削弱了先验概率,由此得到更接近事实的后验概率。如果可能性函数>1,意味着先验概率被增强,事件 A 发生的可能性变大;如果可能性函数=1,意味着 B 事件无助于判断事件 A 的可能性;如果可能性函数<1,意味着先验概率被削弱,事件 A 发生的可能性变小。

贝叶斯公式的意义在于它反映了导致一个事件发生的若干"因素"对这个事件发生的影响分别有多大。例如考虑如下问题:

已知某种疾病的发病率是 0.001,即 1000 人中会有 1 个人得病。现有一种试剂可以检验患者是否得病,它的准确率是 0.99,即在患者确实得病的情况下,它有 99% 的可能呈现阳性。它的误报率是 5%,即在患者没有得病的情况下,它有 5% 的可能呈现阳性。现有一个病人的检验结果为阳性,请问他确实得病的可能性有多大?

解:假定 A 事件表示得病,那么 $P(A)$ 为 0.001。这就是先验概率,即没有做试验之前,我们预计的发病率。再假定 B 事件表示阳性,那么要计算的就是 $P(A|B)$。这就是后验概率,即做了试验以后,对发病率的估计。

根据条件概率公式:

$$P(A \mid B) = \frac{P(B \mid A)P(A)}{P(B)} \tag{5-8}$$

用全概率公式改写分母:

$$P(B) = P(A)P(B \mid A) + P(\overline{A})P(B \mid \overline{A})$$

由题设可知:$P(B|A) = 0.99, P(B|\overline{A}) = 0.05 P(\overline{A}) = 0.999$。

将数字代入得到结果,$P(A|B)$ 约等于 0.019。也就是说,即使检验呈现阳性,病人得病的概率,也只是从 0.1% 增加到 2% 左右。这就是所谓的"假阳性",即阳性结果完全不足以说明病人得病。

利用贝叶斯定理构造的决策方法是在所有相关概率都已知的情况下,考虑如何基于这些概率和可能的期望损失来选择最优分类的方法。现假设有 N 种可能的类别 $\{C_1, C_2, \cdots, C_N\}$,且存在样本 $x \in \{x_1, x_2, \cdots, x_N\}$,需要将样本 x 分为相应的类别,则可以定义基于后验概率 $P(C_i|x)$ 将某一样本 x 分类为 C_i 所产生的期望损失:

$$R(C_i \mid x) = \sum_{j=1}^{N} \lambda_{ij} P(C_j \mid x) \tag{5-9}$$

其中 λ_{ij} 表示将真实类别为 C_j 分类为 C_i 所产生的损失。利用贝叶斯定理来分类的目标是:寻找能够最小化全局风险的准则 h,h 应为

$$h(x) = \mathrm{argmin} R(c \mid x), \quad c \in \{C_1, C_2, \cdots, C_n\}$$

即在每个样本 x 上都选择能使得期望损失 R 最小的类别 c,此时为所得到的贝叶斯分类器的性能上限。

利用贝叶斯定理最小化期望损失相当于利用有限的训练样本尽可能准确地估计后验概率 $P(c|x)$。

2）朴素贝叶斯分类器

给定类标号 y，朴素贝叶斯分类器在估计类条件概率时假设属性之间条件独立。条件独立假设可形式化地表示如下：

$$P(X \mid Y=y)=\prod_{i=1}^{d} P(X_i \mid Y=y) \tag{5-10}$$

其中每个属性集 $X=\{X_1,X_2,\cdots,X_d\}$ 包含 d 个属性。

在深入研究朴素贝叶斯分类法如何工作的细节之前，先介绍条件独立概念。设 X、Y 和 Z 表示三个随机变量的集合。给定 Z，X 于 Y 条件独立，如果下面的条件成立：

$$P(X \mid Y,Z)=P(X \mid Z) \tag{5-11}$$

条件独立的一个例子是一个人的手臂长短和他的阅读能力之间的关系。可能手臂较长的人阅读能力也较强。这种关系可以用另一个因素解释，那就是年龄。小孩子的手臂往往比较短，也不具备成人的阅读能力。如果年龄一定，则观察到的手臂长度和阅读能力之间的关系就消失了。因此，可以得出结论，在年龄一定时，手臂长度和阅读能力二者条件独立。

X 和 Y 之间的条件独立也可以写成式（5-12）：

$$\begin{aligned} P(X,Y \mid Z) &= \frac{P(X,Y,Z)}{P(Z)} = \frac{P(X,Y,Z)}{P(Y,Z)} \times \frac{P(Y,Z)}{P(Z)} \\ &= P(X \mid Y,Z) \times P(Y \mid Z) = P(X \mid Z) \times P(Y \mid Z) \end{aligned} \tag{5-12}$$

有了条件独立假设，就不必计算 X 的每一个组合的类条件概率，只需对给定的 Y，计算每一个 X_i 的条件概率。后一种方法更实用，因为它不需要很大的训练集就能获得较好的概率估计。

分类测试记录时，朴素贝叶斯分类器对每个类 Y 计算后验概率：

$$P(Y \mid X)=\frac{P(Y)\prod_{i=1}^{d} P(X_i \mid Y)}{P(X)} \tag{5-13}$$

由于对所有的 Y，$P(X)$ 是固定的，因此只要找出使分子 $P(Y)\prod_{i=1}^{d} P(X_i \mid Y)$ 最大的类就足够了。一般来说，可以估计分类属性的条件概率，也就是对分类属性 X_i，根据类 y 中属性值等于 X_i 的训练实例的比例来估计条件概率 $P(X_i=x_i \mid Y=y)$。

朴素贝叶斯分类法使用两种方法估计连续属性的类条件概率。

（1）可以把每一个连续的属性离散化，然后用相应的离散区间替换连续属性值。这种方法把连续属性转换成序数属性。通过计算类 y 的训练记录中落入 X_i 对应区间的比例来估计条件概率 $P(X_i=x_i \mid Y=y)$。估计误差由离散策略和离散区间的数目决定。如果离散区间的数目太大，则会因为每一个区间中训练记录太少而不能对 $P(X_i \mid Y)$ 做出可靠的估计。相反，如果区间数目太小，有些区间就会含有来自不同类的记录，因此失去了正确的决策边界。

（2）可以假设连续变量服从某种概率分布，然后使用训练数据估计分布的参数。高斯分布通常被用来标识连续属性的类条件概率分布。该分布有两个参数，均值 μ 和方差 σ^2。对每个类 y_j，属性 X_i 的类条件概率等于：

$$P(X_i = x_i \mid Y = y_j) = \frac{1}{\sqrt{2\pi}\sigma_{ij}} e^{-\frac{(x_i - \mu_{ij})^2}{2\sigma_{ij}^2}} \tag{5-14}$$

其中,参数 μ_{ij} 可以用类 y_j 的所有训练记录关于 X_i 的样本均值 $\bar{x}$ 来估计。同理,参数 σ^2 可以用这些训练记录的样本方差 s^2 来估计。

2. 总体设计

本节目标是基于朴素贝叶斯分类方法设计一个快速精准的垃圾邮件过滤系统。贝叶斯过滤器是一种统计学过滤器,建立在已有的统计结果之上。所以,必须预先提供两组已经识别好的邮件,一组是正常邮件,另一组是垃圾邮件。在本节中用这两组邮件,对过滤器进行训练。这两组邮件的规模越大,训练效果就越好。一般训练使用的邮件规模为正常邮件和垃圾邮件各 4000 封。

在垃圾邮件过滤设计中,相比于速度,精准度是更为重要的考量因素。因为相比于漏拦截的垃圾邮件,将正常邮件误分为垃圾邮件会对用户造成更大的麻烦。因此本系统对将正常的邮件误分为垃圾邮件会有比较高的要求。系统采用模块化的设计,可分为:邮件预处理、训练数据集以及垃圾邮件过滤等模块。其中,邮件预处理模块的功能是通过分析邮件的格式,将邮件的头部以及正文部分解析出来,并且运用分词工具对邮件内容进行分词。训练数据集模块的功能是将预处理过的已知邮件类别的邮件进行训练,目的是提取出正常邮件和垃圾邮件的分词数据,并将其写入数据库。垃圾邮件过滤模块的功能是根据每个特征词的相关权值检测待分类邮件的类别,图 5-10 是系统总体的架构图。

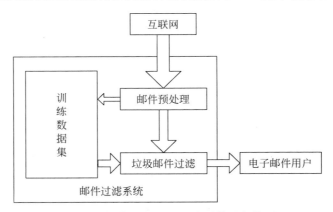

图 5-10　垃圾邮件过滤系统总体的架构图

垃圾邮件过滤其实就是运用朴素贝叶斯分类模型对垃圾邮件进行分类。朴素贝叶斯分类模型如图 5-11 所示。考虑到朴素贝叶斯分类器针对的一般是离散型数据,因此需要对邮件内容进行分词处理,提取分词后的一些关键单词或词语作为特征项进行后续过滤处理。

利用贝叶斯定理进行垃圾邮件的训练过程其实较为简单。主要是解析所有邮件,提取每一个词,然后计算每个词语在正常邮件和垃圾邮件中的出现频率。例如假定"广告"这个词,在 4000 封垃圾邮件中,有 200 封包含这个词,那么它的出现频率就是 5%;而在

4000 封正常邮件中,只有 2 封包含这个词,那么出现频率就是 0.05%(如果某个词只出现在垃圾邮件中,可假定它在正常邮件的出现频率是 1%,反之亦然,这样做是为了避免概率为 0。随着邮件数量的增加,计算结果会自动调整)。

具体来说,按照朴素贝叶斯分类过滤模型,垃圾邮件分类问题可转化为下面的问题。即假如已有 m 个邮件样本集合 $\{S_1, S_2, \cdots, S_m\}$,其中邮件的类型分为垃圾邮件和正常邮件,现在有一封新的邮件,需要确定它到底是垃圾邮件还是正常邮件,可分为如下步骤:

(1) 首先获取样本数据集,例如从网上爬取一些不同类型的邮件数据,其中垃圾邮件和正常邮件的数目已经确定。

(2) 将所有的邮件利用分词算法进行分词处理,并按照垃圾邮件和正常邮件两个方面分别进行标记,得到垃圾邮件的词频表和正常邮件的词频表。

(3) 将待检测邮件进行分词处理,并分别计算出每个分词在不同类别的邮件中出现的概率。

(4) 根据已计算的各个分词在不同类别邮件中的权值,利用概率公式,分别得到在此样本数据集中该邮件是垃圾邮件的概率和是正常邮件的概率并进行对比。通过以上的几个步骤,就可以根据朴素贝叶斯分类器来判断待检测邮件是否是垃圾邮件。

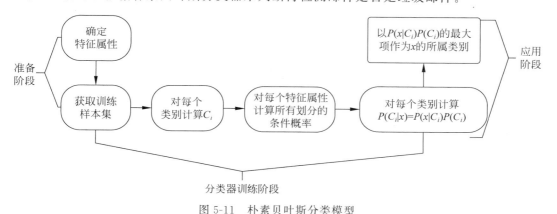

图 5-11　朴素贝叶斯分类模型

从图 5-11 可以看出,训练集学习训练过程是整个检测过程的核心,也就是先根据训练集计算某一类已知文本分类的先验概率,得到计算结果的后验概率后,对后续收到的新的文本类型进行分析预料。在已知的分类概率条件下,得到待检测邮件属于某一类别的概率值,并取其中最大值,将该文本归类到最大值的那一类中。

3. 模块设计

1) 邮件预处理模块设计

现在大多数的邮件系统都是 MIME 标准,邮件中包含了各种格式、各种数据类型的内容。如图 5-12 所示,邮件预处理流程一般包含邮件解析、邮件文本分词、邮件特征词提取等模块。系统在进行垃圾邮件检测分类之前需要获取邮件主体内容,并

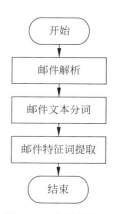

图 5-12　邮件预处理
模块的流程图

去除其中不能解析的非文本内容,留存容易解析的邮件头以及正文等内容。不同于英文文本,中文文本中词与词之间缺少间隔,计算机无法直接提取中文的词语。因此在特征提取之前需要将中文文本分成一堆易于解析的词组,即对中文邮件实行去停留词等特殊处理,去除邮件内容中许多没有语义的语气词、连接词等,并提取出邮件内容的特征项进行后续过滤模型构建。

其中邮件解析模块主要是解析 MIME 编码,根据 Content-Type 字段的值来对邮件内容的类型进行判断,然后根据判断结果对其解码,最后提取到所需的标题和正文的数据。如果一些垃圾邮件为了伪装成正常邮件额外加入无关的信息,那么在邮件预处理中就必须对这些混淆信息进行删除。例如,如果对应解码类型的字段 Content-Type 值为 text/ * ,这就说明正文的格式是纯文本,可直接对正文进行提取,而如果正文格式是 multipart/ * 的,则需要先将其分为多个对象,再对每个对象直接获取其文本。

邮件文本分词模块主要将邮件文本分成可处理的特征词。由于中文文本中字与词之间没有明确的界限,有些句子本身就存在歧义,使得人工进行中文分词较为困难。目前国内对中文分词的研究已经比较成熟,较著名的如中国科学院计算技术研究所推出的 NLPIR 汉语分词系统(又称 ICTCLA),其主要功能包括中文分词、词性标注和命名实体识别等,分词的速度与精度都比较高。在垃圾邮件过滤中,可通过调用 ICTCLA 分词库来实现中文分词。

2) 邮件训练模块设计

邮件训练模块是垃圾邮件过滤系统的核心,而其中最重要的部分是朴素贝叶斯模型的建模。在本节原理概述部分,已经知道,朴素贝叶斯模型是贝叶斯模型的一种特殊情况,由于贝叶斯定理中的先验概率是所有属性上的联合概率 $P(x|c)$,而各个属性之间相互联系,使得先验概率求取困难。朴素贝叶斯模型将每个属性之间视为独立条件,将计算方法转变为

$$P(c\mid x)=\frac{P(c)}{P(x)}\prod_{i=1}^{N}P(x_i\mid c) \tag{5-15}$$

其中 N 为属性数量,在此假设下,所需要寻找的准则 h 转变为

$$h(x)=\arg\min P(c)\prod_{i=1}^{N}P(x_i\mid c) \tag{5-16}$$

式(5-16)为朴素贝叶斯模型分类表达式。

在垃圾邮件过滤系统中,通过已给定的训练集,以特征词之间独立作为前提假设,学习从输入到输出的联合概率分布,再基于学习到的模型,输出 X 求出使得后验概率最大的输出 Y。

在垃圾邮件分类系统中,对于收到的一份邮件,其出现的单词集为($word_1,word_2,\cdots,word_n$),计算该单词集出现情况下该封邮件可能是垃圾邮件(Spam)或正常邮件(Ham)的后验联合概率为

$$P(Spam\mid word_1,word_2,\cdots,word_n)=\frac{P(word_1,word_2,\cdots,word_n\mid Spam)P(Spam)}{P(word_1,word_2,\cdots,word_n)}$$

$$P(Ham\mid word_1,word_2,\cdots,word_n)=\frac{P(word_1,word_2,\cdots,word_n\mid Ham)P(Ham)}{P(word_1,word_2,\cdots,word_n)} \tag{5-17}$$

这两个条件概率分布是一个 n 维空间向量的联合概率,如果每个特征值有 t 种取值,那就说明可能的情况一共有 t^n 次,求解该问题是一个 NP 难问题。

为了能够进一步简化问题,可假设:特征项之间是相互独立的,这也就是朴素贝叶斯的思想。这样 n 维的联合概率问题被简化成 n 个分离的概率乘积,计算复杂度也就降到了易于计算多项式级别。此时,使用类集合 $Y=c_k$ 表示邮件类型,那么该封邮件可能是垃圾邮件(Spam)或正常邮件(Ham)的后验联合概率可变成式(5-18):

$$P(Y=c_k \mid \text{word}_1,\text{word}_2,\cdots,\text{word}_n) =$$
$$\frac{P(\text{word}_1 \mid Y=c_k)P(\text{word}_2 \mid Y=c_k)\cdots P(\text{word}_n \mid Y=c_k)P(Y=c_k)}{P(\text{word}_1,\text{word}_2,\cdots,\text{word}_n)} \quad (5\text{-}18)$$

由于特征属性集即单词集($\text{word}_1,\text{word}_2,\cdots,\text{word}_n$)是不变的,因此比较后验概率时,只需要比较式(5-18)的分子即可,也就是说,如果用类集合 $Y=\{c_1,c_2\}$ 分别表示垃圾邮件和正常邮件,y 为输出类标记,那么最后类输出为

$$y=\arg\max_{c_k} P(Y=c_k)\prod_{j=1}^{n} P(\text{word}_j \mid Y=c_k) \quad (5\text{-}19)$$

那么,最后的问题就集中在如何估计 $P(Y=c_k)$ 和 $P(\text{word}_j \mid Y=c_k)$,不同的朴素贝叶斯模型对这些参数有不同的求解方法,常用的有三种:伯努利模型、多项式模型和高斯模型。其中一般使用伯努利模型,这里重点介绍伯努利模型分类器。

伯努利分布也就是 0-1 分布。对于邮件过滤系统,可以理解为同时进行多个不同的伯努利试验,即满足多元伯努利分布。

邮件的特征属性集($\text{word}_1,\text{word}_2,\cdots,\text{word}_n$)中,对于每一个单词 word_i,用 $\text{word}_i \in \{0,1\}$ 来表示这个单词是否出现。因为特征之间是相互独立的,所以多元伯努利也就变成了各个伯努利分布的连乘积。因为是伯努利分布,所以一个特征(单词)无论出不出现,都有一个概率。如果记单词 word_i 在类 $Y=c_k$ 下出现的概率为 $P(\text{word}_i \mid Y=c_k)$,根据伯努利分布可得

$$P(\text{word}_1,\text{word}_2,\cdots,\text{word}_n \mid Y=c_k) =$$
$$\prod_{i=1}^{n} P(\text{word}_i \mid Y=c_k)\text{word}^i + (1-P(\text{word}_i \mid Y=c_k))(1-\text{word}^i) \quad (5\text{-}20)$$

在式(5-20)的基础上,可得

$$P(Y=c_k \mid \text{word}_1,\text{word}_2,\cdots,\text{word}_n) =$$
$$\frac{P(Y=c_k)\prod_{i=1}^{n} P(\text{word}_i \mid Y=c_k)\text{word}^i + (1-P(\text{word}_i \mid Y=c_k))(1-\text{word}^i)}{P(\text{word}_1,\text{word}_2,\cdots,\text{word}_n)}$$

$$(5\text{-}21)$$

同样地,在计算输出类时,对不同的类的条件概率,只需要比较式(5-21)的分子即可。根据极大似然估计,对于先验概率 $P(Y=c_k)$,其极大似然估计为

$$P(Y=c_k) = \frac{\sum_{i=1}^{N} I(y_i=c_k)}{N} \quad (5\text{-}22)$$

邮件过滤系统中,y_i 表示当前邮件,$I(y_i = c_k)$ 表示判断当前邮件是否属于 c_k,属于即为 1,N 为邮件总数,那么式(5-22)的实际含义为类 $Y = c_k$ 样本所占比例。

对于条件概率 $P(\text{word}_i | Y = c_k)$,结合拉普拉斯平滑,其极大似然估计为

$$P(\text{word}_i | Y = c_k) = \frac{\sum_{i=1}^{N} I(\text{word}_i | Y = c_k) + 1}{\sum_{i=1}^{N} I(y_i = c_k) + 2} \tag{5-23}$$

式(5-23)最终的含义为类 $Y = c_k$ 下包含单词 word_i 的文件数占类 $Y = c_k$ 样本的比例。

3) 邮件过滤模块设计

邮件过滤模块功能是根据训练模块已计算的各特征项的条件概率和权值等参数,对待分类邮件类型进行判断并过滤。如图 5-13 所示,邮件过滤模块主要通过设定计算待分类邮件分属不同类别的概率,并基于预先设定好的阈值进行邮件过滤。

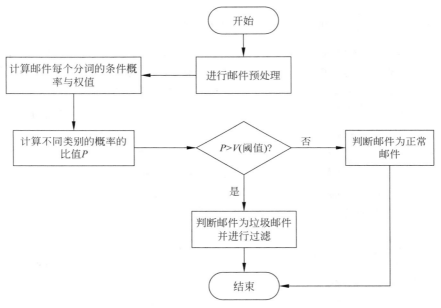

图 5-13 邮件过滤模块设计流程图

基于伯努利模型构建邮件过滤模型时,可直接调用 sklearn 库实现,使用的是 BernoulliNB 方法,如下所示:

```
BernoulliNB(alpha = 1.0, binarize = 0.0, fit_prior = True, class_prior = None)
alpha: 拉普拉斯/Lidstone 平滑参数,浮点型,可选项,默认 1.0
binarize: 将数据特征二值化的阈值,<= binarize 的值处理为 0,> binarize 的值处理为 1
class_prior: 类先验概率,数组大小为(n_classes,),默认 None
fit_prior: 是否学习先验概率,布尔型,可选项,默认 True
```

通过调用 fit 函数和 predict 函数就可以实现训练和测试的功能,如下所示:

```
clf = BernoulliNB(alpha = 1.0, binarize = 0.0, class_prior = None, fit_prior = True)
```

```
clf.fit(X, Y)
```
♯用下面的语句实现对测试集的分类并输出分类结果
```
print(clf.predict(X[2]))
```

5.7 本 章 小 结

网络信息过滤技术能够有效、准确地找到用户感兴趣的信息,为用户提供及时、个性化的信息服务,真正做到"用户所需"。近年来,网络信息过滤技术获得了长足的发展,正在被越来越多地应用于 Web 空间,并成为研究和工程实践的热点。本章对网络信息内容过滤技术展开论述,介绍了网络信息过滤的原理,概述了网络信息过滤系统的主要类型,深入描述了网络信息内容过滤模型,分析比较了不同过滤模型,并对其中的关键技术做了重点研究。最后还给出了几种典型的信息内容过滤系统介绍。

习 题

1. 网页内容过滤有哪些应用? 目前主要有哪些方法?
2. 简单描述字符串匹配过滤算法。
3. 试描述网络信息内容过滤系统的基本框架。
4. 简要描述网络信息内容过滤的主要方法。
5. 简单比较统计和逻辑方法的异同和优缺点。
6. 两个一模一样的碗,一号碗有 30 颗水果糖和 10 颗巧克力糖,二号碗有水果糖和巧克力糖各 20 颗。现在随机选择一个碗,从中摸出一颗糖,发现是水果糖。请问这颗水果糖来自一号碗的概率有多大?

第6章

话题检测与跟踪

6.1 话题检测与跟踪概述

6.1.1 话题检测与跟踪的定义

话题检测与跟踪(Topic Detection and Tracking,TDT)是一项旨在依据事件对语言文本信息流进行组织、利用的研究,也是为应对信息过载问题而提出的一项应用研究。与一般的信息检索或者信息过滤不同,话题检测与跟踪所关心的话题不是一个大的领域(如美国对外政策)或者某一类事件(如总统大选),而是一个很具体的"事件"(Event),如中国男足世界杯出线、冬奥会等。为了区别于语言学上的概念,话题检测与跟踪评测会议对"话题"进行了定义:所谓话题(Topic),就是一个核心事件或活动以及与之直接相关的事件或活动。而一个事件(Event)通常由某些原因、条件引起,发生在特定时间、地点,涉及某些对象(人或物),并可能伴随某些必然结果。通常情况下,可以简单地认为话题就是若干对某事件相关报道的集合[①]。"话题检测与跟踪"则定义为"在新闻专线(Newswire)和广播新闻等数据流中自动发现主题并把主题相关的内容联系在一起的技术"。

话题检测与跟踪的概念最早产生于 1996 年,当时美国国防部高级研究计划局(DARPA)根据自己的需求,提出要开发一种新技术,能在没有人工干预的情况下自动判断新闻数据流的主题。1997 年,研究者开始对这项技术进行初步研究,并做了一些基础工作(包括建立了一个针对话题检测与跟踪研究的预研语料库)。当时的研究内容包括寻找内在主题一致的片断,即给出一段连续的数据流(文本或语音),让系统判断两个事件之间的分界,而且能自动判断新事件的出现以及旧事件的再现。从 1998 年开始,在DARPA 支持下,美国国家标准技术研究所(NIST)每年都要举办有关话题检测与跟踪的国际会议,并进行相应的系统评测。2002 年秋季召开了话题检测与跟踪的第五次会议(即 TDT 2002)。这个系列的评测会议作为 DARPA 支持的跨语言信息检测、抽取和总结(Translingual Information Detection,Extraction and Summarization,TIDES)项目下的两个系列会议(另一个是文本检索会议 TREC)之一,越来越受到人们的重视。参加该评测的机构包括著名的大学、公司和研究所,如 IBM Watson 研究中心、BBN 公司、卡耐基-梅隆大学、马萨诸塞大学、宾州大学、马里兰大学、龙系统公司等。我国这方面的研究

---

① 对这种相关性必须做一个界定,不能任由集合无限扩大。为此,TDT 会议组织者在构造 TDT 语料时,对挑选出来的每个话题都定义了相关性判定规则。

开展得要晚一些,1999 年台湾大学参加了话题检测与跟踪话题检测任务的评测,香港中文大学参加了 TDT 2000 的某些子任务的评测。随着该技术应用的普及,北京大学和中科院计算所的研究人员也开始进行这方面的跟踪和研究。

话题检测与跟踪会议采用的语料是由会议组织者提供并由语言数据联盟(Linguistic Data Consortium,LDC)对外发布的话题检测与跟踪系列语料。目前已公开的训练和测试语料包括话题检测与跟踪预研语料(TDT Pilot Corpus)、TDT2 和 TDT3,这些语料都人工标注了若干话题作为标准答案。TDT2 和 TDT3 收录的报道总量多达 11.6 万篇,从而很大程度上避免了数据稀疏问题的影响,同时也能很好地验证算法的有效性。总的来看,话题检测与跟踪系列评测会议呈现两大趋势:一是努力提高信息来源的广泛性,不仅包括互联网上的文本数据,还包括来自广播、电视的语音数据;二是强调多语言的特性。从 1999 年开始,话题检测与跟踪会议引入了对汉语话题的评测,2002 年又增加了阿拉伯语的测试集。

可以看到,话题检测与跟踪和信息抽取的研究一样,其建立与发展是以评测驱动的方式进行的。这种评测研究的方法具有以下特点:明确的形式化的研究任务、公开的训练与测试数据、公开的评测比较方法。它将研究置于公共的研究平台上,使得研究之间的比较更加客观,从而让研究者认清各种技术的优劣,起到正确引导研究发展方向的作用。接下来将对话题检测与跟踪中常见的一些概念进行说明。

1. 话题

话题检测与跟踪技术中,话题(Topic)被定义为与真实世界中不断增长的事件相关的新闻故事的集合。在最初的研究阶段,话题和事件的含义相同。一个话题是指由某些原因、条件引起,发生在特定事件、地点,有一定的参与者或设计者,并可能伴随某些必然结果的一个事件,例如"彻底查清 MH370 客机失联原因"这便是一个话题。目前使用的话题概念要相对宽泛一些,它包括一个核心事件或活动以及所有与之直接相关的事件和活动。如果一篇报道讨论了某个话题的核心事件直接相关的时间或活动,那么也认为该报道与此话题相关。例如,搜索飞机失事的幸存者、安葬死难者都被看作与某次飞机失事这个话题相关。

2. 事件

事件(Event)通常是在特定时间、地点发生的事情。可以简单地认为话题就是若干对某事件相关报道的集合。例如"2014 年 3 月 8 日马航 MH370 客机失联"是一个事件而不是话题,"马航 MH370 客机失联"是话题而不是事件。一般地,事件是话题的实例,与一定的活动相关。

3. 故事

故事(Story)是对某个事件的相关报道。在话题检测与跟踪领域中,它是指一个与话题紧密相关的、包含两个或多个独立陈述某个事件的子句的新闻片段。

4. 话题检测

话题检测(Topic Detection)旨在发现新的事件并将谈论某一事件的所有新闻报道归入相应的事件簇,所以话题检测本质上是一种特殊的文本聚类技术,它又可分为回溯探测和在线探测。回溯探测是在一个按事件次序累积的新闻报道流中发现以前未经确认的事件并在整个数据集合上进行聚类,它允许系统在开始话题检测任务之前预览要处理的整个新闻报道集,因而可以获得一定的关于待处理文本信息流的先验知识。而在线探测的目的是实时地从新闻媒体流中发现新事件,并以增量的方式对输入的新闻报道进行聚类,在做出最终的决策前只能向前面看有限的新闻报道。

5. 话题跟踪

话题跟踪(Topic Tracking)就是通过监控新闻媒体流以发现与某一已知事件相关的后续新闻报道。通常需要事先给出一个或几个已知的关于该事件的新闻报道。这项研究和信息检索领域中基于示例的检索有许多共同之处。在话题跟踪中已知的训练正例非常少,并且与某个事件相关的报道常常集中出现在某一特定的时间区间。

6.1.2　话题检测与跟踪的特点

目前来看,话题检测与跟踪的研究呈现以下特点:

(1) 大多数已公开系统采用的方法主要还是传统的文本分类、信息过滤和检索的方法,专门针对话题发现与跟踪自身特点的算法还未形成;

(2) 要取得整体上比较满意的效果并不太困难,但对某个用户感兴趣的特定话题,现有系统都无法保证取得满意的效果,例如对于用户关注的"尼斯恐袭事件",系统不能保证取得高于平均值的准确率;

(3) 从长期来看,综合使用多种相对成熟的方法,在实际应用中可能效果最佳,同时这也是将来的一个研究发展方向。

目前话题检测与跟踪的研究现状仍然以传统基于统计策略的信息检索、信息过滤、分类和聚类等技术为主,忽视了新闻语料本身具备的特点,例如话题的突发性与跳跃性、相关报道的延续与继承性、新闻内容的层次性以及时序性等。基于这一问题,当前的研究趋势是将多种方法进行融合,并嵌入新闻语料特性实现话题的识别与追踪,例如结合命名实体的话题模型描述、以时间为参数的权重与阈值估计等。虽然这些方法能够在一定程度上提高话题检测与跟踪系统性能,但其只是对传统统计策略的一种补充与修正,并没有形成独立于话题检测与跟踪领域特有的研究框架与模型。

总而言之,话题检测与跟踪是自然语言处理领域中一个重要的研究课题。通过评测驱动的方式,话题检测与跟踪的研究已经取得了相当大的进展。但当前的研究主要还是基于传统的统计方法,这些方法在文本分类、信息检索、信息过滤等领域得到广泛应用。将来的发展应主要关注话题本身的特性,并考虑多种方法的综合运用。话题检测与跟踪的发展和实际应用息息相关,它能够弥补信息检索的一些不足,在国家信息安全、企业市场调查、个人信息定制等方面都存在着实际需求。随着现有系统性能的不断提高,话题检测与跟踪在各个领域必将得到越来越广泛的应用。

6.1.3　话题检测与跟踪的意义

随着信息传播手段的进步,尤其是互联网的出现,信息急剧膨胀。网络上的新闻报道是其中最主要的信息类型之一,也是人们最为关注的信息类型之一。这些新闻报道具有数量大、增长快、主题相关、时效性强、动态演化等特性,已成为信息获取的主要来源之一。

当前我们采集的大量网页数据中,新闻网页占有很大的比例。在这种情况下,如何快捷、准确地从海量的新闻网页中获取感兴趣的信息便是我们关注的焦点。

目前在信息获取过程中,针对这种数据的处理是通过传统的关键词检索技术来完成的。由于网络信息量太大,与一个话题相关的信息往往孤立地分散在不同的时间段和地方,这种方法返回的信息冗余度过高,很多不相关的信息仅仅是因为引文含有指定的关键词就被作为结果返回了。并且其中的相关信息并没有进行有效的组织,只是简单罗列,人们对某些新闻事件难以做到全面的把握,在人员和处理设备有限的情况下,势必造成大量数据不能被完全处理。这样不仅浪费已采集的资源,而且一旦丢掉的数据中包含重要价值的信息,就会造成无法弥补的损失。

话题检测与跟踪技术正是在这种应用背景下产生的,它是一种检测新出现话题并追踪话题发展动态的信息智能获取技术。该技术能把分散的信息有效地汇集并组织起来,从整体上了解一个话题的全部细节以及该话题中事件之间的相关性。就具体的应用而言,该技术主要用于满足现实中的一些信息分析和组织需求,例如,对于政府安全分析人员,他需要关注任何可能给网络上带来巨大波动的事件的发生和发展状况;对于国际关系或社会学研究者,他有时需要通过某种技术将所有关于某一新闻事件的新闻报道自动地收集并整理出来,以便进一步对该事件的前因后果进行深入的调查和研究,甚至需要对该事件的发展趋势做出预测;对于情报分析人员,他需要密切监视国内或国际上发生的重大事件等。

该问题的研究在理论与实践上都具有非常重要的意义,其应用领域已经由信息检索、证券市场分析扩展到决策支持、信息内容安全等领域。将现有的理论成果向应用领域推广作为该研究领域的重要分支,成为未来的一个研究热点。

6.2　话题检测与跟踪的任务

话题检测与跟踪的研究包含了 5 项基础性的研究任务:面向新闻广播类报道的切分任务、对未知话题首次相关报道的检测任务、报道间相关性的检测任务、面向未知话题的检测任务以及面向已知话题的跟踪任务。

6.2.1　报道切分

报道切分(Story Segmentation,SS)是将原始数据流切分成具有完整结构和统一主题的报道。由于获得的文本信息流本身就是以单个报道的形式出现的,所以 SST 面向的数据流主要是广播、电视等媒体的音频数据流。切分的方式分为两类:一是直接针对音频信号进行切分;二是将音频信号翻录成文本形式再进行切分。前者的切分对象是未经翻录的广播,根据音频信号的分布规律划分报道边界;而后者是得到文本形式的新闻报道,然后根据主题内容的差异估计报道边界。报道切分是其他 4 项任务的预处理,也就是说,其他任务都是在报道切分的基础上进行的。实际应用中的话题检测与跟踪系统必须保证新闻报道得到有效切分,才能进行后续的有关检测或跟踪研究。有关研究表明,它对各种识别任务影响很大,对跟踪任务影响很小。

6.2.2　首次报道检测

首次报道检测(First-Story Detection,FSD)是指从具有时间顺序的新闻报道流中自动检测出未知话题出现的第一篇报道。虽然首次报道检测与话题检测的任务类似,但两者的输出并不相同,前者输出的是一篇报道,而后者输出的则是一个关于某一话题的报道集合。在 TDT 2004 的评测中,将数次报道检测转换成了新话题检测(New Event Detection,NED)。NED 与 FSD 类似,区别在于检测对象从话题具体化为事件,这是由于某些话题的跳跃式出现,即话题在消失一段时间后重新出现并且起源于一个新的事件。例如"恐怖主义",这个话题可以包括 2013 年美国波士顿马拉松爆炸案和 2016 年法国尼斯恐袭事件,这两个话题在不同的时间由不同的事件引发,从而跳跃式出现。NED 就是要研究如何区分不同事件引发的相同话题。

6.2.3　关联检测

关联检测(Link Detection,LD)的主要任务是对给定的两篇新闻报道做出判断,即是否讨论同一个话题。因为话题检测与跟踪的本源问题就是检测话题与报道之间以及报道与报道之间的相关性,所以可以说关联检测是承载话题检测与跟踪其他各项任务的基本平台。大部分关联检测研究关注于相关性计算,包括文本描述及特征项选择。常用的关联检测系统使用余弦相似度计算。

6.2.4　话题检测

话题检测(Topic Detection,TD)的主要任务是检测和组织系统预先未知的话题。TD 要求在所有话题未知的情况下构造话题模型,并且该模型不能独立于某一个特例话题。话题检测系统通常分为两个阶段:①检测出最新话题;②根据已经检测出的话题,收集后续与其相关的报道。话题检测意在将输入的新闻报道归入不同的话题簇,并在需要的时候建立新的话题簇。从本质上看,这项研究等同于无指导的(系统无法预先知道该有多少话题簇、什么时候建立这些话题簇)聚类研究,但只允许有限地向前看。通常的聚类可被看作基于全局信息的聚类,即在整个数据集合上进行聚类,但话题检测中用到的聚类是以增量方式进行的。这意味着在做出最终的决策前,不能或只能向前面看有限数量的文本或报道。话题检测作为一种增量聚类,可以划分为两个阶段:①检测出新事件的出现;②将描写先前遇到的话题的报道归入相应的话题簇。显然,第一个阶段就是对新发生事件的检测。话题检测任务是对新话题检测任务的一个自然扩展。但是,这两项任务的区别也是很明显的:前者关心的是将谈论某个话题的所有新闻报道归入一个话题簇,如果仅仅不能正确检测出对某个话题的首次报道,则问题并不严重;后者则正好相反,它只关心系统能否将引出某个话题的第一篇报道检测出来。

6.2.5　话题跟踪

话题跟踪(Topic Tracking)的任务是监测新闻信息流,找到与某已知话题有关的后续报道。其中,已知话题由一则或者多则报道得到,通常是把 1~4 篇相关报道作为训练报道,训练得出话题模型。然后,判断后续数据流中的每一篇新闻报道与话题的相关性,从而实现跟踪功能。

6.3　话题检测与跟踪的研究体系

自 1996 年建立话题检测与跟踪研究雏形以来,历次评测都为话题检测与跟踪研究领域内出现的新问题设立了相应的评测任务,截至 TDT 2004,NIST 提供的所有评测任务基本上覆盖了话题检测与跟踪领域内的大部分研究课题。

在前面的章节中,我们了解到话题检测与跟踪的研究方向主要分为 5 项基础性的研究任务,即报道切分、报道关联性检测、话题检测与跟踪以及针对各项任务的跨语言技术。其中每一项研究都不是孤立存在,而是与其他研究相互依存与辅助的。例如,报道切分是一项基础性研究,实际应用中的话题检测与跟踪系统必须首先保证新闻报道流得到有效切分,才能进一步完成后续的检测与跟踪任务。报道关联性检测的目的在于检验两篇报道是否在论述同一话题,而话题检测与跟踪的本源问题恰是检验话题与报道之间,或报道与报道之间的相关性,因此关联性检测是承载话题检测与跟踪其他各项任务的基本平台,也是性能保证的前提条件;话题跟踪系统的主要任务是跟踪特定话题后续的相关报道,而话题检测系统则在大规模新闻报道流中识别各种未知的话题,因此话题检测实质上为跟踪系统提供了先验的话题模型,而话题跟踪则辅助检测系统完善对话题整体轮廓的描述。此外,话题检测与跟踪语料以及实际应用中的新闻资源都包含多种语言形式,因此各项话题检测与跟踪研究任务都需要涉及相应的跨语言技术。总而言之,话题检测与跟踪研究框架下的各项任务互相关联并统一为一个有机整体。根据实际应用的需要,话题检测与跟踪各项任务还可以进一步划分成面向不同问题的子课题,相对完整的话题检测与跟踪研究体系如图 6-1 所示。

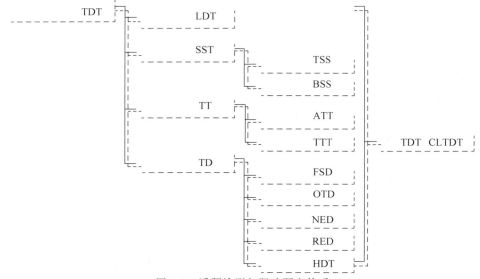

图 6-1　话题检测与跟踪研究体系

　　一般来说,报道切分总体而言可以划分成两种研究子任务:一种是基于语音识别系统的报道切分;另一种是基于内容的报道边界识别。前者的识别对象是未经过翻录的广播,根据语音信号的分布规律划分报道边界,后者则将广播转录为文本形式,根据报道之间主题内容的差异估计报道边界。语音识别系统通常可以相对准确地识别边界,但是边界之间包含的信息却不一定准确地指向一个报道,往往其中包含多个报道。而基于内容的切分系统虽然可以根据话题的内涵识别出不同报道,但报道与报道之间边界的划分相对模糊。因此,如何既能公正地区分报道又能准确地定位边界是 SST 任务不容忽视的两个主要课题。

　　早期话题检测与跟踪中的话题检测(TD)任务主要包含首次报道检测(FSD)和在线话题检测(OTD)两项子课题。FSD 要求检测系统能够准确定位新话题出现的最初报道,OTD 则不仅要求系统识别最新话题,同时需要收集该话题的所有相关报道。FSD 可被看作 OTD 的前提:通常,新话题的首次报道构成该话题的最初描述,后续报道相关性的裁决都以该报道为对照标准,即使随着相关报道逐渐增多,话题模型的质心相应发生漂移,但是话题的主线并没有脱离首次报道描述的内涵。相反,OTD 是对 FSD 的补充:新话题不仅包含对其进行报道的第一篇文本,同时也包含后续与之直接相关的外延,只有综合所有相关报道才能完整地勾勒出对应的话题。

　　近年来,TD 研究领域得到进一步拓展。其中,TDT 2004 设置了新事件检测(NED)任务。NED 要求检测系统能够针对具备时间顺序的新闻语料及时地检测出最新发生的事件。NED 与 FSD 面向的问题非常类似,区别在于检测对象从话题具体化为事件,其原因是某些话题跳跃式出现的特性,即话题在消失一段时间后重现并起源于一个新的事件。例如关于"恐怖袭击"的话题,包括 2013 年美国波士顿马拉松爆炸案、2015 巴黎恐怖袭击案件和 2016 年法国尼斯空袭案等。其中,每次恐怖袭击都是一个种子事件并伴随大量相关报道,因此话题在不同时间由不同事件多次引发,从而跳跃式地出现。话题的这一特性引起了关于 TD 研究的两种思考,即怎样区分不同事件引发的相同话题、是否当前被检测到的话题在历史上从未出现过。NED 就是面向第一种思考提出的检测任务,区别于传统的 FSD 系统,NED 更关注特定时间与地点发生的最新事件。此外,Yang Yiming 提出一种回顾式话题检测(RED)的研究方向,目的在于回顾历史上的所有报道,检测与话题相关的所有事件。由此,NED 与 RED 补充了 TD 研究中出现的上述两项课题。

　　TDT 2004 设置的另外一项新任务是层次话题检测(HTD),目的在于区分报道内容在层次上的差异,从而建立结构化的话题模型。总体而言,话题检测研究的发展逐步面向结构化和层次化,TD 系统不仅需要善于识别话题和收集相关报道,同时需要有效地分析话题内部的层次结构、区分不同组成部分并挖掘外界的相关历史信息。

　　区别于未知话题识别的 TD 系统,话题跟踪(TT)的主要任务在于跟踪已知话题的后续报道。通常,突发事件的产生会引发大量相关报道,随着事件受关注程度的降低,相应报道逐渐衰减直至消失。在这个过程中,话题在不同历史阶段的论述重心将有所漂移。例如,2001 年"9·11"事件发生的最初一段时间内,大量报道主要集中于事件本身,包括"客机撞击世贸""世贸大厦损毁"以及伤亡情况统计。随着事态的发展,相关报道的重心逐渐转移到"灾后处理""事件调查""美国民众的反应";最后话题集中于"恐怖主义"

"反恐战争""世界范围内的反恐政策"等。因此,一个完整的话题不仅包括最初事件的相关报道,还涉及后续相对拓展的外延,TT 任务就是面向这一问题提出的。TDT 2004 设置了有指导的自适应话题跟踪任务(ATT),其与传统 TT 系统的区别在于嵌入了自学习机制,可以使跟踪系统实时地依据话题的发展自动更新话题模型,从而有效追踪话题的报道趋势。

6.4　相关研究现状

6.4.1　关联检测

关联检测(LD)的主要任务是检测随机选择的两篇报道是否论述同一话题,并分析之间的关联关系。与其他话题检测与跟踪任务不同的是,LDT 研究并没有直接对应的实际应用,但是它对其他话题检测与跟踪研究所起到的辅助作用是无法忽视的。例如,新事件检测任务(NED)中,NED 系统可以通过 LDT 鉴定候选报道与每个先验报道之间的相关性,从而判断候选报道是否论述了一个新话题,或者相关于先验报道隶属的旧话题。就传统基于概率统计的话题检测与跟踪研究而言,报道与话题或者报道与报道之间的相关性,都是通过检验两者之间共有特征的覆盖比例进行评判的。换言之,两者共有的特征越多,那么它们相关的可能性越大。因此,大部分针对 LDT 的研究都将问题的重心集中于文本描述以及特征选择。James Allan 和 Schultz 采用向量空间模型(VSM)描述报道的特征空间,根据特征在文本中的概率分布估计权重,利用余弦夹角衡量报道之间的相似性。此外,Leek 和 Yamron 将参与检测的两篇报道分别看作一个话题和一篇报道,采用语言模型(LM)描述报道产生于某话题的概率,并通过调换两篇报道的角色分别从两个方向估计它们的产生概率,最终的相关性则依据这两种概率分布,采用 Kullback-Leibler Divergence(KLD)算法综合得出。VSM 和 LM 存在的主要缺陷在于特征空间的数据稀疏性,通常解决这一问题的方法是数据平滑技术,但是平滑得到的特征权重往往被泛化,无法有效描述文本内容上的差异。另一种解决数据稀疏的方法是特征扩展技术。在信息检索中,特征扩展主要应用于 Query 扩展,其核心思想是将 Query 中的特征扩展为同义或直接相关的其他特征,从而降低稀疏性。Ponte 和 Croft 采用向量空间模型,并基于特征上下文的扩展技术执行 LDT 任务,其选择待测报道中权重较大的特征作为扩展对象,通过围绕特征经常出现的上下文信息对其进行扩展,特征空间由原始和扩展的特征项共同组合而成。扩展技术不仅有助于解决数据稀疏问题,而且可以辅助 LDT 系统削弱特征的歧义性。

6.4.2　话题跟踪

1. 传统话题跟踪

传统话题跟踪(Traditional Topic Tracking,TTT)主要包括基于知识和基于统计的两种研究趋势。前者的核心问题是分析报道内容之间的关联与继承关系,通过特定的领域知识将相关报道串联成一体。后者则根据特征的概率分布,采用统计策略裁决报道与话题模型的相关性。

　　基于统计策略的 TTT 研究则主要借鉴基于内容的信息过滤(IF)。如前文所述,IF 面向静态需求从动态的信息流中识别和获取相关知识,TTT 则根据先验的话题模型追踪后续相关报道。虽然 TTT 更关注突发事件的识别与跟踪,但任务整体框架的相似性决定了 IF 中的许多相关技术都可以有效地应用于 TTT。其中最有代表性的方法是基于分类策略的话题跟踪研究,例如 CMU 在 TTT 评测中采用了两种分类算法,分别是 K 近邻(K-Nearest Neighbor,K-NN)和决策树(Decision Tree)。其中,K 近邻算法首先根据内容的相关性选择与当前报道最相似的 K 个先验报道作为最近邻,然后根据最近邻所属话题类别综合判定当前报道论述的话题。决策树算法则根据训练语料预先构造话题的决策树,该树结构中的每个中间节点代表一种决策属性,即报道相关于话题的条件,节点产生的分支则分别代表一种决策并指向下一层子节点,决策树的叶节点代表话题类别,输入决策树的待测报道经过逐层节点的判断,最终划分于特定话题类别。K 近邻算法与决策树算法面临的主要问题是先验相关报道的稀疏性,TTT 任务一般只给定少量相关报道作为训练(1~4 篇)。稀疏性造成 K 近邻算法无法使待测报道的最近邻涵盖大量正确的相关报道,从而根据这些近邻得到的判断往往指向错误的话题模型;而决策树算法则在训练过程中无法为每个属性节点嵌入准确的决策条件。总体而言,K 近邻算法的性能优于决策树算法,其原因在于前者可以通过缩减最近邻的规模来保证跟踪的正确率;而后者则受限于多层属性需要同时产生正确的决策,而相关报道稀疏的训练语料使多数属性本身不够准确(例如 Bigram 的概率统计),因此在没有改进漏检率的情况下加大了误检率。

　　马萨诸塞大学采用二元分类方法跟踪话题的相关报道。马萨诸塞大学借鉴了 ODT 的相关研究,即陆续到来的后续报道或者与已有话题相关,或者论述的是新话题。基于这种假设,二元分类将训练语料划分为相关和不相关两种报道类别,并根据两类报道与话题相关性的概率分布训练线性分类器,后续报道的相关性依据线性判别式进行裁决。二元分类方法的优点在于精准率很高,但必须依赖训练语料和分类器的选择,通常选择相关度指标较高的不相关报道构成反例类别,从而保证分类面的灵敏度。分类器的选择则必须确保线性判别式在训练过程中有解,而整体性能可以通过 Boosting 算法进行提高。与 K 近邻算法和决策树算法类似的是,先验相关报道的稀疏性一定程度上影响了二元分类方法的召回率,相应地马萨诸塞大学采用 Query 扩展技术完善了这一缺陷。

　　James Allan 和 Michael 采用 Rocchio 算法实施跟踪。Rocchio 的核心思想是话题模型经验性的构造策略,即假设相关报道中的特征有助于话题的正确描述,因此这些特征在话题模型中的权重被加强,而不相关报道中的特征则趋向于错误地引导话题描述,因此权重被削弱。Rocchio 算法的最大优点是可以利用跟踪到的后续报道不断改进和更新话题模型,从而跟踪话题的后续报道。缺陷在于 Rocchio 算法对阈值的依赖程度很高:如果初始阈值设置过高,则后续相关报道的漏检率加大。如果阈值设置过低,则将引入大量噪声。其中,后者对 TTT 性能造成的损失最大,因为大量噪声直接误导话题模型的更新,从而导致跟踪方向的偏差。

　　其他面向 TTT 的研究工作还包括话题与报道的相似度匹配算法,例如 Dragon 分别通过基于一元语言模型的文本相似度匹配和基于二项式的相似度匹配衡量话题与报道的相关性。而 Franz 和 Carley 则尝试采用聚类方法将话题检测系统转化成跟踪系统。近期,Yang Yiming 和 Larkey 分别采用小规模的先验报道翻译模型和源语言模型进行跨语言 TTT 研究。上述方法对于传统的话题跟踪任务能够发挥较好的作用,但由于构造话题模型的初始信息相对稀疏,因此无法有效跟踪一段时期以后话题的发展。

2. 自适应话题跟踪

如前文所述,NIST 为话题跟踪任务仅提供 1～4 篇相关报道用于构造话题模型。类似的是,实际应用中的用户对突发性新闻具备的先验知识通常也很少,这就造成初始训练得到的话题模型不够充分和准确。因此,一种具备自学习能力的无指导自适应话题跟踪(Adaptive Topic Tracking,ATT)逐渐成为 TT 领域新的研究趋势。总体而言,ATT 的相关研究主要包括两个方面,即基于内容和基于统计的方法。

在基于内容的 ATT 相关研究中,GER 尝试采用文摘技术跟踪话题的发展趋势。其核心思想是分别提取话题与报道的文摘代替全文描述,话题与报道之间的相关性通过文摘之间的相似度进行计算。通常,话题的相关报道在不同历史时期的侧重点不尽相同,因此话题的发展以初始事件为主线,并以后续直接相关的其他事件和活动为延续。基于这一特点,GER 将先验相关报道中的事件主体和相关外延以文摘的形式进行提取与组合,根据这种方法构造的话题模型除了涵盖主题信息以外,更注重话题发展的层次结构,从而使跟踪系统更善于检测话题的后续进展。其缺陷在于,GER 的跟踪系统没有嵌入自学习机制,话题模型没有利用检测到的后续相关报道自适应地更新。因此,当跟踪进行到一定阶段后,系统无法识别最新的相关报道。

基于统计策略的 ATT 研究主要借鉴于自适应信息过滤。核心思想是 ATT 系统可以根据伪相关反馈对话题模型进行自学习,不仅为话题嵌入新的特征,同时动态调整特征权重。其优点在于削弱先验知识稀疏造成的话题模型不完备性,并通过不断自学习提高 ATT 系统跟踪话题发展的能力。龙系统公司和马萨诸塞大学是最早尝试无指导 ATT 研究的单位之一。其跟踪系统每次检测到相关报道,都将它嵌入话题模型并改进特征的权重分布,后续报道的相关性则以新生成的话题模型为评估对象,从而实现跟踪系统的自学习功能。龙系统公司与马萨诸塞大学的区别在于,前者把系统认为相关的报道嵌入训练语料,并基于语言模型构造新的话题模型;后者则将所有先验报道的质心作为话题模型,并将先验报道与话题模型相关度的平均值作为阈值,后续跟踪过程中每次检测到相关报道,都将其嵌入训练语料,并根据上述方法重新估计话题模型和阈值。总体而言,这两种方法并没有很大程度地提高话题跟踪系统的性能。其主要原因在于自学习模块对于跟踪反馈不施加任何鉴别地全部用于话题模型的更新,而系统反馈本质上是一种伪反馈,即同时包含相关报道和不相关报道,因此学习过程将大量不相关信息也嵌入话题模型,从而导致话题漂移。基于这一现象,LIMSI 在原有自学习过程中嵌入二次阈值截取功能,通过设置一个比阈值更高的过滤指标,截取伪反馈中相关度较高的报道嵌入话题更新模块,从而削弱了话题漂移。通常,ATT 自学习过程中的核心问题是特征权重的更新策略,LIMSI 比较了基于静态和动态两种方式的权重更新策略:前者对权重的更新指标乘以经过训练的固定参数;后者将报道与话题的相关度映射为线性函数,特征权重根据线性函数动态确定。该方法的特点在于话题每次更新后,特征权重基于话题模型的条件概率都相应得到改进。此外,动态更新机制优于静态更新的另一个原因在于,前者的特征调整融和了报道与话题模型的相似度,并且所有伪反馈都可以参与更新;而后者则独立地根据概率分布估计权重,并且必须依靠经验性的阈值,截取最相关的报道参与更新,因此在没有明显提高精准率的同时,大量损失召回率。

目前,话题跟踪的相应研究已经取得很好的效果,但如何更有效地追踪话题的后续发展仍然是该领域有待深入研究的课题。近期更多的研究集中于相关报道的概率分布和话题随时间衰减趋势的估计。未来的研究重心在于如何有效利用新闻语料的时间特征,并分析话题发展在时间轴上的分布。

6.4.3　话题检测

1. 在线话题检测

在线话题检测(On-line Topic Detection,OTD)的主要任务是检测新话题并收集后续相关报道。通常,OTD系统的检测原理集中于相关报道的聚类算法,即在线监视后续的报道数据流,如果截获与之前聚类得到的话题不相关的报道,则检测到一个新话题,否则将该报道融合于相关聚类。对于OTD的早期研究主要集中在聚类方法的选择与融合上。例如,参加在线话题检测任务的所有单位都尝试使用单路径聚类算法对新话题进行检测。此外,CMU同时尝试采用凝聚层次聚类算法进行检测,但是取得的效果略差于单路径聚类。而Papka则对比了不同聚类算法在OTD中的效果,并尝试融合各自的优点解决OTD问题。

2. 新事件检测

正如话题检测与跟踪研究体系中所提到的,首次报道检测(First Topic Detection,FSD)任务忽视了话题出现的跳跃性,从而使检测到的新话题经常是某些已知话题在不同时期出现的相关事件。因此,新事件检测(New Event Detection,NED)逐渐成为辅助话题检测(TD)的重要组成部分。NED与FSD任务很相似,唯一的区别在于前者提交的最新事件可能相关于历史上的某一话题,后者必须输出话题最早的相关报道。NED中的主流方法来自James Allan和Yang Yiming,他们通过建立一个在线识别系统(OL-SYS)来检验报道流中新出现的事件。其中,陆续进入OL-SYS的报道需要与每个已知的事件模型计算相关度,并根据先验阈值裁决报道是否为新事件的首次报道,如果条件成立,则根据该报道建立新的事件模型,否则将其嵌入已知事件模型。后期NED的相关研究以这种统计方法为框架,涉及两个方面的改进,即建立更好的文本表示形式和更充分利用新闻语料的时间特征。

传统的NED研究采用基于统计原理的文本表示形式,其中最常用的表示方法是向量空间模型(VSM),事件模型与报道的相似度计算则相应地采用余弦夹角和Hellinger距离公式。统计模型的缺陷之一在于事件空间中的噪声信息对新事件检测造成的负面影响。基于这一问题,Yang Yiming采用分类技术将先验的报道划分为不同类别,区别于将类别中的所有相关报道作为事件描述,Yang Yiming只选择每个类别中最优的相关报道描述事件模型,基于这种方法的NED系统在性能上获得了显著的提高。

统计模型的最大缺陷在于无法有效区分同一话题下的不同事件。前文曾经提到,话题经常被不同事件触发而重复出现,因此话题描述的是所有相似事件具备的共性,而事件之间的区别则集中于时间、地点和人物等实体之间的异同。仍然以"恐怖袭击"话题为例，其包括 2013 年美国波士顿马拉松爆炸事件、2015 年巴黎恐怖袭击事件和 2016 年法国尼斯恐怖事件等。从内容上分析，这些事件的相关报道中都会频繁出现"恐怖分子""自杀式""袭击""损毁""死亡"等特征，并且这些特征在报道中出现的频率相对最频繁。因此，根据传统基于统计的策略，这些特征往往构成事件模型的主体，从而无法有效区分同一话题框架下的不同事件。与此不同的是，以命名实体为主的特征集合，如"美国""法国""尼斯"等，对于不同事件的区分贡献度更高。由此，Kumaran、James Allan、Yang Yiming 和 Lam 等学者使用自然语言处理（NLP）技术辅助统计策略解决 NED 问题。其中最常用的 NLP 技术是命名实体（Named entities，NE）识别。例如 Kumaran 以 Yang Yiming 的分类方法为统计框架，将报道描述成三种向量空间，分别为全集特征向量、仅包含 NE 的特征向量和排除 NE 的特征向量。最终 Kumaran 对比了三种向量空间模型对新事件检测的影响，并验证了 NE 能极大地促进事件之间的区分。

NED 研究应用时间特征的方式有两种：一种是基于文档输入的时间顺序，采用 KNN 分类技术；另一种是采用时间为参数的衰减函数改进基于内容的相关度计算方法。这些研究在一定程度上提高了 NED 系统的性能。因此，NED 未来的研究趋势将以区分话题与事件在时间轴上的概率分布为主线，并辅以 NLP 与统计策略相结合的事件与报道描述方法。

3. 事件回顾检测

事件回顾检测（Retrospective Event Detection，RED）的主要任务是回顾过去所有发生过的新闻报道，并从中检测出未被识别到的相关新闻事件。对于 RED 研究方向的理解必须涉及事件与话题的定义。前文曾经提到事件是发生在特定时间和地点的事情，而话题则不仅包含作为种子的事件或活动，同时也包含与其直接相关的事件与活动。因此，RED 的任务实际上是辅助话题检测系统回顾整个新闻语料，从中检测相关于某一话题却并未被识别到的一类新闻事件。RED 研究的必要性来源于话题波动出现的特性。例如 CNN 关于"圣诞前夜"的话题在每年的圣诞前夕都会成为新闻与广播最关心的事件。因此，同一话题跳跃式地出现于不同时间，并且每次出现都伴随着大量相关报道。基于新闻语料的这种特性，话题检测系统往往只能识别出局限于一个时期的事件，而构成话题的全部事件并没有有机地结合起来，而是独立地作为一个话题被误检。RED 研究就是面向话题检测系统的这种缺陷提出的。

首次提出 RED 研究并给予定义的学者是 Yang Yiming。其采用凝聚式聚类算法与平均聚类算法相结合的策略，将近似于同一话题模型的相关事件综合在一起作为话题检测的结果，从而使 TD 系统具备了回顾相关事件的能力。此外，Li 采用基于内容和时间的联合概率模型构造话题空间，从而有效识别话题在不同历史时期涉及的相关事件。虽然独立于 RED 方向的相关研究较少，但由于 RED 与 NED 中都涉及未知事件的识别与发现，因此许多学者尝试使用 NED 中的相关研究来处理 RED 问题。

4. 层次话题检测

TDT 2004 定义了一项新的话题检测任务：层次话题检测（Hierarchical Topic Detection，HTD）。HTD 是面向话题检测中两种不恰当的假设提出的，其中一种假设是所有报道与相关话题的近似程度都在一个层次上,而另一种假设是每篇报道只可能相关于一个话题。实际上,报道的主题与话题的相关程度往往分布于不同层次,例如"最高法院发布规定明确 P2P 网贷平台责任"和"陆金所完成 4.85 亿美元融资"两篇报道,虽然它们都相关于同一话题"2015 中国十大金融事件",但是主题侧重点的差异造成它们与话题的对应程度处于不同层次。此外这两篇报道都可以分别划分到"P2P 网贷"类和"融资"类的话题模型中,因此报道不总是仅仅相关于一个话题,往往不同话题的相关报道存在交集。HTD 通常可以采用基于一个根节点的非循环有向图(Directed Acyclic Graph,DAG)描述话题包含的层次结构。其中,根节点抽象地代表所有话题,沿有向图方向延伸的子节点则描述比父节点更具体的一类话题。因此,HTD 的主要任务是检测经过聚合得到的 DAG 体系中每个话题的聚类效果,以及根节点与该话题之间路径的复杂度。映射为实际应用则是检验 HTD 系统是否能够辅助用户通过最便捷的查询获得最优的一类报道。

一种解决 HTD 的方法是凝聚层次聚类算法(Hierarchical Agglomerative Clustering,HAC)。其核心思想是计算当前聚类集合中每对聚类的相关度,将满足阈值条件的一对聚类融合成新的聚类,通过反复迭代这一过程,系统最终把话题模型构造成具有层次关系的 DAG。HAC 的一个重要的缺陷是时间和空间复杂度过高。对 HAC 的一种改进方案是混合聚类算法。HAC 的另一种改进来自 TNO 的增量式层次聚类算法,其首先随机抽取小规模样本,通过层次聚类构造初期的 DAG 体系,然后将不对称的聚类结构通过二次分支进行优化,最后将其余报道根据相关度大小融合于 DAG 体系,其中相关度大于特定阈值的报道被嵌入 DAG 中已有的话题,而相关度小于特定阈值的报道则确定一个新的话题结构。TNO 的增量式策略在不损失聚类性能的同时,降低了由根节点检测到话题的复杂度。

6.4.4　跨语言话题检测与跟踪

话题检测与跟踪研究面对的信息是包含多种语言的新闻报道。无论是基于语料本身的语言多样性,还是面向实际应用的需要,话题检测与跟踪的相关课题都需要涉及跨语言领域的相关研究。以 NIST 为话题检测与跟踪的评测提供了机器翻译(Machine Translation,MT)功能,基于不同语言的语料可以通过 MT 相互转化,从而由源语言和翻译语言共同组成形式统一的多源单一语言(Multiple Language-Specific,MLS),例如英文语料以及翻译成英文形式的中文语料。因此大多数参加 TDT 评测的系统都是基于 MLS 的语言环境,对话题与报道模型进行描述。随着跨语言技术的发展,包括 James Allan、Leek 和 Levow 在内的一些学者尝试采用不同的翻译策略解决话题检测与跟踪研究中的跨语言问题,并比较了机器翻译和其他翻译技术在话题检测与跟踪中的效果。这些研究的主要贡献在于规范化了基于翻译语言模型的相关度计算,从而削弱错译对系统整体性能的影响,但是这些工作仍然是一种面向单一语言符号的统计策略,而每种源语言本身具备的结构和上下文关系,以及特征的实际内涵都不能通过翻译的手段有效识别。

基于上述问题,目前跨语言话题检测与跟踪的核心问题是,在面向多语言信息时如何使系统能够在不脱离任何一种语言的本源环境下运行。针对这一需要,马萨诸塞大学的

Larkey 尝试采用源语言模型解决跨语言问题。他首先建立了本地语言假设（Native Language Hypothesis，NLH），其核心内容是：组成两篇报道内容的特征如果来自同一种源语言，那么针对这两篇报道之间的任何匹配算法，都只能在基于源语言的情况下才能获得最优的效果，而不是经过翻译的其他语言。话题检测与跟踪中所有任务都涉及的一个基本问题是信息与信息之间相关性的衡量与评价。因此，NLH 可以广泛地运用于话题检测与跟踪中各项课题的跨语言研究。以话题跟踪（TTT）任务为例，话题只有很少的训练样本作为先验知识，并且这些训练样本都采用同一种语言进行描述，而后续报道流的描述语言则是多样的。这就给基于 NLH 的跨语言跟踪造成了困难，因为 NLH 要求参与匹配的报道对象，必须采用同一种源语言进行描述。Larkey 的解决办法是在系统运行初期采用机器翻译将报道转换成与话题模型相同的语言形式，如果检测到相关报道并且该报道的源语言与话题模型不相同，则将该报道作为话题模型新的训练样本并采用源语言进行描述。基于这种方法，话题模型的结构由不同语言形式的子结构共同组成，后续的报道可以在满足 NLH 的假设下与话题模型进行匹配。这种方法的缺陷在于，源语言结构的性能对最初通过机器翻译得到的相关报道依赖性很强，如果机器翻译为源语言结构提供了错误的训练样本，那么即使后期的报道流可以在本源特征环境下进行匹配，也会因为话题模型的偏差而被误导。

此外，Jin 采用统计策略解决跨语言问题。其核心思想是：特征空间的上下文本身蕴含了源语言的语义信息，从而可以代替 MT 解决话题检测与跟踪的跨语言问题。该方法中没有涉及文本的机器翻译，而是把文本描述成由独立特征组成的集合，而这些特征都在一种语言形式下进行表示。基于这种语言环境，Jin 采用 Bayesian 算法匹配话题与报道的相关度。Jin 的方法在性能上略优于采用 MT 的匹配算法。其原因在于语言的多义性往往使特征无法得到 MT 的正确翻译，从而误导文本匹配。但是，完全基于统计策略的跨语言方法仍然无法获得更大的提高，因为特征空间的上下文虽然蕴含了语义信息，但也给文本的描述引入了大量不相关的噪声。因此，Leek 采用自然语言信息与统计策略相结合的方式对其进行改进，其利用特征所在的上下文以及词典知识描述特征：对非英文文本提取出现频率最高的若干特征，通过词典查找特征对应的英文含义，并在此基础上通过英文语料背景获取特征的上下文及其权重。因此，每个非英文特征都是通过它在词典中对应的所有英文特征，以及这些英文特征在英文语料中的上下文统计而成。基于这种方法，话题检测与跟踪系统的跨语言性能获得了明显的提高。

6.5　话题检测与跟踪的一般系统模型

构造一个实用化的话题检测与跟踪系统是进行话题检测与跟踪研究的主要目的之一，也是检验现有方法优劣的基础。从参评的数量来看，话题发现和话题跟踪两个子任务最受关注，因此我们介绍的实现方法也以这两个任务为主。总体而言，要实现话题发现与跟踪功能，需要解决以下主要问题：

（1）话题/报道的模型化；

（2）话题—报道相似度的计算；

（3）聚类策略；

（4）分类策略（阈值选择策略）。

一个典型的话题检测与跟踪系统的流程大致如图 6-2 所示（以话题跟踪为例）。

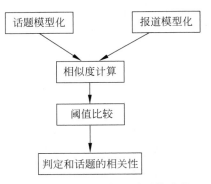

图 6-2　话题检测与跟踪系统流程

针对以上问题，下面将逐一介绍一些已经被广泛采用并得到实际评测验证的方法。

6.5.1　话题/报道模型

要判断某个报道是否和话题相关，首先就需要解决话题和报道如何表示便于计算和比较的问题，也就是话题/报道用什么模型来表示。目前常用的模型主要有语言模型（LM）和向量空间模型（VSM）。

1．语言模型

语言模型是一种概率模型。假设报道中出现的词 δ_n 各不相关，则某则报道 S 和话题 C 相关的概率：

$$P(C \mid S) = \frac{P(C) \cdot P(S \mid C)}{P(S)} \approx P(C \prod_n \frac{P(\delta_n \mid C)}{P(\delta_n)}) \tag{6-1}$$

其中 $P(C)$ 是任何一则新报道和话题 C 相关的先验概率，$P(\delta_n \mid C)$ 是表示词 δ_n 在某话题 C 中的生成概率。$P(\delta_n \mid C)$ 可以表示成一个两态的混合模型，如图 6-3 所示。

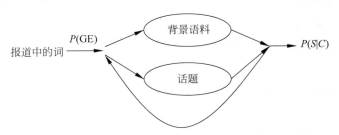

图 6-3　$P(\delta_n \mid C)$ 的两态模型

其中一个状态是词在该话题中所有报道的分布，另一个状态是词在整个语料中的分布。这样就构成了一个词的生成模型。计算此模型中的两个状态采用的是最大似然估计（ML），即该话题的所有报道中 δ_n 出现的次数除以该话题所有报道包含的总词数。因为话题语言模型很稀疏，这里必须解决未见词的 0 概率问题，通常采用线性插值法把背景语言模型加进去：

$$P'(\delta_n \mid C) = \alpha \cdot P(\delta_n \mid C) + (1-\alpha) \cdot P(\delta_n) \tag{6-2}$$

一般英语状态分布和话题状态分布采用期望最大化(EM)算法估算,EM 算法能够对与话题相关的词汇赋予较高概率。

2. 向量空间模型

向量空间模型是目前最简便高效的文本表示模型之一。其基本思想是：给定一自然语言文档 $D = D(t_1, w_1; t_2, w_2; \cdots; t_N, w_N)$,其中 t_i 是从文档 D 中选出的特征项,w_i 是项的权重,$1 \leqslant i \leqslant N$。为了简化分析,通常不考虑 t_i 在文档中的先后顺序,并要求 t_i 互异（即没有重复）。这时可以把 $t_1, t_2, \cdots, t_N$ 看成一个 N 维的坐标系,而 $w_1, w_2, \cdots, w_N$ 为相应的坐标值,因而 $D(w_1, w_2, \cdots, w_N)$ 被看成是 N 维空间中的一个向量,而两个文档 D_1 和 D_2 之间的（内容）相关程度常常用它们之间的相似度 $\text{sim}(D_1, D_2)$ 来度量。当文档被表示为文档空间的向量,就可以借助于向量之间的某种距离来表示文档间的相似度。在实际的参评系统中,基本上都以词作为文本特征项。特征（词）加权采用的是 IR 系统中常用的 tf * idf 加权策略。tf 是词在文档中的出现次数,表示词对描述文档的重要程度,idf 是包含词的文档数的倒数,用于削弱那些在语料中频繁出现的词的重要程度,因为它们没有什么区分能力。某些系统把词分成命名实体和内容词两类,视其对文档表达的重要度的不同赋予不同的权重。

3. 中心向量模型

中心向量模型实际是向量空间模型的一种变形。每个话题用一个中心向量表示,所谓中心向量,就是在此类中所有报道的向量表示的平均值。输入的报道和每个话题的中心向量相比较,选择最相似的那个话题。如果报道和话题的相似度超过一个阈值 θ_{match},则认为该报道"过旧",如果相似度超过第二个阈值 θ_{certain},则把新报道加入到该话题中并调整类的中心向量。如果相似度不超过 θ_{match},则认为该报道为新,并创建一个新的话题,以此报道作为其中心向量。

无论选择哪种模型,一般都需要进行初始化,即消去禁用词,对于英语而言,还需要做词根还原的工作。

6.5.2　相似度计算

对所有的话题 $C_1, C_2, \cdots, C_n$,要判断某一则报道 S 属于哪一个话题,就需要计算报道和各个话题之间的相似程度,最后把最高相似度和阈值进行比较,对于语言模型而言,就是寻找 k 满足：

$$k = \arg \max_i P(C_i \mid S) \tag{6-3}$$

由前面的语言模型,式(6-3)其实就等价于

$$k = \arg \max_i \prod_m \frac{P(\delta_m \mid C_i)}{P(\delta_m)} \tag{6-4}$$

在实际应用中,常取 log 值,因此,相似度计算公式就表示为

$$D(S, C) = \log \prod_m \frac{P(\delta_m \mid C)}{P(\delta_m)} \tag{6-5}$$

通常用语言模型算出的话题与话题之间的相似度不可比较,因为单个语言模型都有各自不同的概率特征。例如,有的话题所用的词很特殊,像"霍根班德在200米自由泳中击败索普";而有的话题用词就很普通,像"美国前总统奥巴马访问中国"。这样测试文档和不同话题之间算出的分数差异很大,不能用单一的阈值进行比较,此时必须进行归一化。一种简单方法是用分数除以文档长度。但考虑到用式(6-5)$D(S,C)$算出的值基本上是一组独立的随机离散变量值,如果值足够多,由中心极限理论,其分布近似为高斯分布,假设τ为原来的概率,μ为所有报道对某话题概率的平均值,σ是这些概率的标准方差,则新的分值可以归一化为

$$\tau' = \frac{\tau - \mu}{\sigma} \tag{6-6}$$

向量空间模型和中心向量模型通常采用余弦相似度公式来计算报道—话题的相似度,即求两者的内积,则相似度计算公式可表示为

$$D(S,C) = \frac{\sum q_i d_i}{\sqrt{\left(\sum q_i^2\right)\left(\sum d_i^2\right)}} \tag{6-7}$$

其中q_i、d_i分别是报道和话题中特征项的权值。余弦相似度在比较两个长文档时比较有效,此时如果两个文档的向量维数不进行任何压缩,则系统性能最佳;当其中一个维数降低时,性能就会下降。因为本身已进行了长度归一化,所以cosine相似度不依赖于特定的特征加权方法。

近年来有些系统开始尝试用OKAPI公式来计算报道—话题相似度,其形式为

$$OK(d_1, d_2; c_l) = \sum_{w \in d_1 \cap d_2} t_w^1 t_w^2 \left(\text{idf}(w) + 2\lambda \frac{n_{w,d}}{n_w + n_{c_l}} \right) \tag{6-8}$$

所得结果表示文档和文档之间的距离,其中d_1, d_2是两个文档,c_l是d_1, d_2中较早出现的那个文档所属的话题。t_w^i是词w在文档i中调整后的词频,对其进行归一化处理使得$\sum_w t_w^i = 1$独立于d_i的长度,$\text{idf}(w)$是词w的文档频率倒数,n_w是包含词w的文档数目,n_{c_l}是话题c_l中文档的数目,n_{w,c_l}是话题c_l中包含词w的文档的数目,λ是控制词的权值中和话题相关的那部分"动态权值"的可调参数。

文档和话题之间的分数是一个平均值:

$$OK(d, c_l) = |C_l|^{-1} \sum_{d^f \in c_l} OK(d, d^f; c_l) \tag{6-9}$$

在做跟踪训练时,把所有的训练报道分成一个或多个话题,然后对每一则测试报道计算它跟某个话题之间的分数。根据分数做两个阈值判断;如果分数超过高阈值,则把该报道并入话题(因而通过n_{c_l}影响了将来的分数);如果分数超过低阈值,则表示此报道与话题相关,但不把它并入聚类。

6.5.3 聚类分析策略

判断某个新报道是属于已有话题还是一个新话题,往往是同时进行的。通常的做法是把新报道和已有话题进行比较,如果相似度高于某个阈值,则把新报道归入相似度最高

的话题中,如果与所有话题的相似度都低于阈值,则创建一个新话题。但在具体实现中,还涉及选用哪些聚类、分类方法和根据反馈进行参数调整的策略。

最简单的方法称为增量聚类算法,它顺序处理报道,一次处理一则报道,对每一则报道执行以下两个步骤。

(1) 选择:选出和报道最相似的聚类。

(2) 比较阈值:把报道和阈值相比较,决定是把报道分到聚类中还是创建一个新的聚类。

这种算法非常直观,便于实现,但它的缺点也很明显:①对一则报道只能做一次决策,因此早期根据很少的信息所做的错误判断累积到后面可能相当可观;②随着报道的不断处理,计算开销会越来越大。对语料库处理的后期,系统可能需要把每则报道和几千个聚类相比较。

针对这些缺点稍加改进,就形成了增量 k-means 方法,它在当前报道窗口中进行迭代操作,每一次迭代都要做适当的改变。具体步骤如下:

(1) 使用增量聚类算法处理当前可调整窗口中的全部报道。

(2) 把可调整窗口中的每一则报道和旧的聚类进行比较,判断每则报道是要合并到聚类中还是用作新聚类的种子。

(3) 根据计算结果立即更新所有的聚类。

(4) 重复步骤(2)、(3),直到所有的聚类不再变化

(5) 查看下一批报道,转向步骤(1)。

KNN 算法是一种常用的文本分类算法,它应用在话题跟踪上也有比较好的效果,其基本思想是把新报道和所有的报道逐一比较,计算其相似度,然后选择最相近的 k 个"邻居"(报道),在这 k 个邻居中,如果某个话题包含的报道数最多,则把新报道也归入该话题,并对话题模型重新训练。

对于参数调整,各个系统也采用不同的策略。有些系统只根据正例(和话题相关)对话题模型进行调整,而有些系统则兼顾正例和反例。对以向量空间表示的话题而言,Rocchio 方法是一种较为有效的参数调整方法,其形式为

$$\omega'_{jc}=\alpha\omega_{jc}+\beta\frac{\sum_{i\in C}x_{ij}}{n_c}-\gamma\frac{\sum_{i\notin C}x_{ij}}{n-n_c} \tag{6-10}$$

其中 ω'_{jc} 是调整之后的权值,ω_{jc} 是原来的权值,i 表示已处理的报道,C 表示某个话题,是 i 中的特征项,n 是已处理报道的总数,n_C 是正例的总数。

除此之外,有些研究机构也在尝试新的算法,例如支持向量机(Support Vector Machine)、最大熵(Maximum Entropy)、文档扩展等,但都还需要在评测中实际验证其效果。

6.6　话题检测与跟踪的效果评价

6.6.1　话题检测与跟踪使用的语料

LDC 为话题检测与跟踪方向的研究提供了 5 期语料,分别是话题检测与跟踪预研语料、TDT2、TDT3、TDT4 和 TDT5。话题检测与跟踪语料是选自大量新闻媒体的多语言

新闻报道集合。其中,TDT5只包含文本形式的新闻报道,而其他语料同时包含文本和广播两种形式的新闻报道。本节简要介绍各语料的组成、描述及其区别。

1. 语料组成

话题检测与跟踪评测最早使用的语料是话题检测与跟踪预研语料(TDT Pilot Corpus,TDT-Pilot)。TDT-Pilot收集了1994年7月1日到1995年6月30日之间约16000篇新闻报道,主要来自路透社新闻专线和CNN新闻广播的翻录文本。TDT-Pilot标注过程没有涉及话题的定义,而是由标注人员从所有语料中人工识别涉及各种领域的25个事件作为检测与跟踪对象。TDT2收集了1998年前6个月的中英文两种语言形式的新闻报道。其中,LDC人工标注了200个英文话题和20个中文话题。TDT3收集了1998年10月到12月中文、英文和阿拉伯文三种语言的新闻报道。其中,LDC对120个中文和英文话题进行了人工标注,并选择部分话题采用阿拉伯文进行标注。TDT4收集了2000年10月到2001年1月英文、中文和阿拉伯文三种语言的新闻报道。其中,LDC分别采用三种语言对80个话题进行人工标注。TDT5收集了2003年4月到9月英文、中文和阿拉伯文三种语言的新闻报道。LDC对250个话题进行了人工标注,其中25%的话题同时具有三种语言的表示形式,其他话题则以相同的比例均匀地分配给三种语言分别进行标注。此外,TDT5中每种语言的话题来自该语言当地媒体的报道。

LDC根据报道与话题的相关性对所有语料进行标注。其区别在于TDT2与TDT3采用三类标注形式,而TDT4与TDT5采用两种标注形式。前者使用YES、BRIEF和NO作为报道与话题相关程度的标识。当报道论述的内容与话题绝对相关时标注为BRIEF,而报道与话题相关的内容低于本身的10%,则标注为BRIEF,否则标注为NO。TDT4与TDT5只采用相关YES和不相关NO对报道与话题的相关性进行标注。其中,相关报道不仅需要相关于话题的核心内容,同时需要包含话题的部分信息。但是,报道与话题相关的内容并没有TDT2和TDT3中要求的长短之分,只要存在相关信息都被标注为YES。

2. 语料描述方式

TDT语料包含两种媒体形式的数据流:文本和广播。区别于单一表示形式的文本类新闻报道,LDC为广播类新闻语料提供了以下三种信息描述方式:

(1) 数据信号的音频采集;

(2) 对音频的人工识别与记录;

(3) 通过自动语音识别系统(Automatic Speech Recognition,ASR)识别和记录音频。

此外,广播类语料不仅包含新闻形式的报道,还包含部分非新闻类报道。其中关于商业贸易的报道以及目录形式的体育比分和财经数据都属于非新闻类语料。因此,LDC为广播类语料额外提供了三种标注形式:新闻报道(NEWS)、多元报道(MISCELLANEOUS)和未转录报道(UNTRANSCRIBED)。其中,没有经过识别与记录的广播报道被标注为UNTRANSCRIBED。

如前文所述,话题检测与跟踪语料主要包含三种语言形式:中文、英文和阿拉伯文。对于中文和阿拉伯文,LDC提供了两种不同的描述方式。

（1）本地语言描述形式，即报道采用未经过翻译的本地语言。其中包括文本形式（如新闻专线）的描述，也包括采用人工或 ASR 对本地广播的识别与翻录。

（2）采用机器翻译自动地将中文或阿拉伯文报道翻译成英文形式。

6.6.2 话题检测与跟踪的评测体系

NIST 为话题检测与跟踪建立了完整的评测体系。由于各个研究方向针对的问题不同以及历届评测语料的标注方案存在差异，因此话题检测与跟踪不同任务之间的评测方法、参数以及步骤不尽相同。但总体而言，评测标准都是建立在检验系统漏检率和误检率的基础之上。话题检测与跟踪评测公式定义如下：

$$C_{\text{Det}} = C_{\text{Miss}} P_{\text{Miss}} P_{\text{target}} + C_{\text{FA}} P_{\text{FA}} P_{\text{non-target}} \qquad (6\text{-}11)$$

其中，C_{Miss} 和 C_{FA} 分别代表漏检率和错检率的代价系数；P_{Miss} 和 P_{FA} 分别是系统漏检和错检的条件概率；P_{target} 和 $P_{\text{non-target}}$ 是先验目标概率（$P_{\text{non-target}} = 1 - P_{\text{target}}$）；$C_{\text{Det}}$ 是综合了系统漏检率与误检率得到的性能损耗代价。检验话题检测与跟踪系统性能时，评测体系可以根据阈值或平滑系数的变化绘制检测错误权衡图（Detection Error Tradeoff，DET）。评价话题检测与跟踪系统性能时常采用规范化表示，其定义如下：

$$(C_{\text{Det}})_{\text{Norm}} = \frac{C_{\text{Det}}}{\min(C_{\text{Miss}} P_{\text{target}}, C_{\text{FA}} P_{\text{non-target}})} \qquad (6\text{-}12)$$

针对话题检测与跟踪涉及的语料及评测体系，本节提供了相应资源、指南及工具的获取方法和地址，其主要来源包括美国国家标准与技术研究院（NIST）和语言数据联盟（LDC）。其中话题检测与跟踪语料可通过光盘邮购和在线 LTP 下载两种方式获取，具体地址如表 6-1。

表 6-1 评测工具、指南及语料获取方式

名称	用途	URL	联系人
DETware_v2.1.tar.gz gnu_detware.tar.Z	评测工具	http://www.nist.gov/speech.tools/index.htm	jonathan.fiscus@nist.gov
TDT3eval_v2.6	指南		
Dry Run Evaluation-2000	索引列表及正确答案	http://www.nist.gov/speech/tests/tdt/tdt2000/dryun.htm	
Dry Run Evaluation-2001		http://www.nist.gov/speech/tests/tdt/tdt2001/dryun.htm	
Dry Run Evaluation-2002		http://www.nist.gov/speech/tests/tdt/tdt2002/dryun.htm	
Dry Run Evaluation-2003		http://www.nist.gov/speech/tests/tdt/tdt2003/dryun.htm	
Dry Run Evaluation-2004		http://www.nist.gov/speech/tests/tdt/tdt2004/dryun.htm	
LDC TDT2-TDT5	语料	http://www.ldc.upenn.edu/Obtaning/	ldc@ldc.upenn.edu

6.7 话题检测与跟踪的发展趋势

基于概率模型以及自然语言处理(Natural Language Processing,NLP)技术的信息描述与匹配方法在话题检测与跟踪中得到广泛应用:前者利用特征的概率分布以及特征之间的共现率等统计信息描述文本,后者则利用特征的语言学信息描述文本,例如词性、词义、命名实体和指代关系等。话题检测与跟踪采用最多的概率模型包括向量空间模型(VSM)、语言模型(LM)和相关性模型(RM)。概率模型通过分析特征在信息集中的概率分布建立话题与报道的描述,并采用机器学习(ML)的相应策略匹配特征空间的相关性。这种方法的缺陷在于忽视了特征自身携带的语言信息,同时也遗漏了短语级、句子级和篇章级的结构与层次。此外,概率模型只将特征出现的频率和特征之间的共现率作为评价权重大小的标准,但自然语言中的指代关系、一词多义和名词短语等现象却并不支持这一理论。随着话题检测与跟踪的发展,更加智能化的自适应学习机制成为领域内的研究热点,这就对话题检测与跟踪系统正确理解知识提出了更高的要求,而传统的基于统计策略不能真实地描述其语义空间,因此基于NLP技术及其与统计学原理相融合的相应研究将逐步成为话题检测与跟踪领域中的重要方向。

James Allan是最早使用NLP技术解决话题检测与跟踪问题的学者之一。其采用VSM描述话题和报道,并对模型中的命名实体赋予更高的权重,以此执行话题检测与跟踪中的新事件检测(NED)任务。但这种方法并没有获得性能上的提高,主要原因在于其采用的命名实体加权方法是一种经验性的策略,而没有遵循语言学的原理进行估计。对于这种方法的一种改进来自Nallapati,其首先将特征划分到不同的语法类别,例如词性中的名词类和动词类,以及命名实体中的时间类、人名类和地点类。在这个基础上采用语言模型的概率统计方法,估计特征产生于不同语法类别的概率,并以此标记特征的权重。另一类应用于话题检测与跟踪中的NLP技术是语义链(Lexical Semantic Chaining,LSC)。LSC是基于文本结构的凝聚假设提出的,即构成文本的特征、短语和句子不是孤立存在的,而是趋向于围绕一个中心内涵进行组织与论述。LSC的含义是一组语义上具有继承性的相关特征。通常,来自一篇文本中的语义链不仅能为特征塑造相关的上下文,同时可以更好地描述文本内涵的继承性。最初,Hasan使用LSC描述词汇的凝聚性,并基于这种模型评价文本之间的相关程度。Morris和Hirst随后设计了基于词汇资源自动构造LSC的算法。近期使用LSC解决话题检测与跟踪问题的研究主要来自Stokes和Hatch,其结合使用词典信息(WordNet)和文本的上下文信息同时构造LSC,并基于LSC的文本描述形式采用单路径聚类算法解决新事件检测(NED)问题。语义链的使用从语言学的另一种角度解决文本的描述问题,即语义。通常,LSC有两个优点,一个是语义链具备的上下文信息和词典结构信息可以有效削弱特征的歧义性;另一个优点在于对特征的扩展作用,即使原始文本之间特征的词形迥异,但词典提供的扩展信息仍然可以有效地将其关联在一起。目前,NLP技术在话题检测与跟踪领域的应用已经逐步开展,并在一定程度上弥补了统计学原理在知识理解问题上的不足。但对于该领域的某些研究课题,NLP技术却无法取代概率统计策略发挥决定性的作用,例如新闻报道的时序性研究。

利用时序特征解决面向新闻报道的检测和跟踪任务也是话题检测与跟踪领域重要研究趋势。最早分析时间因素对话题检测影响的研究来自 CMU 的 Yang Yiming 和 UMASS 的 James Allan,他们同时提出了一种基于时空顺序的假设,即相对于产生时间较远的报道,产生时间接近的报道论述同一个话题的可能性更大。其中,CMU 采用 SMART 系统对报道和话题进行描述,并通过聚类解决话题检测问题。与传统 TD 技术不同之处在于,经过改进的 SMART 系统融合了时间因素对聚类的影响,其聚类相似性是结合基于特征相似度和报道时空举例综合得到的。UMASS 则将时间因素应用于聚类阈值的估计,其中阈值被设计成以时间为参数的函数,阈值可以随时间的变化连续动态地调整,从而适应话题被报道的概率随时间逐渐衰减的趋势。此外,Papka 改进了 UMASS 的 OTD 算法,同时将时间因素嵌入话题跟踪任务,其在 TDT2 语料中进一步验证了时空顺序假设对话题检测与跟踪的影响。而 Paula Hatch 则融合了 CMU 和 UMASS 的算法,其话题检测系统选择距离当前报道最近并且刚刚参与过更新的 n 个聚类进行比较。当报道与聚类的相关度满足阈值要求时,对该聚类进行更新。同时将当前报道与更新后的聚类质心进行相关度计算,并乘以衰减速度因子,作为该话题新的聚类阈值。总之,时间信息是新闻语料的特色,依靠时间信息追踪话题的发展趋势能够辅助 TDT 相关技术获得更好的效果。因此,未来话题检测与跟踪的研究方向中,一方面,概率统计和自然语言的融合与相互辅助对话题理解和报道内容分析将发挥更重要的作用,而另一方面,诸如基于概率统计的报道流时序分析等具备新闻语料特色的课题将成为该领域新的研究热点。

6.8　本 章 小 结

话题检测与跟踪是网络信息内容安全中的一个重要的研究课题。当前的研究主要还是基于传统的统计方法,这些方法在文本分类、信息检索、信息过滤等领域已经得到广泛的应用。

本章简要介绍话题检测与跟踪技术的定义及特点,对话题检测与跟踪的任务进行划分,深入分析话题检测与跟踪的研究体系,在此基础上,详细介绍话题检测和跟踪的一般系统模型,并通过分析目前话题检测与跟踪领域的研究现状展望未来的发展趋势。

话题检测和跟踪技术的发展和实际应用息息相关,它能够弥补信息检索技术的一些不足,在国家信息内容安全、企业市场调查、个人信息定制等方面都存在着实际需求。随着现有系统性能的不断提高,话题检测和跟踪技术在各个领域必将得到越来越广泛的应用。

习　　题

1. 话题检测与跟踪可以分为哪些子任务?
2. 简要描述话题检测与跟踪的研究体系。
3. 话题检测与跟踪技术中,如何进行相似度计算?
4. 话题检测与跟踪的模型中,进行聚类分类时策略原则一般是什么?
5. 如何评价话题检测与跟踪的效果? 常用评测体系有哪些?

第7章

社会网络分析

理论讲解

实验讲解

7.1 社会网络分析概述

在互联网这个巨大的信息载体中,人们可利用的信息源有很多,例如,电子邮件存档、FOAF 文档以及网络中其他类型的各种文档。本书侧重于研究网络信息源载体中的社会网络抽取。从信息内容安全角度来看,准确识别新闻文档中的社会网络关系,特别是人与人之间、组织与组织之间的关系,对于了解整篇文档的主要观点和社会舆论的动向是很有帮助的。

7.1.1 社会网络的定义

在互联网这个虚拟社会中,同现实社会一样,也是各种社会关系的总和,这些社会关系组成了一个虚拟社会网络。利用技术手段,分析挖掘网络中各个社会网络的关系,对于保障网络及现实社会的安全具有重要意义。接下来首先给出社会网络在本书中的定义。

社会网络指的是社会行动者(Social Actor)及其间关系的集合。换句话说,一个社会网络是由多个点(社会行动者)和各点之间的连线(行动者之间的关系)组成的集合。用点和线来表达网络,这是社会网络的形式化界定。

社会网络这个概念强调每个行动者都与其他行动者有或多或少的关系。社会网络分析者建立这些关系的模型,力图描述群体关系的结构,研究这种结构对群体功能或者群体内部个体的影响。

下面对社会网络的概念做进一步说明。

点:社会网络中的点(Nodes)是各个社会行动者,边是行动者之间的各种社会关系。具体地说,在社会网络研究领域,任何一个社会单位或者社会实体都可以看成是点或者行动者(Actor)。例如,行动者可以是个体或集体性的社会单位,也可以是一个教研室、系、学院、学校,更可以是一个村落、组织、社区、超市、国家等,当然也包括网上每一个虚拟社群的成员或社群本身。

关系:每个行动者是通过各种关系联系在一起。在社会网络分析中,一些得到广泛研究的关系如下。

(1) 个人之间的评价关系:喜欢、尊重等;

(2) 物质资本的传递:商业往来、物资交流;

(3) 非物质资源的转换关系:行动者之间的交往、信息的交换;

（4）隶属关系：属于某一个组织；

（5）行为上的互动关系：行动者之间的自然交往，如谈话、拜访等；

（6）正式关系（权威关系）：正式角色也是有关系性的，如教师/学生、医生/病人、老板/职员关系等；

（7）生物意义上的关系：遗传关系、亲属关系以及继承关系等。

社会网络分析者还重点关注行动者之间的"多元关系"，也就是联系。例如，两个学生之间可能同时存在同学关系、友谊关系、恋爱关系等。按联系的强弱可分为强联系和弱联系。行动者与其较为紧密、经常联络的社会关系之间形成的是强联系；与之相对应，个人与其不紧密联络或是间接联络的社会关系之间形成的是弱联系。但在传递资源、信息、知识的过程中，Granovetter 认为弱联系更具重要性。强联系之间由于彼此很了解，知识结构、经验、背景等相似之处颇多，并不能带来更进一步的新的资源信息和知识，所增加的部分大多是冗余的；而弱联系所提供的资源信息或知识会比较差异化，如果在弱联系之间搭起某种形式的桥梁，就可以传递多种多样的资源信息和知识。网络虚拟社群就起到了这样的桥梁作用。

7.1.2　社会网络分析的含义及主要内容

1. 社会网络分析的含义

社会网络分析主要是研究社会实体的关系连接以及这些连接关系的模式、结构和功能。社会网络分析同时也可用来探讨社会网络中群体和个体之间的关系以及由个体关系所形成的结构及其内涵。换句话说，社会网络分析的主要目标是从社会网络的潜在结构（Latent Structure）中分析发掘其中次团体之间的关系动态。社会网络分析研究行动者彼此之间的关系，而通过对行动者之间关系与联系的连接情况进行研究与分析，将能显露出行动者的社会网络信息，甚至进一步观察并了解行动者的社会网络特征。而通过社会网络，除了能显示个人社会网络特征外，还能够了解许多社会现象，因为社会网络在组织中扮演着相当重要的无形角色，当人们在解决问题或是寻找合作伙伴时，通常都是依循所拥有的社会网络来寻找最可能帮忙协助的对象。

社会网络分析是社会科学中的一个独特视角，它是建立在如下假设基础上的：在互动的单位之间存在的关系非常重要。社会网络理论、模型以及应用都是建立在数据基础上的，关系是网络分析理论的基础。

除了利用关系概念之外，普遍研究认为以下几个"元认识论"观点很重要。

（1）行动者以及行动是相互依赖的，而不是独立的、自主性的单位；

（2）行动者之间的关系是资源（物质的或者非物质的）传递或者流动的"渠道"；

（3）个体网络模型认为，网络结构环境可以为个体的行动提供机会，也可能限制其行动；

（4）网络模型把结构（社会结构、经济结构等）概念化为各个行动者之间的关系模型。

2. 社会网络分析的主要内容

社会网络分析被应用于描述和测量行动者之间的关系或者通过这些关系流动的各种有形或无形的东西，如信息、资源等。自人类学家 Barnes 首次使用"社会网络"的概念来分析挪威某渔村的社会结构以来,社会网络分析被视为是研究社会结构的最简单明朗、最具有说服力的研究视角之一。20 世纪 70 年代以来,除了纯粹方法论及方法本身的讨论外,社会网络分析还探讨了小群体(Clique)、同为群(Block)、社会圈(Social Circle)以及组织内部的网络、市场网络等特殊的网络形式。这些讨论逐渐形成了网络分析的主要内容。

根据分析的着眼点不同,社会网络分析可以分为两种基本视角:关系取向(Relation Approach)和位置取向(Positional Approach)。关系取向关注行动者之间的社会黏着关系,通过社会连接(Social Connectivity)本身(如密度、强度、对称性、规模等)来说明特定的行为和过程。按照这种观点,那些强联系的且相对孤立的社会网络可以促进机体认同和亚文化的形成。

与此同时,位置取向则关注存在于行动者之间且在结构上处于相等地位的社会关系的模式化(Patterning)。它讨论的是两个或两个以上的行动者和第三方之间的关系所折射出来的社会结构,强调用"结构等效"(Structural Equivalence)来理解人类行为。

1) 关系取向中的主要分析内容

由于社会网络分析是以网络中的关系或通过关系流动的信息、资源等为主要研究对象的,这种取向中的主要分析内容大多集中在网络"关系"上也就不足为怪了。几项重要研究内容如下:

(1) 规模(Range)。社会网络中的行动者都与其他行动者有着或多或少、或强或弱的关系,规模测量的是行动者与其他行动者之间关系的数量。当把研究的焦点集中于某一特定行动者(节点)上时,对关系数量的考查就变成了对网络集中性(Centrality)的考查。所谓"集中性",是指特定行动者身上凝聚的关系的数量。一般来说,特定行动者凝聚的关系数量越多,他(她)在网络中就越重要。不过,关系的数量多少并不是行动者重要性的唯一指标,有时候行动者在网络中所处的位置就比集中性更为重要。特别地,当行动者的位置处于网络边缘时,数量的多少就远不如桥梁性位置来得重要。

(2) 强度(Strength)。格兰诺维特认为测量关系强度的变量包括关系的时间量(包括频度和持续时间)、情感紧密性、熟识程度(相互信任)以及互惠服务。如果花在关系上的时间越多、情感越紧密、相互间的信任和服务越多,这种关系就越强,反之则越弱。

(3) 密度(Density)。网络中一组行动者之间关系的实际数量和其最大可能数量之间的比率(Ratio)称为密度。当实际的关系数量越接近于网络中的所有可能关系的总量,网络的整体密度就越大,反之则越小。与格兰诺维特的"情感密度"不同的是,网络密度只用来表示网络中关系的稠密程度,测量的是联系(Ties),而"情感密度"则是指联系的特定内容——情感上的亲密程度。

(4) 内容(Content)。即使在相同的网络中,行动者之间的关系也会具有不同的内容。所谓网络关系的内容,主要是指网络中各行为者之间联系的特定性质或类型。任何可能将行动者联系(Tie)起来的东西都能使行动者之间产生关系(Relation),因此内容的表现形式也是多种多样的,交换关系、亲属关系、信息交流(Communicative)关系、感情关系、工具关系、权力关系等都可以成为具体的内容。

(5) 不对称关系(Asymmetric Relation)与对称关系(Symmetric Relation)。在不对称关系中,相关行动者的关系在规模、强度、密度和内容方面是不同的;而在对称关系中,行动者的关系在这些方面的表现是相同的。例如,当信息只从行动者 A 流向行动者 B,而行动者 B 不向行动者 A 提供信息时,两者之间的关系就是不对称关系。

(6) 直接性(Direct)与间接性(Indirect)。网络关系的另一个内容就是直接性或间接性,前者指行动者之间直接发生的关系,后者则指必须通过第三者才能发生的关系。一般来说,直接关系连接的往往是相同或相似的行动者,他们往往彼此认同,具有相同的价值观,因此其关系通常为强联系;而间接关系中由于有中间人的存在,相互联系的行动者之间关系的强度受距离(中间人的数量)的影响很大,经历的中间人越多,关系越弱,反之则可能(但不必然)越强。

2) 位置取向中的主要分析内容

与关系取向不同的是,位置取向强调的是网络中位置的结构性特征。如果说关系取向是以社会黏着(Social Cohesion)为研究基点,以关系的各种特征为表现,那么,位置取向则以结构上的相似为基点,以关系的相似性为基本特征。在位置取向来看,位置所反映出来的结构性特征更加稳定和持久,更具有普遍性,因而对现实也更具有解释力,且需要分析的内容也更为简单明了。其主要基本内容如下。

(1) 结构等效(Structural Equivalence)。当两组或两组以上的行动者(他们之间不一定具有关系)与第三个行动者具有相同的关系时,即为结构等效。这里强调的是在同一社会网络中所谓的等效点必须与同一个点保持相同的关系。网络中等效点的数量和质量将对网络的驱动力产生很大的影响。

(2) 位置(Position)。作为位置取向的核心概念,位置在这里指的是在结构上处于相同地位的一组行动者或节点,是被剥落了行动者而剩下的结构性特征,哪个行动者处在这个位置上并不重要,重要的是这个位置在网络本身中的处境。

(3) 角色(Role)。与位置密切相关的另一项内容是角色,它是结构上处于相同地位的行动者在面对其他行动者时表现出来的相对固定的行为模式。反过来说,具有相同社会角色的往往在社会网络结构或地位网络结构中处于相同的位置。因此,角色在某种程度上是位置的行为规范。

7.1.3　社会网络分析的意义

人们利用互联网络相互沟通,通过互动形成虚拟社群,它是人际关系、共享经验的累积与凝聚。由互联网络构架出来的虚拟社群,不仅提供了信息流通的通道,同时也累积了这些信息中所蕴含的知识,形成一种巨大的知识仓库。随着信息技术的发展,互联网络上的虚拟社群已成为一种重要的知识共享平台。互联网络技术发展的同时使得人与人之间知识和情感的来源和表现形式更加多样化。计算机和网络技术的结合创造了虚拟沟通的可能性,从而扩大了人们在互联网络上构建社会网络的形式和空间。当互联网络连接起一台又一台计算机时,同时也就联了这一台又一台计算机的使用者,这样计算机的使用者通过互联网络架构了一个社会关系网络。这个完全通过互联网络所构建的社会网络是虚拟社区的重要基础。虚拟社区中的社会网络与真实社区中的一样,也存在人际关系中的强联系和弱联系等人际网络关系特性,从而能够在虚拟社区中提供信息交换、知识共享和社会支持。简单地说,互联网络的发展突破了人们构建人际关系与社会网络必须通过有限节点的先天限制,使得人们都能轻易地通过互联网络自由地构建起个人的社会联系。互联网络发展之初,使用者便互相分享资料、解答问题、交换意见,共享的精神一直是网络的特色,网络使用者也是从知识的共享开始逐渐发展出情感的联系。

社会网络能清楚表现出个体或组织之间的关系,在人们日常生活中发挥着重要的作用。人们无时无刻不在通过社会网络与外界的人、组织或其他实体进行交流。另外,随着网络的普及,社会网络在网络信息内容安全研究系统中的作用也日益凸显,例如邮件过滤、利益关系分析、人的可信度分析以及信息共享和推荐等,都是以社会网络分析为基础进行的。作为社会组织关系分析基础的群组发现与分析,也是社会网络的一个重要应用。准确判断实体之间的关系网络,对研究人类的行为及其他方面都有很重要的作用。因而如何自动抽取并分析各种信息源中的社会网络,越来越受到人们的关注。

7.2 社会网络分析的研究体系

社会网络分析法可以从多个不同角度对社会网络进行分析,包括中心性分析、凝聚子群分析和核心-边缘结构分析等,本节将对这三种分析方式进行简要介绍。

7.2.1 中心性分析

"中心性"是社会网络分析的重点之一。个人或组织在其社会网络中具有怎样的权力,或者说居于怎样的中心地位,这一思想是社会网络分析者最早探讨的内容之一。个体的中心度(Centrality)测量个体处于网络中心的程度,反映了该点在网络中的重要性程度。因此一个网络中有多少个行动者/节点,就有多少个个体的中心度。除了计算网络中个体的中心度外,还可以计算整个网络的集中趋势(可简称为中心势,Centralization)。与个体中心度刻画的个体特性不同,网络中心势刻画的是整个网络中各个点的差异性程度,因此一个网络只有一个中心势。根据计算方法的不同,中心度和中心势都可以分为3种:点度中心度/点度中心势、中间中心度/中间中心势、接近中心度/接近中心势。

1. 点度中心度

在一个社会网络中,如果一个行动者与其他行动者之间存在直接联系,那么该行动者就居于中心地位,在该网络中拥有较大的"权利"。在这种思路的指导下,网络中一个点的点度中心度,就可以网络中与该点之间有联系的点的数目来衡量,这就是点度中心度。网络中心势指的是网络中点的集中趋势,它是根据以下思想进行计算的:首先找到图中的最大中心度数值;然后计算该值与任何其他点的中心度的差,从而得出多个"差值";再计算这些"差值"的总和;最后用这个总和除以各个"差值"总和的最大可能值。

2. 中间中心度

在网络中,如果一个行动者处于许多其他两点之间的路径上,可以认为该行动者居于重要地位,因为他/她具有控制其他两个行动者之间的交往的能力。根据这种思想来刻画行动者个体中心度的指标是中间中心度,它测量的是行动者对资源控制的程度。一个行动者在网络中占据这样的位置越多,就代表它具有越高的中间中心性,就有越多的行动者需要通过它才能发生联系。中间中心势也是分析网络整体结构的一个指数,其含义是网络中中间中心性最高的节点的中间中心性与其他节点的中间中心性的差距。该节点与其他节点的差距越大,则网络的中间中心势越高,表示该网络中的节点可能分为多个小团体而且过于依赖某一个节点传递关系,该节点在网络中处于极其重要的地位。

3. 接近中心度

点度中心度刻画的是局部的中心指数,衡量的是网络中行动者与他人联系的多少,没有考虑到行动者能否控制他人。而中间中心度测量的是一个行动者"控制"他人行动的能力。有时还要研究网络中的行动者不受他人"控制"的能力,这种能力就用接近中心度来描述。在计算接近中心度的时候,研究者关注的是捷径,而不是直接关系。如果一个点通过比较短的路径与许多其他点相连,就说该点具有较高的接近中心度。对一个社会网络来说,接近中心势越高,表明网络中节点的差异性越大;反之,则表明网络中节点间的差异越小。

7.2.2　凝聚子群分析

当网络中某些行动者之间的关系特别紧密,以至于结合成一个次级团体时,这样的团体在社会网络分析中被称为凝聚子群。分析网络中存在多少个这样的子群、子群内部成员之间的关系特点、子群之间的关系特点、一个子群的成员与另一个子群成员之间的关系特点等就是凝聚子群分析。由于凝聚子群成员之间的关系十分紧密,因此有的学者也将凝聚子群分析形象地称为"小团体分析"。

凝聚子群根据理论思想和计算方法的不同,存在不同类型的凝聚子群定义及分析方法。

1. 派系

在一个无向网络图中,"派系(Cliques)"指的是至少包含 3 个点的最大完备子图。这个概念包含 3 层含义:①一个派系至少包含三个点;②派系是完备的,根据完备图的定义,派系中任何两点之间都存在直接联系;③派系是"最大"的,即向这个子图中增加任何一点,将改变其"完备"的性质。

2. n-派系

对于一个总图来说,如果其中的一个子图满足如下条件,就称为 n-派系(n-Cliques):在该子图中,任何两点之间在总图中的距离(即捷径的长度)最大不超过 n。从形式化角度说,令 $d(i,j)$ 代表两点与 n 在总图中的距离,那么一个 n-派系的形式化定义就是一个满足如下条件的拥有点集的子图:$d(i,j) \leqslant n$,对于所有的 $n_i, n_j \in N$ 来说,在总图中不存在与子图中任何点的距离不超过 n 的点。

3. n-宗派

所谓 n-宗派(n-Clan)是指满足以下条件的 n-派系:其中任何两点之间的捷径的距离都不超过 n。可见,所有的 n-宗派都是 n-派系。

4. k-丛

一个 k-丛(k-Plex)就是满足下列条件的一个凝聚子群:在这样一个子群中,每个点都至少与除了 k 个点之外的其他点直接相连。也就是说,当这个凝聚子群的规模为 n 时,其中每个点至少都与该凝聚子群中 $n-k$ 个点有直接联系,即每个点的度数都至少为 $n-k$。

凝聚子群密度(External-Internal Index,E-I Index)主要用来衡量一个大的网络中小团体现象是否十分严重。这在分析组织管理等实际应用问题时十分有用。最糟糕的情形是大团体很散漫,核心小团体却有高度内聚力。另外一种情况就是大团体中有许多内聚力很高的小团体,很可能就会出现小团体间相互斗争的现象。凝聚子群密度的取值范围为[−1,1]。该值越向1靠近,意味着派系林立的程度越大;该值越接近−1,意味着派系林立的程度越小;该值越接近0,表明关系越趋向于随机分布,看不出派系林立的情形。

E-I Index可以说是企业管理者的一个重要的危机指数。当一个企业的E-I Index过高时,就表示该企业中的小团体有可能结合紧密而开始图谋小团体私利,从而伤害到整个企业的利益。其实E-I Index不仅仅可以应用到企业管理领域,也可以应用到其他领域,例如用来研究某一学科领域学者之间的关系。如果该网络存在凝聚子群,并且凝聚子群的密度较高,说明处于这个凝聚子群内部的这部分学者之间联系紧密,在信息分享和科研合作方面交往频繁,而处于子群外部的成员则不能得到足够的信息和科研合作机会。从一定程度上来说,这种情况也是不利于该学科领域发展的。

7.2.3 核心-边缘结构分析

核心-边缘(Core-Periphery)结构分析的目的是研究社会网络中哪些节点处于核心地位,哪些节点处于边缘地位。核心-边缘结构分析具有较广的应用性,可用于分析精英网络、科学引文关系网络以及组织关系网络等多种社会现象中的核心-边缘结构。

根据关系数据的类型(定类数据和定比数据),核心-边缘结构有不同的形式。定类数据和定比数据是统计学中的基本概念,一般来说,定类数据是用类别来表示的,通常用数字表示这些类别,但是这些数值不能用来进行数学计算;而定比数据是用数值来表示的,可以用来进行数学计算。如果数据是定类数据,可以构建离散的核心-边缘模型;如果数据是定比数据,可以构建连续的核心-边缘模型。而离散的核心-边缘模型根据核心成员和边缘成员之间关系的有无及关系的紧密程度,又可分为以下3种:

(1)核心-边缘全关联模型;

(2)核心-边缘局部关联模型;

(3)核心-边缘关系缺失模型。

如果把核心和边缘之间的关系看成是缺失值,就构成了核心-边缘关系缺失模型。这里介绍适用于定类数据的4种离散的核心-边缘模型。

(1)核心-边缘全关联模型。网络中的所有节点分为两组,其中一组的成员之间联系紧密,可以看成是一个凝聚子群(核心),另外一组的成员之间没有联系,但是该组成员与核心组的所有成员之间都存在关系。

(2)核心-边缘无关模型。网络中的所有节点分为两组,其中一组的成员之间联系紧密,可以看成是一个凝聚子群(核心),而另外一组成员之间则没有任何联系,并且同核心组成员之间也没有联系。

(3)核心-边缘局部关联模型。网络中的所有节点分为两组,其中一组的成员之间联系紧密,可以看成是一个凝聚子群(核心),而另外一组成员之间则没有任何联系,但是它们同核心组的部分成员之间存在联系。

（4）核心-边缘关系缺失模型。网络中的所有节点分为两组,其中一组的成员之间的密度达到最大值,可以看成是一个凝聚子群（核心）,另外一组成员之间的密度达到最小值,但是并不考虑这两组成员之间关系密度,而是把它看作缺失值。

7.3　社会网络分析的一般模型

7.3.1　社会网络的构建

1. 具有社团结构的无权网络模型

在具有社团结构的无权网络模型中最有名的一个模型就是 BA 模型。该模型是网络建模中的一个经典模型。BA 模型很好地解释了幂律度分布的产生机理,在复杂网络的文献中受到了极大的关注。但与真实网络相比,BA 模型还有一定的缺陷。下面大部分的模型都是在 BA 模型上做了各种扩展和变形,以改变模型的行为或使其更能表现发生在实际网络中的过程。

2. 基于分离者模型的社团结构模型

为了分析社会经济网络中社团的形成,Gronlund 和 Holme 基于社会学中原始的分离者模型提出了一种具有社团结构的网络模型。

在原始的社会网络分离者模型中,定义了 N 个节点,每个节点 i 表示社会网络中的一个个体,用 $s(i)$ 表示该个体的一个特征值（该特征值根据需要可以赋予不同的定义）。在演化的过程中,每一步从这 N 个个体中选择三个个体 i_1、i_2 和 i_3。然后,从这三个个体中选择与它们的平均值相差最大的节点 $\hat{i}$,并从网络中随机选择另一个节点 j,重设 j 的特征值 $s(j)=s(\hat{i})+\eta$,其中 η 是一个 $(0,1)$ 之间的随机数。该模型最终会演化为一个具有群结构的网络,每个群都包含自己的生命周期,包括该群的诞生、吞并其他的群以及消逝。

基于原始的分离者模型,Gronlund 和 Holme 又提出了两个新的参数,$d(i,j)$ 和 e_i。其中 $d(i,j)$ 定义为节点 i 和节点 j 之间的最短路径长度,而 e_i 则表示节点 i 到其他任意节点的最大距离。在此基础上,他们重新构建了分离者模型。初始网络为 N 个节点和 M 条边。在演化过程中,每一步从 N 个节点中随机选取 i_1、i_2 和 i_3 三个节点,并从中选择最"非中心"的节点 $\hat{i}$（当网络连通时,$\hat{i}$ 为网络中具有最大 e_i 的节点;若网络不连通,则为最小连通子图中 e_i 最大的节点;若这个节点不止一个,则从中随机选择一个）。然后,从网络中随机选择一个节点 $j(j \neq \hat{i})$,并比较这两个节点的度。若 $k(j)<k(\hat{i})+1$,则将节点 j 的边重连到节点 $\hat{i}$ 以及它的邻居（其中节点 $\hat{i}$ 的邻居随机选择）;若 $k(j)>k(\hat{i})+1$,则重连 j 的边到 $\hat{i}$、$\hat{i}$ 的所有邻居以及其他 $k(j)-k(\hat{i})+1$ 个节点。之后,遍历节点 j 的所有边,以概率 p 将它重连到网络中的任意一个节点。该模型与原始的分离者模型基本上是一致的,只是引入了概率 p 的随机重连,因此网络中有长程边的出现,从而使网络具有"小世界"的特性。

Gronlund 和 Holme 利用 GN 算法分析了利用该模型得到的网络,证明该模型具有比较明显的社团结构,而且随着网络规模 N 的增大,该模型最后演化得到的社团数目以及社团的平均大小都呈现幂律上升的规律。另外,社团内部和不同社团之间的节点的平均距离也随着网络规模的增大呈现指数上升的趋势;而利用该模型得到的网络中,社团内部节点间的平均距离与社团间节点的平均距离的差值比随机图中的差值大得多,这也进一步证明了该模型得到的网络具有比较明显的社团结构。此外,该模型得到的网络聚类系数比较大,而且表现出同配性,即度大的节点趋向于与度大的节点相连,而度小的节点趋向于与度小的节点相连,这也体现了社会网络的特点。

7.3.2　社会网络的发现

社会网络一般指节点众多、连接关系复杂的网络。由于其灵活普适的描述能力,能够广泛应用于各科学领域对复杂系统进行建模、分析,近年来吸引了越来越多的人对其进行研究。随着研究的深入,人们发现许多实际网络均具有社团结构,即整个网络由若干个社团组成,社团之间的连接相对稀疏,社团内部的连接相对稠密。社团发现则是利用图拓扑结构中所蕴藏的信息从复杂网络中解析出其模块化的社团结构,该问题的深入研究有助于以一种分而治之的方式研究整个网络的模块、功能及其演化,更准确地理解复杂系统的组织原则、拓扑结构与动力学特性,具有十分重要的意义。

自 2002 年 Girvan 和 Newman 基于边介数提出 GN 算法以来,国际上掀起一股社团发现的研究热潮,来自生物、物理、计算机等各学科领域的研究者带来了许多新颖的思想和算法,并广泛应用于各个学科领域的具体问题中。本节在归纳总结的基础上,从非重叠社团发现和重叠社团发现两个方面综述当前社团发现算法的新进展,并展望该领域未来的一些研究方向。

1. 非重叠社团算法

非重叠社团发现是指识别出的社团之间互不重叠,每个节点有且仅属于一个社团。社团发现早期的研究工作大部分都围绕非重叠社团发现展开。近年来,基于对社团结构的不同理解,研究者在对节点集划分时采用的标准和策略不同,衍生出许多风格迥异的新算法,典型算法有模块度优化算法、谱分析法、信息论方法、标号传播方法等。

1) 基于模块度优化的社团发现算法

基于模块度优化的社团发现算法是目前研究最多的一类算法,其思想是将社团发现问题定义为优化问题,然后搜索目标值最优的社团结构。由 Newman 等首先提出的模块度 Q 值是目前使用最广泛的优化目标,该指标通过比较真实网络中各社团的边密度和随机网络中对应子图的边密度之间的差异来度量社团结构的显著性。模块度优化算法根据社团发现时的计算顺序大致可分为三类。

第一类算法采用聚合思想,自底向上进行,典型代表算法有 Newman 快速算法、CNM 算法和 MSG MV 算法等。Newman 快速算法将每个节点看作是一个社团,每次迭代选择产生最大 Q 值的两个社团合并,直至整个网络融合成一个社团。整个过程可表示成一个树状图,从中选择 Q 值最大的层次划分得到最终的社团结构。该算法的总体时间复杂度为 $O(m(m+n))$。在 Newman 快速算法的基础上,CNM 算法采用堆数据结构来计算和更新网络的模块度,大大提高了计算速度;MSG MV 算法则引入多步扩展,迭代过程中每次可合并多对社团,以避免过早地收缩到少数较大的社团中。

第二类算法主要采用分裂的思想,自顶向下进行。例如,Newman 最早提出的 GN 算法就属于这类算法,算法通过依次删去网络中边界数(即网络中经过每条边的最短路径数)最大的边,直至每个节点单独退化为社团,然后从整个删边过程中选取对应最大 Q 值时的结果。该算法复杂度较高,为 $O(n^3)$。随后,Newman 等人通过定义模块度矩阵,将模块度用矩阵的特征向量表示,提出一种用于划分网络社团结构的谱方法。该算法通过求解模块度矩阵的最大正特征值以及对应的特征向量,依据特征向量中元素的符号将网络不断递归二分,直至子网络再细分已不能增大 Q 值。整个算法的平均时间复杂度比 GN 算法在计算速度和准确度上均有较大提高。

第三类算法则是直接寻优法,如 Duch 等提出的 EO 算法以及 Agatwal 等提出的整数规划方法。EO 算法的思想是将每个节点对模块度 Q 值的贡献大小定义为局部变量,然后在随机初始划分的基础上,通过贪婪策略调整局部变量(具有最小贡献度的变量)来提高全局目标函数 Q 值。整数规划方法则通过求解对应的松弛线性规划问题给出最大模块度的一个上界,这是以前的方法所不具备的。此外,还有一些基于遗传算法、蚁群算法等智能算法的社团发现算法也可归为此类。

近年来越来越多的研究发现:模块度优化方法无法发现小于一定粒度的社团。在实际网络中,尤其是大规模网络中,社团的大小不一,该问题尤为突出。为此,研究者提出一些局部调整策略。如 Ruan 等结合谱平分法和局部搜索方法提出的 HQCut 算法,在分裂网络前增加统计测试来判断是否须进一步细分。此外,部分研究者提出新的模块度来避免 Q 值存在的粒度问题。如李珍萍等提出的模块度 D 值,在衡量社团内外连接度的差异时,引入了社团大小作为分母进行平均,从理论和数值试验上证明了作为模块度 D 值要优于 Q 值。总的来说,模块度优化算法是目前应用最为广泛的一类算法,但是在具体分析中,很难确定一种合理的优化目标,使得分析结果难以反映真实的社团结构,尤其是分析大规模复杂网络时,搜索空间非常大,使得许多模块度近似优化算法的结果变得更不可靠。

2) 基于谱分析的社团发现算法

谱分析法建立在谱图理论基础上,其主要思想是根据特定图矩阵的特征向量导出对象的特征,利用导出特征来推断对象之间的结构关系。通常选用的特定图矩阵有拉普拉斯矩阵和随机矩阵两类。图的拉普拉斯矩阵定义为 $L = D - W$,其中 D 是以每个节点的度为对角元的对角矩阵,W 为图的邻接矩阵;随机矩阵则是根据邻接矩阵导出的概率转移矩阵 $P = D^{-1}W$。这两类矩阵有一个共同性质:同一社团节点对应的特征分量近似相等,这成为目前谱分析方法实现社团发现的理论基础。基于谱分析的社团发现算法的普遍做法是将节点对应的矩阵特征分量看作空间坐标,将网络节点映射到多维特征向量空间中,运用传统的聚类方法将节点聚成社团。例如,Donetti 等基于节点之间的距离度量,在不同维度的特征空间中建立聚类树图,从中选择全局模块度最大的划分作为社团发现结果。Capocci 等则基于同一社团的节点对应的随机矩阵特征分量强相关这一性质,提出计算特征向量的 Pearson 相关系数来度量节点之间的相似度。应用谱分析法不可避免地要计算矩阵特征值,计算开销大,但由于能够通过特征谱将节点映射至欧拉空间,并能够直接应用传统向量聚类的众多研究成果,灵活性较大。

3）基于信息论的社团发现算法

从信息论的角度出发,Rosvall 等把网络的模块化描述看作对网络拓扑结构的一种有损压缩,从而将社团发现问题转换为信息论中的一个基础问题:寻找拓扑结构的有效压缩方式。如图 7-1 所示,原拓扑结构 X 通过编码器产生模块描述 Y,解码器对 Y 进行解码,推测出原结构 Z,那么何种模块描述 Y 是最优的? 以信息论的观点来看,互信息 $I(X,Y)$ 最大时,即最能反映原始结构 X 的 Y 是最优的。在该框架下,互信息 $I(X,Y)$ 最大等价于求条件信息 $H(X|Y)$ 最小,Rosvall 等给出了条件信息的量化表示,并运用模拟退火优化算法进行求解,可实现上千个节点的网络社团发现。测试表明,对于社团大小及边密度不一的社团发现问题,该发现算法要明显优于基于模块度优化的社团发现算法。后来,Rosvall 等进一步以描述图中信息的扩散过程为目标,将问题转换为寻找描述网络上随机游走的有效编码方式,使该方法更适合于捕捉社团内部节点之间的长程相关性,已有文献测试表明,该方法是目前非重叠社团发现算法中准确度最高的一类方法。

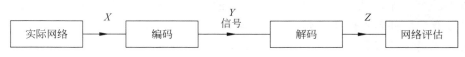

图 7-1　从信息论的角度看社团发现

2. 重叠社团算法

前面所介绍的非重叠社团发现方法把每个节点严格地划分到某个社团中,而真实世界中这种硬划分并不能真正反映节点和社团的实际关系,例如蛋白质相互作用网络中,由于蛋白质功能的多样性,单个蛋白质在不同的时空条件下参与不同的功能模块。同样的现象普遍存在于各种真实网络中,如社会网络中的人属于多个集体、网络中的网页属于多个主题等。因此,重叠社团发现更符合真实世界的社团组织规律,成为近年来社团发现研究的新热点,涌现出许多新颖算法。

1）基于团渗透改进的重叠社团发现算法

由 Palla 等提出的团渗透算法是首个能够发现重叠社团的算法。该类算法认为社团是由一系列相互可达的 k-团(即大小为 k 的完全子图)组成的,即 k-社团。算法通过合并相邻的 k-团来实现社团发现,而那些处于多个 k-社团中的节点即是社团的"重叠"部分。Kumplula 等在前人工作基础上进一步提出一种快速团渗透算法(SCP 算法)。该算法分两阶段进行:第一阶段将网络的边按顺序(如加权网络按权值大小顺序)插入网络中,并同时检测出现的 k-团;第二阶段将检测的 k-团根据是否与已有 k-社团相邻,并入 k-社团或形成新的 k-社团。由于边插入的顺序性,在第二阶段检测时 SCP 算法只需依次对 k-团进行局部判断;而 SCP 算法能够在一遍运行中检测不同权重阈值下的 k-社团,较大地提高了团渗透算法的计算速度。基于团渗透思想的算法需要以团为基本单元来发现重叠,这对于很多真实网络,尤其是稀疏网络而言,限制条件过于严格,只能发现少量的重叠社团。

2）基于模糊聚类的重叠社团发现算法

另一观点认为可将重叠社团发现归于传统模糊聚类问题加以解决,通过计算节点到社团的模糊隶属度来揭示节点的社团关系。这类算法通常从构建节点距离出发,再结合传统模糊聚类求解隶属度矩阵。张世华等人首先应用这一思想,他们结合谱分析方法将网络中的节点近似映射到欧拉空间中的数据点,进而利用 FCM 算法对空间中的数据点进行聚类,从而得到节点与社团之间的隶属度矩阵。由于模糊聚类算法 FCM 本身要求预先知道社团数目,该算法在模块度 Q 值的基础上引入新的模块度指标模糊模块度 Q,选取使得 Q 值最大的模糊聚类结果作为最终的社团划分结果。上述方法在判断社团数上需要预先给定或花费大量计算以确定合理的社团数目。有研究者提出基于通信-时间核构建距离矩阵,输入到模糊相似性传播聚类来实现重叠社团发现,在考虑节点长程相关性的同时,可以自适应地确定社团数目。值得一提的是,此类算法的关键在于所构建的距离矩阵,采用何种节点距离更符合实际情况在具体应用中是一个值得探索的问题。

7.3.3　节点地位评估

如何用定量分析的方法识别超大规模社会网络中哪些节点最重要,或者评价某个节点相对于其他一个或多个节点的重要程度,这是复杂网络研究中亟待解决的重要问题之一。在本节中首先介绍了基于网络结构的节点重要性排序度量指标,这类指标主要从网络的局部属性、全局属性、网络的位置和随机游走等 4 方面展开,同时对节点重要性排序方法的优缺点及适用范围进行了分析。

1. 问题描述

假设网络 $G=(V,E)$ 是由 $|V|=N$ 个节点和 $|E|=M$ 条边连接所组成的一个无向网络。网络的 $A=\{a_{ij}\}$,$a_{ij}=1$ 表示节点 i 与节点 $j(i\neq j)$ 之间直接连接,否则 $a_{ij}=0$。网络中节点重要性排序方法的准确性常用传播动力学进行度量,一般以网络节点为传播源,利用传播动力学模型仿真,通过计算网络中目标节点的影响范围来度量节点在传播过程中的影响力。另一种方法是考虑节点删除前后图的连通状况的变化情况,将节点的重要性等价为该节点被删除后对网络的破坏性。假设在一个网络中,某个节点被删除,则同时移走了与该节点相连的所有边,从而可能使得网络的连通性变差。节点被删去后网络连通性变得越差,则表明该节点越重要。经过网络抗毁性实验得出的节点重要性排序与先前的节点重要性排序方法的结果越相似,则认为该排序方法越准确。

2. 基于网络结构的节点重要性排序方法

复杂网络中节点重要性可以是节点的影响力、地位或者其他因素的综合。从网络拓扑结构入手是研究这一问题常用的方法之一。最早对这一问题进行研究的是社会学家,随后其他领域的学者也开始研究这一问题,提出了一系列的评估方法。下面从网络的局部属性、全局属性等角度出发,介绍基于网络结构的节点重要性排序指标和方法。

1) 基于网络局部属性

基于网络局部属性的节点重要性排序指标主要考虑节点自身信息和其邻居信息,这些指标计算简单,时间复杂度低,可以用于大型网络。节点 i 的度(Degree)定义为该节点的邻居数目,具体表示为

$$k(i)=\sum_{j\in G}a_{ij} \tag{7-1}$$

度指标直接反映的是一个节点对于网络其他节点的直接影响力。例如在一个社交网络中,有大量的邻居数目的节点可能有更大的影响力、更多的途径获取信息,或有更高的声望。又如在引文网络中,利用文章的引用次数来评价科学论文的影响力。有研究者认为网络中节点的重要性不但与自身的信息具有一定的关系,而且与该节点邻居节点的度也存在一定的关联,即节点的度及其邻居节点的度越大,节点就越重要。也有部分研究者考虑节点最近邻居和次近邻居的度信息,定义了一个多级邻居信息指标(Local Centrality)来对网络中节点的重要性排序,其具体定义如下:

$$L_C(i) = \sum_{j \in \Gamma(i)} \sum_{u \in \Gamma(j)} N(u) \tag{7-2}$$

其中 $\Gamma(i)$ 为节点 i 最近邻居集合,$\Gamma(j)$ 为节点 j 最近邻居集合,$N(u)$ 为节点 u 最近邻居数和次近邻居数之和。还有研究者综合考虑节点的邻居个数,以及其邻居之间的连接紧密程度,提出了一种基于邻居信息与集聚系数的节点重要性评价方法。具体表示为

$$P(i) = \frac{f_i}{\sqrt{\sum_{j=1}^{N} f_j^2}} + \frac{g_i}{\sqrt{\sum_{j=1}^{N} g_j^2}} \tag{7-3}$$

其中 f_i 为节点 i 自身度与其邻居度之和,即

$$f_i = k(i) + \sum_{u \in \Gamma(i)} k(u) \tag{7-4}$$

其中 $k(u)$ 表示节点 u 的度,$u \in \Gamma(i)$ 表示节点 i 的邻居节点集合。g_i 表示为

$$g_i = \frac{\max_{j=1}^{N}\left\{\frac{c_j}{f_j}\right\} - \frac{c_i}{f_i}}{\max_{j=1}^{N}\left\{\frac{c_j}{f_j}\right\} - \min_{j=1}^{N}\left\{\frac{c_j}{f_j}\right\}} \tag{7-5}$$

其中 c_i 为节点 i 的集聚系数。该方法只需要考虑网络局部信息,适合于对大规模网络的节点重要性进行有效分析。Centol 研究在线社会网络的行为传播,发现传播行为在高集聚类网络传播得更快,节点的传播重要性与该节点的集聚性有关。Goel 等人通过研究 Meta 系统中朋友关系演化特性发现,邻居节点的绝对数目不是影响节点重要性的决定性因素,起决定作用的是邻居节点之间形成的联通子图的数目。

2) 基于网络全局属性

基于网络全局属性的节点重要性排序指标主要考虑网络全局信息,这些指标一般准确性比较高,但时间复杂度高,不适用于大型网络。特征向量(Eigenvector Centrality)是评估网络节点重要性的一个重要指标。度指标把周围相邻节点视为同等重要,而实际上节点之间是不平等的,必须考虑到邻居对该节点的重要性有一定的影响。如果一个节点的邻居很重要,这个节点重要性很可能高;如果邻居重要性不是很高,即使该节点的邻居众多,也不一定很重要。通常称这种情况为邻居节点的重要性反馈。特征向量指标是网络邻接矩阵对应的最大特征值的特征向量。具体定义如下:

$$C_e(i) = \lambda^{-1} \sum_{j=1}^{N} a_{ij} e_j \tag{7-6}$$

其中 λ 为邻接矩阵 $\boldsymbol{A}$ 的最大特征值;$\boldsymbol{e} = (e_1, e_2, \cdots, e_n)^{\mathrm{T}}$ 为邻接矩阵 $\boldsymbol{A}$ 对应最大特征值

λ 对应的特征向量。特征向量指标是从网络中节点的地位或声望角度考虑,将单个节点的声望看成是所有其他节点声望的线性组合,从而得到一个线性方程组。该方程组的最大特征值所对应的特征向量就是各个节点的重要性。Poulin 等人在求解特征向量映射迭代方法的基础上提出累计提名(Cumulated Nomination Centrality)的方法,该方法计算网络中的其他节点对目标节点的提名值总和。累计提名值越高的节点其重要性就越高。累计提名方法计算量较少,收敛速度较快,而且适用于大型和多分支网络。Katz 指标同特征向量一样,可以区分不同的邻居对节点的不同影响力。不同的是 Katz 指标给邻居赋予不同的权重,对于短路径赋予较大的权重,而长路径赋予较小的权重。具体定义为

$$S = \beta A + \beta^2 A^2 + \beta^3 A^3 + \cdots = (I - \beta A)^{-1} - I \tag{7-7}$$

其中 I 为单位矩阵,A 为网络的邻接矩阵,β 为权重衰减因子。为了保证数列的收敛性,β 的取值须小于邻接矩阵 A 最大特征值的倒数,然而该方法权重衰减因子的最优值只能通过大量的实验验证获得,因此具有一定的局限性。紧密度(Closeness Centrality)用来度量网络中的节点通过网络对其他节点施加影响的能力。节点的紧密度越大,表明该节点跃居于网络的中心,在网络中就越重要。紧密度具体定义如下:

$$C_c(i) = \frac{N-1}{\displaystyle\sum_{j=1}^{N} d_{ij}} \tag{7-8}$$

其中 d_{ij} 表示节点 i 到节点 j 的最短距离。紧密度依赖于网络的拓扑结构,对类似于星形结构的网络,它可以准确地发现中心节点,但是对于随机网络则不适合,而且该方法的计算时间复杂度为 $O(N^3)$。Zhang 等人考虑节点的影响范围,定义了 Kernel 函数法,具体定义如下:

$$U(i) = \sum_{j=1}^{N} e^{-\frac{d_{ij}^2}{2h^2}} \tag{7-9}$$

其中 d_{ij} 表示节点 i 到节点 j 的最短距离,h 表示 Kernel 函数的宽度,h 越大此函数越平滑,节点影响范围越大,反之亦然。考虑到非最短路径的信息,Kernel 函数法另一表述为

$$U(i) = \sum_{j=1}^{N} e^{-\frac{d_{ij}^2}{2h^2}} + \sum_{j=1}^{N} e^{-\frac{[L(p)]^2}{2h^2}} \tag{7-10}$$

其中 p 表示节点 i 到其他所有节点的非最短距离路线,$L(p)$ 表示这些非最短路线的长度。虽然 Kernel 函数法较紧密度更准确,但时间复杂度依然没有降低,不适用于大型网络。Huang 等分析了美国 1996—2006 年间公司董事网络结构,该网络中节点是由公司中的董事构成,两位董事在同一个公司任职则表示他们有连接关系。Huang 等人认为公司董事的影响力取决于该董事手中掌握多少获取公司信息的渠道,提出一种识别公司董事影响力的方法。其方法记为

$$I(i) = \frac{\displaystyle\sum_{j=1}^{N} w_j r_{j1} r_{j2} \cdots r_{jd_j}}{\displaystyle\sum_{j=1}^{N} w_j} \tag{7-11}$$

其中 w_j 表示董事 j 所在公司拥有的信息量,即该公司的市值。d_j 表示董事 i 与董事 j

之间的最短路径,r_j 是信息在传递过程中的衰减率。Freeman 于 1977 年在研究社会网络时提出介数指标(Betweenness Centrality),该指标用于衡量个体社会地位的参数。节点 i 的介数含义为网络中所有的最短路径之中经过节点 i 的数量,记为

$$C_c(i) = \sum_{s<t} \frac{n_{st}^i}{g_{st}} \tag{7-12}$$

其中 g_{st} 表示节点 s 到节点 t 之间的最短路径数,n_{st}^i 表示节点 s 和节点 t 之间经过节点 i 的最短路径数。节点的介数值越高,这个节点就越有影响力,即这个节点也就越重要。例如判断社交网络中某人的重要程度,某个人在关系网络中类似于"交际花",长袖善舞,能够与各色人群打交道,拥有人脉越广泛,其影响范围越大,其他人与此人也就越密切相关,因此该人也就越重要。Travencolo 等人提出了节点可达性指标(Accessibility)。可达性指标是描述节点在自避随机游走的前提下,行驶 h 步长之后该节点能够访问多少不同目标节点的可能性,具体定义为

$$E(\Omega,i) = -\sum_{j=1}^{N} \begin{cases} 0, & p_h(j,i)=0 \\ p_h(j,i)\log(p_h(j,i)), & p_h(j,i)\neq 0 \end{cases} \tag{7-13}$$

$$E(i,\Omega) = -\sum_{j=1}^{N} \begin{cases} 0, & p_h(j,i)=0 \\ \left(\frac{p_h(j,i)}{N-1}\right)\left(\log\frac{p_h(j,i)}{N-1}\right), & p_h(j,i)\neq 0 \end{cases} \tag{7-14}$$

其中 $p_h(j,i)$ 表示从 i 点出发到 j 点的可能性,h 表示步长,$p_h(j,i)$ 即从 i 点到 j 点行驶 h 步的不同路径数与总的得到的不同路径数之比。这里 Ω 是指除 i 以外的所有节点。除此之外,当随机游走遇到以下三种情况时将会停止:①游走达到所定义的最大步长 H;②游走达到一个点,而该点的度数为1,即无法再行走下去;③游走无法再进行下去,因为所有与该点相邻的点都已经被访问过了。Travencolo 等人为了完善多样性的概念,提出了对外可达性和对内可达性两个指标,分别记为

$$OA_h(i) = \frac{\exp(E(\Omega,i))}{N-1} \tag{7-15}$$

$$IA_h(i) = \frac{\exp(E(i,\Omega))}{N-1} \tag{7-16}$$

前者指在行走 h 步之后,起始点 i 达到所有剩下点的可能性,后者是指从每个点出发行走 h 步后,能够到达点 i 的可能性,也可理解为到达频率。Travencolo 等人的实验结果显示,处于中心区域的节点有较高的对外可达性,可以被近似看成是现实中的"交流区",而处于网络边缘的节点对外可达性较低。

7.4 社会网络分析常用方法

利用社会网络进行相关处理的前提是构建一个合理的社会网络。虽然以关系作为基本分析单位的社会网络分析(Social Network Analysis)已经在社会学、教育学、心理学与经济学等诸多学科领域得到了广泛研究。但是在统计学和计算科学领域,对如何自动抽取文本中社会网络的研究并不是很多。而现在采用的方法大多是基于两个实体名字在网

络上的共现特征,判断两个实体之间是否存在关系则是通过分析二者在网络中共现特征的值是否达到了某个预设的阈值。Harada 等人采用这种方法开发了一个系统来从网络上获取人与人之间的两两关系。Faloutsos 等人则是基于人们之间的共现特征从 50 亿网页中抽取了一个由 1.5 亿人组成的社会网络。A. McCallum 和他的研究小组则提出了一个自动抽取用户间社会网络的系统。这个系统从电子邮件信息中识别出不同的人并找到他们的主页,然后把相关信息记录在一个通讯簿中,最后再通过他们的主页信息发现一些其他人的信息,这样在主页的主人与在此人主页中发现的人名之间建立链接并放入社会网络。正在开发中的这个系统的新版本目标是要发现整个网络中的共现信息。

还有一些研究是应用搜索引擎来发现社会网络。20 世纪中期,H. Kautz 和 B. Selman 开发了一个社会网络抽取系统 Referral Web,这个系统用搜索引擎作为工具来发现社会网络。P. Mika 开发的 Flink 系统实现了语义网群落中社会网络的在线抽取与可视化。其实 Flink 和 Referral Web 进行网络挖掘的机制都是相同的,主要还是通过共现特征来识别实体间存在的关系,只不过这些共现信息是通过搜索引擎得到的。他们都是首先把两个人的名字 X 和 Y 作为查询词输入到搜索引擎中,输入形式是 X AND Y,如果 X 和 Y 之间存在比较强的关系,往往能够得到更多能实现他们之间关系的信息,例如他们主页之间的互相引用,或者两者之间名字并列出现的次数等。另外,通过搜索引擎来度量名字间共现特征的系统还有 Matsuo 等人开发的 POLYPHONET。本节着重介绍两种社会网络抽取方法。

7.4.1　基于命名实体检索结果的社会网络构建

此方法主要利用待检索的中文人名在搜索引擎上返回的 Snippet 进行社会网络构建。这里的 Snippet 包括检索结果的标题以及紧随的片段文本。社会关系建立在至少两个人物的基础上,所以本方法中定义有效 Snippet 为包含至少两个不同人名的 Snippet。系统最后的聚类对象就是这些有效的 Snippet。

以检索人名 A 为例,初始检索返回一组 Snippet,抽取每个 Snippet 中的人名。假设任何两个人名共同出现在某个 Snippet 中就认为两人具有社会关系,共现的次数作为这种关系的度量。从而可以对出现在所有 Snippet 中的人名构建关系矩阵 M,矩阵元素 $M_{i,j}$ 表示人名 i 和人名 j 的共现次数。由于是利用人名 A 的社会网络来对人名 A 检索得到的有效 Snippet 进行重名消解,关系矩阵 M 中不包含人名 A。

限于检索一个人物获得的有效 Snippet 数量有限,这样得到的关系矩阵往往会比较稀疏,形成的社会网络图中有很多的孤立子图,事实上有些子图之间在真实的网络环境中又是有关系的。例如图 7-2 中的人名 A 初始关系图。本方法希望能借助更多的网络信息,对孤立子图进一步扩展,来丰富初始的社会关系网络。

拓展方法是在初始关系图中找出所有连通子图,然后依次在每个子图中选取最能够代表该子图的节点来进行拓展检索,在此引入带权度(Weighted Degree)来衡量扩展节点的重要程度。带权度即为与该节点相连接的所有边的权值之和。这是基于以下两种假设:

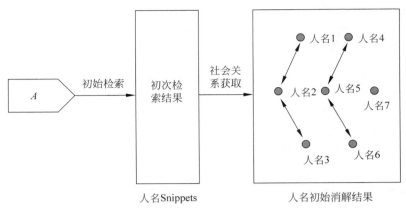

图 7-2   人名 A 初始关系图

（1）与节点相连的边越多,说明该节点在这个网络中交际的范围越广,影响力越大。

（2）边上的权值越大,说明该节点与相连节点共现的频率越大,二者的关系越紧密。

利用带权度将以上两点结合起来,可以采用两种不同的拓展方式:

（1）单点拓展:选取子图带权度最大的一个节点。

（2）两点拓展:选取子图中带权度最大的两个节点。

假设子图 X 中带权度最大的节点名为人名 B。为了拓展出来的人物尽量都和初始检索的人名 A 有关,每次拓展检索时 Query 都包含人名 A,例如对子图 X 扩展时,检索 Query 为［"人名 B 人名 A"］。拓展检索时,选取除人名 A 和人名 B 外至少包含一个人名的 Snippet。将拓展得到的所有 Snippet 直接加入到初始检索到的 Snippet 集合中,采用构建关系矩阵 M 的方法重新构建新的包含更多人名的关系矩阵 M'。显然,M' 比 M 包含更多的人名和社会关系,使得 M 的社会关系网络进一步丰富与完善。

对于初始社会网络的拓展有如下两种处理方法。

（1）平均拓展。矩阵 M' 中会引入很多初始检索中不包含的人名,剔除这些新引入的人名得到矩阵 M''。在 M'' 中,如果两个人物不认识(对应关系数为0),但同时 M' 中有很多人同时认识他们,则可以利用两个人物之间的中间人来求取两个人物的关系数。平均拓展采用 M' 中两个人物的中间人的关系数平均值来进行更新。例如,M'' 中,对于任意两个人名 $a,b(a \neq b)$,如果 $M''_{a,b}=0$,但 M' 中存在人名 $n_1,n_2,\cdots,n_m$ 同时满足 $M'_{a,n_i} \neq 0$ 且 $M'_{b,n_i} \neq 0$,则更新 $M''_{a,b}$ 为

$$M''_{a,b} = \frac{\sum_{i=1}^{m}(M'_{a,n_i} + M'_{b,n_i})}{2m} \tag{7-17}$$

这样更新得到的新矩阵 M'' 将拓展 M 中人名之间的关系,并且将原来没有直接相邻的节点之间的关系数进行更新,可将初始图中不连接的若干子图连接起来。

（2）最大拓展。考虑现实世界中的两个人物,如果有一位中间人与他们的关系都非常密切,这两个人的关系就应该很密切;如果此时还有一位和这两个人虽然认识但是关系很不密切的中间人,也不应该使得这两个人的关系数减少。事实上,方法(1)中取平均

的方法可能存在这样的问题,这里利用两个人物之间关系最为密切的两个人来进行关系数更新。更新方法类似于方法(1),只是更新公式变为

$$M''_{a,b} = \max_{i=1,2,\cdots,m} \frac{M'_{a,n_i} + M'_{b,n_i}}{2} \tag{7-18}$$

7.4.2　基于 PageRank 的社会网络节点重要性评估

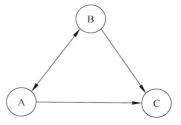

图 7-3　社会网络节点分析示例

上节侧重于对社会网络的整体性质进行分析,但或许更有趣的是整体社会网络中的每个个体。例如在一个社区论坛或社交媒体中,同样是赞同数很高的大 V,他们彼此之间的重要性是否能一较高下?谁又更有可能是某一话题的意见领袖?他们在关注这种社交行为上是否具有差异?如何衡量这种差异?为解答这些疑问,可假设一个简单的关注网络,其中只有 A、B、C 三个人。A 关注了 B,B 关注了 A,A、B 同时关注了 C,而 C 谁也不关注,如图 7-3 所示。

如果光凭关注关系来看,很难评价 A、B、C 谁的重要性最大。从直觉上来看是 C,因为 C 在三人之中得到了最多的关注。但是否只要粉丝更多就能说明更重要呢?在上述网络基础上,可考虑如下几种情况:

(1) 多了 10 个自己粉丝数为 0 的用户,同时关注 A;

(2) 多了 10 个用户,他们彼此全部互相关注,除此之外都没有其他粉丝;

(3) 多了 10 个自己粉丝数为 1 的用户,同时关注 A,并且每个人还分别关注了 10000 个其他用户。

可以看出,前两种情况是较为典型的作弊行为,即利用了单纯粉丝数排序的漏洞,没有考虑到每个关注连接的质量差异。第三种情况算是一种正常现象,但是一方面考虑到这些用户只有 1 个粉丝,几乎等于 0,另一方面是他们关注了那么多用户,那么他们关注 A,也许并不是因为 A 很重要。为了衡量社会网络节点的重要性,可考虑引入 PageRank 算法。PageRank 算法是一个数学上非常优美的答案,不仅考虑到前述连接质量问题,还解决了一种特殊情况,即无论关注社会网络是什么样子的,都保证能得到一个满意的用户重要程度排序。

PageRank 最早来源于一种静态的网页评级算法,它为每个网页离线计算 PageRank 值,而且该值与查询内容无关。PageRank 算法对于互联网中每个网页的 PageRank 值就可以理解成社会网络中对于权威的度量。为便于深刻理解 PageRank 的含义并推导 PageRank 公式,首先需要解释一些 Web 领域的概念。

网页 i 的链入链接(In-links):从其他网页指向网页 i 的超链接。通常情况下,不考虑来自同一网站的链接。

网页 i 的链出链接(Out-links):从网页 i 指向其他网页的超链接。通常情况下,不考虑指向同一网站内网页的链接。

从权威的视角,用下面的条件来推导出 PageRank 算法。

(1) 从一个网页指向另一个网页的超链接是一种对目标网站权威的隐含认可。也就是说,如果一个网页的链入链接越多,则它的权威就越高。

(2) 指向网页 i 的网页本身也有权威值。一个拥有高权威值的网页指向 i 比一个拥有低权威值的网页指向 i 更加重要。也就是说,如果一个网页被其他重要网页所指向,那么该网页也很重要。

根据社会网络中的等级权威值,网页 i 的重要程度(它的 PageRank 值)由指向它的其他网页的 PageRank 值之和决定。由于一个网页可能指向许多其他网页,那么它的 PageRank 值将被所有它所指向的网页共享。请注意这里与等级权威的区别,等级权威是不共享的。

为了将上面的思想公式化,可以将整个 Web 看作一个有向图 $G=(V,E)$,其中,V 是所有节点(即网页)的集合,而 E 是所有有向边(即超链接)的集合。假设 Web 上所有网页数目为 n(即 $n=|V|$),网页 i(用 $P(i)$ 表示)的 PageRank 值定义如下:

$$P(i) = \sum_{(j,i) \in E} \frac{p(j)}{O_j} \tag{7-19}$$

其中,O_j 是网页 j 的链出链接数目。根据数学上的方法,可以得到一个有 n 个线性等式和 n 个未知数的系统。可以用一个矩阵来表示所有的等式。用 $\boldsymbol{P}$ 表示 PageRank 值的 n 维列向量,即

$$\boldsymbol{P} = (P(1), P(2), \cdots, P(n))^{\mathrm{T}} \tag{7-20}$$

而 $\boldsymbol{A}$ 是表示图的邻接矩阵,即

$$A_{ij} = \begin{cases} \dfrac{1}{O_i}, & i, j \in E \\ 0, & \text{其他} \end{cases} \tag{7-21}$$

可以写出一个有 n 个等式的系统:

$$\boldsymbol{P} = \boldsymbol{A}^{\mathrm{T}} \boldsymbol{P} \tag{7-22}$$

这是一个特征系统(Eigensystem)的特征等式,其中 $\boldsymbol{P}$ 的解是相应特征值(Eigenvalue)为 1 的特征向量(Eigenvector)。由于这是一个循环定义,因此需要一个迭代算法来解决它。在某些条件(后面将进行简单讨论)满足的情况下,1 是最大的特征值且 PageRank 向量 $\boldsymbol{P}$ 是主特征向量(Principal Eigenvector)。一个称为幂迭代(Power Iteration)的数学方法可以用来解出 $\boldsymbol{P}$。

由于 Web 图并不一定能够满足这些条件,因此式(7-22)并不一定有效。为了介绍这些条件以及改进式(7-22),下面基于马尔可夫链(Markov Chain)进行重新推导。

在马尔可夫链模型中,每个网页或者说网络图中的每个节点都被认为是一个状态。一个超链接就是从一个状态到另一个状态的带有一定概率的转移。也就是说,这种框架模型将网页浏览作为一个随机过程。它将一个网页浏览者的随机浏览 Web 的行为作为马尔可夫链中的一个状态转移。我们用 O_i 来代表每个节点 i 的链出链接数。如果 Web 浏览者随机单击网页 i 中的链接,并且浏览者既不单击浏览器中的后退键也不直接在地址栏中输入地址,每个转移的概率是 I/O_i。如果用 $\boldsymbol{A}$ 来表示状态转移概率矩阵,可以得到如下的方阵:

$$\boldsymbol{A} = \begin{bmatrix} A_{11} & A_{12} & \cdots & A_{1n} \\ A_{21} & A_{22} & \cdots & A_{2n} \\ \vdots & \vdots & \ddots & \vdots \\ A_{n1} & A_{n2} & \cdots & A_{nn} \end{bmatrix}$$

A_{ij} 代表在状态 i 的浏览者(正在浏览网页 i 的浏览者)转移到状态 j (浏览网页 j)的概率。A_{ij} 正如式(7-21)中定义的一样。

如果给出一个浏览者在每个状态(网页)的初始概率分布(Initial Probability Distribution)向量 $\boldsymbol{P}_0 = (P_0(1), P_0(2), \cdots, P_0(H))^{\mathrm{T}}$ 以及一个 $n \times n$ 的转移概率矩阵(Transition Probability Matrix)$\boldsymbol{A}$,可得

$$\sum_{i=1}^{n} P_0(i) = 1 \tag{7-23}$$

$$\sum_{j=1}^{n} A_{ij} = 1 \tag{7-24}$$

式(7-24)对于某些网页来说可能是不成立的,因为这些网页可能没有链出链接。如果矩阵 $\boldsymbol{A}$ 满足式(7-24),就称 $\boldsymbol{A}$ 是一个马尔可夫链的随机矩阵(Stochastic Matrix)。我们先假设 $\boldsymbol{A}$ 是一个随机矩阵然后在后面再解决它不是随机矩阵等情况。

在一个马尔可夫链中,一个大家都很关注的问题是:如果一开始给出一个初始的概率分布 $\boldsymbol{P}_0$,那么 n 步转移之后的马尔可夫链在每个状态 j 的概率是多少? 可以用以下公式表示在 1 步后(一个状态转移后)系统(或者随机浏览者(Random Surfer))在状态 j 的概率:

$$P_1(j) = \sum_{i=1}^{n} A_{ij}(1) P_0(i) \tag{7-25}$$

其中 $A_{ij}(1)$ 是一步转移后从 i 到 j 的概率,且 $A_{ij}(1) = A_{ij}$。用一个矩阵表示它:

$$\boldsymbol{P}_1 = \boldsymbol{A}^{\mathrm{T}} \boldsymbol{P}_0 \tag{7-26}$$

一般来说,在 k 步/k 次转移后的概率分布为

$$\boldsymbol{P}_k = \boldsymbol{A}^{\mathrm{T}} \boldsymbol{P}_{k-1} \tag{7-27}$$

式(7-27)与式(7-22)非常类似,说明达到了预期的目标。

根据马尔可夫链的各态历经定理,如果矩阵 $\boldsymbol{A}$ 不可约(Irreducible)以及是非周期(Aperiodic)的,那么由随机转移矩阵(Stochastic Transition Matrix)$\boldsymbol{A}$ 定义的有限马尔可夫链具有唯一的静态概率分布(Stationary Probability Distribution)。我们将在接下来的推导中定义这些数学术语。

静态概率分布意味着经过一系列的状态转移之后,不管所选择的初始状态 $\boldsymbol{P}_0$ 是什么,$\boldsymbol{P}_k$ 都会收敛到一个稳定的状态概率向量 $\boldsymbol{\pi}$,即

$$\lim_{x \to \infty} \boldsymbol{P}_k = \boldsymbol{\pi} \tag{7-28}$$

当到达稳定状态时,有 $\boldsymbol{P}_k = \boldsymbol{P}_{k+1} = \boldsymbol{\pi}$,于是 $\boldsymbol{\pi} = \boldsymbol{A}^{\mathrm{T}} \boldsymbol{\pi}$,其中 $\boldsymbol{\pi}$ 是 $\boldsymbol{A}^{\mathrm{T}}$ 特征值(Eigenvalue)为 1 的主特征向量(Principal Eigenvector)。在 PageRank 算法中,$\boldsymbol{\pi}$ 被用作为 PageRank 向量 $\boldsymbol{P}$。于是,再次得到了式(7-22),在这里将其重写为

$$P = A^{\mathrm{T}} P \qquad (7\text{-}29)$$

将静态概率分布 $\boldsymbol{\pi}$ 作为 PageRank 向量是一种有道理并且相当直接的想法,因为它反映了一个随机浏览者访问网页的长期概率。如果一个网页被访问的概率高,那么相应它的权威就应该高。

　　现在我们回到现实世界中的 Web 范畴来考虑上述条件是否成立,如矩阵 A 是否是随机矩阵以及它是否不可约和是否非周期。实际上,这些条件都不满足。因此,我们需要将理想情况下的式(7-28)扩展,以便得到一个"实际的 PageRank 模型"。现在来分别考虑下面的每个条件。

　　(1) A 不是一个随机(转移)矩阵。随机矩阵是一个有限马尔可夫链的转移矩阵,它的每一行数据都是非负实数且该行数据之和应该为 1(如式(7-24)),这要求每个 Web 网页都应该至少有一个链出链接。这在真实的 Web 网页上并不能够得到完全满足,因为有很多网页没有链出链接,反映到转移矩阵 A 上,表现为其某行数据全为 0。这种页面被称为悬垂页(Dangling Pages)(节点)。

　　【例 7-1】　图 7-4 展示了一个超链接图的例子。

　　如果假设 Web 浏览者单击每个页面的概率完全随机,则能够得到下面的转移概率矩阵:

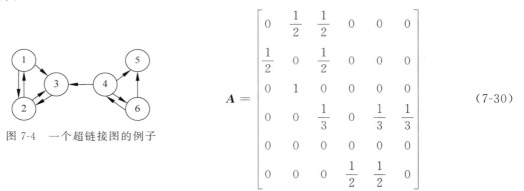

图 7-4　一个超链接图的例子

$$A = \begin{bmatrix} 0 & \frac{1}{2} & \frac{1}{2} & 0 & 0 & 0 \\ \frac{1}{2} & 0 & \frac{1}{2} & 0 & 0 & 0 \\ 0 & 1 & 0 & 0 & 0 & 0 \\ 0 & 0 & 0 & \frac{1}{3} & \frac{1}{3} & \frac{1}{3} \\ 0 & 0 & 0 & 0 & 0 & 0 \\ 0 & 0 & 0 & \frac{1}{2} & \frac{1}{2} & 0 \end{bmatrix} \qquad (7\text{-}30)$$

举个例子 $A_{12} = A_{13} = 1/2$,因为节点 1 有两个链出链接。可以看出 A 并非一个随机矩阵因为它的第 5 行全为 0,也就是说,页面 5 是一个悬垂页。

　　我们可以用多种方法解决这个问题,以便将 A 转化为一个随机转移矩阵。在这里只描述两种方法:

　　① 在 PageRank 计算中,将那些没有链出链接的页面从系统移除,因为它们不会直接影响到其他页面的评级。而那些从其他网页指向这些页面的链出链接也将被移除。当 PageRank 被计算出来后,这些网页和指向它们的链接就可以被重新加入进来。利用式(7-29),它们的 PageRank 值能够很容易被计算出来。注意,那些被移除链接的网页的转移概率只会受到轻微而非巨大的影响。

　　② 为每个没有链出链接的页面 i 增加一个指向所有其他 Web 网页的外链集。这样,假设是统一概率分布的情况下,网页 i 到任何其他网页的概率都是 $1/n$。于是,我们就可以将全 0 行替换为 e/n,其中 e 是一个全 1 的 n 维向量。

　　如果使用第②种方法,即给页面 5 加上一个指向所有其他页面的链接集,从而使 A

变为一个随机矩阵,可得

$$\overline{A} = \begin{bmatrix} 0 & \frac{1}{2} & \frac{1}{2} & 0 & 0 & 0 \\ \frac{1}{2} & 0 & \frac{1}{2} & 0 & 0 & 0 \\ 0 & 1 & 0 & 0 & 0 & 0 \\ 0 & 0 & \frac{1}{3} & 0 & \frac{1}{3} & \frac{1}{3} \\ \frac{1}{6} & \frac{1}{6} & \frac{1}{6} & \frac{1}{6} & \frac{1}{6} & \frac{1}{6} \\ 0 & 0 & 0 & 0 & \frac{1}{2} & \frac{1}{2} \end{bmatrix} \tag{7-31}$$

下面假设已经采取了任意一种办法使得 A 成为随机矩阵。

（2）A 不是不可约(Irreducible)的。不可约意味着 Web 图 G 是强连通的。

定义 7.1 强连通：一个有向图 $G = (V, E)$ 是强连通的,当且仅当对每一个 $u, v \in V$ 的节点对,都有一条从 u 到 v 的路径。

一个由矩阵 A 表示的一般意义上的 Web 图不是不可约的,因为对于某一个节点对 u 和 v 来说,可能没有一条从 u 到 v 的路径。例如,在图 7-4 中,从节点 3 到节点 4 就没有任何一条有向路径。而在式(7-31)中所做的调整也不能确保不可约性。也就是说,在式(7-31)中,仍然没有从节点 3 指向节点 4 的有向路径。这个问题和接下来将要发生的问题可以使用同一种策略解决。

（3）A 不是非周期的。一个马尔可夫链中的周期状态 i 意味着该链的转移需要经过一个有向环。

定义 7.2 非周期：如果存在一个大于 1 的整数 k,使得所有从状态 i 出发且回到状态 i 的路径长度都是 k 的整数倍,则状态 i 就是周期的,且周期是 k。如果一个状态不是周期的,那么它就是非周期的。如果一个马尔可夫链中的所有状态都是非周期的,那么该链就是非周期的。

【例 7-2】 图 7-5 展示了一个周期 $k = 3$ 的马尔可夫链,它的转移矩阵如图 7-5(a)所示。每个该链中的状态的周期都是 3。例如,如果从状态 1 出发,回到状态 1 的路径只能是 1-2-3-1 或者该路径的多次重复,假设重复了 h 次,于是任何回到状态 1 的路径都要经过 $3h$ 次转移。在 Web 上,有很多类似的情况。

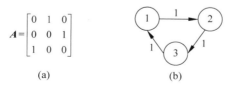

图 7-5 一个周期 $k = 3$ 的马可夫链

用同一种策略来解决上面的两个问题非常简单。给每一个页面增加指向所有页面的链接,并且给予每个链接一个由参数 d 控制的转移概率。

这样转移矩阵变成了不可约的,因为原来的图显然已经变成强连通的了。图 7-5 中的情况也不存在了,因为现在从状态 i 出发再回到状态 i 有了各种可能长度的路径,于是它也就变成了非周期的。也就是说,一个随机浏览者为了到达一个状态,不再需要经过一个固定的环。在经过这个变化过程后,得到了一个改进的 PageRank 模型。在这个模型中,在任何一个网页上,一个随机的浏览者将有以下两种选择:

(1) 他会随机选择一个链出链接继续浏览的概率是 d。

(2) 他不通过点击链接,而是跳到另一个随机网页的概率是 $1-d$。

式(7-32)给出了这个改进的模型:

$$\boldsymbol{P}=((1-d)\boldsymbol{E}/n+d\boldsymbol{A}^{\mathrm{T}})\boldsymbol{P} \tag{7-32}$$

其中 $\boldsymbol{E}=\boldsymbol{e}\boldsymbol{e}^{\mathrm{T}}$($\boldsymbol{e}$ 是全 1 的列向量),于是 $\boldsymbol{E}$ 是一个全为 1 的 $n\times n$ 方阵。跳到一个特定页面的概率是 $1/n$,其中 n 是整个 Web 图中的节点数量。请注意式(7-32)假设 $\boldsymbol{A}$ 已经被转化为一个随机矩阵。

【例 7-3】 如果依照图 7-4 中的例子和式(7-31)(我们在这里将 $\overline{\boldsymbol{A}}$ 用作 $\boldsymbol{A}$),扩大后的转移矩阵是:

$$(1-d)\boldsymbol{E}/n+d\boldsymbol{A}^{\mathrm{T}}=\begin{bmatrix} \dfrac{1}{60} & \dfrac{7}{15} & \dfrac{1}{60} & \dfrac{1}{60} & \dfrac{1}{6} & \dfrac{1}{100} \\[2mm] \dfrac{7}{15} & \dfrac{1}{60} & \dfrac{11}{12} & \dfrac{1}{60} & \dfrac{1}{6} & \dfrac{1}{60} \\[2mm] \dfrac{7}{15} & \dfrac{7}{15} & \dfrac{1}{60} & \dfrac{19}{60} & \dfrac{1}{6} & \dfrac{1}{60} \\[2mm] \dfrac{1}{60} & \dfrac{1}{60} & \dfrac{1}{60} & \dfrac{1}{60} & \dfrac{1}{6} & \dfrac{7}{15} \\[2mm] \dfrac{1}{60} & \dfrac{1}{60} & \dfrac{1}{60} & \dfrac{19}{60} & \dfrac{1}{6} & \dfrac{7}{15} \\[2mm] \dfrac{1}{60} & \dfrac{1}{60} & \dfrac{1}{60} & \dfrac{19}{60} & \dfrac{1}{6} & \dfrac{1}{60} \end{bmatrix} \tag{7-33}$$

$(1-d)\boldsymbol{E}/n+d\boldsymbol{A}^{\mathrm{T}}$ 是一个随机矩阵(Stochastic Matrix)(经过转置)。根据上面的讨论,它也是不可约的和非周期的。在这里取 $d=0.9$。

如果缩放式(7-32)以使得 $\boldsymbol{e}^{\mathrm{T}}\boldsymbol{P}=n$,可得

$$\boldsymbol{P}=(1-d)\boldsymbol{e}+d\boldsymbol{A}^{\mathrm{T}}\boldsymbol{P} \tag{7-34}$$

在缩放等式之前,我们有 $\boldsymbol{e}^{\mathrm{T}}\boldsymbol{P}=l$(考虑到 $\boldsymbol{P}$ 是马尔可夫链的静态概率向量 $\boldsymbol{\pi}$,那么 $P(1)+P(2)+\cdots+P(n)=1$)。缩放等效为给式(7-29)两边同时乘以 n。

这就给出了计算每个页面的 PageRank 值的公式,如式(7-35)所示:

$$P(i)=(1-d)+d\sum_{j=1}^{n}A_{ji}P(j) \tag{7-35}$$

式(7-35)等同于式(7-36):

$$P(i)=(1-d)+d\sum_{(j,i)\in E}\frac{P(j)}{O_j} \tag{7-36}$$

参数 d 称为衰减系数(Damping Factor),被设定在 0 和 1 之间,d 被设为 0.85。

PageRank 值的计算可以采用著名的幂迭代方法,它能够计算出特征值为 1 的主特征向量。该算法是比较简单的,在图 7-6 中给出。算法可以由任意指派的初始状态开始,该迭代在 PageRank 值不再明显变化或者收敛的时候结束。在图 7-6 中,当剩余向量的 1－norm 小于预设的阈值 ε 时,迭代停止。注意向量的 1－norm 就是其所有分量绝对值的和。

PageRank-Iterate(G)

　$P_0 \leftarrow e/n$

　$k \leftarrow 1$

　Repeat

　　$P_k \leftarrow (1-d)e + dA^{\mathrm{T}}P_{k-1}$;

　　$k \leftarrow k+1$;

　until $\|P_k - P_{k-1}\|_1 < \varepsilon$

　Return P_k

图 7-6　PageRank 的幂迭代方法

因为我们只对网页的排序等级感兴趣,实际的收敛是不必要的。也就是说,实际上只需要更少数量的迭代。据测算,在一个拥有 3.22 亿个链接的数据库上,该算法只用了 52 个迭代便到达了一个可以接受的收敛程度。

利用上述 PageRank 算法可以计算社会网络中各个人物的重要性,例如通过爬取知乎关联数据,可以计算得到各个大 V 们的 PageRank 值,也就是他们的重要程度。我们可以分析得到哪些答主吸引了最多的关注。同时通过这些权威答主,可以挖掘出一些其他好答主,原则就是只要是他们关注的用户,质量都不会很差。

7.5　社会网络分析的安全应用

社会网络分析在网络信息内容安全保障中具有重要的作用。在本节中,将介绍社会网络分析在网络信息内容安全研究中的实际应用案例。

7.5.1　社会挖掘和话题监控的互动模型研究

社团的概念来源于社会网络。通常,社会网络被认为是一种典型的复杂网络,它由社会实体(如人、机构等)和实体之间的关系组成。社团挖掘(Community Mining,CM)旨在发现社会网络中在某些方面具有相似特点(如有共同的兴趣、话题)的实体组成的相对独立和封闭的团体(即社团)。话题监控,又称话题识别与跟踪,目前的研究也只局限在文本内容变化的识别上,除了在网络新闻上小范围的应用外,还未在海量数据(如整个社会网络)中应用。

互联网是当代社会网络最有特色的载体,它大大加深了社团的复杂性、隐蔽性和动态性,对已有的社团挖掘技术提出了新的挑战;同时,话题的产生和散布有了更强大的载体,这对已有的话题监控技术也提出了新的挑战。目前社团挖掘和话题监控的研究基本是各自独立进行的。本节内容充分考虑了社团和话题两者之间的密切关系,例如具有类似模型、互为对方特征、互为对方因果,以及社团为话题传播的载体等,提出了新的社团挖掘和话题监控的互动模型,使这两种技术更适于在互联网环境下的应用。

1. 研究现状和相关工作

社会网络和社团挖掘的研究一般都采用图作为它们的数学模型。社团是社会网络中满足一定条件(称为社团条件)的一部分,可以用社会网络的子图来表示社团。社团挖掘的任务就是发现社会网络大图中满足社团条件的子图。因此,社团挖掘问题可以归结为子图挖掘以及搜索问题。目前的社团挖掘算法可以归纳为三大类:

(1) 基于链接分析的算法,以 HITS 算法为代表;

(2) 基于图论的方法,以最大流算法为代表;

(3) 基于聚类的方法,以 GN 算法为代表。

话题识别与跟踪同前使用最普遍的算法步骤大致如下(以输入一个新闻报道序列 $d_1, d_2, \cdots$ 为例)。

(1) 首先进行初始化,将第 1 个报道 d_1 归为话题 t_1。

(2) 假设算法已经处理完前面 $i-1$ 个报道,并且已经发现了 k 个话题,记为 t_1, $t_2, \cdots, t_k$,那么处理第 i 个报道 d_i 的方法如下。

① 计算报道 d_i 与每个话题的相似度,例如用 $\mathrm{sim}(d_i, t_j)$ 表示报道 d_i 话题 $t_j(j=1, 2, \cdots, i-1)$ 的相似度。

② 将计算出来的相似度 $\mathrm{sim}(d_i, t_j)$ 分别与预先设定的两个阈值 $\mathrm{TH_l}$ 和 $\mathrm{TH_h}$ 做比较。

- 若 $\mathrm{sim}(d_i, t_j) < \mathrm{TH_l}$,则报道 d_i 与话题 t_j 无关;
- $\mathrm{sim}(d_i, t_j) \geqslant \mathrm{TH_h}$,则报道 d_i 与话题 t_j 相关,将 d_i 归为 t_j;
- $\mathrm{TH_l} \leqslant \mathrm{sim}(d_i, t_j) < \mathrm{TH_h}$,则报道 d_i 与话题 t_j 之间的关系不能确定。

(3) 反复采用上面的方法,直到处理完所有报道。

目前的各种话题检测与跟踪算法大体是上述算法的变体,不同之处主要集中在话题的定义、向量空间模型以及数据类型等方面。另外,还有少数研究者引入支持向量机、最大熵、核回归等其他机器学习方法,但都没有取得显著的效果。

严格说来,目前还没有明确提出将两者结合起来的相关工作,不过出现了少量粗浅的研究。有的学者研究在不同时期采用相同的主题进行社团挖掘,然后对比挖掘结果,新结果中的新内容就视为那个时期的一个话题。也有一些学者运用社群图和矩阵法对网络社会群体进行了分析,概括出 BBS 社团的基本特征,并对社团中成员地位的形成、意见领袖的特点和群体内部人际交往的特征进行了探讨。

2. 社团挖掘和话题监控结合的基本思想

不同于已有的研究,很多学者认为社团和话题之间具有密切的关系。

（1）具有类似模型。一个社团是多个相似实体凝聚的结果，一个话题是多个相似议论（网络文档）汇集的中心思想，因此两者都与采用相似性比较、关联性推理和聚类算法的模型相关。

（2）互为对方特征。一方面，特定社团往往具有特定的、代表性的话题；另一方面，有了共同话题的社会人员会形成新的社团。一个社团可以被一组特定话题完全定义，一个话题也可以被一组特定社团清楚刻画。

（3）互为对方因果。一方面，话题演变会导致社团的聚散和兴衰，往往是社团变化的原因，社团变化是话题演变的表象；另一方面，社团变化导致新话题的出现和旧话题的消亡，是话题演变的助推力。

（4）社团为话题的载体。话题的流通、传播是基于社团进行的，并具有一定的规律。例如往往先在某个社团内部传播，导致内部激荡，达到一定程度，扩展到邻近社团；然后进入新的循环，在该邻近社团内部传播，再进入新的社团。

因此，社团挖掘和话题监控可以结合在一起研究，社团和话题可以相互定义。

社团是具有共同话题的社会实体组成的集合。即无论一些社会实体之间存在多么密切的外在联系，如果没有共同的话题，都认为没有组成社团。话题是在一个（或多个）社团中流行的内容，而不是流行在网页或新闻报道中的内容。如果这些网页或报道没有形成社团，那么无论某个内容在它们之中如何流行，都被认为没有形成话题。社团和话题都是动态的生命体，都有从诞生到发展到消亡的完整生命过程。因此，类似话题的发现和跟踪，社团挖掘中还包括社团跟踪的研究；其次，社团和话题的动态演变是相互影响、相互交织的。

从本质上讲，话题和社团都是聚类的结果，可以设计出发现它们的通用模型。此外，两者随时间变化的演变模型也非常相似，图 7-7 所示为以话题为例的示意图。

如图 7-7 所示，在一个互联网社区中，每个时刻都存在许多话题（或社团），随着时间变化，话题（或社团）也可能变化。图中每个圆点表示一个话题（或社团），每条虚线表示横向关系，每条实线表示纵向关系。

3. 社团挖掘和话题监控的互动模型

最初，互联网上有许多个体，同时有许多言论；然后逐渐地个体之间有了关系，形成了社团，同时言论之间有了共同点，形成了话题。在该过程中，社团和话题是相互影响的，静态互动模型可以形式化地刻画在某个时刻发生的此过程。图 7-8 描述了个体、社团、话题以及言论之间的关系。

下面是对其中记号的一些解释。

（1）个体在互联网上发帖产生言论，该过程用函数 PtoO（Person to Opinion）表示，满足

性质 1：$\forall p_1, p_2$，如果 $p_1 \neq p_2$，那么 $\text{PtoO}(p_1) \neq \text{PtoO}(p_2)$。

（2）言论聚集产生话题，该过程用函数 cluso 表示，即 $H = \text{cluso}(O)$。每个言论都属于一个或多个话题，该映射关系用函数 OtoH（Opinion to Huati）表示。每个话题包含一个或多个言论，用函数 HtoO（Huati to Opinion）表示。满足

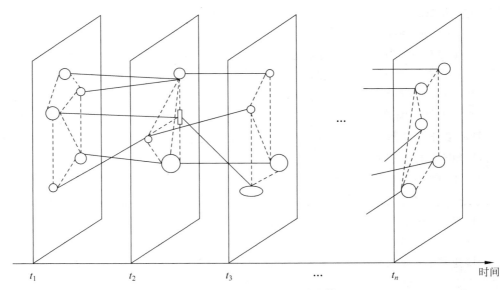

图 7-7　话题和社团的通用演变模型

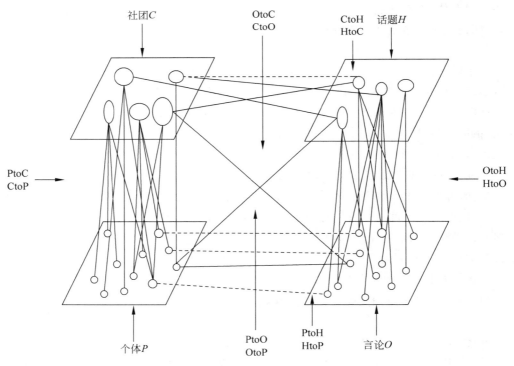

图 7-8　个体概念和函数的示意图

性质 2：$|O| \gg |H|$。

（3）个体聚集产生社团，该过程用函数 clusp 表示，即 $C = \mathrm{clusp}(P)$。每个个体都属于一个或多个社团，这个映射关系用函数 PtoC（Person to Community）表示。每个社团包含一个或多个言论，用函数 CtoP（Community to Person）表示，满足

性质 3：$|P| \gg |C|$。

（4）每个社团都有感兴趣的话题，用函数 CtoH（Community to Huati）表示；反之，每个话题可能有多个社团感兴趣，用函数 HtoC（Huati to Community）表示。

另外存在如下一些间接关系。

（1）个体与话题的关系，个体先产生言论，然后这些言论属于某些话题。该映射关系用函数 PtoH 表示，满足

性质 4：$\forall p \in P, \mathrm{PtoH}(p) = \underset{o \in \mathrm{PtoO}(p)}{U} \mathrm{OtoH}(o)$。

（2）言论与社团的关系，言论属于某个个体，进一步属于个体所在的社团。该映射关系用函数 OtoC 表示，满足

性质 5：$\forall o \in O, \mathrm{Otoc}(o) = \mathrm{PtoC}(\mathrm{OtoP}(o))$。

下面的两个性质可以描述个体、社团、话题之间的关系。

性质 6：$\forall p_1, p_2 \in P$，如果 $\mathrm{PtoH}(p_1) \approx \mathrm{PtoH}(p_2)$，那么 $\mathrm{PtoC}(p_1) \cap \mathrm{PtoC}(p_2) \neq \varnothing$，或者说 p_1 和 p_2 很可能都属于某个（或某些）话题。

性质 7：$\forall o_1, o_2 \in O$，如果 $\mathrm{OtoC}(o_1) \approx \mathrm{OtoC}(o_2)$，那么 $\mathrm{OtoH}(o_1) \cap \mathrm{OtoH}(o_2) \neq \varnothing$，或者说 o_1 和 o_2 很可能都属于某个（或某些）话题。

性质 1 可以用一个二分图来示意，如图 7-9 所示，即如果个体集和话题集之间接近一个完全二分图，那么这个个体集就可能是一个社团。类似地，根据性质 2，如果言论集与社团集也存在这样的二分图，那么这个言论集就可能是一个话题。

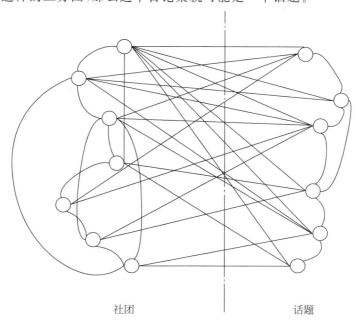

社团　　　　　　　　　　话题

图 7-9　社团挖掘和话题监控的二分图模型

如图 7-9 所示,社团成员为一个点集,两个点集形成一个(近似)完全二分图。另外,社团成员之间具有相似性,可以利用这个特性挖掘社团和话题。

下面利用性质 1 来设计社团挖掘的算法,它等价于下面的数学问题。

问题 7-1　已知个体集 P 和函数 PtoO、OtoH,求解函数 PtoC。相应算法如下所示。

算法 7-1　社团挖掘算法

```
For i = 1 to|P|,遍历集合 P, ∀ p_i ∈ P;
根据性质 4 计算 PtoH(p_i),得到 p_i 的话题集 H_i;
For j = 1 to i-1,遍历已有的 H_j,每个与 H_i 比较;
PtoC(p_i) = PtoC(p_i) ∪ PtoC(p_j)
End if
End for
If PtoC(p_i) ≠ Ø then
建立一个新社团 c,且 PtoC(p_i) ≠ {c}
End if
End for
```

类似地,可以利用性质 7 来设计话题识别的算法,它等价于下面的数学问题。

问题 7-2　已知言论集 o 和函数 OtoP,PtoC,求解函数 OtoH。相应算法如下所示。

算法 7-2　话题识别算法

```
For i = 1 to|O| ,遍历集合 O, ∀ o_i ∈ O;
根据性质 5 计算 OtoC(o_i),得到 o_i 的社团集 C_i;
For j = 1 to i-1,遍历已有的 C_j,每个与 C_i 比较;
If C_j 与 C_i 近似 then
OtoH(o_i) = OtoH(o_i) ∪ OtoH(o_j)
End if
End for
If OtoH(o_i) ≠ Ø then
建立一个新话题 h,且 OtoH(o_i) ≠ {h}
End if
End for
```

在静态模型中增加时间维就可以得到社团演变和话题演变的动态互动模型,即把上面讨论的各个概念,例如 P、O、C 和 H 都放入一个事件空间来考虑,那么它们都是动态变化的。特别地,社团跟踪和话题跟踪的任务就是找出不同时刻的社团、话题之间的关系,模型如图 7-10 所示。

社团挖掘和话题监控分别是 Web 信息挖掘和文本信息研究领域的研究热点,一直是各自独立研究的。目前社团挖掘算法几乎完全基于图结构,没有考虑图中节点和边的语义;而话题监控则几乎完全从语义出发,没有考虑到发言者之间存在的拓扑结构。本节所提出的方法首次将两者结合起来研究,形式化地说明了社团,话题以及个体之间的关系,创建了社团挖掘和话题发现的静态互动模型,在此基础上设计了社团挖掘和话题识别算法;同时创建了社团演变的动态互动模型,在此基础上设计了社团跟踪算法。互动模

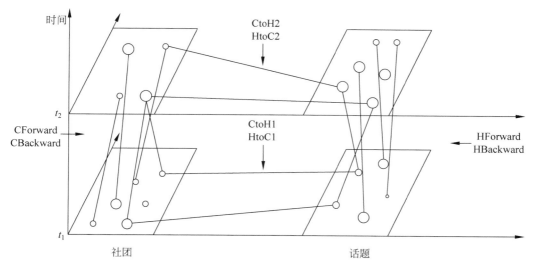

图 7-10　社团演变和话题演变动态互动模型图

型的研究,使社团挖掘和话题监控技术能够共同挖掘以互联网为载体的复杂社会网络。

7.5.2　网络高级水军检测

网络水军是指为了达到某种目的(营销、推广、上热搜、公关等),大量发表、回复、转发、评论、提及他人,使目的信息大量传播,影响人们的判断,引导舆论走势的账户。网络水军形成巨大的虚假舆论场,影响网络民意、扰乱网络秩序、妨害经济利益,急需识别和治理。例如,部分电影发行商雇佣网络水军发表虚假影评,蓄意拉高本方的目标影片的评价,更肆意抹黑同档期的竞争影片。在豆瓣平台上,为了规避豆瓣平台防水军机制,现在的水军团体很大一部分是由兼职用户和"养号"水军构成的,这部分账号表现和正常用户差距不大,识别难度大,一般被称为高级水军。水军活动与水军检测机制是一个长期博弈的过程,随着水军检测平台的升级,水军也在不断改变自己的行为方式,使自己趋向于正常用户,所以单一的内容特征、用户特征很难有效识别水军,多种特征结合被广泛使用。

1. 网络水军特征提取

为了对网络水军进行有效识别,以豆瓣电影高级水军检测为例,从用户行为、用户社交网络、用户评论文本三个角度抽取出 16 个特征,具体如下:

(1)用户网龄。在水军群中招募兼职用户时,为了增强可信度,一般要求一年以上账号;另外,为了"刷量",也存在大批量使用注册时间很短的账号做水军的事例。用户网龄在水军研究中经常作为一个维度使用。

(2)用户短评数量。豆瓣用户的短评数量是豆瓣平台计算用户权威性的重要部分,也是衡量水军活跃度的重要指标。

(3)短评数/看过数量。由于豆瓣水军一般期望花费最小代价达到评价效果,因此他们对标记的电影往往评价极端。例如,有水军标记大量电影为看过,但只有极少部分电影给予评论和评分,与之相反,有水军标记电影数量不多,但是几乎每部电影都给了评论。

(4) 平均有用度。平均有用度是对用户所有短评获得其他用户认为"有用"数量求平均值。豆瓣平台上,每个用户都可以对自己认同的短评点赞,这种基于用户判断的机制可以衡量用户短评信息的认可度或价值。

(5) 正向比。正向比是用户短评中,评分为四星或五星的数量占全部评论数量的比例。因为水军本身为了拉高影视的声誉,一般要求打分都是四星或五星,所以正向比可以用来衡量用户评价倾向。

(6) 负向比。负向比是用户短评评分中一星数量在总评论数量中的比例。类似于正向比,负向比是用来衡量用户评价的感情倾向。

(7) 用户活跃度。用户活跃度是用户评价数量与其网龄之比。通过观察发现部分水军在注册账号后一两年内都没有活动,但是在某一天后突然开始活跃,这一异常行为可以作为水军识别的一个维度。

(8) 用户日发文数。用户日发文数是用户短评数量与用户观看影片历史中出现的评价日期数量之比。通过观察正常用户和水军用户的观影记录,发现部分水军为了扩充自己的观影历史,提高自己的可信性,往往在某一天大量标记或评价影片,而后便沉寂,相反正常用户标记电影数量一般是变化不大的。所以有效日发文数越高的用户越有可能是水军。计算公式为

$$\mathrm{UC}(u) = \frac{\mathrm{CommentNumber}(u)}{\mathrm{DistictDays}(u)} \tag{7-37}$$

(9) 用户评价积极度。用户评价积极度是对用户评论时间和目标电影的上映时间之间的差值求平均值。由于影视市场的特殊性,影片刚上映时的口碑积攒极为重要,所以这一时间段水军较为活跃,而普通正常用户很少会如此积极地评价电影,所以平均评价积极度越小的用户越有可能是水军。计算公式为

$$\mathrm{UA}(u) = \underset{m \in M}{\mathrm{avg}}(T_{u,m} - T_m) \tag{7-38}$$

其中,M 是用户 u 评价过的电影集合,$T_{u,m}$ 是用户 u 评价电影 m 的时间,T_m 是电影 m 的上映时间。

(10) 用户评价偏差。用户评价偏差是对用户评论的每部电影评分与豆瓣官方评分之差取平均值。一个用户可能对某部电影与大众意见不一样,但是当这个用户在许多电影评价上都与大众意见存在较大差距时,这个用户就比较可疑,所以平均评价偏差越大的用户越有可能是水军。计算公式为

$$\mathrm{UD}(u) = \underset{m \in M}{\mathrm{avg}}(r_{u,m} - \bar{r}_m) \tag{7-39}$$

其中,$r_{u,m}$ 是用户 u 对电影 m 的评分,$\bar{r}_m$ 是豆瓣官方计算得出的电影 m 的得分。

(11) 用户关注数。用户关注数即用户主动去关注其他用户的数量,这一指标经常在网络水军识别中作为一个维度。

(12) 用户粉丝数。用户粉丝数是豆瓣用户被其他用户关注的数量。正常用户一般不会关注水军用户,所以一般来说水军用户的粉丝数量非常少。但是,水军在与检测平台的博弈中也学会了制造"虚假大 V",他们用大量水军去关注某一账号,甚至水军团体内互相关注,提高彼此权重。

(13) 用户小组数。豆瓣平台提供了很多小组供有相同兴趣的人之间讨论,用户参加

的小组数量可以在一定程度上衡量用户的社交活跃程度,有些研究发现部分水军往往没有加入任何小组,但是也有部分水军加入了一定数量的小组。

(14)平均文本长度。平均文本长度是对用户所有的短评长度取平均值。由于水军的行动是一个任务,所以他们的评价长度不是自己可以决定的。在水军群中发现,很多任务都要求在 15 字以上的评论,另外某些"养号"水军经常发表一些"还行""挺好"这种极其简短的评论,而正常用户的短评一般不是如此简短的。所以平均文本长度也是水军识别的一个重要特征。计算公式为

$$AL(u) = \underset{m \in M}{\text{avg}}(\text{length}(u, m, c)) \tag{7-40}$$

其中,$\text{length}(u, m, c)$是用户 u 对电影 m 发表的短评 c 的长度。

(15)用户文本相似度。用户文本相似度是用户自身发表的短评之间相似度的平均值。部分水军为了减少成本,在评价非任务目标的电影时,往往按照某个模板评价影片,所以文本相似度越高的用户越有可能是水军。计算公式为

$$US(u) = \underset{m \in M}{\text{avg}}(\text{cosine}(c(m_i, m_j))) \tag{7-41}$$

(16)用户豆瓣相似度。用户豆瓣相似度是用户短评与相应影片的豆瓣简介文本相似度的平均值。部分水军为了减少成本,在评价非任务目标的影视时,直接选用官方简介的部分内容作为自己的评价内容。所以豆瓣相似度越高的用户越有可能是水军。计算公式为

$$UDS(u) = \underset{m \in M}{\text{avg}}(\text{cosine}(c, m)) \tag{7-42}$$

水军识别指标具体如表 7-1 所示。

表 7-1　水军识别指标

特　征	描　述	性　质
用户网龄	用户账号注册时长	用户特征
用户短评数量	用户短评总数	用户特征
短评数/看过数量	用户看过的电影中发表评论的比例	用户特征
平均有用度	用户评论获得他人点赞的平均值	用户特征
正向比	四星、五星评价在短评中的占比	用户特征
负向比	一星评价在短评中的占比	用户特征
用户活跃度	用户注册以来的平均评价情况	用户特征
用户日发文数	用户有效时间的平均发文数量	用户特征
用户评价积极度	用户评价时间与电影上映时间差的平均值	用户特征
用户评价偏差	用户评分与豆瓣评分偏差的平均值	用户特征
用户关注数	用户关注其他用户的数量	社交网络
用户粉丝数	有多少人关注当前用户	社交特征
用户小组数	用户加入的豆瓣小组数量	社交特征
平均文本长度	用户短评长度的平均值	文本特征
用户文本相似度	用户自身短评之间相似度的平均值	文本特征
用户豆瓣相似度	用户短评与相应影片豆瓣官方简介相似度的平均值	文本特征

根据这些特征的计算方法,对获取的数据进行特征提取,并将处理后的数据保存。

2. 网络水军社会关系网构建

在豆瓣一个水军团体中,每个成员受水军头目指挥,所以他们在某一时间段内,会对某一电影发表评论,并给出相近的评分。相比于水军个体,水军团体在操纵影视剧评分上拥有更大的影响力,所以识别水军团体对于预测水军即将发起的攻击和遏制水军活动有着重要意义。可考虑利用用户观看影片的历史重合度来构建用户之间的关系网络。

定义一个关于用户单条影片短评的元组 (U,T,M,L),其中 U、T、M 和 L 分别表示用户 ID、评论时间、电影 ID 和用户评分。给定两个用户 u 和 v,他们所有的影片短评可以分别用集合表示为

$$R(u) = \{(U,T_1,M_1,L_1),(U,T_2,M_2,L_2),\cdots,(U,T_n,M_n,L_n)\}$$
$$R(v) = \{(V,T_1',M_1',L_1'),(V,T_2',M_2',L_2'),\cdots,(V,T_m',M_m',L_m')\}$$

对于一组用户 u 和 v,给定 k,$(U,T_k,M_k,L_k) \in R(u)$,定义 $P_{u,v}(k)=1$,如果存在 $(V,T_m',M_m',L_m') \in R(v)$,且满足下列三个条件:

(1) 两条短评是评价同一部电影的:$M_k = M_m'$。

(2) 两条短评是在同一时间段内发布的:$|T_k - T_m'| \leqslant \Delta T$。

(3) 两条短评的评分相差不超过两分(即一颗星):$|L_k - L_m'| \leqslant 2$。

由于同一水军集团内在一次水军活动中不会对同一部影片既给好评又给差评,当满足下列三个条件时,定义 $P_{u,v}(k)=-1$。

(1) 两条短评是评价同一部电影的:$M_k = M_m'$。

(2) 两条短评是在同一时间段内发布的:$|T_k - T_m'| \leqslant \Delta T$。

(3) 两条短评评分相差不小于 6 分(即三颗星):$|L_k - L_m'| \geqslant 6$。

其他情况下,定义 $P_{u,v}(k)=0$。对待任意两个用户 u 和 v,可以通过计算 $P_{u,v}(k)$ 的总值来表明用户关系的强弱。在频繁数据集挖掘模式(FIM)中提取群组时需设置支持度参数,即定义同时出现多少次的用户存在某种关系。当支持度参数设置较低时,会形成大量的关系,不利用后续社区划分;当支持度参数设置较高时,可能会遗漏大量的关系。为了更好地建立用户关系,我们借鉴 Jaccard 相似度提出用户观影相似度:

$$\text{sim}(u,v) = \frac{\sum_{k=1}^{n} P_{u,v}(k) + \sum_{l=1}^{m} P_{v,u}(l)}{|R(u)| + |R(v)|} \tag{7-43}$$

显而易见,$\sum_{k=1}^{n} P_{u,v}(k) = \sum_{l=1}^{m} P_{v,u}(l)$。对于用户 u 和用户 v,当且仅当 $\text{sim}(u,v) > \beta$ 或者 $\sum_{k=1}^{n} P_{u,v}(k) > \gamma$ 时(β 是选定的相似度阈值,γ 是选定的权重阈值),我们认为用户 u 和用户 v 之间存在关系。由此可以构造一个无向加权图 $G = \langle V,E \rangle$,对任意一个节点 $u \in V$ 代表一个用户,对任意一条边 $(u,v) \in E$ 代表用户 u 和 v 存在"社交关系",边上的权重值 $\sum_{k=1}^{n} P_{u,v}(k)$ 代表用户 u 和 v 的观影重合度。

Fast Unfolding 算法是一种基于模块度对社区划分的常用算法,模块度的计算公式

如下:

$$Q = \frac{1}{2m} \sum_{i,j} \left(A_{i,j} - \frac{k_i k_j}{2m} \right) \delta(c_i, c_j) \tag{7-44}$$

其中,$m = \frac{1}{2} \sum_{i,j} A_{i,j}$ 表示网络中所有的权重,$A_{i,j}$ 表示用户节点 i 和用户节点 j 之间的权重,$k_i = \sum_j A_{i,j}$ 是与顶点 i 连接的边权重,c_i 是顶点被分配到的社区,$\delta(c_i, c_j)$ 用于判断顶点 i 与顶点 j 是否被划分在同一个社区,若是,则返回 1,否则返回 0。

这里 $A_{i,j}$ 的计算与用户 i 和 j 之间的历史影评重合度相关,$A_{i,j} = \sum_{k=1}^{n} P_{i,j}(k)$。

Fast Unfolding 算法主要包括两个阶段:第一阶段称为 Modularity Optimization,这一阶段主要是不断遍历网络中的节点,尝试将每个节点划分到与其邻接的节点所在的社区中,从而使模块度的值不断变大,直到所有节点都不再变化;第二阶段称为 Community Aggregation,主要是将第一阶段划分出来的社区聚合成一个超节点来重新构造网络。重复以上过程,直到网络中的结构不再改变为止。具体的算法过程如下:

(1) 初始化,将图中每个节点看成一个独立的社区,社区的数目与节点的个数相同。

(2) 对每个节点 i,依次尝试将节点 i 划分到与其邻接的点所在的社区中,计算此时的模块度,判断划分前后的模块度的差值 ΔQ 是否为正数,若为正数,则接受本次的划分,若不为正数,则放弃本次的划分。

(3) 重复以上过程,直到所有节点的所属社区不再变化。

(4) 构造新图,新图中的每个点代表的是步骤(3)中划出来的每个社区,将所有在同一个社区的节点重构成一个节点,社区内节点之间的边的权重更新为新节点的环的权重,社区间的边权重更新为新节点间的边权重。继续执行步骤(2)和步骤(3),直到社区的结构不再改变为止。

模块度是度量 Fast Unfolding 算法社区划分优劣的重要标准,划分后的网络模块度越大,说明社区划分的效果越好,在实际的网络分析中,Q 值的最高点一般出现在 0.3~0.7 之间。

3. 网络高级水军的识别

基于用户参与的水军识别模型是高级水军识别系统的最后一个模块,它的实现借助于其他模块的实现。首先,采用基于机器学习的水军识别模型,对用户进行简单的二分类。然后,对分类后的水军集合进行水军团体检测,并选择其中大型和中型水军团体作为监视对象,结合影片上映信息,挑选出水军攻击的影片集合 M_s。对于任意一部电影 m ($m \in M_s$),根据水军团体在影片 m 下大量发表评论的时间,确定水军活动时间窗口集合 $T_{m,s}$ 和水军评价倾向。

在确定每部影片水军活动窗口后,定义一个用户和影片的参与率来表示用户参与某部电影下水军活动的信息。在此之前,给定一部电影 m,下面定义一些基本概念。

(1) $N_m(k)$:在电影 m 的第 k 个水军活动窗口内发表评论的总人数。

(2) $N_m^s(k)$:在电影 m 的第 k 个水军活动窗口内发表评论的典型水军人数。

(3) $P_m(k) = \dfrac{N_m^s(k)}{N_m(k)}$：电影 m 中第 k 个水军活动窗口内一个用户是水军的可能性。

(4) $S_m(u,k)$：用户 u 在电影 m 中第 k 个水军活动窗口内是否发表相似评论。

对于在电影 m 下发表短评的某一用户 u，定义 $S_m(u,k)=1$，如果满足以下两个条件：

(1) 用户发表短评时间在这部电影下水军团体的第 k 个活动窗口内：$T_u \in T_{m,s}(k)$。

(2) 用户评分与这个活动窗口内的任意一个水军团体评分相差不超过两分(即一颗星的差距)：$|r_u - \bar{r}_s| \leqslant 2$。

当满足以下两个条件时，定义 $S_m(u,k)=-1$。

(1) 用户发表短评时间在这部电影下水军团体的第 k 个活动窗口内：$T_u \in T_{m,s}(k)$。

(2) 用户的评分与这个活动窗口内的任意一个水军团体评分相差不小于 4 分(即两颗星的差距)：$|r_u - \bar{r}_s| \geqslant 4$。

其他情况下，定义 $S_m(u,k)=0$。

$$S_{u \in m} = \sum_k P_m(k) \cdot S_m(u,k) \tag{7-45}$$

$$\mathrm{Spam}(u) = \sum_{M_s} S_{u \in m} \tag{7-46}$$

根据一个用户 $\mathrm{Spam}(u)$ 值的高低判断其是水军的可能性，并且根据 $\mathrm{Spam}(u)$ 值的高低设置不同的账号管理政策，例如不同程度地降低账号评分权重、永久封禁账号。

7.5.3　中文新闻文档自动文摘

新闻事件相关文档摘要表属于自动文摘的范畴，但是与普通意义的自动文摘又有所不同，普通的自动文摘处理的对象非常广泛，在本节中仅以新闻报道为处理对象，既借鉴了普通的文摘生成方法，同时也兼顾了新闻报道本身所具有的特点。

自动文摘按照是否采用基于语义的分析手段主要可分为两类：基于统计的机械文摘和基于意义的理解文摘。基于统计的机械文摘，其核心思想是：根据特殊的统计特征，计算每个语言单元(通常是句子)的重要度，最后将最重要的句子抽取出来，形成文摘。而基于意义的理解文摘，则是用句法和语义知识等自然语言处理相关技术和领域知识，对文章的内容在理解的基础上提取文摘。基于意义的理解文摘与基于统计的机械文摘相比，其明显区别在于对知识的利用，它不仅利用语言学知识获取文章的语言结构，而且利用相关领域知识进行判断和推理，生成的文摘质量较好。但由于基于意义的方法受限于具体的领域，即移植性较差，很难把适用于某个领域的理解文摘系统推广到另一领域。另外，基于意义的方法还需要表达和组织各种领域和背景知识，这常常会导致巨大的工作量，迄今为止进展甚微。所以现在主流的方法仍然是通过抽取重要句子来形成文档自动文摘。虽然这种方法不是最好的，但是现在无论是从效率还是速度来看，仍然比较有效。基于句子抽取的文摘方法需要处理以下四个问题。

第一个问题是如何对候选句(最初为文中所有句子)的重要性进行排序。现在最常见的方法是用向量空间的方法计算组成句子的词语的重要性，或者是通过机器学习的方法。本节中，针对候选句的排序采用关键命名实体结合实体间关系的方法进行。关键命名实体是指与文章主题最相关的命名实体。

第二个问题是如何对候选重要句进行去重。一般方法是把每个句子用向量空间模型表示,句子之间的相似度用两个特征矢量之间的夹角余弦表示。这样计算相似度会把修饰成分计算在内,使得判断结果不够准确。因而在本节中,把每个句子去掉修饰成分得到其主干,主要是由主动词及逻辑论元组成。这样计算相似性既简单又有效。

第三个问题是如何排序输出重要句子,形成比较好的文档。一般情况下,单文档的文摘句子可以直接根据句子在原文中的位置输出。但是,对于多文档来说,不可能从一个文档中找到所有的文摘句,所以不能简单地按照单文档文摘的方法进行输出。本节提出了一种基于基准文档的排序方法。

第四个问题是如何对文摘质量进行评价。学术界对自动摘要提出了许多评价方法,概括起来,可以分为两大类方法:内部评价和外部评价方法。内部评价方法是就一个独立的摘要系统,以某些性能标准对其本身进行评价,即通过一系列的参数直接分析摘要质量的好坏。这可以借助于用户对摘要的连贯程度以及包含多少原文章关键信息来判断,也可以通过比较自动摘要与"标准"摘要的相似程度来判断。外部评价方法通过分析自动摘要对其他任务的完成质量的影响来评价,即在一组系统中,在摘要系统和其他系统,如检索系统、问题回答系统等相互作用的情形下,通过考查摘要系统与外部环境之间的联系进行评价。因为对中文自动文摘评测方法研究并不多,所以没有像 ROUGE 那样的评测系统可以用,所以本节采用内部方法对实验结果进行评测。内部评价的一个关键问题是标准文摘的制定,为了减少标准文摘的主观性和不确定性,本节采用统计模型,通过多个专家分别生成文摘,而不是只用一个专家生成的文摘。主要通过对比机器摘要和专家所做的标准文摘来评价所提摘要方法的性能。这个标准文摘是将几个专家对一篇文章手工做出的摘要进行综合平均,将得到的结果视为标准摘要。综合平均是指将各专家做出的摘要进行比较,从完整性、重复性和信息量等多个角度综合考虑,从而形成一篇标准摘要,也叫目标摘要。

1. 方法主要框架

给定一个单文档或者关于某个主题的一组相关文档,进行文摘的方法如图 7-11 所示。

（1）系统首先对输入文本进行分词标注、指代消解等预处理;

（2）然后利用机器学习的方法得到文中所有的关键命名实体;

（3）进行话语片段划分;

（4）利用基于规则的方法分析文章内容,得到文档中命名实体之间的关系网络和核心词;

（5）根据句子特征、实体特征、FNE、关系网络、主动词等综合信息,对文中话语片段句子进行去重、排序;

（6）最后根据摘要的压缩比例对文档中片段进行抽取;

（7）根据一个参考文档形成文摘输出。

文本预处理的方法与第 3 章中的预处理技术类似,此处我们着重强调关键命名实体的识别以及文摘的构成。

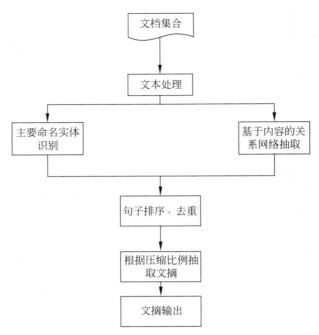

图 7-11　基于关键词抽取的中文新闻文档自动文摘方法实现流程

2. 基于学习的关键命名实体识别

关键命名实体是一篇文章中与主题最相关的命名实体,关键命名实体概念对文档理解具有很重要的意义,特别是新闻文档。因为新闻文档的特点是其五要素基本上都属于命名实体的范围。实际上,很多研究中已经提出了命名实体对文档文摘很重要。

关键命名实体识别可以看作一个二分类问题。考虑一个实体,通过一系列的特征来判断是否为关键命名实体,标注结果只有两种:"是"与"否"。此处输入文档可以是经过预处理的文档、标注,共指消解工作已经完成。

此处使用决策树 C4.5 方法进行分类。学习阶段,每个实体看作一个单独的学习实例。特征必须反映单个实体的特征。例如类型、频率等。表 7-2 列出了考虑的一些特征。

表 7-2　关键命名实体识别特征定义

序号	特 征 名 称	特 征 描 述	特 征 提 取
1	Entity_Type	特别强调了 4 种实体类型:人名、组织名、地名、专有名词。实体类型是一个非常有用的特征。例如,人名和组织名更有可能成为关键命名实体	person,organization,place,proper noun
2	In_Title_or_Not	实体是否出现在题目中。这是判断实体是否是关键命名实体的一个重要依据,因为题目往往是对文章的一个最精确的摘要。题目中提的实体,一般来说是与主题最相关的	如果实体出现在题目中,则取值为 1,否则为 −1

续表

序号	特 征 名 称	特 征 描 述	特 征 提 取
3	Entity_Frequency	这个特征记录一个命名实体出现在文档中的次数。一般来说,越频繁出现的命名实体越重要	1,2,3,…正整数
4	First_Sentence_Occurrence	这个特征是根据位置抽取重要句子方法的启示,其值是命名实体出现段落第一句的次数	1,2,3,…正整数
5	Total_Entity_Count	文档中命名实体的总数。这能体现一个命名实体在文档中的相对重要程度	1,2,3,…正整数
6	First_Word_Occurrence	受位置的启发,记录命名实体出现在所有句子开头的数目	1,2,3,…正整数

3. 句子提取

句子抽取包括两方面内容:一是句子重要性排序,二是句子去重。

1) 句子重要性排序

针对候选句的排序,主要通过打分法进行,具体规则如下。

(1) 包含关键命名实体的句子比较重要,句子重要性分值加 10,否则加 0。此处取 10 是进行加权之后的数值,以此来平衡根据关系网络的加分标准。

(2) 另外一个标准是根据实体间关系。首先通过内容分析得到文档中包含的实体间关系网络,方法如前文所述;然后根据网络中点的出度、入度的大小对各个实体进行加分,从而对句子进行排序。句子分值为句子中实体的出度、入度大小之和。

(3) 标题是作者给出的提示文章内容的短语,包含标题中有效词(非停用词)的句子极有可能是对文章主题的叙述或总结,每包含一个有效词,其重要性分值加 1,否则加 0。

(4) 类似于“综上所述”“由此可知”的线索词或短语大多出现在介绍或总结主题的句子中,因此需要提高包含线索词的句子的重要性,含有线索词的句子分值加 5,否则加 0。

(5) 美国 P. E. Baxendale 的调查结果显示:段落的论题是段落首句的概率为 85%,是段落末句的概率为 7%。因此,有必要提高处于特殊位置的句子的权值。段首句子重要性分值加 2,段尾句加 1,否则加 0。

2) 句子去重

对任意两个句子判重时,首先把每个句子去掉修饰成分,得到其主干,主要是由主动词及逻辑论元组成的。判别步骤如下:首先判断两个句子中的逻辑论元是否相同,如果二者的逻辑论元不完全相同,那么两个句子不为冗余句;如果所有逻辑论元都相同,则进一步根据主动词进行判断,如果主动词语义相同,则认为两个句子为冗余。此处对主动词的语义相似性判断根据同义词词典得到。

4. 输出摘要

输出文摘句、形成摘要包括两方面的内容:一是单文档摘要的输出,二是多文档摘要的输出。

(1) 单文档摘要形成：根据文摘句在原文中的位置顺序输出形成文摘文档。

(2) 多文档摘要形成：首先把文摘句子集合与所有原文档进行比较，把包含文摘句子最多的文档作为基准文档。然后把文摘句集合与基准文档依次进行比较，对于基准文档中存在的句子，则按照它们在文中出现的顺序先后进行排序；对于没有在文中出现的句子，则查找基准文档中是否存在与之相似的句子，假如存在，则按照相似语句与其他语句之间的关系进行排序；对于在基准文档中找不到相似句子的句子，则按照重要程度，放在与其具有相同施事论元的句子附近。

7.6　社会网络分析的发展趋势

从异常复杂的网络解构出其中的社团结构并评估节点的角色地位，已成为当今复杂系统研究领域中两项具有挑战性的研究课题。虽然该两项课题近些年受到广泛关注，涌现出一批新颖的算法，但目前这些相关研究仍未形成统一的框架和度量标准，尚存许多问题亟待解决。本节将分别对社团发现和节点地位评估两项研究课题的发展趋势进行展望。

1. 社团发现

随着社会网络媒体和应用的发展，势必对于社会网络发现性能提出更高的要求，如何对社会网络进行更准确的发现，也必将成为研究热点。复杂网络社团发现的进一步研究，尤其是重叠社团发现算法的研究，可从以下几个方面展开。

(1) 建立统一的度量标准。由于复杂网络的类型众多，连接规律各有不同，很难以社团结构的某种统一的模块度（如 Q 值）来刻画社团发现算法的优劣。一种更为科学的方式是建立一套包含多种复杂网络的统一标准测试集，以评判算法在不同类型网络中的优劣，明确算法的适用范围。

(2) 适用于大规模复杂网络的社团发现算法。复杂网络的规模越来越大，对算法的计算复杂度提出了更高要求。虽然在不考虑重叠社团的情况下，已出现一些接近于线性时间复杂度的算法，但这些算法通常采用较为激进的贪婪策略，网络规模变大且非稀疏时，其结果变得不可靠。在重叠社团发现算法中，很多算法需要通过多次计算来获得最佳的社团数，计算开销过大。因此，考虑复杂网络社团密度不均的特点，从局部社团出发研究网络的社团结构是未来的重要研究方向之一。此外，设计适合于大规模网络分析的高效并行算法也是未来重要的研究方向之一。

(3) 重叠社团与层次社团的结合。一般认为，社团之间共享部分边缘节点从而产生重叠社团，然而重叠社团结构远比想象的复杂。实际上，除了重叠性，层次性也是社团结构的另一大特性。例如，第 i 层中的中心节点，可能在第 j 层中就变成了边缘节点。可见，重叠性与层次性两者联系十分紧密，有必要将两者融合在一起来解构复杂网络。在目前的众多方法中，唯有边社团给出了社团重叠性和层次性普遍并存的合理解释，未来以边为对象来研究网络社团结构将是一个值得深入研究的方向。

2. 节点评估

节点重要性排序的指标在涉及网络的结构信息时,都是从某一个角度对于网络的某一方面的结构特点进行刻画,如果目标网络的结构在该方面特征显著,即可得到较好的效果;或在复杂网络环境下,通过节点的网络传播行为的影响力与网络结构关系判断节点的重要性。复杂网络节点重要性问题的研究方兴未艾,还有非常多的问题没有解决。下面列出其中的一些重要研究问题。

(1) 节点重要性的定义。节点的重要性含义不同,评价节点重要性排名的结果也不同。例如 2012 年,美国《福布斯》全球影响力人物排行榜,当时的美国总统奥巴马成为 2012 年度全球最具影响力人物,排名依据是看一个人物是否能影响一群人,看所在国家的人口、企业家的雇员规模、媒体受众人数、拥有的财富等。而 2012 年,美国《时代》周刊评选全球最具影响力人物,美国 NBA 篮球运动员纽约尼克斯球队林书豪位居榜首。《时代》周刊评选最具有影响力的人物,不一定是全球最有权力或最有钱的人,而是一群使用想法、洞察力和行动,对民众产生实际影响力的代表。

(2) 各种指标间的内在联系。各种节点重要性排序的方法层出不穷,这些指标从不同视角评价节点重要性。这些指标在不同拓扑结构的网络,其准确性又是怎样的呢?例如,Silva 等人对随机网络、小世界网络和随机集合网络等网络模型以及美国航空网络进行 SIR 传播仿真实验,采用皮尔逊系数,讨论了节点的拓扑性质,例如度、可达性、节点强度(Strength)、介数、Ks 等指标与该节点传播能力的相关程度。

(3) 网络结构和网络行为是如何影响节点重要性评价的? 这对研究社会影响力非常有帮助。Robert 等人以 2010 年美国大选为实例研究社会影响力,发现 Meta 用户的社会影响力与网络结构和网络行为传播机制两者都相关。

(4) 时变网络中,网络结构是变化的,节点的各种指标具有动态性,也许此刻某个节点的重要性排在某个名次,下一个时刻又可能是另一个名次。此时节点重要性指标的稳定性和准确性如何,计算复杂度如何,就变得特别重要。例如,淘宝网每天交易量达数千万笔,新浪微博平台平均每天发布超过 1 亿条微博,如何在这种具有大数据特征的时变网络中对节点重要性排名,这将是一个极具挑战性的课题。

7.7　本　章　小　结

随着网络的普及,社会网络在网络信息内容安全中的应用也日益凸显,例如邮件过滤、利益关系分析、人的可信度分析以及信息共享和推荐等,都是以社会网络分析为基础进行的。

本章首先简要地介绍了社会网络分析的概念及特点,详细介绍了社会网络分析的研究体系以及常用的一般模型,针对社会网络分析在社团挖掘和话题监控等安全方向的应用做了重点论述,最后总结和展望了社会网络分析面临的问题和可能的发展方向。可以预见的是,社会网络将不断发展并对我们的工作与生活产生越来越大的影响,而网络信息内容安全将更加依赖于以互联网内容为载体的复杂社会网络分析技术。

习　　题

1. 社会网络分析常用的分析方法有哪些?

2. 社会网络分析模型中,节点的地位一般如何进行评估?

3. 简要描述基于关键词抽取的中文新闻文档自动文摘方法实现流程。

4. 基于网络信息内容的社会网络分析技术与一般的社会网络分析相比有哪些特殊性?

5. 未来影响社会网络分析的技术主要有哪些?

第8章

网络舆情分析

8.1 网络舆情分析概述

理论讲解

网络舆情分析是网络信息内容安全研究中一个重要的研究方向。本节首先介绍网络舆情分析的概念,并分析现阶段网络环境中舆情分析技术的特点,总结网络舆情分析的重要意义。

实验讲解

8.1.1 网络舆情分析的概念

1. 网络舆情的含义与特点

社会科学方面,我国学者对"舆情"这一概念目前还没有统一的认识,通常舆情的定义为:"舆情指在一定的社会空间内,围绕中介性社会事项的发生、发展和变化,作为主体的民众对作为客体的国家管理者产生和持有的社会政治态度。如果把中间的一些定语省略掉,舆情就是民众的社会政治态度。"

网络舆情是社会不同领域在网络上的不同表现,有政治舆情、法制舆情、道德舆情、消费舆情等。在当今社会条件下,处于深刻历史变革中的中国,开放力度扩大,现代传媒迅速发展,人们的交往日益密切,观念和价值冲突加剧,社会突发事件时有发生,加上自由、自主增大,社会每时每刻都在自觉或不自觉地传播、制造舆情流量,并使之不断扩充,人人都生活在舆情的氛围中。网络舆情不仅形成迅速,而且对社会生活的各个方面产生了极大影响。

网络舆情通过多种媒介传播,如新闻评论、博客留言和论坛等。网络舆情具有"滚雪球"效应,它靠一批热心网友的上帖、跟帖、转帖来造就。一般认为网络舆情的形成有三方面的诱因。

(1) 社会矛盾。由社会矛盾产生各种社会问题诱发意见,意见在网络上的普遍化可视为网络舆情的形成。这种社会矛盾必须符合以下要求:①社会矛盾的解决受阻,陷入非常状态;②这种受阻最终表现为矛盾纠葛,呈现出"有形的难题";③这种"社会难题"引起网民的关切和议论;④社会矛盾获得解决,使人民受益,网民发出赞扬声,也会形成舆情。

(2) 个人意见的扩展。社会问题引起不同个体的反映程度和方向不同,但个体可以选择网络论坛或聊天室来发表见解,扩大见解,引起他人的注意。在不断有其他网民的跟帖、讨论、响应下,个人的意见就会扩展成意见的"聚议量"。

(3) 偶发事件的激发。事件是舆情形成的激发点,直接引起议论向舆论的转变。任何一个具体事件的发生都表现为历史进程的必然性,而每个事件在什么时候发生、谁在事件中扮演什么角色又具有偶然性。作为事件旁观者的大多数网民,通过网络或其他渠道了解,引发广泛讨论。特别是一些重大的社会事件,涉及许多人的切身利益,直接关系到国家、民族、社会的命运,引起人们的思虑,网民众说纷纭,便会形成对事件的冲击。

2. 网络舆情的主要表现形态

舆情经常发生在民意表达最为集中、舆情传播最为畅通的“场所”。从目前来看,网络舆情的存在空间主要有以下几处:电子公告板(BBS)、即时通信(IM)、电子邮件(E-mail)及新闻组(News group)、博客(Blog)、维基(Wiki)、掘客。

由于网络媒体不同于传统的其他媒体,网络舆情信息表现为文本、图像、视频和音频等多种形式。舆情监测者可以从网络舆情信息的这些形态来收集信息。

1) 文本类

网络技术的发达促进了网络交流,同时,网络交流的增加也促进了信息的交流。文本类舆情借助网络往往在短时间内就为公众所知,并采取措施应对。

2) 图片和视频类

相比文字,图片和视频更能将现场情景形象地再现在人们的眼前,更具有说服力和视觉冲击感。不可忽视的是,数字化图片处理技术的发展使得网民可以轻易将各种不同的图片嫁接在一起,达到以假乱真的地步,使人真伪莫辨。

3) 网络行为——黑客和网络暴力

黑客(Hacker),源于英语动词 hack,意为“劈、砍”。在早期麻省理工学院的校园俚语中,“黑客”则有“恶作剧”之意,尤指手法巧妙、技术高明的恶作剧。网络的虚拟性和匿名性使网民并无经济学意义上的成本约束,再加上缺乏对网络伦理的约束,“网络暴民”和“匿名专制”的产生也顺理成章。根据传播学的“沉默的螺旋”理论,当人们看到自己赞同的观点时会积极参与,而发现某一观点无人问津,即使赞同也会保持沉默,这样就会使一方观点越来越鼓噪而另一方却越来越沉默,从而导致“假真理”和“假民意”盛行,正是这一点让我们必须对那些“恶搞式回帖”保持足够的警惕。

8.1.2 网络舆情分析的特点

互联网在全球范围内的飞速发展,网络媒体已被公认为是继报纸、广播、电视之后的“第四媒体”。网络成为反映社会舆情的主要载体之一。网络环境下舆情信息的主要来源有:新闻评论、BBS、聊天室、博客、聚合新闻(RSS)。网络舆情表达快捷,信息多元,方式互动,而其开放性和虚拟性决定了网络舆情具有以下特点。

1. 直接性

通过 BBS、新闻评论和博客网站,网民可以立即发表意见,下情直接上达,民意表达更加畅通;网络舆情还具有无限次即时快速传播的可能性。在网络上,只要复制粘贴,信息就得到重新传播。相比较传统媒体的若干次传播的有限性,网络舆情具有无限次传播的潜能。网络的这种特性使它可以轻易穿越封锁,令监管部门束手无策。

2. 随意性和多元化

“网络社会”所具有的虚拟性、匿名性、无边界和即时交互等特性,使网络舆情在价值传递、利益诉求等方面呈现多元化、非主流的特点。加上传统"审核人"作用的削弱,各种文化类型、思想意识、价值观念、生活准则、道德规范都可以找到立足之地,有积极健康的舆论,也有庸俗灰色的舆论,以致网络舆论内容五花八门、异常丰富。网民在网络上或隐匿身份,或现身说法,嬉怒笑骂,交流思想,关注民生,多元化的交流为民众提供了宣泄的空间,也为搜集真实舆情提供了素材。

3. 突发性

网络打破了时间和空间的界限,重大新闻事件在网络上成为关注焦点的同时,也迅速成为舆论热点。当前舆论炒作方式主要是先由传统媒体发布,然后在网络上转载,再形成网络舆论,最后反馈回传统媒体。网络实时更新的特点,使得网络舆论可以最快的速度传播。

4. 隐蔽性

互联网是一个虚拟的世界,由于发言者身份隐蔽,并且缺少规则限制和有效监督,网络自然成为一些网民发泄情绪的空间。

5. 偏差性

互联网舆情是社情民意中最活跃、最尖锐的一部分,但网络舆情还不能等同于全民立场。随着互联网的普及,新闻跟帖、论坛、博客的出现,使得中国网民有了空前的话语权,可以较为自由地表达自己的观点与感受。但由于网络空间中法律道德的约束较弱,如果网民缺乏自律,就会导致某些不负责任的言论,例如热衷于揭人隐私、妖言惑众、反社会倾向、偏激和非理性、群体盲从与冲动等。

8.1.3　网络舆情分析的意义

目前大部分部门和企业的舆情监测和管理工作主要靠人工来完成。这样负责网络舆情监测任务的部门和人员承受着巨大的工作压力。人工进行舆情监测还会遇到很多问题,如:

(1) 舆情收集不全面;

(2) 舆情发现不及时;

(3) 舆情分析不准确;

(4) 信息利用不便利。

由于互联网上的信息量巨大,并且形式多样,仅依靠人工的方法难以应对网上海量信息的收集和处理。因此,经常出现涉及"与我相关"的舆情信息已经在网上快速传播,一些非理性和不切实际的信息传播开来,造成了很坏的社会影响,或者通过其他部门得到反馈,甚至决策层都知道了,但是负责舆情监测的人员却毫不知情,失去了第一时间获取和掌握舆情并及时处理的时机;舆情事件发生以后,也缺乏有效的舆情分析手段,无法提供定性定量的数据用于舆情分析研判;目前完全靠人工进行舆情信息的收集和上报,费时费力效果不好,也无法提供更加有用的舆情统计分析数据为决策层提供辅助决策服务。

在新的互联网形势下,面对这样的困扰,需要借助互联网舆情监测工具,及时监测、汇集、研判网上舆情,引导舆论方向,化解危机舆论。跟踪事态发展,及时向有关部门通报,快速应对处理,变被动为主动,使网络舆情成为政府和相关部门决策的重要依据。利用舆情监测系统平台,配合相应的舆情工作机制,听取百姓心声,接受百姓意见建议,树立自觉接受群众监督意识。

从另一方面来讲,网络舆情分析技术弥补了人工难于处理的不足。它具备以下功能。

(1) 舆情分析引擎。这是舆情分析系统的核心功能,包括:①热点话题、敏感话题识别。可以根据新闻出处权威度、评论数量、发言时间密集程度等参数,识别出给定时间段内的热门话题。利用关键字布控和语义分析识别敏感话题。②倾向性分析。对于每个话题,对每个发信人发表的文章的观点、倾向性进行分析与统计。③主题跟踪。分析新发表文章、帖子的话题是否与已有主题相同。④自动摘要。对各类主题、各类倾向能够形成自动摘要。⑤趋势分析。分析某个主题在不同的时间段内人们所关注的程度。⑥突发事件分析。对突发事件进行跨时间、跨空间的综合分析,获知事件发生的全貌并预测事件发展的趋势。⑦报警系统。对突发事件、涉及内容安全的敏感话题及时发现并报警。⑧统计报告。根据舆情分析引擎处理后的结果库生成报告,用户可通过浏览器浏览提供信息检索功能,根据指定条件对热点话题、倾向性进行查询,并浏览信息的具体内容,提供决策支持。

(2) 自动信息采集功能。现有的信息采集技术主要是通过网络页面之间的链接关系从网上自动获取页面信息,并且随着链接不断向整个网络扩展。目前,一些搜索引擎使用这项技术对全球范围内的网页进行检索。舆情监控系统应能根据用户信息需求设定主题目标,使用人工参与和自动信息采集结合的方法完成信息收集任务。

(3) 信息抽取功能。对收集到的信息进行处理,如格式转换、数据清理、数据统计。对于新闻评论,需要滤除无关信息,抽取并保存新闻的标题、出处、发布时间、内容、点击次数、评论人、评论内容、评论数量等。对于论坛BBS,需要记录帖子的标题、发言人、发布时间、内容、回帖内容、回帖数量等,最后形成格式化信息。舆情分析系统的核心技术涉及自然语言处理、文本分类、聚类、观点倾向性识别、主题检测与跟踪、自动摘要等信息处理技术。

公共危机事件爆发时,犹如以石击水,相关信息在短时间内迅速传播,引起群众的广泛关注。一些非理性议论、小道消息或负面报道常常在一定程度上激发人们普遍的危机感,甚至影响到群众对政府的信任,影响到消费者对企业品牌的认同。如不及时采取正确的措施分析和应对,会造成难以估计的后果。关注行业敏感舆情,对于相关部门和企业来说非常重要。

8.2　网络舆情分析的关键技术

当前社会舆情的研究正处于从网络舆情研究到大数据舆情研究的过渡期,在处理技术上,大数据舆情分析继承了网络舆情分析的诸多方法。同时,二者在分析步骤上具有相同的范式。通过对网络舆情分析和大数据舆情分析的相关文献的归纳,本节总结出大数据时代网络舆情分析的基本研究框架和四类关键技术:信息采集技术、舆情热点发现技术、热点评估和跟踪、舆情等级评估。

8.2.1　信息采集技术

信息采集是网络舆情分析的第一步,其包含数据的爬取、数据的存储和清洗等相关技术。当前学者主要通过网络爬虫程序、网站 API 接口获取研究数据。常用的网络爬虫有 Heritrix、Nutch 和 Labin。Hu 等人在 Hertrix 的基础上增加关键词管理模块、内容提取模块、最佳优先策略和重复删除模块,建立了一个增强的 Heritrix,提高了抓取数据与热点话题的相关度。Mehta、Signorini 等人利用 Twitter API 流获取了 Twitter 中热点事件的实时数据。Xiao S 等人利用新浪微博的官方 API 接口和网络爬虫相结合的方法搜集了大量研究数据,克服了新浪微博不提供大量分析数据的问题。大数据时代数据爬取面临的主要技术难题是如何同时提高获取数据的精度、速度以及对不同领域和各种形态的数据的有效爬取。Ackerman 等人提出的基于 SYSKILL & WEBERT、DICA 和 GRANT & LEARNER 三个智能体的方法能够对特定领域的舆情信息进行爬取,并通过设定特征集合来提高信息搜集的精度,但是该方法在搜集不同领域的知识和信息时舆情信息精度较低,且系统运行速度较慢。Chakrabarti 等人提出了一个聚焦爬虫的超文本资源发现系统,它能实现对预先定义的热点事件相关的网络信息的快速提取以及数据库的实时更新,但是该方法不能对其未定义的热点舆情数据进行有效的爬取。Aggarwal 等人发明了一项智能爬取技术,能够通过自主学习来提高后续信息爬取的精度和广度,但是不能对预定义的热点进行爬取。

另外,对于音频、视频以及图片和文本等各种混杂的数据的获取,目前还没有有效的技术手段。现阶段网络舆情分析的数据存储方法主要是将获取的热点数据直接存储于 SQLServer、ORACLE、Sybase 等数据库中。大数据的出现以及结构数据的改变为常规的数据存储技术带来了巨大挑战。对于不同的数据类型,学术界提出了三种大数据存储技术:海量非结构化数据的分布式文件存储系统、海量半结构化数据的 NoSQL 数据库和海量结构化的分布式并行数据库系统。数据的清洗是对采集的数据进行整理,删除无效网页数据和重复的文本数据。可以将数据清洗分为数据采集阶段无效链接、重复和无关数据的清理以及分词特征提取时停用词的剔除两个阶段。当前主要使用人工方法和基于特征词表以及停用词表的方法,通过自学习进行数据的清洗工作。

8.2.2　舆情热点发现技术

网络舆情热点发现技术包括目标话题的识别与跟踪(TDT)技术,强调对新信息的发现和特定热点的关注,通过聚类将信息汇总给用户,并自动跟踪新闻事件,提供事件发展的轨迹。该技术根据文本聚类的算法从大量 Web 网页中发现网络舆情热点。现有的研究技术主要有 Single-pass 聚类算法、k-means、K 近邻算法、支持向量机(SVM)算法和 SOM 神经网络聚类算法。

Single-pass 是话题发现中最常用的聚类算法,其在动态聚类和速度上表现较好,但是在时效性和精度方面存在不足。近年来国内相关学者对此算法进行了改进,取得了不错的效果。税仪冬等人提出了一种周期性分类和 Single-pass 聚类结合的话题识别和跟踪方法。该方法能够降低漏检率和错检率,减少归一化错误的识别代价。方星星、吕永强通过引入子话题中心和时间距离计算公式并根据文档内容相似度和文档时间距离来计算相似度,使算法在漏检率、误检率、耗费函数等方面有了显著改善。k-means 算法是一种基于硬划分的无监督聚类算法。该算法具有良好的可伸缩性和很高的效率,但是需要事先给定分类簇数 k,并且其分类结果受初始值、噪声和孤立点的影响较大。K 近邻算法是一种基于类比学习的非参数分类技术。该方法在统计模式识别中有很好的效果,对于未知和非正态分布可以得到较高的分类准确率,但是当训练样本过多时计算速度会减缓。支持向量机(SVM)算法是用来解决同一时间内多热点事件的识别和报道的分类问题的一种方法,其采用结构风险最小化原则,泛化能力强且不易出现过学习现象,在处理小样本时有出色的学习能力和推广能力。但 SVM 算法在多类分类的研究还处于探索性阶段,且在算法的实现方面存在训练速度慢、算法相对复杂的问题。SOM 神经网络聚类算法是一种无监督的学习方法,是通过模拟人脑对信号的处理特点而发展起来的一种人工神经网络。SOM 聚类的难点是如何设置输出层的节点个数,过多或过少都会对聚类的质量和网络收敛的效率产生影响。因此,SOM 神经网络不能够准确地识别不同类别的事件,有可能将不同热点事件混淆。

对于以上几种热点发现算法,相关学者进行了比较。习婷等人通过对比以上两种算法发现,Single-pass 算法在网络热点检测中比 k-means 算法的效果更好。柳虹、徐金华通过对比实验发现 SVM 比 k-means 算法在热点发现中表现出更好的效果,并且对于建立在结构风险最小化理论基础上的 SVM 算法能够处理高维的文本多类分类问题,同时表现出良好的泛化效果。尽管传统的 Single-pass 和 k-means 算法存在很多缺陷,但是由于它们相对简单的规则和较快的计算速度而被广泛用于当前大数据聚类分析中。

8.2.3 热点评估和跟踪

热点评估是根据热点事件中公众的情感和行为反应对舆情进行等级评估并设立相应的预警阈值。词频统计、情感分类是网络舆情评估的两个主要手段。词频统计是对网络调查数据、网络文章关键词和浏览统计数据等信息进行分析并做出评估。这种方式对于文本量大的结构化数据处理效果较好,但是对于社交网站中海量非结构化的文本数据并不能有效地评估。因此,这种热点评估方法通常结合领域词典和相似性计算,根据设立的相似度阈值进行相关情感词语的分类统计。

中文语言的 WordNet 和英文语言的 HowNet 是两种常用的词语相似度计算工具。基于情感分类的热点评估在舆情评估领域使用的较为普遍。夏火松等人对情感研究进行了综述,详细介绍了情感分类的两类关键技术:基于概率论和信息理论的分类算法,如朴素贝叶斯(NB)算法、最大熵(ME)算法以及基于机器学习的分类算法,如决策树、支持向量机(SVM)等。当前主要使用 K 近邻(KNN)算法和朴素贝叶斯分类(NBC)算法进行热点跟踪,通过对热点舆情的快速分类,实现跟踪目的。KNN 算法对于舆情信息的分类准确性较高,但是对于大批量数据的处理速度较慢。NBC 算法在分类效率上较为稳定,但是由于其模型假设属性之间相互独立的特点,使得其分类误差率受到了一定的影响。舆情分析是根据热点事件的分析结果评估事件的舆情等级,并根据已有的标准采取相应的控制和引导措施。分析处理是大数据时代网络舆情监控中决策层的范畴,它涵盖了舆情事件的早期预警、舆情的引导、网络民意的反馈、沟通和舆情的总结评估机制。网络舆情预警阈值的设置同其他领域舆情设置相似,通常基于分类或聚类的思想,根据已有的舆情信息的关注度、传播速度以及影响程度将舆情信息分为绿、蓝、黄、橙、红五种颜色等级,其中绿色最弱,红色表示最危险等级。在舆情预警中,常用的分类学习方法有神经网络、贝叶斯分类器、K 近邻方法和 SVM。Alessio 使用支持向量回归的方法对 Twitter 中 H1N1 相关的语料进行分类。Sun X 等人基于 SVM 模型对新浪微博大数据进行了样本训练和分类,Cuneyt 使用人工神经网络、决策树、回归分析模型构建了一个金融风险等级预测机制 FPI。在网络舆情引导模型的构建上,Feng Cao 等人从政府、企业以及意见领袖三方探讨了网络舆情引导的策略。

8.2.4　舆情等级评估

网络舆情的等级评估是网络舆情分析的重要技术手段,常用方法是综合评判方法。综合评判隶属于多元分析,是系统工程的重要环节,应用非常广泛。综合评判就是对受到多种因素制约的事物或现象做出一个总体评判。该方法突破了精确数学的逻辑和语言,强调了影响事物或现象的各个因素的模糊性,较好地解决了定性指标的定量化问题,在处理定性指标较多的评价问题时具有良好的适应性,较为深刻地刻画了其客观属性,是迄今为止比较先进的评判方法。对我国网络舆情安全指标体系的评估就是采用多级模糊综合评判模型。

对于多级模糊综合评判模型来说,模型的确定主要涉及模糊合成算子的选择,它将模糊评判模型划分为以下四类。

模型一:$M(\wedge,\vee)$ 算子,即"扎德"算子,也称为主因素决定型因子,$\wedge$ 为取小(min)运算,$\vee$ 为取大(max)运算,即分别做取小和取大运算,从而只考虑最突出的因素作用,其他因素并不真正起作用,比较适用于单项评判最优就能算作综合评判最优的情况。

模型二:$M(\cdot,\vee)$ 算子,称为主因素突出型算子,$\cdot$ 为普通实数乘法,$\vee$ 为取大(max)运算,适当考虑了其他次要因素的作用,比较适用于模型失效(不可区别)需要"加细"考虑的情况。

模型三:$M(\wedge,\oplus)$ 算子,也称为主因素突出型算子,$\wedge$ 为取小(min)运算,$\alpha\oplus\beta=\min(1,\alpha+\beta)$,$\oplus\sum\limits_{i=1}^{m}$ 为对 m 个数在 $\oplus$ 运算下求和,即 $b_j=\min(1,\sum\limits_{i=1}^{m}a_ir_{ij})$。

模型四:$M(\cdot,\oplus)$ 算子,称为加权平均型算子,$\cdot$ 为普通实数乘法,$\alpha\oplus\beta=\min(1,\alpha+\beta)$,$\oplus\sum\limits_{i=1}^{m}$ 为对 m 个数在 $\oplus$ 运算下求和,即 $b_j=\min(1,\sum\limits_{i=1}^{m}a_ir_{ij})$。它不仅兼顾了所有因素的影响,且保留了单因素评判的全部信息,比较适用于要求总和最大的情况。

在实际应用中,对模型的选择要根据具体问题的需要和可能而定。本书的评估对象是网络舆情安全,因此要考虑所有因素对整体对象安全的影响,从而体现出整体特性,因此采用模型四。

一般来说,对于上述四种模糊综合评判模型来说,建立模型的程序通常包含以下五步。

(1)确定对象集和评估因素集 U。

(2)建立评判集 V。

(3) 确定权重集 W，即不同因素 U_i 的权重 W_i。

(4) 对每个因素做出单因素评判，得到单因素评判向量 $(r_{i1}, r_{i2}, \cdots, r_{im})$，从而建立模糊隶属度矩阵 $\boldsymbol{R} = (r_{ij})_{n \times m}$。$\boldsymbol{R}$ 实质上是 U 与 V 之间的模糊关系，即 $\boldsymbol{R}: U \times V \to 1$。

(5) 模糊综合评判，采用计算模糊关系矩阵的合成值 $B = W \circ R$。$\circ$ 为合成算子，即为综合判定结果。

我国网络舆情安全评估模型的构建亦采取上述程序。

1. 确定对象集和评估因素集

在本模型中，对象集即评判对象为网络舆情安全。

影响网络舆情安全的因素组成因素集：$U = \{u_1, u_2, u_3, u_4\} = \{$传播扩散，民众关注，内容敏感，态度倾向$\}$。

对于评估因素集的每一个因素 u_1, u_2, u_3, u_4 都可以由它的下一级因素子集 X_{ij} 来评判，其中 $i = 1, 2, 3, 4$，$j = 1, 2, \cdots, s$，s 为 u_i 下一级评估因子的个数，根据不同的因素其 s 值不同。在本模型中，

$u_1 = \{x_{11}, x_{12}\} = \{$流量变化，网络地理区域分布$\}$

$u_2 = \{x_{21}, x_{22}, x_{23}, x_{24}\} = \{$论坛通道舆情信息活性，新闻通道舆情信息活性，博客/微博/社交类网站，其他通道舆情信息活性$\}$

$u_3 = \{x_{31}\} = \{$舆情信息内容敏感性$\}$

$u_4 = \{x_{41}\} = \{$舆情信息态度倾向性$\}$

对于每一个因素子集 X_{ij} 又可以由其下一级因素子集 Y_{ijz} 来评判，$z = 1, 2, \cdots, w$，w 为 X_{ij} 下一级评判因子的个数。在本模型中，

$x_{11} = \{y_{111}\} = \{$流通量变化值$\}$

$x_{12} = \{y_{121}\} = \{$网络地理区域分布扩散程度$\}$

$x_{21} = \{y_{211}, y_{212}, y_{213}, y_{214}, y_{215}, y_{216}, y_{217}, y_{218}\} = \{$累计发布帖子数量，发帖量变化率，累计点击数量，点击量变化率，累计跟帖数量，跟帖量变化率，累计转载数量，转载量变化率$\}$

$x_{22} = \{y_{221}, y_{222}, y_{223}, y_{224}, y_{225}, y_{226}, y_{227}, y_{228}\} = \{$累计发布新闻数量，发布新闻数量变化率，累计浏览数量，浏览量变化率，累计评论数量，评论量变化率，累计转载数量，转载量变化率$\}$

$x_{23} = \{y_{231}, y_{232}, y_{233}, y_{234}, y_{235}, y_{236}, y_{237}, y_{238}, y_{239}\} = \{$累计发布文章数量，发布文章数量变化率，累计阅读数量，阅读量变化率，累计评论数量，评论量变化率，累计转载数量，转载量变化率，交际广泛度$\}$

$x_{24} = \{y_{241}\} = \{$其他通道舆情信息活性值$\}$

$x_{31} = \{y_{311}\} = \{$舆情信息内容敏感程度$\}$

$x_{41} = \{y_{411}\} = \{$舆情信息态度倾向程度$\}$

2. 建立评判集

对我国网络舆情进行安全性评估，力求通过安全评估对我国舆情的整体安全态势做出量化评分，从而确定我国网络舆情的五级安全预警级别(即绿、蓝、黄、橙、红)。因此建立的符合我国国情的网络舆情安全性评估的评判集应能合理地反映和呈现我国网络舆情的安全程度，同时确定每一安全程度所代表的安全级别，并赋予相应的得分。

在本模型中,评判集 $V=(v_1,v_2,v_3,v_4,v_5)=\{$安全,较安全,临界,较危险,危险$\}=$ $\{5,4,3,2,1\}$,如表8-1所示。

表8-1　评估尺度表

安全等级/基线	评　　语	赋　　分
绿	安全	5
蓝	较安全	4
黄	临界	3
橙	较危险	2
红	危险	1

针对表8-1所示的五个危险等级,对于"临界""较危险"和"危险"这三级应尤为警惕,可采取的预警应对措施涵盖以下四方面,应针对不同的舆情信息采取对应的措施。

(1) 舆情疏导:如网站专题、专家访谈、权威媒体评论等;

(2) 新闻发布:如发言人专访、专题新闻发布、召开新闻发布会等;

(3) 媒体联动:如中央重点新闻网站、地方重点新闻网站、国内主要商业门户网站、国内有重要影响力的论坛以及大众传媒之间的媒体联动;

(4) 处置手段:如追查信源、查封网站、屏蔽频道、追究法律责任等。

3. 评估指标权重的确定

权重是以某种数量形式对比、权衡被评价事物总体中诸因素相对重要程度的量值,反映了各因素在评估中对最终的评估目标所起作用的大小程度,体现了单项指标在整个评估指标体系中的重要性。确定权重的方法很多,如定性经验的德尔菲法(Delphi,也叫专家法)、定量数据统计处理的主成分分析法,以及定性与定量相结合的层次分析法(AHP)等。本书采用的是层次分析法来确定各评估指标的权重,它是系统工程中对非定量事件做定量分析处理的一种简便方法,大体上可按下面三个步骤进行。

1) 建立递阶层次结构模型

用层次分析法处理问题时,首先要把问题层次化。根据问题的性质和要求达到的总目标,将问题分解为不同的组成因素,并根据因素间的相互关联影响以及隶属关系将各因素按不同层次聚集组合,形成一个多层次的分析结构模型。最终,把总的分析归结为最底层相对于最高层的相对重要性权值的确定或相对优劣次序的排序问题。

2) 构造出各层次中的两两比较判断矩阵

设某一个评判对象分解为 n 个评估因素 $u_1,u_2,\cdots,u_n$。各评估因素对该评判对象的相对重要度为 $w_1,w_2,\cdots,w_n$,由它们组成权重向量 $\boldsymbol{W}=(w_1,w_2,\cdots,w_n)^{\mathrm{T}}$。

为了能反映各因素的相对权重,由评判者(一人或多人采取背靠背的方式)将 n 个因素予以两两对比,建立判断矩阵 $\boldsymbol{A}=(a_{ij})_{n\times n}$,元素 a_{ij} 是因素 u_i 与因素 u_j 相对于评判对象重要性的比例标度,其取值常用 $1\sim9$ 的比例标度来表示。

3) 计算被比较元素的相对权重

得到某一标准层的两两因子比较矩阵后,需要对该准则下的 n 个因子 $u_1,u_2,\cdots,u_n$ 的相对权重进行计算,并进行一致性检验。常用的计算方法有幂法、和法及根法。其中,幂法较精确,后两种方法较近似。在精度要求不高,且要求计算简便时,应采用根法。具体步骤为:①将矩阵 A 中的元素按行相乘;②对得到的乘积分别开 n 次方(n 为矩阵的阶);③将方根向量归一化得排序权向量 W;④进行一致性判断,具体过程如下。

首先计算矩阵的最大特征根 $\lambda_{\max}$:$\lambda_{\max} = \sum_{i=1}^{n} \dfrac{(Aw)_i}{w = nw_i}$,式中 $(Aw)_i$ 表示 Aw 的第 i 个元素。

再计算一致性指标 CI:$\mathrm{CI} = \dfrac{\lambda_{\max} - n}{n - 1}$,其中 n 为矩阵 A 的阶。

然后计算一致性比例 CR:$\mathrm{CR} = \dfrac{\mathrm{CI}}{\mathrm{RI}}$。

对 $n = 1, 2, \cdots, 9$,Saaty 给出了 RI 的值,如表 8-2 所示。

表 8-2　RI 取值表

n	1	2	3	4	5	6	7	8	9
RI	0	0	0.58	0.90	1.12	1.24	1.32	1.41	1.45

当 CR<0.10 时,认为判断矩阵的一致性是可以接受的,否则应对判断矩阵进行适当修正。若判断能通过一致性检验,步骤③得到的排序权向量即为各指标的权重;若不能通过,需要重新设置判断矩阵,进行计算,直至通过为止。

根据层次分析法,确定我国网络舆情安全模型中各评估指标的权重,如表 8-3 所示。

4. 评估指标隶属度的确定

在集合理论中,对于任何一个元素来说,其隶属关系只有两种:属于某集合 U,或者不属于这一集合。然而,在模糊集合理论中,由于存在模糊性,论域中的元素对于一个模糊子集的关系就不再是"属于"和"不属于"那么简单的关系,其对该模糊集的隶属程度的大小即隶属度,取值在 0～1 之间。在进行模糊评判的时候,如何建立各个因素对应各个评判等级的隶属程度的大小,是整个评判能否进行的关键。确定隶属度,在各类评判中有不同的方法。由于模糊数学本来就是解决难以用完全定量的方法来解决的问题,而且确定隶属函数的方法多数还处于研究阶段,尚没有达到像概率分布的确定那么成熟的阶段,所以,隶属函数的确定难以避免不同程度上人为主观性的影响,但是无论其受到主观性的影响如何,都是对客观现实的一种逼近。评判隶属函数是否符合实际,主要看它是否正确地反映了元素隶属集合到不属于集合这一变化过程的整体特性,而不在于单个元素的隶属度数值如何。

对于我国网络舆情安全评估模型来说,在确定了评估因素集、评判集和各评判指标的权重集之后,就要对每个因素进行单因素评判,得到单因素评判向量,从而建立模糊隶属度矩阵,以确定评估指标的隶属度。在本模型中,30 个三级评估指标可归结为两类指标:一类是较容易用数值来刻画的指标,如流通量变化值、累计发布帖子/新闻/博文数量、累计点击/浏览/阅读数量及变化率、累计回帖/评论数量及变化率、累计转载数量及变化率就属于这一类指标;而另外一类是模糊性指标,即无法用数值来表示的指标。除上述指标之外,其余的评估指标都属于模糊性指标。

表 8-3 我国网络舆情安全模型中各评估指标的权重

评估对象	一级指标	权重	二级指标	权重	三级指标	权重
网络舆情安全	传播扩散 u_1	0.08	流量变化 x_{11}	0.5	流通量变化值 y_{111}	1
			网络地理区域分布 x_{12}	0.5	网络地理区域分布扩散程度 y_{121}	1
	民众关注 u_2	0.245	论坛通道舆情信息活性 x_{21}	0.453	累计发布帖子数量 y_{211}	0.229
					发帖量变化率 y_{212}	0.229
					累计点击数量 y_{213}	0.042
					点击量变化率 y_{214}	0.042
					累计跟帖数量 y_{215}	0.078
					跟帖量变化率 y_{216}	0.078
					累计转载数量 y_{217}	0.151
					转载量变化率 y_{218}	0.151
			新闻通道舆情信息活性 x_{22}	0.185	累计发布新闻数量 y_{221}	0.229
					发布新闻数量变化率 y_{222}	0.229
					累计浏览数量 y_{223}	0.042
					浏览量变化率 y_{224}	0.042
					累计评论数量 y_{225}	0.078
					评论量变化率 y_{226}	0.078
					累计转载数量 y_{227}	0.151
					转载量变化率 y_{228}	0.151
			博客/微博/社交类网站舆情信息活性 x_{23}	0.290	累计发布文章数量 y_{231}	0.158
					发布文章数量变化率 y_{232}	0.158
					累计阅读数量 y_{233}	0.078
					阅读量变化率 y_{234}	0.078
					累计评论数量 y_{235}	0.054
					评论量变化率 y_{236}	0.054
					累计转载数量 y_{237}	0.098
					转载量变化率 y_{238}	0.098
					交际广泛度 y_{239}	0.224
			其他通道舆情信息活性 x_{24}	0.072	其他通道舆情信息活性值 y_{241}	1
	内容敏感 u_3	0.483	舆情信息内容敏感性 x_{31}	1	舆情信息内容敏感程度 y_{311}	1
	态度倾向 u_4	0.192	舆情信息态度倾向性 x_{41}	1	舆情信息态度倾向程度 y_{411}	1

对于第一类可用数值来表示的指标,本书建议利用模糊控制中常用的隶属函数的确定方法,根据经验预先建立模糊综合评判隶属度子集表,从而使得所建立的评判模型能够适应任何时候、任何评估人员的需要,具有较强的客观性、实时性和可操作性。具体来说,本书在构造隶属度模糊子集表的做法是:对于每一评估指标,首先由不同的语言变量对其优劣程度进行模糊化评判,即可借鉴模糊控制原理,把输入模糊化,把输入量视为语言变量,语言变量的档次因指标而异,语言变量的隶属度函数可以连续函数的形式出现,也

可以离散的量化等级形式出现,由此可以以各档次语言变量为列,以五个评估等级——安全、较安全、临界、较危险、危险为行,直接根据专家的经验和概率分布的原理构造得出隶属度模糊子集表。

对于第二类不能或难以用数值表征的指标,由于它们具有一定的模糊性,各指标语言变量的档次较难区分,如针对"舆情信息内容敏感程度"这一指标来说,不同的评判者对舆情信息内容敏感程度的看法不尽相同:"非常敏感""比较敏感""一般敏感""无所谓""不敏感"的划分界限就具有了一定的模糊性。那么,对这一类指标,本书则在像第一类指标那样在预先构造隶属度子集的基础上,进一步采用模糊优化技术得到较为接近真实情况的隶属度。本书建议利用问卷调查法,统计具有同一指标语言变量的频数,从而得到各指标对不同档次语言变量的隶属度向量。

8.3　网络舆情分析的系统框架

一般来说,网络舆情分析系统能够融合智能化的计算机信息处理技术,以实现对互联网海量信息进行自动抓取、提取、分类、聚类、主题发现、热点监测、专题追踪,满足主体对网络舆情监测和敏感信息监测报警等需求。一方面察民情、体民意、听民声,为科学决策提供有效依据。另一方面发现热点、敏点、疑点,对不良或有害的舆情导向及时发现,有效疏堵,防微杜渐;并围绕某一特定专题搜集相关新闻报道或评论信息,以对相关信息进行整理、分析、综合,形成相关舆情的一个全面的、综合性的论述,在准确把握当前舆论状况的基础上,客观全面地对舆情做出评价和预测,提出有分析、有根据的决策建议。同时根据舆情涉及的内容范围不同,舆情分析又应分为综合性和专题性两种类型。综合性的舆情分析以某一时期的整个社会舆论情况作为分析对象,而专题性的舆情分析则是以围绕某一特定专题的社会舆论情况作为分析对象的。基于以上分析,可以得出舆情系统的基本功能要涵盖舆情采集、舆情处理、舆情智能分析、舆情监测、舆情预警、舆情搜索、舆情报告辅助生成、舆情自动提醒等核心功能,以帮助全面掌握舆情动态,正确进行舆论引导。

1. 网络舆情分析系统的架构

根据对系统的功能分析及对未来网络舆情发展的综合考虑,在系统总体设计时应采用流程化、标准化和模块化的总体设计原则。在理解舆情信息处理流程基础上,将系统功能按模块划分,注意保持各子系统模块相对独立、接口定义清晰并且模块之间松散耦合,使系统具有较好的灵活性和扩展能力。

一个典型的舆情分析系统业务流程如图8-1所示。

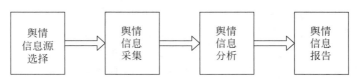

图8-1　舆情分析系统业务流程

基于系统的业务流程和功能分析,网络舆情分析系统主要由舆情信息源选择、舆情信息采集、舆情信息分析、舆情信息报告 4 个模块组成。智能化的舆情信息采集模块和智能化的舆情信息分析引擎是整个系统的关键。舆情信息源的选择主要依据人工设定的方式和机器学习的方式进行选择。对关注度较高的新闻网站和 BBS 论坛等信息源进行搜索排序,并将搜索整理结果进行初步的分类、聚类,保存结果 URL 至本地的地址数据库中,形成针对性和普遍性相结合的舆情信息源以保证舆情信息收集的广泛与准确。

舆情采集模块主要根据地址数据库传递过来的地址 URL 对相应地址的 Web 页面内容进行抓取,采取网页净化、网页去重、文本分词、文本特征表示、特征降维等技术,将经过处理的文档转换为适合于分类、聚类等挖掘算法的表示形式,存入舆情数据库。舆情分析引擎将存入舆情数据库的舆情信息进行精确的分类与聚类,并进行智能自动关键词标引、热点敏点词汇标注、倾向性分析,然后形成智能文摘、简报、报表等传递给舆情报告前台,同时将处理过的数据再次存入舆情数据库,为后继的统计、分析、舆情检索提供根据。系统的架构如图 8-2 所示。

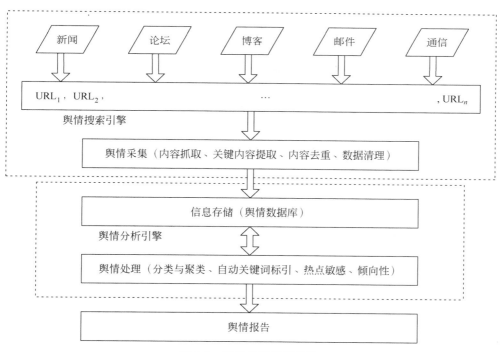

图 8-2　舆情分析系统架构

2. 关键技术分析

1) 舆情搜索引擎

舆情搜索引擎是整个系统的基础,包括舆情信息源的选择和舆情信息的采集。搜索的广度和深度在很大程度上决定了整个系统的工作效能和水平。广度保证了舆情监测的实时性;深度保证了舆情信息热点、敏点、焦点信息发现的准确性。通常搜索引擎是指根据一定的策略、运用特定的计算机程序搜集互联网上的信息,在对信息进行组织和处理后,为用户提供检索服务的系统。舆情搜索引擎须在传统引擎的技术上更进一步,既需要关注网页爬取效率,又得提供便利的检索交互服务。

具体来说,在抓取网页内容方面,有别于传统搜索引擎,舆情搜索引擎采用融合传统网络爬虫和聚焦爬虫的新型爬虫技术,既注重下载网页的广泛性,又注重下载网页的精确性。

同时为便于用户使用,舆情搜索引擎还需要提供交互界面,用户输入检索条件,搜索引擎返回搜索结果。除了一般的全文搜索引擎之外,舆情搜索引擎还应引入一种元搜索引擎,元搜索引擎在接受用户查询请求时,查一个元搜索引擎就相当于查多个独立搜索引擎。进行网络信息检索与收集时,使这种元搜索引擎可指定搜索条件,从而既提高信息采集的针对性又扩大了采集范围的广度,取得事半功倍的效果。

2) 舆情分析引擎

舆情分析引擎是整个舆情系统的核心,它建立在从网络爬虫采集并进行初步处理的网页数据内容基础上。主要功能包括:①对用户检索信息的概念化,并通过概念从海量信息中分析出用户真正想要的信息;②发现海量信息中民众关注的热点、焦点事件;③实现对热点事件的追踪,并能形成一定的关联分析和趋势分析。该引擎主要由文本分类、文本聚类、事件处理等模块组成。分析引擎的主要流程是把数据库中经过预处理的文档通过文本分析进行特征提取,形成向量化文本。接着采用分类器进行文档自动分类,将分类后的文档进行概念聚类,产生概念空间,然后采用神经网络的算法建立具有联想功能的语义关联。最后为用户提供基于概念的检索查询接口,并通过事件处理提供新闻事件的发展过程。流程中涉及的主要技术如下。

(1) 文本聚类。基于相似性算法,自动对海量的无类别文档进行归类,在对文档集进行分词、向量化后,得到特征集合,然后用特征提取算法根据特征评价函数,从全部特征集中提取一个最优的特征子集,对特征提取后的特征向量进行微调。突出聚类重要词进行聚类,把内容相近的文档归为一类得到聚类结果,并自动为其生成主题词,为确定类目名称提供方便,最后自动生成舆情专题、重大新闻事件追踪等。

(2) 文本分类。也称为主题分类,核心在于构建一个具有高度准确的分类器,通常分为5个步骤:①获取训练文档集,初始的文档集来自文本聚类;②建立文档表示模型;③进行文档特征选择;④选择分类方法,主要采用 KNN 和支持向量机(SVM)相结合的方法;⑤建立性能评估模型。通过以上5个步骤对采集到的信息进行归类处理,为下一步的主题分析提供分类主题集。

(3) 文本倾向性分析。在对文本进行分析时,不仅分析其包含的主题内容,还判断它的态度和立场,即倾向性。倾向性分析对舆论热点的思想动向、倾向和走向至关重要。更能够从数量关系上揭示舆情的特点和规律。目前信息技术领域倾向性分析还是普遍以文本分类技术为基础,针对每个特定主题的每种倾向,都需要用户提供训练语料,智能性不高。近年来,基于语义模式的自然语言处理方法逐渐引起关注,是舆情系统语义行为分析下一步可选择的主要技术方向。

8.4 网络舆情分析常用方法

本节将联系网络舆情分析的实际应用,介绍网络舆情分析中常用的方法。

8.4.1 高仿真网络信息深度抽取

高仿真网络信息(论坛、聊天室)深度提取技术重点研究智能化、高效率的原创网络互动式动态信息的全面提取,并形成功能齐全、性能稳定的动态信息提取系统。该系统独立地对指定网络动态媒体进行信息的深入提取,将成为网络舆情监测预警系统中重要的信息获取功能模块。

图 8-3 为针对网络舆情监测预警系统需求设计开发的高仿真网络信息深度提取系统框图。

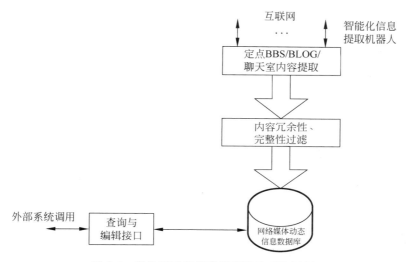

图 8-3 高仿真网络信息深度提取系统框图

整个系统可以分为定点 BBS/BLOG/聊天室内容提取模块、内容冗余性、完整性过滤模块,以及查询与编辑接口模块。各功能模块说明如下。

(1) BBS/BLOG/聊天室内容提取模块。该模块的主要功能是对用户指定的一个或多个信息源进行遍历式的信息获取。通过用户指定的入口页(Entry Page)或系统猜测入口页,该模块以多线程方式使用智能化信息提取机器人,模拟客户/服务器通信及模拟人机交互;在语义分析的基础上,以递归调用的方式完成快速、彻底的远程数据本地镜像。需要指出的是,本模块充分考虑了互联网中使用的 HTTP 1.0/1.1 协议,尤其是与内容协商(Content Negotiation)、访问控制(Access Control)和数据缓存(Web Catching)相关的规定,在提高数据提取的同时保证了数据的可靠性和有效性。

(2) 内容冗余性、完整性过滤模块。该模块是对在本地镜像的网站内容进行高效、准确理解的基础上,对冗余信息和不完整信息进行相应的处理,以保障信息数据库中内容的准确性和有效性。与传统的文本理解或图像理解不同,本模块考虑的对象是包含了文字、图像和其他内容的多媒体群件(通常以网页形式出现)。在此模块中采取的多媒体群件理解技术是结合了国家863文本分级和图像理解研究成功的综合理解技术,在充分利用多媒体群件理解中环境信息量大这一优势的同时,将群件中个体理解的误差降低。

(3)查询与编辑接口模块。该模块将为外界的系统调用提供必要的信息数据库操作接口。常见的信息数据库操作包括查询、插入、删除和修改等。该模块将作为高仿真网络信息深度提取系统和外界系统的标准信令与数据交互接口。

8.4.2 高性能信息自动提取机器人技术

高性能信息自动提取机器人是高仿真网络信息(如论坛、聊天室)深度提取系统的基础模块,其主要功能是根据用户或系统定义,将指定动态/个性化网络媒体中的内容快速、准确地在本地镜像,是系统正常工作的基础。其核心要求是对动态/个性化的网络内容快速、准确、全面地建立本地镜像,主要难点是对客户机/服务器通信的模拟、内容语义的正确分析和高性能系统。

1. 个性化可配置的信息自动提取技术

随着HTTP 1.1的广泛采用,内容协商已经成为互联网信息传递中常见的技术。客户浏览器向网站提供客户的偏好,例如内容的语言、编码方式、质量参数等。网站根据实际情况,尽可能满足客户需求。一般的信息自动提取技术,如Wget、Pavuk、Teleport等,大多没有很好地考虑这一问题,因此不能保证提取的内容与实际客户浏览器取回的版本相一致,当然以后的理解和分类也就没有实际意义。

个性化可配置是指信息提取机器人可以根据用户或系统提供的个性化信息,完成与网站之间的内容协商,将核实的内容取到本地。在本系统中使用的信息提取技术,充分考虑到了内容协商机制,在机器人的信息提取过程中,通过HTTP 1.1相关原语的交互(如VARY),实现对内容协商机制的完全模拟,保障本地镜像内容的准确性。

2. 互动式信息的智能提取技术

在网站中,客户机/服务器之间的交互除了由内容协商完成,还有一类是通过人机对话的方式。以BBS为例,用户通过一次登录(即使是匿名登录),与服务器之间完成一次通信,获得身份验证信息(通常是以Cookie等形式)。在以后的交互中,双方凭借此信息作为身份的识别,目前,一般的信息提取技术并不能实现这一功能。

在网络舆情监测与预警系统建设中,为了完成对指定网站内容的充分挖掘,在内容协商的基础上,提供智能化的人机交互模拟模块。基于HTTP返回码,需要获取身份验证信息才可以浏览内容,根据用户或系统的配置,模拟用户与服务器之间进行对话,将此类内容取回,保障内容挖掘的充分性。

3. 网页编写语言的实时语义理解技术

网站内容编写技术发展迅速,从早期的静态HTML和普通文本图像内容,已经发展到今天各种动态语言和包括图像、视频、音频、动画、虚拟现实(VR)多种多媒体个体的群件。这给网站自动信息下载带来了新的挑战。与传统的标记型语言(Markup Language)不同,以Script为代表的网页编写技术更多地结合了一般程序编写的技术,利用浏览器作为编译运行的环境,达到内容动态的目的;而以Flash为代表的技术则是利用浏览器插件(Plug-In),将多媒体群件内容打包在一个对象中,利用插件完成对此对象的解释。因此,在网站自动信息提取中,必须要提供对这样两类技术的准确语义理解,才可以将其中的多媒体个体对象和相应链接对象完整取回。

在高仿真网络信息深度提取系统中,结合系统实用性需要,在开发各种网页编写技术理解模块的同时,充分强调理解技术的高效性。对于 Script 类的语言,研究和开发出编译、分析和执行同步操作的技术,以充分提高系统信息提取模块的效率和准确度。

4. 多线程内容提取技术

相对多媒体群件理解和分类而言,远程内容提取是高仿真网络信息深度提取系统中时间和资源消耗最大的部分,因此从系统设计的角度,采用多线程技术提高内容提取模块的性能。在网络舆情监测与预警系统中,根据用户和系统设置的入口页,内容提取模块在提取入口页以后对页面内容进行语义理解,将分析出的链接重新定义为入口页实现递归调用。由于单进程的递归调用效率低,在网站规模较大时耗时太大,因此在网络舆情监测与预警系统中采用多线程以实现递归调用方式。此种实现可以保证系统的高性能。

8.4.3 基于语义的海量文本特征快速提取与分类

基于语义的海量文本特征快速提取与分类技术重点研究针对网络文本媒体,特别是中文媒体的基于语义的特征快速提取,并在此基础上形成适合网络舆情监测预警系统需要的基于语义海量文本特征快速提取与分类系统。该系统独立地对各个信息源采集入库的信息进行语义分析,特别对信息中的语义特征进行统计和分类,完成对原始数据库的预处理,为进一步的信息聚合分析与表达提供相对标准化和正则化的信息库。该系统将成为网络舆情监测与预警系统中重要的信息分析功能模块。

图 8-4 为针对网络舆情监测与预警系统需求,设计开发的基于语义的海量文本特征快速提取与分类系统功能示意框图。

整个系统可以分为基于分词的文本特征提取模块、基于字频统计的文本特征提取模块、基于互联网网络媒体特征的多媒体特征提取模块,以及分类特征统计分析模块。

1. 基于分词的文本特征提取模块

基于分词的文本特征提取模块主要采用分词统计特征提取的技术路线。首先对原始信息库中的信息进行全文分词,接着在分词的基础上进行一定的统计分析,综合分词与统计分析的结果对原始信息库中的信息进行特征提取。在实际系统应用中,针对文本结构比较合理、用词比较规范的网络媒体信息采用该模块进行文本特征提取。

2. 基于字频统计的文本特征提取模块

基于字频统计的文本特征提取模块主要采用字频统计特征提取的技术路线。不难发现,与分词统计相比,在字频统计中不需要经过分词的过程,系统整体性能有显著提高。在字频统计中,首先对原始信息库中的信息进行全文字频统计,根据字频统计结果对原始信息进行摘要,并在此基础上实现对原始信息库中信息的特征提取。在实际系统应用中,针对文本结构比较复杂、用词无明显规范的网络媒体信息采用该模块进行文本特征提取。

3. 基于互联网网络媒体特征的多媒体特征提取模块

众所周知,互联网中的网络媒体有和一般传统媒体完全不同的结构和信息。由于网

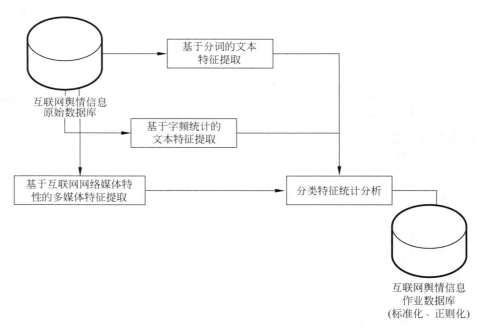

图 8-4   基于语义的海量文本特征快速提取与分类系统示意图

络舆情监测与预警系统处理的主要是互联网网络媒体信息,因此充分利用互联网网络媒体特征,实现对网络媒体信息的多媒体特征提取具有非常重要的意义。基于互联网网络媒体特征的多媒体特征提取模块就是对原始信息库中的多媒体信息(通常是含有文字和图片的网页信息)进行多媒体群件分析。在分析中充分利用互联网的网络媒体特征,包括模板文件中的解释信息、多媒体链接结构等,以实现对多媒体信息较为准确的分析。在整体系统中,基于互联网网络媒体特征的多媒体特征提取模块主要完成对具有大量图片的多媒体信息源的特征提取。

4. 分类特征统计分析模块

分类特征统计分析模块是针对前述 3 个模块采集的互联网信息库特征信息进行进一步的分类特征统计和分析。其主要功能是将 3 种不同技术路线得到的结论做进一步的融合和统一,以保证基于语义的海量文本特征快速提取与分类系统产生的互联网舆情信息作业信息库的标准化和正则化。

8.4.4 多媒体群件理解技术

在网络舆情监测与预警系统中,基于语义的海量文本特征快速提取与分类系统提出了对于网络媒体的主要呈现形式——多媒体群件的理解。多媒体群件理解主要解决对以网页形式出现的多媒体群件的整体理解。理解的方法是在对群件中的文本个体和图像个体的内容提取基础上,集合环境信息,对群件做出整体理解。

1. 综合字词、标点和模式匹配的文本核心信息快速提取

对于文本的理解,一般的技术都是对关键字、词进行统计,对句式进行匹配等,在一般的文本理解环境中可以保证较好的效果。但在网络舆情监测与预警系统中,文本理解的对象和目的与传统的文本理解不同。在舆情网络监测与预警系统中的文本理解对象是网页中的文本信息。与传统的文本理解对象相比,这类文本通常较小,包含了比文本更多的信息(如 HTML 中的排版信息);而文本理解的目的是进一步的分类,因此在网络舆情监测与预警系统建设中,采用的是结合基于字、词、标识符统计信息和预定模式匹配的理解技术,对文本的核心信息实现快速提取。

2. 图像核心信息快速提取技术

在网络舆情监测与预警系统建设中,采用的图像理解技术在对象和目的上也具有独特性。网页信息中的图像通常可以分为三类:第一类是指示性图标,一般尺寸小,信息含量小;第二类是主题图案,一般尺寸大,信息为配合网页主题;第三类是装饰性图案,一般尺寸中等,与网页主题风格相关性高。而对它们的理解目的是下一步的分类,因此主要解决核心信息的快速提取问题。结合网站内容理解与分类的需要,在网络舆情监测与预警系统建设中必须要解决的是对第二类和第三类图像中核心信息的快速提取,尤其是对图像的文字信息进行基于模式匹配的快速提取。

3. 综合环境信息和相关媒体信息的多媒体群件理解技术

作为网络舆情监测预警系统的主要信息源,多媒体群件(网页)还含有相当丰富的环境信息,如 URL、网页结构和网页间链接信息等。合理利用这样一类信息,可以提高多媒体群件的准确度。综合环境信息和相关媒体信息的多媒体群件理解技术还没有切实可行的研究成果。在网络舆情监测与预警系统建设中,可以采用神经网络的实现方法,选择URL 信息、网页结构(媒体比重等)、网页间链接信息(如链接数或链接页属性等),以及群件内部文件个体的理解结果作为神经网络的特征空间(Feature Space),期望得到性能上的突破。

8.4.5 非结构信息自组织聚合表达

非结构信息自组织聚合表达重点研究的是针对海量非结构化信息库——互联网舆情信息作业数据库,实现无主题的聚合分析。根据国家网络舆情监测部门的舆情监测与预警业务需求,网络舆情预警系统最重要的功能是实现自动的、无人工干预的独立舆情报告。而实现该报告的核心步骤,就是通过非结构信息自组织聚合表达系统,对前述互联网海量非结构数据的结构化数据库进行有效的知识发现和数量化的趋势分析。

图 8-5 为针对网络舆情监测与预警系统需求,设计开发的非结构信息自组织聚合表达系统功能示意框图。

1. 数据分类模块

对于互联网舆情信息作业数据库,为做进一步的聚类分析和表达,首先需要对数据库做进一步的处理。其中数据库分类,即 Data Marting 是相当关键的一个步骤,数据库分类的主要目的是对海量数据库进行预处理,将数据按一定的特征进行较为粗体的划分,为进一步的查询和挖掘实现简单的聚类。在数据库分类中,采用更多的是经验和常规规则,这也是数据分类模块和数据挖掘模块最大的区别。

2. 数据仓储模块

事实上可以将网络舆情的监测与预警工作抽象为海量互联网信息库的挖掘和分析。

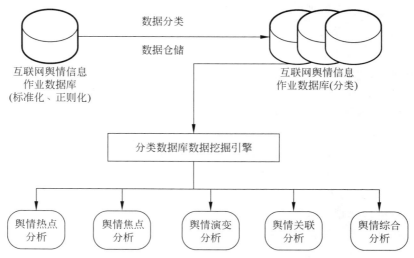

图 8-5   非结构信息自组织聚合表达系统功能示意图

根据一般的工作数据量分析,网络舆情监测与预警系统产生的数据库容量在 T 级。对如此规模的数据库进行进一步分析与挖掘,时效性和系统效率是现实的考虑。通过数据仓储模块,实现对于网络舆情工作数据库的仓储化改造,为提高进一步的查询和挖掘效率奠定基础。

3. 分类数据库数据挖掘引擎模块

分类数据库数据挖掘引擎模块主要实现的是该系统的核心功能——非结构信息的自组织聚合表达。事实上,在数据挖掘中主要使用的技术包括分类分析技术(Classification)和聚类分析技术(Clustering)。尽管两者都可以对数据库中潜在的知识与规律进行发现,但还是存在明显的区别。其中最重要的差别为是否存在先验的知识与规则。对于分类技术而言,是在先验知识的基础上对数据库中的记录进行进一步的归类,以确认先验知识的正确性。对于聚类技术而言,没有所谓的先验知识,而是根据数据本身的临近性和相似性进行归并。在网络舆情监测预警系统中,迫切需要的是对互联网中不断出现的新主题和新热点进行及时有效的反映。因此,在网络舆情监测预警系统建设中的分类数据库数据挖掘引擎模块着重于聚类技术的使用,重点完成对于海量信息库的无主题聚类分析,实现对于热点、焦点、难点、疑点等舆情信息的发现。

8.4.6   网络舆情情感分析

客观性文本是指对事物或事件本身及其属性的客观叙述,不带有情感色彩;主观性文本是指对事物或事件本身及其属性的主观评价,传达文本表述者的个人意见、情感和主观态度。主观性文本是情感信息抽取、情感倾向性分析和情感强度计算的主要研究对象。文本主客观性识别旨在从大量文本中区分主观文本和客观文本,从而对主观性文本进行进一步分析。文本情感分析是对带有情感色彩的主观性文本进行分析、处理、归纳和推理的过程,如从评论文本中分析用户对"数码相机"的"变焦、价格、大小、重量、闪光、易用性"等属性的情感倾向。

图 8-6 是从电影评论中识别用户对电影的褒贬评价。

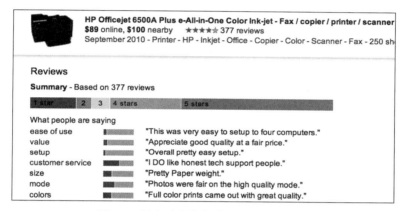

图 8-6 用户对电影的主观评价

图 8-7 是 Google Product Search 识别用户对产品各种属性的评价,并从评论中选择代表性评论展示给用户。

图 8-7 用户对产品各种属性的主观评价

如图 8-8 所示,网络舆情情感分析最典型的例子是通过 Twitter 用户情感预测财经走势,2012 年 5 月,世界首家基于社交媒体的对冲基金 Derwent Capital Markets 通过即时关注 Twitter 中的公众情绪指导投资。正如基金创始人保罗・郝汀(Paul Hawtin)表示:"长期以来,投资者已经广泛地认可金融市场由恐惧和贪婪驱使,但我们从未拥有一种技术或数据来量化人们的情感。"一直为金融市场非理性举动所困惑的投资者,终于有了一扇可以了解心灵世界的窗户——Twitter 每天浩如烟海的推文。在一份 2012 年 8 月的报道中显示,利用 Twitter 的对冲基金 Derwent Capital Markets 在首月的交易中已经盈利,它以 1.85% 的收益率,让平均数只有 0.76% 的其他对冲基金相形见绌。类似的工作还有预测电影票房、选举结果等,均是将公众情绪与社会事件对比,发现一致性,并用于预测,如将"冷静 CLAM"情绪指数后移 3 天后和道琼斯工业平均指数 DIJA 惊人一致。

文本主客观性识别是情感分析领域的一个研究难点,由于中文文本的复杂性,国内很多学者在进行文本情感分析的研究中往往选择跳过文本主客观性识别的研究,因此相关的研究较少。目前,文本主客观性识别的方法主要有以下几种。

(1)基于词典的方法。基于词典的方法主要是建立情感词典,根据句子中是否出现情感词汇以及情感词汇的数量来判断句子的主观性。

(2)基于规则的方法。基于规则的方法是通过对句子进行句法分析,根据构造的规则判断句子的主客观性,该方法对主观句的识别准确率较高。

(3)基于统计的方法。基于统计的方法通常是根据统计数据,并结合机器学习的方

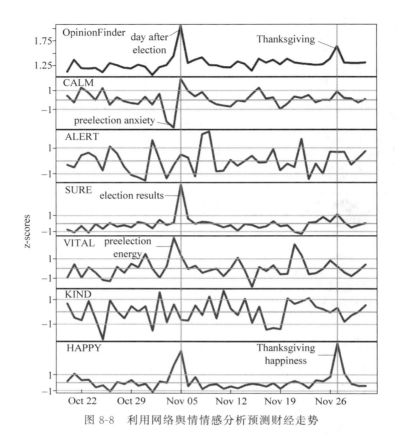

图 8-8   利用网络舆情情感分析预测财经走势

法来判断文本的主客观性。

情感分类可以看作是一种两类或三类分类问题,当然,也有学者给出了更精细的分类。三类观点分类可形式化地定义为:假设预定义的三类文本集,类型为 $C=\{C_1,C_2,C_3\}$,其中 C_1 表示属于正面评价(持褒扬、支持、积极态度)的文本类型,C_2 表示中立或者无关主题的文本类型,C_3 表示属于负面评价(持批判、反对、消极态度)的文本类型。而要进行分类的文本集为 $D=\{d_1,d_2,\cdots,d_n\}$,则情感分类的任务就是给文本集 D 中的文档 $d_i(i=1,2,3,\cdots,n)$ 计算一个类型标记 C_1、C_2 或者 C_3。两类观点分类是对三类分类体系的简化,也就是去掉了中立或无关类别。

在具体应用中,网络舆情情感分析作为分类任务,可拆分成如下子任务。

1. 情感信息抽取

情感信息抽取是指抽取语句中的观点持有者、评价对象、情感词等有价值的信息,情感信息抽取对情感倾向性识别任务也有很大的帮助。例如正文提取,过滤时间、电话号码等,保留大写字母开头的字符串,保留表情符号,切词。情感词通常是用来修饰评价对象的,情感词与评价对象之间的搭配信息对情感分析起着至关重要的作用,有学者将情感词连同评价对象作为一个整体抽取,即情感评价单元。情感评价单元的抽取主要有基于机器学习的方法和基于句法分析的方法。基于机器学习的方法,通常使用最大熵模型、条件随机场等机器学习的方法,从文本中提取词特征、词性特征等语句特征,利用机器学习的方法进行训练获得模型,最后用该模型对文本进行处理识别情感信息。基于句法分析的方法,通常根据特定的句法结构选取候选特征集,再利用抽取规则进一步筛选得出最终结果,但这类方法通常需要确定合适的规则来缩小特征范围,往往召回率较高而准确率较低。也有研究利用依存句法关系识别和抽取评论语句中的评价单元,通过情感极性计算对抽取出的情感标签进行过滤,采用抽取规则放宽、筛选功能增强的方式,在保证较高的准确率的同时也提高了召回率。

2. 情感倾向性分析

文本情感倾向分析又称为情感极性分类,是情感分析领域研究最多的。情感倾向性分析通常是二维情感分类问题,判断文本的态度倾向是支持(褒义)或反对(贬义)。随着研究的不断深入,学者们也尝试进行多维情感分类,将文本态度划分为多个等级。

1) 词语级

词级技术的思路是用词汇(短语)的情感性来量化表示文本的情感性。这种思路的关键在于计算词汇(短语)的情感性。词语是句子和篇章的基本单元,词汇的情感是句子情感分析的基础,情感词往往能够最直接最有效地表达作者的情感和态度。目前,词语级的情感倾向研究主要有基于语料库的方法、基于情感词典的方法和基于本体的方法。基于大规模语料库的方法主要是利用统计方法分析大规模语料库中的词语分布规律,通过词语间的共现关系、搭配关系、语义关系等信息判断词语的情感极性。这种方法需要大量的人工标注语料库,且大多是利用词汇之间的共现概率等判断词汇之间的相似度,忽略了词汇自身的深层语义,影响词语情感判断的准确率。基于情感词典的方法主要是根据词典中有情感标注的词语来判别未知情感词的情感极性。现有的情感词典主要有知网提供的HowNet、哈工大扩展的同义词词林、台湾大学 NTUSD 简体中文情感极性词典等,其中HowNet 最受学者青睐。近几年,有学者开始运用本体技术,构建情感本体进行词汇情感倾向分析。传统的词汇语义倾向判断缺乏实体间的联系,引入本体技术有利于对有多倾向性词汇的极性分析。基于本体学习的方法在面向特定领域的情感分析中效果较好,但通用性不强。

2) 句子级

句子级的情感倾向性分析主要有两个步骤:首先自动识别句子的主观或客观,然后判断主观句的情感倾向性。在识别句子的情感倾向性方面,也存在两种思路:一是主客观句解析方法,也就是基于句子结构、词的极性等基本信息,采用累加的方式计算出某个句子的倾向性;二是自动分类方法,即基于句子的特征,采用自动分类的方法判断句子的情感倾向性。

主客观句解析方法主要解析文本中的主客观句包含的情感特征。主观性是指作者在文本中传达了自己的立场、态度和感情,因此主观性判断就是据此来衡量一个句子偏于主观还是客观。识别主客观句的研究思路主要有两种:语言领域专家定制模式和模式自动识别抽取。专家定制模式是指由语言学的专家来制定一些能够区分句子主客观性的规则,这种方法的优点是不需要大量的训练集,缺点是对于不规范的文本特别是网络上的数据效果并不理想,跨领域的合作研究也比较缺乏。模式自动识别抽取是指通过给定一些已经标注了主客观的文本训练集,以机器学习的方式来抽取其中的主观模式或者客观模式,这种方法的优点是可以发掘一些人工无法识别的隐藏的模式,并且不需要相关领域专家的参与,缺点是需要先期准备大量的训练集以达到比较好的训练结果。

采用自动分类进行句子情感分析也包括两种方法:基于句子结构分析的方法和基于有监督的机器学习方法。它们各有长处,前者需要依赖对语言本身的理解,很难跨语种使用;后者通用性较强,但需要给出合格的成熟样本。基于句子结构分析的方法一般把影响倾向性分析的词语分为4类:对象词、褒贬词、逻辑词和程度词,建立了语句倾向性分析的二元模型和三元模型,在语句语义块分析的基础上实现对语句和篇章的倾向性获取。由于一个句子可能包含多种观点或多子句,因此使用简单的句子分析法困难重重。基于有监督的机器学习是研究者常用的另外一种方法,该方法把句子情感倾向性分析转化为了分类问题来处理,取得了很好的效果。例如,斯坦福大学自然语言处理小组致力于利用深度学习模型(Deep Learning)构建句子表示,从而便于进行句子级的情感分析。

情感分析技术是网络信息内容安全分析领域中一项重要的研究课题。例如识别这些语言现象有助于识别涉恐怖信息,防止这些信息在网络上扩散,进而可以有效阻止恐怖组织的扩张。尽管在情感分析和意见挖掘领域研究很多,但仍有很大的研究空间。在如下方向还可进行深入研究,包括适合情感分析的特征表示方法和有监督学习算法。新的表示法要考虑依赖关系、词性组合、句型、句式结构、句子修辞手法,以及词语间的相互联系等的重要因素,选择适合情感分析的有监督学习算法,例如深度学习算法、基于高阶张量的分类算法等。

8.5　网络舆情分析典型系统的实现

8.5.1　网络舆情系统框架设计

伴随互联网的迅速普及,各式各样、良莠不齐的发布内容日渐泛滥,传统、纯粹的"人海"战术已经无法满足当前互联网媒体信息监控工作的实际需求。不过基于互联网媒体发布内容主动获取、分析挖掘与表达呈现等系列技术开展互联网论坛检测工作,首先需要保证相关检测产品对于目标站点发布数据的提取比率,即监测产品信息提取部分的具体性能。根据当前网络监管部门对于互联网论坛监控工作的实际应用需求,成熟的互联网论坛监控产品必须具备针对指定信息源的深度挖掘技术。所谓深度挖掘,并不是业内已成熟的追求数据引用量的大搜索引擎信息采集技术,而是利用定向搜索手段完成针对指定信息源深入、全面地发布内容提取操作。

从整体框架结构角度,目前互联网媒体可以划分成匿名可浏览与须登录浏览两类;从发布页面呈现风格角度,仍然属于 HTML 范畴的互联网论坛帖文发布页面同样包含静态和动态两类,其中动态生成的论坛帖文发布页一般使用 ASP、PHP 与 JSP 等通用脚本语言予以实现。虽然匿名可浏览同时发布页面属于静态类型的目标站点,占到当前互联网媒体的绝对多数,但是出于功能全面性与产品实用性等多方考虑,面向结构迥异、风格多样的数据发布源实施互联网媒体信息监控工作,相关监控产品信息提取部分还须具备相当高的普适性与扩展性。

关于获取信息分析挖掘与表达呈现方面,针对异构的互联网媒体发布内容,论坛信息监控工作在要求获取内容统一存储的同时,对于在海量的互联网媒体信息中实现热点自动发现的需求明确。一方面,异构信息归一化存储是后续各类信息处理工作的根本保证;另一方面,基于海量数据实现论坛热点自动发现,更有利于互联网媒体监控人员全面把握目标论坛舆情的分布情况,跟踪目标论坛潜在热点,及时完成热点发现及应对决策生成工作。

互联网论坛信息监控系统充分应用网络协商与人机对话模拟等先进技术,基于专项研发的"定点网站深入挖掘"机制,实现针对系统目标站点发布内容的全面获取。在提取发帖作者、发帖时间、URL、标题等论坛帖文关键信息的基础上,监控系统对于每份帖子进行主题信息分析及内容快照,进而归一化存储来自异构站点的发布内容。监控系统针对获取内容关键信息开放单一和组合选项"与或"热点查询操作,最终呈现系统目标站点关于社会焦点更为全面的讨论分布情况与话题具体内容。另外,监控系统借助获取内容主题信息提取操作,开放热点数据报告定制功能,如图 8-9 和图 8-10 所示。

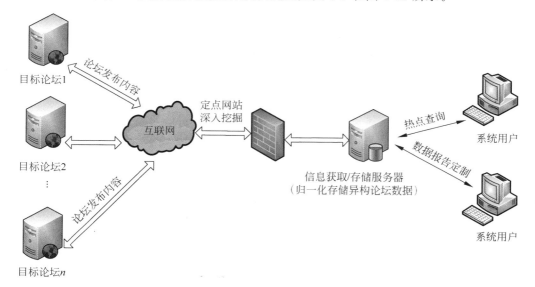

图 8-9　互联网论坛信息监控系统工作模式

8.5.2　舆情数据预处理

数据预处理流程如图 8-11 所示。

中文的词是最小的语音成分,具有独立的意义,由于中文之间没有明显的分界,因此,中文分词的优劣关系到数据处理的结果。

在针对舆情数据进行预处理时可利用 Fudan NLP 进行分词,Fudan NLP 是开源的,能够实现中文数据的分词,也可以对句法进行分析,以及对于词语的标注。Fudan NLP 切分词的工作流程如图 8-12 所示。

分词过后需要建立文本向量的空间模型,权重较大的词语表示文本的思想,词语权重

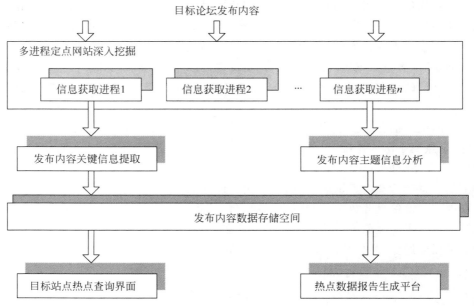

图 8-10　互联网论坛信息监控系统框架结构

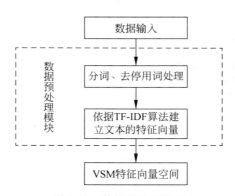

图 8-11　数据预处理流程

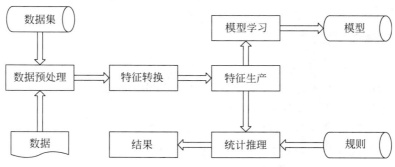

图 8-12　Fudan NLP 切分词的工作流程

的影响因素有词频、标题、文档频次等。在本节中利用 TF-IDF 算法进行词语权重的计算。TF 是词语在文本中出现的频率；IDF 的思想是若包含词语的文档越少，则说明该词语在类别中的区分能力较好。

假定文档总数为 N，关键词 k_i 在 n_i 个文本中出现，f_{ij} 是文档 d_j 中关键词 k_i 出现的次数，则 k_i 在 d_j 中出现的频率计算如下：

$$\text{TF}_{ij} = \frac{f_{ij}}{\sum_z f_{zj}} \tag{8-1}$$

关键词 k_i 的 IDF_i 计算如下：

$$\text{IDF}_i = \log \frac{N}{n_i} \tag{8-2}$$

文档 d_j 中 k_i 重要性由权重来表示，权重的计算如下：

$$w_{ij} = \text{TF}_{ij} \times \text{IDF}_i \tag{8-3}$$

8.5.3 舆情数据聚类分析

k-means 算法通过欧氏距离来计算元素之间的相似度进而进行聚类。因此，可以利用提取到的舆情时间序列的特征，计算各个特征之间的相似性，然后通过 k-means 算法迭代计算出每个样本属于哪个类别。最终，在本节提取到的对应用户的数据可以聚类到相应的类别，然后为用户推荐舆情信息。由于舆情时间序列数据一般都比较庞大，数据之间的冗余性较大，因此不能够通过简单的欧氏距离计算。欧氏距离属于没有归一化量纲的判别类型，容易受到冗余数据的影响，一旦出现"脏"数据就会引起聚类中心的急剧变化，最终导致聚类的结果不正确。由于量纲归一化计算的问题，所以最常用的衡量相似度的算法包括归一化欧氏距离、切比雪夫距离以及余弦距离等计算方式。

通过上述对 k-means 算法的介绍可以发现，该算法只有在数据与聚类中心之间的距离可以被定义才能够使用，如果不能定义距离，将无法获得数据点与聚类中心之间的联系，从而导致无法进行 k-means 聚类中心的更新。与此同时，该算法需要人为地输入聚类类别数 N，对于海量的位置类别的舆情时间序列数据，通常只能凭借经验给出需要聚类的类别，效果较差。但是该算法与 BIRCH 算法的不同之处在于，只要选择合适的度量方式将可以保证离群点无法对聚类中心造成重大影响。

BIRCH 和 k-means 算法都有各自的优点与缺点，合理利用两个算法之间的优缺点，可以使得算法之间互补，利用 BIRCH 算法的树形结构的计算时间复杂度低的优点与 k-means 算法对离群点干扰数据的鲁棒性优点相结合，同时去掉了彼此的缺点。本节在 BIRCH 算法的基础上，对于叶子节点的子聚类优化聚类中心采用 k-means 算法，提出了一种改进的增量聚类算法。

假设文章 1 爆出某浏览器有重大的安全漏洞，12306 有技术应对；文章 2 爆出某浏览器有泄漏用户隐私数据的漏洞，威胁了用户的信息安全。

依据 TF-IDF 计算分词过后的特征向量：

$D_1 = ((某浏览器,30),(安全,20),(漏洞,20),(账号,10))$

$D_2 = ((某浏览器,30),(隐私,30),(泄漏,20),(账号,10))$

将向量 D_1 与 D_2 扩展:

$D_1' = ((某浏览器,30),(安全,20),(漏洞,20),(账号,10),(隐私,0),(泄漏,0),(账户,0))$

$D_2' = ((某浏览器,30),(安全,0),(漏洞,0),(账号,0),(隐私,30),(泄漏,20),(账户,10))$ 代入夹角余弦值得到:

$$sim(d_i,d_j) = \cos\theta = \frac{\sum_{k=1}^{n} W_{ik} \times W_{jk}}{\sqrt{\left(\sum_{k=1}^{n} W_{ik}^2\right)\left(\sum_{k=1}^{n} W_{jk}^2\right)}} \tag{8-4}$$

由此计算得到两篇文章的相似度为 0.44,相似度不高。

基于上述的改进思想,将两种算法结合进行聚类,提升聚类的准确性。计算特征向量 D_1' 与 D_2' 中特征词相似度的最大值,与权重的乘积更新 D_2' 的特征值。即

$D_1' = ((某浏览器,30),(安全,20),(漏洞,20),(账号,10),(隐私,0),(泄漏,0),(账户,0))$

$D_2' = ((某浏览器,30),(安全,0),(漏洞,0),(账号,0),(隐私,30)(泄漏,20),(账户,10))$

然后计算 D_1' 与 D_2' 每个特征词的相似度,选择其中的最大值,由上述分析可知,sim(某浏览器,某浏览器)=1 为最大值,则不再更新 D_2' 的特征值。再计算 D_1' 的特征词"安全"与 D_2' 中每个特征词的相似度,选择其中的最大值:sim(安全,某浏览器)=0;sim(安全,隐私)=0.612;sim(安全,泄漏)=0;sim(安全,账号)=0.535。最大值是 sim(安全,隐私)=0.612,乘以对应的特征值 30,得到的结果为 18.36,因此,D_2'"安全"特征值为 18.36,更新 D_2' 对应的安全特征值为 18.36。重复上述的过程,然后代入夹角余弦值公式,得到两篇文章的相似度为 0.85。由此表明,聚类的相似度得到了提升,聚类的效果大大改善。

8.5.4 网络舆情分析处理

网络舆情分析模块由敏感话题检测、热点话题检测以及内容倾向性分析等模块组成。

1. 敏感话题检测

敏感话题对于社会舆论的形成具有重大的影响,在本系统中,经过分词之后,得到结构化的文档,然后与敏感词库匹配,实现敏感话题的检测。针对当前的社会形势,总结较为敏感的话题词汇,建立敏感词库,然后将分词处理后的结果与敏感词库对比,利用关键词进行过滤,发现最终的敏感话题。具体的过程如下。

首先将文本数据分词处理,用获得的结构化文档以及建立敏感词库进行匹配。匹配统计出来的敏感词,计算其词频,最后依据敏感度计算文本的敏感度。最后依据设置的敏感度阈值进行比较,以此判断该文本是否是敏感话题。敏感话题检测流程如图 8-13 所示。

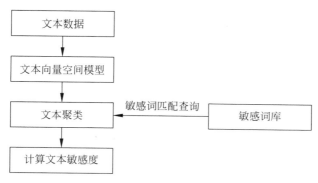

图 8-13　敏感话题检测流程

2．热点话题检测

热点话题检测也是本系统的重点，在聚类的基础上，依据对话题的分类、点击量以及评论数来进行热点话题的检测。通常，有很多网民讨论的话题是热点话题，热度的大小与讨论人数成正比。热点话题与敏感话题都能引起人们的关注，但热点话题比敏感话题更能引起人们的关注。热点话题的检测思想是：首先从青少年社交平台上采集数据，然后依据话题的点击量、评论数等数据进行评价，最终识别该时间段内的热点话题。

热点话题发现需要通过算法识别出来，热点话题是本模块的核心。话题发现如图 8-14 所示。

热点话题发现的宗旨是自动发现，依据给定的时间与人们关心的话题，且用户依据自己关心的话题或者关键词、摘要等进行查询。热点话题会随着各种因素的改变而变化，带有一定的时效性。在热点话题识别的过程中，聚类是重要的工作，但也不是全部的工作，在这一过程中，还是有很多的工作要做。

热点话题识别依据采集的数据内容、点击量以及评论数等信息，经过加权计算之后得出文章的关注度：

$$A = 0.4 \times N_1 + 0.3 \times N_2 + 0.3 \times N_3 \qquad (8\text{-}5)$$

其中，N_1 是文本总数，0.4 与 0.3 是设定的权值，N_2 为文章点击量，N_3 是文章评论数。

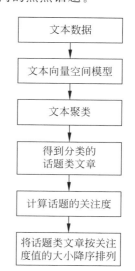

图 8-14　话题发现

3．内容倾向性分析

对于内容倾向性的检测，主要是依据分析信息发布者的主观情感来获得信息发布者对于该信息是积极态度还是消极态度。内容倾向性检测的过程为：在分词的基础上，得到结构化的文档，然后与情感词表进行匹配，并利用预先设定的情感词权值计算。内容倾向性检测的流程如图 8-15 所示。

由图 8-15 可知，程度副词、情感词以及权值对于内容倾向性的检测具有重要的作用，是内容倾向性的检测基础。依据掌握的信息通过人工的方式对词条的强度与极性进行标注。内容倾向性的检测过程为：首先经过分词之后得到结构化的文档，然后依据停用词

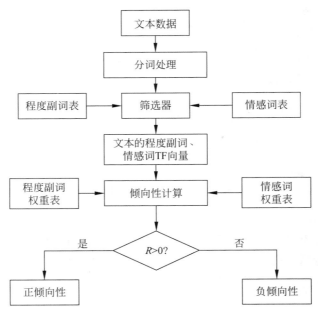

图 8-15   内容倾向性检测的流程

信息过滤,保留其中的形容词与副词,再将保留的词语和库中的情感词匹配,记录匹配出相同极性的词语,并依据权重与强度、极性记录对应的权值,最终将全部极性词语进行相加,计算文本内容倾向性,并与设定的阈值比较,分析文本的内容倾向性。其中计算内容倾向性的公式为

$$R = \sum_{i=1}^{n} \text{word\_tf}_i \times n_i \tag{8-6}$$

其中,word_tf_i 是文本的程度副词或情感词的词频数,n_i 是文本的情感词或程度副词的权重。若计算结果小于 0 则为负倾向性,反之则为正倾向性。

8.6   网络舆情分析的发展趋势

　　网络舆情监测预警系统主要完成互联网海量信息资源的综合分析,提取支持政府部门决策所需的有效信息,目前,国内外政府职能部门与研究机构,尤其是西方发达国家,针对该类系统应用与技术研发投入了相当的资源,使该类系统与技术得到了全面发展。各国对于通过互联网捕获与掌握各类政治、军事、文化信息,都从战略角度予以高度重视,以美国为例,为提高政府对信息的掌控能力,任命了约翰·内格罗蓬特为首任国家情报局长,重点解决多渠道信息的融合和统一表达,提高信息控制能力。新加坡、法国等国家也都建立了类似的对公开信息资源进行融合、分析与表达的系统,作为其政府的决策依据。

　　美国遭受"9·11"恐怖袭击后,国会随即提议设立内阁级国家情报局,美国还加强了情报机构的建设,美国国防部下属的情报和安全司令部已经拟订计划,建立一个可以提供各种信息的、世界上最大的全球情报信息资料库。该资料库将记录人们日常生活中的每一个细节,以供美情报部门所调用。美国军方希望其能成为一个巨大的电子档案馆,通过搜集并保存世界所有的信息资料库的资料(如各国航空公司预订机票名单、超市收款机存根、手机通话者清单、公共电话记录、学校花名册、报刊文章、汽车在高速公路上的行车路线、医生处方、私人交易或工作情况等),使电子档案馆成为"情报全面分析系统"。对于这样一个包罗万象的信息资料库,美国军方明确其信息来源主要是通过互联网、报纸、电视、广播及各国政府和民间机构的信息网络经过筛选和汇集的信息,在融合的基础上供专业分析人员随时调用。该系统可以帮助情报人员通过关键谈话、有关危险地区的情报、电子邮件、在互联网上寻找后追踪有关炭疽的资料等可疑的"交易"痕迹,并在恐怖分子发动攻击前就可以提供预警信息,抓获罪犯。为了能够将这项庞大的情报搜集计划尽快付诸实施,美国国防部组建了专门的机构——情报识别办公室,美国国防部部长皮特·奥尔德里奇表示:"此系统建成后,只要接通计算机,随时都可以全面了解到各种交易、护照、汽车驾驶执照、信用卡、机票、租赁汽车、购买武器或化学产品、逮捕通缉令和犯罪活动等信息,这对美国安全来说简直太重要了。"20 世纪 90 年代以来,美国中央情报局一直在采取各种手段和实施,通过发展各种网络侦察技术,改进其情报的搜集和处理能力。2004 年 11月 18 日,美国联邦上诉法院做出裁决,允许司法部在追踪恐怖分子和间谍嫌疑对象时,有权使用包括互联网邮件检测和电话窃听在内的情报搜集手段,为了获取犯罪分子内部的网络通信线索,美国联邦调查局曾向包括美国在线、Exctite@Home 在内的几大互联网服务商发出指令,要求他们在互联网服务器上安装窃听软件,把截取的电子邮件作为情报来源。美国中央情报局也早已制订了内容广泛的互联网情报搜集计划。它主要包括两个方面:一方面是尽早进入全世界各公司、银行和政府机构等的计算机系统进行信息收集;另一方面是尽早开发出能使便于遍布世界各地情报分析人员进行交流、传输信息的计算机网络。

英国、法国、日本、新加坡等国家也都在开发基于互联网的情报分析和预警系统。种种迹象表明,随着互联网对社会、经济等领域的影响不断扩大和深化,将互联网视为最大的公开信息资源,实现网络情报的提取和知识的挖掘,已经成为各国安全和稳定的重要手段之一。

我国政府同样高度重视互联网信息资源的合理开发和利用,尤其对涉及国家与社会稳定的信息捕获和分析技术的研究与开发。《国民经济和社会信息化重点专项规划》与《关于我国电子政务建设的指导意见》中明确指出,对于互联网信息资源的开发和利用是今后一段时期内我国文化与信息化建设方面的重要内容。这表明在互联网信息资源开发和利用的竞争中,我国已迈出具有重要战略意义的一步。

总体而言,该领域的技术发展趋势可归纳为以下几方面。

1. 针对信息源的深入信息采集

在各类互联网信息提取分析系统或技术中,核心技术必然包括对互联网公开信息资源的广泛采集与提取。以常见的 Hotbot、百度等搜索引擎为例,其核心的技术路线是以若干核心信息源为起点,通过大量的信息提取"机器人"(Agent 或 Spider)完成对信息的广泛提取,虽然各个搜索引擎的具体实现不尽相同,但一般都包含 5 个基本部分:Robot、分析器、索引器、检索器和用户接口,其基本工作原理如图 8-16 所示。

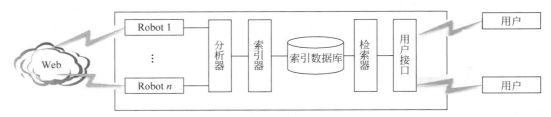

图 8-16　搜索引擎的基本工作原理图

传统搜索引擎中的 Robot，一般采用广度优先的策略来遍历 Web 并下载文档。系统中维护一个超链队列(或者堆栈)，包含一些起始 URL。Robot 从这些 URL 出发，下载相应的页面，把抽取到的新超链加入队列(或者堆栈)中。上述过程不断递归重复，直到队列(或者堆栈)为空。为了提高效率，常用的搜索引擎中都可能会有多个 Robot 进程/线程同时遍历不同的 Web 子空间，对采集到的信息使用分析器进行索引，对中文信息而言，通常使用基于分词的技术路线进行分析。

索引器、检索器和用户接口被用来在传统搜索引擎中实现更加友好的用户索引和检索。

而以 Hotbot、百度等为代表的搜索引擎技术，即俗称"大搜索"的技术，并不能完全满足本项目中网络舆情监测预警系统的需求。具体而言，"大搜索"技术主要不足体现在对于互联网定点信息源信息的提取率(一般定义为指定时刻提取信息比特数/信息源信息总比特数)过低，究其原因，主要有两点：一是在"大搜索"引擎中，Robot 需要同时完成广度优先和深度优先的互联网信息提取，而事实上，同时满足广度优先和深度优先设计的 Robot 在性能与可靠度方面均存在一定的缺陷，由于此类 Robot 带来了巨大的网络与服务器性能负荷，大量的 Web 服务器对于简单、机械的 Robot 行为施加了很大的限制；二是目前大多数 Robot 并不能够访问基于框架(Frame)的 Web 页面、需要访问权限的 Web 页面，以及动态生成的 Web 页面(本身并不存在于 Web 服务器上，而是由服务器根据用户提交的 HTML 表单生成的页面)，如"大搜索"搜索引擎对于网站论坛类信息提取的严重不足。

在类似网络舆情监测预警系统的信息采集中，重点需要解决的是定点信息源信息的深入和全面采集问题。国内外的研究人员已展开定点信息源的深入挖掘技术的研究和开发。"企业级"搜索引擎、"个性化"搜索引擎等代表了该领域目前重要的发展趋势。

2. 异构信息的融合分析

互联网信息的一大特征就是高度的异构化，所谓异构化，指的是互联网信息在编码、数据格式及结构组成方面都存在巨大的差异，而对于海量信息分析与提取的重要前提，就是对不同结构的信息可以在统一表达或标准的前提下进行有机整合，并得出有价值的综合分析结果。

对于异构信息的融合分析，目前比较流行的方式可以分为两类。

一是通过采取通用的、具有高度扩展性的数据格式进行资源的整合。其中，具有代表性的技术是 XML(Extensible Markup Language)，XML 具有结构简单、易于理解的特点，是目前国际上广泛使用的对于异构信息融合分析的重要工具，它可以很方便地将内容从异构文本信息中分离出来,XML 标记的文档可以使用户更方便地提取和使用自己想用的内容,并使用自己喜欢的表达格式。XML 为异构信息的融合分析提供了基础,通过 XML 可以使内容脱离格式,成为只和上下文相关的数据,以便于内容的检索、合并或者利用,研究人员在 XML 基础上定义的宏数据(Metadata)进一步提高了异构信息融合分析的准确度和效率。宏数据是关于数据的数据,是以计算机系统能够使用与处理的格式存在的、与内容相关的数据,是对内容的一种描述方式,通过这种方式可以表示内容的属性与结构信息。宏数据分为描述宏数据、语义宏数据、控制宏数据和结构宏数据,在内容管理中,通常是宏数据越复杂,内容提升价值的潜力就越大,一般而言,宏数据模型的产生,需要一个面向客户内容管理的通用数据模型,以适应客户不断变化的需求,达到提升信息价值的目的。宏数据一旦从原始内容中提取出来,就可以把它与原始的内容分开,单独对它进行处理,从而大大简化了对内容的操作过程,实现异构信息的融合分析。另外,语义宏数据与结构宏数据还可用于内容的检索和挖掘,类似的技术还包括 UDDI、UML 等。

二是采取基于语义等应用层上层信息的抽象融合分析,这一类技术的代表是 RDF、XML,所存在的问题是因为 XML 不具备语义描述能力,所以在真正处理对子内容融合要求比较高的信息时,难免力不从心,为此,W3C 推荐了 RDF(Resource Description Framework)标准来解决 XML 的语义局限。

RDF 提出了一个简单的模型用来表示任意类型的数据,这个数据类型由节点和节点之间带有标记的连接弧所组成,节点用来表示 Web 上的资源,弧用来表示这些资源的属性。因此,这个数据模型可以方便地描述对象(或者资源)及它们之间的关系。RDF 的数据模型实质上是一种二元关系的表达,由于任何复杂的关系都可以分解为多个简单的二元关系,因此 RDF 的数据模型可以成为其他任何复杂关系模型的基础模型。

在实际应用中,RDF 通常与 XML 互为补充。首先,RDF 希望以一种标准化、互操作的方式来规范 XML 的语义,XML 文档可以通过简单的方式实现对 RDF 的引用,通过在 XML 中引用 RDF,可以将 XML 的解析过程与解释过程相结合,也就是说,RDF 可以帮助解析器在阅读 XML 的同时,获得 XML 所要表达的主题和对象,并可以根据它们的关系进行推理,从而做出基于语义的判断。XML 的使用可以提高 Web 数据基于关键词检索的精度,而 RDF 与 XML 的结合则可以将 Web 数据基于关键词的检索更容易地推进到基于对象的检索。其次,由于 RDF 是以一种建模的方式来描述数据语义的,这使得 RDF 可以不受具体语法表示的限制。但是 RDF 仍然需要一种合适的语法格式来实现 RDF 在 Web 上的应用,考虑到 XML 的广泛采纳和应用,可以认为 RDF 是 XML 的良伴,而不只是对某个特定类型数据的规范表示,XML 和 RDF 的结合,不仅可以实现数据基于语义的描述,也充分发挥了 XML 与 RDF 的各自优点,便于 Web 数据的检索和相关知识的发现。

3. 非结构信息的结构化表达

与传统的信息分析系统处理对象不同,针对互联网信息分析处理的大量对象是非结构化信息,对于阅读者而言,非结构化信息的特点比较容易理解,然而对于计算机信息系统处理却相当困难。对于结构化数据,长期以来通过统计学家、人工智能专家和计算机系统专家的共同努力,有相当优秀的技术与系统成果可以提供相当准确而有效的分析。

对于从非结构化信息得到结构化信息,传统意义上我们将其归结为典型的文本中的信息提取问题,这是近年来自然语言信息处理领域中发展最快的技术之一。随着网络的发展,网络中盛行的有异于现实社会的网络语言为该类技术提出了新的挑战,一般而言,文本信息提取是要在更多的自然语言处理技术支持下,把需要的信息从文本中提取出来,再用某种结构化的形式组织起来,提供给用户(人或计算机系统)使用,信息提取技术一般被分解为5个层次:①专有名词(Named Entity),主要是人名、地名、机构名、货币等名词性条目,以及日期、时间、数字、邮件地址等信息的识别和分类;②模板要素(Template Element),是指应用模板的方法搜索和识别名词性条目的相关信息,这时要处理的通常是一元关系;③模板关系(Template Relation),是指应用模板的方法搜索和识别专有名词与专有名词之间的关系,此时处理的通常是二元关系;④同指关系(Co-reference),要解决文本中的代词指称问题;⑤脚本模板(Scenario Template),是根据应用目标定义任务框架,用于特定领域的信息识别和组织。自然语言处理研究是信息提取技术的基础,在现有的自然语言处理技术中,从词汇分析、浅层句法分析、语义分析,到同指分析、概念结构、语用过滤,都可以应用在信息提取系统中,例如对专有名词的提取多采用词汇分析和浅层句法分析技术;识别句型(如SVO)或条目之间的关系需要语用分析和同指分析;概念分析和语用过滤可以用来处理事件框架内部有关信息的关联和整合。随着传统的信息提取技术向基于网络的文本信息提取转化,基于贝叶斯概率论和香农信息论的信息提取技术逐步成为重要的主流技术。这一流派的技术主要根据单词或词语的使用和出现频率来识别不同文本在上下文语境中自己产生的模式。通过判断一条非结构化信息中的一种模式优于另一种模式,可使计算机了解一篇文档与某个主题的相关度,并可通过量化的方式表示出来,通过这种方法可以实现对于文档中文本要素的提取、文本的概念自动识别,以及对该文本相应的自动操作。目前,该技术发展的最新趋势是对于文本的信息提取,已经形成从数据集成、应用集成到知识集成的从低到高的3个不同层面。知识集成实现将组织已建立的非结构化数据库,使用先进的信息采集、信息分类和信息聚类算法,通过系统自身对信息的理解,将信息依照用户的需求,充分有效地集成为整体。

综上所述,完成非结构信息的结构化表达,是针对互联网信息分析系统的重要发展趋势,并且已经取得了一定的技术成果。

目前国内外针对互联网信息资源管理与控制系统、技术的研究取得了一定的成果,其核心是根据互联网信息的特点,结合目前现有相对成熟的技术,从信息的采集、融合和表达等若干重要环节进行突破,最终达到系统设计的辅助决策功能。

8.7　本　章　小　结

网络舆情具有庞大、复杂、影响因素众多、动态变化等特点,因此,对网络舆情安全综合态势进行分析成为一项极其复杂的系统工程。当前网络舆情分析正处于从网络舆情研究到大数据舆情研究的过渡期,本章首先分析了互联网舆情研究的现状,给出互联网舆情分析的基本思路与方法,说明了其中涉及的几个关键技术问题。结合现今互联网舆情现状,本章给出了几个实际互联网舆情应用,对互联网舆情分析系统的构建具有参考价值。网络舆情分析是时代发展的需要,可以防范误导性舆论危害社会,把握和保障正确舆论的导向。网络舆情分析是一个包含多领域知识、多技术手段的综合性技术,所以不可避免地存在很多技术上的难点和问题,这些都需要更深一步的研究和探索。

习　　题

1. 互联网舆情具有什么特点? 为什么要对舆情进行分析?
2. 常见的网络舆情分析技术包括哪些环节?
3. 为什么说一般的网络搜索技术无法满足网络舆情分析的需要?
4. 网络舆情分析中监控目标热点自动发现功能主要利用了哪些典型的安全技术?
5. 未来影响网络舆情分析及预警技术主要有哪些?

第 9 章

开源情报分析

9.1　基本概念

理论讲解

实验讲解

9.1.1　开源情报分析的概念

　　所谓开源情报,是指通过对公开的信息或其他资源,包括报纸/刊物、电视、互联网等进行分析后所得到的情报。开源情报的利用其实比人们更感兴趣的秘密情报的使用更古老,但长期以来开源情报的价值远不及秘密情报,以致没有得到专门的关注。然而,现代通信技术的发展,特别是因特网的出现和网络时代的来临,已彻底改变了开源情报的价值、地位和影响。随着互联网内容爆炸性增长,利用网页信息提取技术和数据挖掘技术采集情报变得越来越重要,不光商业部门重视开源情报的挖掘,安全部门也开始越来越重视开源情报,历史上的间谍卫星和地下间谍组织不再是这些安全部门的代名词,也许会越来越多地采用 OpenSource.gov 方式,开源情报挖掘将扮演越来越重要的角色。

　　据国际情报专家的估计,目前西方发达国家的国家情报的 40%～95% 都是以开源情报的形式获取的。情报的时代已从第一次世界大战前的人员情报(HUMINT)、第二次世界大战期间的信号情报(SIGINT)、冷战前后的图像情报(IMINT),进入当今的开源情报(OSINT),并以网络情报(NETINT)为主要特征。在开源情报时代,许多过去由国家垄断独有的机密信息已变为个人随手可得的公开资源。这一变化根本性地改变了个体与组织,特别是与国家组织的权力生态及其平衡,具有深远和广泛的影响,并将深刻地改变国家安全的概念、内涵和保障措施。例如"9·11"事件之后,美国立即启动了获取开源情报的"全面信息感知(TIA)"计划,野心勃勃地企图搜集每个人尽可能多的信息,从上网行为、信用卡记录、健康档案、学习成绩、出行时间……包罗万象,无孔不入,以致次年被纽约时报披露后,引起社会的恐慌,惊呼"没有隐私"的时代即将来临。特别是 TIA 的负责人,前国家安全顾问庞蒂戴克斯特曾是臭名昭著的"伊朗门"事件的主角,更引起大众对 TIA 的恐惧和憎恨,以致 2003 年美国国会不得不解散 TIA。但直到近几年,TIA 的许多措施仍在进行,并在为联邦政府研发各种获取开源情报的秘密数据挖掘工具以及包括 ADVISE 和 ASAM 在内的监控系统。迫于公众压力,有关部门把 TIA 中的 T 从代表"全面(Total)"改为"恐怖分子(Terrorist)",但极可能是换汤不换药。

　　网络开源情报分析为何变得如此重要?首先是由于其内在的价值和特性。较之传统情报,网络开源情报更加全面、综合和系统,更能够显示变化的趋势和规律。其次,网络时代的到来,使得开源情报的这些特征更加突出和重要,并必不可少。因为网络空间已逐渐成为人们生存的另一半实实在在的空间,成为一个开放、复杂、巨大的海量信息源。更重要的是,网络时代中各类社会群体的形成变得十分容易,而且其动态变化更快,更难以预测,其组织形式更广,更深不可测,这一时代的特征使得对社会态势的精确把握变得必要而且必须,而开源情报是进行任何社会态势分析的基础。

著名的兰德公司是最早意识到必须深入研究信息与社会交互作用的机构之一。兰德研究人员注意到开源信息在 20 世纪 80 年代末东欧各前共产党国家变革中的重要作用,提出了利用"人工社会"的概念分析各类信息和基础信息设施对不同社会和族群的冲击。他们认为开源信息对于"封闭社会"的影响,已引发或更直截了当地说,煽动起一场根本性的政治权利的转移。而且,在可以预见的将来,在我们能够规划的最远处,没有其他任何的东西能够比信息的发展和利用更快地改变世界,就连人口和生态的变化也不能如此深刻或迅速地改变世界。兰德的研究隐示了在数字网络化时代中及时有效地对社会状态和趋势进行动态分析的重要性。正如高速运动和极端尺度空间中的研究需要现代的物理科学,快变动态、传播广泛的网络社会也必须有相应的精确社会科学来指导,而开源信息是其根本的基础。

迄今我国已有上亿的"网民",而且数目还在加速发展。无论是从政治上还是经济上,这些网民的影响可能远远超过他们所占的人口比例。换言之,网络人口掌握的政治经济资源和所具有的社会影响,可能远远大于其余人口的总和。尤其考虑到当前我们国家正处在社会转型阶段,短期内各种矛盾不可避免,特别是网上群体往往比其他普通社会群体更有影响和活动能力,因此我们就更要正视并研究网络开源情报与网络社会的状态和趋势,为国家和社会的安全和发展及时提供有效的信息,为相关政策的制定提供科学基础。

现今网络已经进入大数据时代,科技情报研究面临新的挑战。开源情报分析的手段及工具近年来呈跳跃性发展,目标要求也越来越高,正从科技信息向科技情报,进而迅速向科技解析转化。面对欧美发达国家已将大数据理念与技术投入开源情报的实际研究中,目前我国科技情报领域尚未建立对国外科技政策行动、战略规划、态势分析的开源情报分析系统,难以及时、系统地收集、汇总和分析国外科技情报总体态势,对于互联网、数字出版物、公开数据库等开源载体信息难以及时跟踪感知与系统掌握;同时,已有的基于闭源情报的数据采集与分析系统涉及数据信息范围小而零散,情报分析周期较长,情报更新速度较慢,难以快速形成整体感知与全局智能关联分析,难以调集优势资源与专家力量进行集中研判,难以迅速做出科技情报研判与决策。在这样的背景下,网络开源情报研究工作亟须推进大数据辅助决策,提升对科技数据资源的控制能力,构建集海量数据采集、处理、综合分析与应用于一体的面向大数据的科技情报态势解析与决策的情报支撑与服务系统。这对保障国际安全、国家安全、社会安全、商业安全和个人安全都是一项极其重要且具基础性、战略性和前瞻性的研究工作;同时,这方面的研究对促生知识经济下的新型产业也至关重要,事关国家的核心竞争力,在未来的情报竞争中占得先机。

9.1.2　开源情报分析的价值

与其他类型的情报工作相比,网络开源情报工作的价值体现在以下三方面。

1. 情报收集成本小,风险低

(1) 开源情报的经济成本较低,甚至有专家认为相比于卫星等其他情报工具,在开源情报工作上的投入可以获得更大的回报,因此对于那些情报工作预算吃紧的国家,完全可以用开源情报代替传统的秘密情报工作。

(2) 降低情报收集工作量。传统情报工作都需要专业人员来收集情报,成本较高。而利用维基百科等 Web2.0 机制,可以动员机构内的所有人员以及社会上对该主题感兴趣的人员来共同收集情报,情报成本大大降低。

(3) 开源情报工作几乎是零风险的。对企业和社会机构而言,开源情报可以避免其他情报工作中可能存在的违法或违反道德的风险;对国家而言,开源情报可以避免其他类型情报工作常常引发的外交纠纷。

2. 开源情报内容更加丰富

(1) 情报具有不断变化的属性,这迫使情报工作人员能够迅速简便地理解外国社会和文化。当前的威胁来源快速变化而且地理上分散,情报分析工作往往很快地从一个主题转换成另一个主题,情报专家需要很快地消化关于某个国家的社会、经济和文化信息,开源情报可以提供这些详细信息。

(2) 情报人员需要借助开源情报来理解那些秘密情报。虽然情报人员创造了大量秘密情报,但与某个主题相关的秘密情报数量总是有限的。而情报机构获得的秘密情报往往只是只言片语,如果只根据这些秘密情报内容,在上下文不足的情况下,情报人员往往很难明白某份情报的含义。而开源情报可以提供补充,让情报人员可以对相关情报有一个掌握,从而真正理解某份秘密情报的内容。

(3) 开源情报有助于研究长期问题。因为秘密情报往往内容零散,而且只是为了满足特定需求,因此这些情报往往不够连贯。而开源情报可以通过公共渠道持续获取,能形成较长时间序列的信息,因此可以从中研究关于某种事物的长期规律与趋势。

3. 开源情报工作具有隐蔽性

(1) 开源情报可以保护情报源和情报方法。有时候人们从秘密情报渠道获得了情报,但在向公众说明或与对手交涉时,可以将其解释为从开源情报途径获得的,这样可以避免暴露秘密情报源以及情报渠道。

(2) 开源情报可以保护自身的战略意图。传统情报工作往往需要采用各种人工或技术手段到对方系统中进行情报刺探,一旦被对方发现踪迹,对方就可以根据情报搜索内容推断己方的意图,而开源情报工作完全在自己国家或机构内部进行,对方无法察觉,自然也无从推断自身的意图。当然,鉴于开源情报的来源问题,其也存在许多不足之处。

① 信息量大,信息过载,需要花费大量精力来筛选有用情报。虽然目前已有许多用于信息提取和过滤的 IT 产品,但在实际工作中仍需要大量的人力来从事开源情报筛选工作。

② 信息的真实性难以确定。首先,报纸、网络等公开载体上的信息往往有很大的随意性,鱼龙混杂,可靠性较差。其次有些国家和社会机构出于某种目的,可能会故意散播虚假信息,为此开源情报工作中往往需要从不同来源对获得的情报进行确认。

9.2 开源情报分析的发展和研究

近几年,欧美等发达国家越来越重视网络开源情报工作,逐步建立起比较完整的开源情报工作体系。下面简要介绍美国和欧洲国家的开源情报工作状况。

美国是开源情报工作的急先锋。2005 年美国国家情报主任办公室成立了开放源中心(Open Source Center,OSC),2006 年又立法启动了国家开放源事业计划(National Open Source Enterprise,NOSE),专注网络公开信息的搜集、共享和分析,而且规定任何情报工作必须包含开源成分。通过 OSC,美国力图实现在任何国家,从任何语言中获取开源情报的能力,获取有关国家军事、国防、政府、社会和经济方面大量的有价值情报,其中因特网是其主要的开源情报源。这些工作取得了很好的效果,据美国中央情报局的统计,2007 年的情报收集总数中超过 80% 来自公开情报源。另外,美国政府官员和民间人士组织成立了开源情报论坛(Open Source Intelligence Forum),定期召开会议。

欧洲各国也十分重视开源情报工作,定期举办开源情报论坛(EUROSINT)。虽然欧洲国家并没有像美国那样设立专门化的开源情报机构,但各相关政府机构都将开源情报工作作为自身的重要工作内容之一。以瑞士为例,瑞士联邦政府建立了跨部门的开源情报工作组,联邦国防部下属战略情报中心(Strategic Intelligence Service,SND)、军事情报中心(Military Intelligence Service,MND)都建立了制度化的开源情报工作体系,警察部下属的国内情报中心也于 2001 年建立了专门的开源情报工作小组。在英国,英国广播公司监测处(BBC Monitoring)是一个十分重要的开源情报机构,该机构对全球范围的大众媒体进行甄选和翻译,为英国政府提供国外媒体和宣传的参考服务。该机构最大的股东为内阁办公室,外交和联邦事务部、国防情报组以及其他情报机构为它提供了大量经费支持。

澳大利亚在西方国家中较早建立了专业性开源情报机构。早在 2001 年,澳大利亚就建立了国家开源情报中心(National Open Source Intelligence Centre,NOSIC),为联邦政府、各州政府部门以及商业机构提供社会安全、跨国犯罪、恐怖主义、激进主义等领域的开源情报监测、研究和分析支持。同时,一些国家安全部门,如国家评估办公室(the Office of National Assessments,ONA)建立了开源情报中心,辅助政府制定国际政治、国家战略以及经济发展等方面的战略决策,确保政府得到国内外威胁的全面预警。

随着数据挖掘及网络大数据分析技术的发展,美国情报机构与军方正越来越多地利用基于机器学习的分析平台,从类似社交媒体的数据源中甄别所需的有效数据。五角大楼负责人称,这些工作通常属于开源情报初步分析。同时,美国情报界正花费数十亿美元建设地理空间情报,开源的数据都是离散的,例如网页、电子邮件、即时消息和社交媒体。结果从事地理空间情报研究的人经常归为"人文地理"。情报分析所面临的最大挑战之一,是越来越大的离散开源数据量,例如那些恶意人士依托 Meta 和 Twitter 进行交流和扩张。因此,他们正在通过机器学习和其他新型数据分析技术实现开源情报收集自动化。

Digital Reasoning 公司的认知计算平台 Synthesys 扫描离散的开源数据以明晰相关的人物、地点、组织、事件和其他事实。它依靠自然语言处理与公司所谓的本质与事实的提取。该平台旨在通过"关键指标"和框架将从开源数据得到的情报自动化处理,还尝试使用类似的算法、分类方法和本质解析方法来集中和组织相关联的离散数据。最后,使用图像分析以及时域和地理空间推理,机器学习系统尝试得出基于用户识别的机遇、风险和不规则的开源情报。

其他数据分析公司正在采取不同的方法来收集开源情报。例如,马萨诸塞州剑桥市的基础技术公司正致力于文本分析软件的开发,据称该软件能够识别 55 种语言的姓名和地名信息。Rosette 分析软件的输出能够进行可视化并链接分析应用或警报系统。Opera 服务公司 2013 年推出一种算法叫作"信号处理器",使用机器智能检查数据流来识别威胁。这种工具能够通过专门的算法来分析社交网络、网上论坛和其他开源评论,以便帮助识别威胁。据称,该软件的处理能力超过 50 种语言的 2 亿个在线元素,并且能够驾驭 8000 万个术语和 4.2 亿项关联。能够识别各种威胁并按照严重程度排序。

国内在网络开源情报分析领域做了许多重要的工作,面对开源情报的大数据时代,化柏林等人提出把繁杂的大数据进行合理的分析,认为"大数据更需要清洗"。在网络海量信息环境下,情报研究的方法体系面临新的挑战。同时,情报学领域研究的方法众多,需要特定的方法体系在开源情报的环境下快速集成,从多维角度综合反映领域研究状况的宏观、微观原貌。2012 年,王飞跃提出了知识产生方式和科技决策支持的重大变革——面向大数据和开源信息的科技态势解析与决策服务提供了集快速获取文献数据并支持半自动化的从多维角度进行文献解析的框架,该框架包含了 ASKE(Application Specific Knowledge Engine)与科研协作等采集、解析方法与框架。该框架已成功地系统应用于智能交通领域的学科动态分析中,为该领域科研人员提供良好的交互服务。

综合来说,我国的开源情报工作具有较长的历史,各级科技情报所、舆情工作部门等都可以视为开源情报工作的一部分。近年来,各级情报机构也在开源情报工作方面做了一些新的探索,如上海科技情报所建立了以开源情报为基础、面向行业情报服务的第一情报网。但总的来说,与情报工作发达的西方国家相比,我国政府和社会对开源情报的价值仍认识不足,网络开源情报的社会和技术潜力仍没有得到充分的挖掘。

9.3 开源情报分析的指标

开源情报的可靠度评价指一则可靠的情报应能提供值得信赖的信息,令情报用户接受其建议,相信其产出。而"可靠"包含专业性(如经验丰富、知识渊博、智慧超群等)和真实性(如诚实、客观、良好等)两层含义。在可靠度评价时,两层含义可分别对应于公开源情报的信息源和信息内容,开展相互独立的评价工作。

9.3.1 信息源可靠度

评价指标信息源是指传播信息的机构,如报社、出版社、电视台、广播台、政府宣传机构等。第一手信息源能直接接触和完整传递信息,可靠度较高。第二手信息源经过其他媒介传递,加之翻译、总结、转述、节选等原因,可靠度有所下降。权威信息源由于需要对政府、政党、民众、领导等机构或人员负责,往往还需要追踪报道,所以较为准确。评价信息源的可靠度要考查它是否依据专业标准开展工作,是否履行核实查证程序,是否直接接触事件或信息,报道是否全面、真实、客观、及时,能否持续跟进,以往的可靠度水平等。实践中可参考如下指标。

1. 形式特征

形式特征包括信息源网站、纸质出版物、电子出版物内外包装等产品或媒介的排版美工水平,引用图片的清晰度、大小,纸张质量,印刷质量,印刷错误数量及程度,风格是否稳定统一,以及其他视觉、触觉可以评价的外在指标。

2. 组织特征

第一,是指被评价的信息源是否由一个合法组织来管理运营。例如网站或出版物是否公布了该组织的地址、电话、电邮等联系方式,是否公布了专门的联系人,是否发布或刊出过该组织办公场所或组织成员的照片,是否能查询到该组织与其他伙伴、客户,特别是其与上级管理监督机构交往的记录。第二,上述联系方式是否有效,能否顺畅便捷地与其取得联系并交换意见。第三,是指管理运营该信息源的组织的专业性。例如是否有该领域的专家在组织中供职,或者该信息源的作者、提供者多为该领域的专家、权威或高水平人士,以及该组织及其成员具有哪些资质和资格。

3. 链接特征

对于网站,要考查它的链接是否为死链,是否指向可靠度较低的信息源,是否指向以营利为目的的信息源,是否指向与本信息源所在领域无关或相关性很低的信息源。对于印刷性媒介,链接主要表现为它介绍、评价、引用、参考的其他信息源。

4. 价值特征

可靠度较高的信息源会围绕某领域、某主题展开报道和论述;将方便读者、帮助读者作为工作目标,不会以本组织的理念、职责、成绩为宣传重点;除赞助商广告外一般不发布商业信息,而且商业性内容会与主体内容明确区分开。从立场上来看,可靠的信息源应能保持一贯的立场和观点,各期内容不会出现明显的态度转变或对立观点。

9.3.2　信息内容可靠度

评价指标评价公开源情报内容的可靠度,第一,要明确公开源数据(Open Source Data,OSD)、公开源信息(Open Source Information,OSI)和公开源情报的区别。OSD 是指印刷品、广播、口述、照片、信件、录音、视频等原始材料。OSI 由一组筛选、确认、编辑后的 OSD 构成,用以表达某种含义。而 OSINT 是为满足特定需求、解决特定问题而有意识地发现、辨别、提炼,并推送给特定客户的一条或若干条 OSI。区分这三个概念有助于从更为总括的视角驾驭 OSD 或 OSI,避免对某单一素材的过度重视、有意忽略或曲解。

第二,要考查信息所表述的内容是否合情合理:信息本身是否存在逻辑冲突;能否及时更新;能否与其他来源的信息相互佐证;如与其他来源的信息冲突,那它是否真实。事实上,将需要评估的信息与其他来源的相关信息进行比较,是最常用、最有效的可靠度评价方法。

第三,从语言学角度考查。高可靠度的内容一般行文直截了当、清晰准确、诚实得体,不会出现错别字、标点不当、语法错误、语句不通、外文拼写错误等低级错误。

第四,从参考引用文献角度考查。高可靠度的内容会为数字、主要观点标引出处,这实际上是提供了鉴定信息质量的第三方。读者可以通过超链接、参考文献、脚注、尾注等途径查询和进一步了解这些内容。

当评价工作结束后,要对一条信息的可靠度水平进行标记。美国陆军的做法是按照可靠度依次降低的顺序,将信息源评价结果标记为 A~F(F 表示不能确定,而非可靠度最低),将信息内容评价结果标记为 1~6(6 意义同 F)。例如,一条信息来自最可靠的信息源,并且信息内容也最可靠,那它的标记就是 A-1。

公开源情报来源广、种类多,难以形成一种规范化的评价方法。所以目前多使用专家主观评价的方式。该方式的准确性多依赖于评价者的分析技能、知识背景和相关经验。由于评价、甄别后的情报才进入分析、应用阶段,这使得最终情报产品的质量在很大程度上取决于评价者的水平。一旦评价阶段有所偏颇或谬误,很可能导致决策失误,带来损失。对此"9·11"报告在结论部分明确指出:"反恐分析的质量前后不一、相互矛盾,许多分析师欠缺经验、能力低下、训练不足,而且缺少对关键信息的掌控。这导致分析工作缺乏创造性和进取性,理解特定情报的能力长期不足。"基于上述原因,一种客观、规范的可靠度评价方法应当被提出,并在公开源情报的甄别过程中加以实践。如前文所述,"相互比较"是重要的可靠度评价方法之一。围绕这一核心,有学者设计出如下的评价思想:第一,通过某一信息源过去一定时期的报道与之后被证实的事件和得到的结论之间的比较,对该信息源的可靠度做出评价。第二,通过某则报道的内容与已经证实的事件和得到的结论之间的比较,对该则信息内容的可靠度做出评价。第三,通过可靠度未知的信息源报道的内容与多个可靠度得到证实的信息源报道的同主题内容之间的比较,对这一可靠度未知信息源做出评价。这三种思路既包括历史性的纵向比较,也包括同一时期内的横向比较;既包括信息源内部的自我比较,也包括信息源之间的相互印证。评价思路如图 9-1 所示。

历史性纵向比较

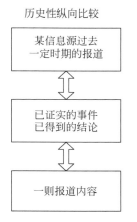

同时期横向比较,信息源之间相互印证

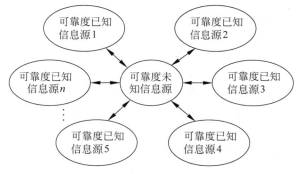

图 9-1　可靠度评价方法设计原则图示

如果操作得当,过程合理,上述思想应能改进现有的主观评价方法,实现客观性、规范性的提升。目前,公开源情报的可靠度评价方法还存在以下难点需要进一步研究:第一,不同信息源类别的转化问题。即如何高效准确地将文字、图片、语言、视频等资料抽象为事件说明。第二,针对中文信息的自动过滤技术,一方面由于中文分词的困难,基于关键词的过滤会产生大量无价值信息;另一方面由于同义词、近义词、不同表达方式的多样性,会遗漏大量的有用信息。第三,当不同信息源对某一事件或观点的评判相互矛盾、不易区分时,如何予以解决。

9.4 开源情报大数据分析方法

9.4.1 数据定量分析

数据作为重要的资产,已经在改变着组织决策的模式。有效收集并分析各种规模的大数据资源,运用多种方法充分挖掘数据的最大价值,已经成为衡量一个组织竞争能力的重要标志。人们已经充分认识到,随着大数据研究的深入,各种组织要以合理的投入充分发掘大数据所带来的情报价值,为组织全面深入地洞察态势提供支持。Science 杂志在2011 年《聚焦数据管理》的专辑中提出:"科学就是数据,数据就是科学""数据是金矿""数据推着科学的发展""从大数据中发掘大洞察"等理念意味着对数据分析提出了新的、更高的要求。可以这么说,大数据时代就是数据分析的时代。

大数据的基础在于数据,大数据的特点在于数据体量巨大、数据类型繁多、数据价值密度较低、处理速度较快。例如淘宝网站 2021 年"双十一"交易额为 5403 亿元,数据产生量超过 2EB。百度公司每天大约要处理 200 亿次搜索请求。数据量达上百 PB。一个80Mb/s 的摄像头 1 小时能产生 36GB 数据,一个城市若安装几十万个交通和安防摄像头,每月产生的数据量将达几百 PB。医疗卫生、地理信息、电子商务、影视娱乐、科学研究等行业,每天也都在创造着大量的数据。根据国际权威机构 Statista 的统计和预测,2035年全球数据产生量预计达到 2142ZB。如何处理超大规模的网络数据、移动数据、射频采集数据、社会计算数据,已经成为科研界和产业界亟待解决的关键问题,也是大数据要解决的核心问题。大数据分析的任务是对数据去冗分类、去粗取精,从数据中挖掘出有价值的信息与知识,要把大数据通过定量分析变成小数据。定量分析方法包括聚类分析、关联规则挖掘、时间序列分析、社会网络分析、路径分析、预测分析等。

情报分析也十分重视数据基础。早期的情报分析强调分析人员的专业背景和经验,更多地依靠人的智力去解读特定的、少量的数据对象,通过人的分析、归纳和推理得出情报研究的结论。随着科学技术的迅猛发展,学科专业呈现出综合和分化的趋势,综合的趋势要求情报分析人员具备跨学科的知识,分化的趋势表现在知识分支划分越来越细,所涉及的内容越来越专深。与此同时,情报分析面临的数据量也越来越大。根据《中国统计年鉴》的数据,我国每年发表的科技论文超过 150 万篇,专利年度申请受理量超过 200 万条,全世界每年的科技文献数以千万计。其他诸如会议文献、科技报告、技术标准等科技文献的增长速度也是非常迅猛的。在这种情况下,仅靠人力本身已经无法胜任情报分析工作。情报分析越来越多地依赖以计算机为代表的信息技术,利用数据挖掘、机器学习、统计分析等方法,运用关键词词频、词汇共现、文献计量等定量化手段,通过计算或者在计算的基础上辅以人工判断形成分析结论。目前,"用数据说话"已经成为情报分析的突出特点,在情报报告中越来越多地使用数据图表也充分说明了数据定量分析在情报分析领域的重要程度。

9.4.2　多源数据融合

把通过不同渠道、利用多种采集方式获取的具有不同数据结构的信息汇聚到一起,形成具有统一格式、面向多种应用的数据集合,这一过程称为多源数据融合。如何加工、协同利用多源信息,并使不同形式的信息相互补充,以获得对同一事物或目标更客观、更本质的认识,是多源数据融合要解决的问题。一方面,描述同一主题的数据由不同用户、不同网站、不同来源渠道产生;另一方面,数据有多种不同呈现形式,如音频、视频、图片、文本等。有结构化的,也有半结构化的,还有非结构化的,导致现在的数据格式呈现明显的异构性。

大数据的特点之一是数据类型繁多,结构各异。电子邮件、访问日志、交易记录、社交网络、即时消息、视频、照片、语音等是大数据的常见形态。这些数据从不同视角反映人物、事件或活动的相关信息,把这些数据融合汇聚在一起进行相关分析,可以更全面地揭示事物联系,挖掘新的模式与关系,从而为市场的开拓、商业模式的制定、竞争机会的选择提供有力的数据支撑与决策参考。例如,通过搜索引擎的检索日志可以获取用户关注信息的兴趣点,通过亚马逊、淘宝网可以获取用户的电子交易记录,通过 Meta、QQ、微信等社交平台可以了解用户的人际网络与活动动态。把这些信息融合到一起,可以较为全面地认识并掌握某个用户的信息行为特征。可以这么说,多源数据融合是大数据分析的固有特征。

当前,情报分析工作正在向社会管理、工商企业等各行各业渗透,情报分析与研究的问题往往更为综合,涉及要素更为多元,同时也更为细化,这导致单一数据源不能满足分析的要求,需要不同类型的信息源相互补充。同一种类型的信息可能分布在不同的站点,由不同的数据商提供。例如,论文数据的来源包括万方数据、维普、中国知网等。一项情报任务或前沿领域的研究,仅仅使用一种类型的数据是不全面的,如果把期刊论文、学位论文、图书、专利、项目、会议等信息收集起来,融合到一起,将更能说明某项研究的整体情况。另外,行业分析报告、竞争对手分析报告需要关注论坛、微博、领导讲话、招聘信息等各类信息,以全面掌控行业数据、产品信息、研发动态、市场前景等。同一个事实或规律可以隐藏在不同的数据源中,不同的数据源揭示同一个事实或规律的不同侧面,这既为分析结论的交叉印证提供了契机,也要求分析者在分析研究过程中有意识地融合汇集各种类型的数据,从多源信息中发现有价值的知识与情报。只有如此,才能真正提高情报分析的科学性和准确性,这不仅是对情报分析的要求,也是情报分析发展的必然趋势。

9.4.3　相关性分析

所谓"相关性"是指两个或者两个以上变量的取值之间存在某种规律性,当一个或几个相互联系的变量取一定的数值时,与之相对应的另一变量的值按某种规律在一定范围内变化,则认为前者与后者之间具有相关性,或者说两者是相关关系。需要注意的是,相关性(相关关系)与因果性(因果关系)是完全不同的两个概念,但常被混淆。例如,根据统计结果,可以说"吸烟的人群肺癌发病率比不吸烟的人群高几倍",但不能得出"吸烟致癌"的逻辑结论。我国概率统计领域的奠基人之一陈希孺院士生前常用这个例子来说明相关性与因果性的区别。他说,假如有这样一种基因,它同时导致两件事情,一是使人喜欢抽烟,二是使这个人更容易得肺癌。这种假设也能解释上述统计结果,而在这种假设中,这个基因和肺癌就是因果关系,而吸烟和肺癌则是相关关系。

大数据时代在数据处理理念上有三大转变:要全体不要抽样,要效率不要绝对精确,要相关不要因果。在这三个理念中,重视相关性分析是大数据分析的一个突出特点。通过利用相关关系,我们能比以前更容易、更快捷、更清楚地分析事物。只要发现了两个事物或现象之间存在着显著的相关性,就可以利用这种相关性创造出直接的经济收益,而不必非要马上去弄清楚其中的原因。例如,沃尔玛超市通过销售数据中的同时购买现象(相关性)发现了啤酒和尿布的关系、蛋挞和飓风的关系等。在大数据环境下,知道"是什么"就已经足够了,不必非要弄清楚"为什么"。典型的例子是,美国海军军官莫里通过对前人航海日志的分析,绘制了新的航海路线图,标明了大风与洋流可能发生的地点,但并没有解释原因。对于想安全航海的航海家来说,"什么"和"哪里"比"为什么"更重要。大数据的相关性分析将人们指向了比探讨因果关系更有前景的领域。这种分析理念决定了大数据所分析的是全部数据,通过对全部数据的分析就能够洞察细微数据之间的相关性,从而提供指向型的商业策略。亚马逊的推荐系统就很好地利用了这一点,并取得了成功。

相关性原理也是情报学的基本原理之一,相关性分析也是情报实践的常用分析方法。任何一种情报结构都是按一定规则相互关联的,分析并揭示情报相互关联(即相关性)的规律和规则,是对信息、知识、情报进行有效组织检索与分析挖掘的基础。检索任务与用户情境的相关性、检索结果的排序都是典型的相关性分析,共词分析、关联分析、链接分析也是典型的相关性分析,这体现了相关性分析在情报学学科发展中的地位。在实际的情报分析工作中,相关性分析应用更加广泛。不同文献类型之间的关联分析,不同机构之间的关系分析都属于相关性分析。例如,根据论文与专利的时间差,利用论文的热点预测专利技术的热点;根据论文的合著关系,分析企业、研究所、高校之间的合作关系等;根据企业的上下游企业或供销存关系,分析产业链、识别竞争对手等。这些案例实质上都是相关性分析的具体应用,在情报分析领域取得了非常好的效果,其中有些已经成为情报分析的专门方法。

9.5　开源情报分析系统框架

9.5.1　系统框架

大数据时代,开源情报分析的生态环境发生了巨大的变化,庞大而复杂的数据考验着开源情报分析系统的技术体系结构和数据处理能力。建设集数据采集、处理、综合分析、服务应用以及服务可视化于一体的开源情报综合分析平台,需要实现面向大数据的信息收集与利用,为情报的搜集、分析、存储和相关决策等提供强有力的技术支持,为保证科技决策的准确、高效性提供可靠的工作平台。依据科技情报工作的操作流程,根据情报收集的需求采集原始情报,然后对情报做存储、索引、整理和深入分析等情报加工工作,最后将加工后产出的相关情报信息展示给用户。基于情报处理流程,可以将整个平台划分为不同功能层。网络开源情报综合分析平台主要由情报采编报子平台、情报感知分析子平台、大数据服务提供子平台构成,功能架构如图9-2所示。基于各层的功能实现,可以完成对所关注情报的自动化快速、准确捕获。通过对情报的加工与挖掘,能够有效地为相关情报工作提供情报产品和数据分析支持,并方便、高效地实现情报的展示和推送。

1. 情报采编报子平台

信息采集层依托开源情报数据采集体系,根据采集策略,实时准确采集来自不同数据源的数据,并对数据进行抽取结构化等清洗预处理。信息来源包括网站/微博的网络爬虫获取的数据、标准资源库、内部文件、企业/机构接口数据等。实现对网络爬虫获取的原始网页信息进行结构化数据抽取;支持流数据及动态网页信息的抽取;支持网页中内嵌各种文档格式的下载与解析;对通过各接口获取的数据,有些需要识别其应用层协议、数据解密之后再抽取其结构化的数据。

2. 情报感知分析子平台

情报感知分析子平台建立并更新原始素材库,为系统提供基础数据;实现数据的归类存储与数据更新;能够按数据来源分类存储原始数据,形成原始资源库,并对其进行索引,供系统对原始信息的查找;能够对存储的数据按照更新策略定期进行更新;对系统所采集到的信息进行数据的深入分析和挖掘,为实现用户认知信息检索功能奠定基础,以支撑上层的业务需求。具体功能包括:底层挖掘,即实现文本挖掘的预处理和通用挖掘流程,形成挖掘资料库;实时存储,以数据库和文件两种形式存储并索引,按策略进行更新,实现多维度检索库;定向跟踪,对特定关注对象进行定向跟踪分析;热点挖掘,热点信息自动聚类,通过机器学习自动发现热点;统计分析,支持对入库信息的智能统计报表;演变分析,关注对象的发展、扩散、分布等分析;对比分析,实现对象内在相关性、联动关系分析与信息溯源;决策支持,为决策提供数据依据,估计决策影响。

3. 大数据服务提供子平台

大数据服务提供子平台主要实现提供各种动态快讯、智能简报、热点分析报告、专题深度报告、统计分析报告、季度/年度研究报告、多功能检索、分类导航浏览等功能,帮助情报分析人员应用恰当的分析方法与技术,深入分析情报数据库的信息,生成简报、报表、报告等形式的情报产品,并提供情报检索与决策支持服务,推送至情报用户使用。实现情报产品与服务的展示与推送,包括快讯、简报、专题报告、统计分析报告、季度报告、年度报告等,服务对象根据个性化需求定制的产品与服务进行推送。

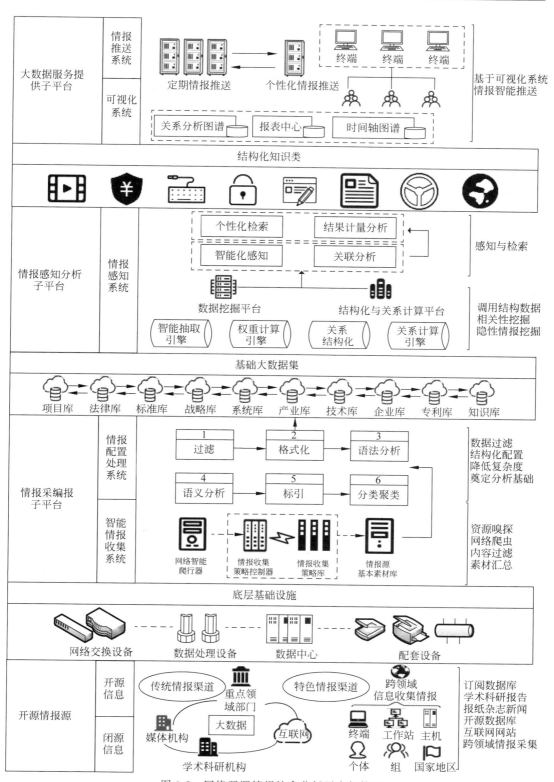

图 9-2　网络开源情报综合分析平台架构图

9.5.2 处理流程

整个开源情报分析系统的业务流程如图 9-3 所示。

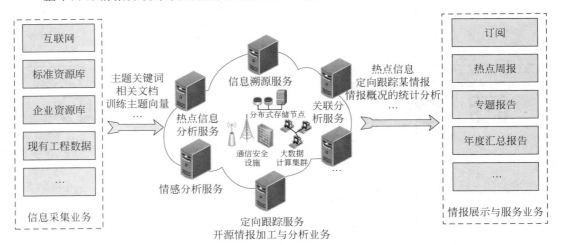

图 9-3 开源情报分析系统的业务流程

1. 信息采集业务

信息采集的主要任务是将互联网、标准资源库、企业资源库、现有工程数据、内部资料和其他来源的数据收集起来,形成原始数据。对采集到的原始数据进行一定的预处理,进行粗分类并存储,形成原始素材库,存储客观的基础素材,并对原始素材库进行索引以支持原始信息的定位。数据采集与存储层技术框架需要数据采集服务,采集到的网络信息数据可以存储在基于 Hadoop 搭建的私有云平台,采集对象包括网络爬虫获取的数据和标准资源库、专有数据库等接口数据。接口数据可通过相关接口直接获取并存储和索引。

(1)爬虫策略设置。首先,根据用户提供的主题关键词、相关文档训练主题向量,并形成训练库,将训练好的主题向量存储在主题向量库中;然后根据用户需求配置爬虫的采集规则和更新频率。

(2)数据采集。在每一轮数据爬取过程中,爬虫根据设定的采集规则和 URL 得分选择一定数量的 URL 来抓取,接着解析原始网页,提取网页正文和外链。针对每一个外链,根据其对应锚文本与主题向量的相关度赋予分值,各个待抓取链接按照得分高低排序,使得那些与主题相关的网页得到优先抓取。同时,根据用户设定的更新频率对网页库中已经过期的网页进行重新采集。

2. 开源情报加工与分析业务

开源情报加工与分析业务实现对开源情报进行深度挖掘加工,自动提炼信息关键词、摘要,针对结构化后的数据进行索引。经过筛选自动生成相应文档或报表,对情报进行分类,发现热点信息,定向跟踪某情报概况的统计分析,为相关决策提供数据支持等,形成情报服务和产品的数据基础。数据分析可以分为两层。下层挖掘的功能主要包含:对获取的初始数据进行清理并得到规范后每条记录的元数据,然后对其中的文本信息进行分类与聚类,提取摘要与关键词等,并将它们作为元数据扩充到原始数据集中,之后再对这些信息进行初步的索引,定制更新策略对历史数据进行备份并加入新数据。上层挖掘包含了信息检索与智能分析两个部分。信息检索部分又分为全文检索、摘要检索、主题检索、关键词检索、高级检索五大功能。用 Lucene 开源全文检索引擎提供的接口来定制 MapReduce 作业进行高效的创建索引操作。智能分析部分主要包含热点的发现、演变分析、预测三个关联度比较大的功能,另外还有信息溯源、情感分析、定向跟踪、关联分析、决策支持、统计分析等几个分功能。针对下层挖掘出的信息按时间段进行分类后,通过主题挖掘技术从中找出热点,并通过历史数据中追踪热点的生命周期模型,研究热点演变的过程。

3. 情报展示与服务业务

情报展示与服务业务存储情报服务和产品的历史数据,将平台的服务和产品采用多种方式发布、推送给不同的用户,包括订阅、热点周报、专题报告及年度汇总报告等。

9.6 开源情报分析的发展趋势

大数据环境下的情报分析是开源情报分析研究的一个重要领域。大数据和大数据分析为开源情报分析研究的发展带来了巨大的机遇,大数据有助于提升公开源情报的基础性价值,在大数据环境下,从业人员需要对开源情报收集、分析体系进行重新审视和系统研究,以努力推动公开源情报分析在政治、军事、安全、技术、经济等领域的应用与实践。开源情报分析的非常重要的发展趋势就是引入大数据、应用大数据、探索大数据、利用大数据、研发大数据。

1. 引入大数据

大数据的价值链涉及数据获取、存储、检索、共享、分析和展示等多个环节,与传统情报分析工作的价值链大致相同。开源情报分析可将在信息采集、整序、组织、检索、分析和可视化等方面成熟的理论方法和技术应用到大数据的工作中,在促进大数据研究发展的同时,扩大传统情报服务范围。

2. 应用大数据

大数据的兴起和发展能够丰富传统开源情报分析研究中事实数据的来源,使开源情报分析研究对象得以扩展。不同的事实数据互相补充、相互印证,能够促进传统情报工作水平和情报产品质量的提升。多元化的信息需要根据分析需求加以融合,这可能需要语义层面上的技术支持,这就涉及数据挖掘、机器学习等技术。要寻求情报研究的客观性,摒除过多的主观意愿,也需要多种技术来支撑。这一发展趋势是大数据时代下的必然。

3. 探索大数据

探索大数据以开源信息为主,汇集海量数据,通过定量的方式来描述、分析、评判科技发展的态势,服务于科技决策。评估科技态势的手段及工具近年来呈跳跃性发展,目标要求也越来越高,正从科技信息向开源情报、进而迅速向科技解析(Academic Analytics 或 Research Analytics)转化,大数据将催生从数据中挖掘和发现知识的新需求。大数据的发展,将加速知识服务水平和能力的快速提升。

4. 利用大数据

海量开源科技情报中蕴含着大量的可提炼知识,对闭源知识起到了良好的补充,借助数据挖掘技术,建立与闭源知识对象的索引和相互关系,可组建一个情报领域知识库,构建情报分析人员专用的情报池,从而得到更广泛、更深层的知识。同时,根据保密的需要将平台分为公共共享平台和闭源共享平台,以便于开源情报分析人员之间的交流、协作,实现情报成果的快速挖掘、转换和共享。开展决策支持工作,利用大数据,发挥知识服务先导作用。

5. 研发大数据

大数据的客观存在和对大数据的刚性需求需要尽早地对大数据的技术发展和变革等进行探索和研发;需要对大数据技术开展技术跟踪,进行实验性转化和探索性应用;需要发现相关技术与科技信息工作的结合点和结合方式,凸显技术应用领先优势。大数据之大,源于信息的开源。随着大数据的海量地不断增加,相信不久的将来,每个人都必须依靠特定的深度精确的情报系统框架。在此框架下,了解外部世界并与之互动,而不是靠简单的网上搜索系统。在大数据时代,科技态势的评估必须从科技信息、科技情报向科技解析转化,其中科技态势的评估以描述现状为主,预测分析以预测趋势为主,而战略前瞻以规划目标为主。总之,无论是事实、可能、希望,都必须以"数据说话",而且,最终的目的是实现"预测未来,不如创造未来"。

9.7 本 章 小 结

随着互联网技术的发展,开源情报涉及的情报源纷繁复杂、数量巨大、价值重大,依托开源情报处理系统更好地挖掘利用网络中开源情报,并辅助科技情报决策是本章立意的初衷。本章首先介绍了开源情报分析的基本概念和特点,并对开源情报分析中常用的一些评估指标做了介绍,详细论述了开源情报大数据分析中的常用方法,通过分析互联网开源情报分析系统框架,探讨了如何建立具有更强决策力、洞察发现力和流程优化能力的情报处理系统。当前,网络开源情报分析系统已经逐步和大数据分析处理技术结合,但应用于大规模开源情报处理工作尚需长期的过程,需要在实践过程中不断完善和发展。

习 题

1. 网络开源情报的特点有哪些?
2. 网络开源情报分析技术的核心功能主要包括哪几个方面?
3. 开源情报大数据分析的常用方法有哪些?试比较分析各自的特点。
4. 简述开源情报分析的流程。
5. 如何衡量开源情报分析中收集得到的情报可信度?

第 10 章

恶意代码挖掘和检测

近年来,恶意代码数量依然呈快速上升的趋势,尤其是新型恶意代码,其数量始终逐年递增,这对网络空间安全造成了极大的威胁。随着技术不断发展,机器学习技术能够自动发掘恶意代码的内在规律,并实现对未知恶意代码的检测。相比于基于特征码、Hash值等传统恶意代码检测技术,采用基于机器学习的方法对恶意代码进行挖掘和检测具有更高的检测率,现已成为恶意代码检测领域的研究热点。本章首先介绍恶意代码分析的基本概念及常用的分析技术,详细说明了现阶段网络环境中恶意代码自动化分析模型指标及评价方法,并给出了一个基于主动学习的恶意代码实际分析案例。

10.1 基 本 概 念

理论讲解

10.1.1 应用背景

实验讲解

随着社会信息化程度不断提高,工业、国防、教育、金融等社会各行各业的信息越来越依赖于计算机和互联网。然而频繁发生的网络安全问题正成为行业信息化所面临的巨大挑战,直接威胁着个人、企业及国家的利益。目前,计算机与网络安全中最主要的威胁隐患之一就是恶意代码。从 2008 年开始,恶意程序持续大规模爆发,每年新增木马病毒等恶意程序数量级从数十万级已跃升至千万级。据 2021 年国家互联网应急中心(CNCERT)发布的《2020 年中国互联网网络安全报告》显示,仅我国境内感染计算机恶意程序的主机数量约 533.82 万台,同比增长 25.7%。其中勒索类病毒等恶意代码增长最为迅猛。2020 年捕获勒索病毒软件 78.1 万余个,较 2019 年同比增长 6.8%。近年来,勒索病毒逐渐从“广撒网”转向定向攻击,表现出更强的针对性,攻击目标主要是大型高价值机构。相比于 PC 端,移动端的情况也不容乐观,新增移动互联网恶意程序 302.8 万余个,同比增长 58.3%,排名前三位的仍然是流氓行为类、资费消耗类和信息窃取类恶意程序。

2016 年 4 月,国家互联网应急中心(CNCERT)监测发现近 600 个机关政府、企事业单位的官网都受到 Ranini 等恶意代码的安全威胁,用户在不知情的情况下访问网站将很可能遭到木马下载攻击。2017 年 5 月,WannaCry 的勒索软件在全球范围内爆发,该勒索软件来自“永恒之蓝(Eternal Blue)”,主要利用微软 Windows 操作系统的 MS 17-010 漏洞进行自动传播。相关数据显示,每小时攻击 4000 余次。2018 年 5 月,位于俄罗斯境内的一些黑客发起了专门针对路由器的恶意代码攻击,全球近 50 万的路由器受到该攻击的影响。该网络攻击主要是利用特种恶意代码俘获含有安全漏洞的主机来创建大规模僵尸网络。从这些安全威胁案例可以看出,网络攻击者大都是利用操作系统或某些应用软件的漏洞来开发恶意代码,并且这些恶意代码的开发与传播也常常伴随着巨大的商业利益。例如,"永恒之蓝"是一种特洛伊加密软件,利用 Windows 操作系统在 445 端口的安全漏洞潜入计算机,对多种文件类型加密并添加.onion 后缀,破坏文件的可用性。用户必须向指定账户缴纳一定的赎金才能恢复自己的文件。近年来流行的安全威胁,如 Ramnit 网页恶意代码、VPNFilter 及 WannaCry 勒索软件,本质上都属于恶意代码的范畴。

在众多的互联网安全事件中,恶意代码具有的威胁性最大,带来的社会经济影响最深,其原因主要有以下三点:

(1)恶意代码技术较为成熟,经过几十年的不断壮大与技术积累,恶意代码变得越来越复杂,其破坏力也不断增长,与此同时随着编程技术愈发普及,恶意程序制作的门槛逐步降低,恶意程序的制作呈现机械化、模块化和专业化特征。

(2)犯罪成本低,由于信息共享技术的发展,恶意代码的开发工具也趋于自动化,并且极易获得,开发变得越来越方便,而传播方式也由原来的被动传播进化为主动传播,通过蠕虫等技术强化了传播方式,使得用户极易被感染,显著降低了其传播边际成本。据统计,80%以上的用户曾遭受过恶意代码的侵袭。

(3)恶意代码的使用与各种各样的经济甚至政治利益互相牵扯,其危害性和隐藏性日益增强,其破坏目标、目的以及要达成后果更加具有靶向性,以达到攻击者的经济或政治诉求。据统计,中国木马产业链一年的收入已逾上百亿元,黑色产业链正在逐渐成形。

恶意代码对于整个社会危害影响巨大。对于个人,恶意代码的入侵会导致个人隐私暴露,在开放的互联网环境下,这些信息可能被犯罪分子利用,造成个人的经济损失或名誉损失;对于企业,商业机密的泄露,如果涉及核心技术外泄,那么企业的竞争力将会大打折扣,对其发展造成不良影响。在当前信息时代背景下,维护网络空间安全已经成为国家的一项重要基本战略。诸多网络安全事件大都由于恶意代码,因此研究更加有效的恶意代码检测技术具有非常重要的现实意义。

10.1.2　恶意代码定义和种类

1. 恶意代码定义

恶意代码又称 Malware,是威胁计算机安全的重要形式之一,通常定义为运行在计算机上,使系统按照攻击者的意愿执行特定任务的一组指令。《微软计算机病毒防护指南》中将术语"恶意软件"用作一个集合名词,指代故意在计算机系统上执行恶意任务的病毒、蠕虫和特洛伊木马。McGraw 指出恶意代码是指任何故意地增加、改变或者从软件系统移除,从而破坏或扰乱系统特定功能的代码。以上定义可以总结为:恶意代码是指未经用户授权就得到运行,并且引起计算机故障、信息外泄、破坏计算机数据、影响计算机系统的正常使用的程序代码。由此看出恶意代码有两个显著特征:非授权性和破坏性。任何计算机,无论其有没有连接到其他计算机,都有可能受到恶意代码的侵害。它们不仅影响个人计算机的正常使用,而且可能导致网络瘫痪,给网络用户和企业造成巨大的经济损失。

2．恶意代码分类

常见的恶意代码类型有病毒、蠕虫、木马、后门、系统权限获取器以及间谍软件等。具体介绍如下。

1）病毒

计算机病毒（Virus）的理论早在 1949 年就被提出。其最早被定义为一种形式化的数学模型。简单地说，计算机病毒就是一种可以通过修改别的程序，将自身复制进其中，使其感染，以达到传染目的的计算机程序。计算机病毒传染的特性和生物病毒类似，因此，它被命名为 Computer Virus。计算机病毒的最重要特性就是传播性，它可以通过被感染文件的复制或者执行，达到不同计算机之间传播。此外，病毒还可以通过其他类型的恶意代码，如网络蠕虫，在不同计算机甚至不同网络之间进行传播。虽然病毒的主要特征是传播性，但是它们通常都包含很多恶意代码，这些恶意代码可以在计算机上执行命令，删除或破坏文件，终止进程或者进行别的破坏活动。

2）蠕虫

蠕虫（Worm）是一种能够自我复制传播，并能够通过网络连接将其自身复制感染到其他计算机上的程序。蠕虫进入计算机后，一旦被激活，就会像计算机病毒那样开始工作，并寻找更多的计算机来进行感染，并且利用其他被感染的计算机，不断地进行扩散。除了传播之外，它还会进行一些破坏活动，对计算机植入木马程序或者执行一些破坏性的活动。蠕虫可以进行网络传播，借助的工具包括电子邮件、远程执行、远程登录等。另外，它与计算机病毒有一些相似之处，都可分为潜伏、传播、触发、执行几个阶段，而与其不同的就是它具备通过网络传播的能力。

3）木马

木马（Trojan）全称为特洛伊木马，其名字起源于古希腊传说中的特洛伊战争，其恶意特征主要体现在：除了良性程序所具有的基本功能外，还有一些不易被发觉的破坏作用。通常它都伪装成一般的无害程序，并欺骗用户去执行它，从而进行一些隐蔽的破坏行为，例如可以在被感染的机器上打开网络端口，使木马的创建者远程执行命令。和病毒、蠕虫的不同之处在于，木马不会进行自我复制传播。它不需要修改或感染其他程序软件，其本身就是一个独立的可执行程序。报告显示，木马已经成为最为常见的、影响最为广泛的恶意软件之一。

4）后门

后门（Backdoor）程序是驻留在计算机系统中，供某位特殊使用者利用特殊方式控制计算机系统的途径。后门程序与木马有联系也有区别。联系在于：都是隐藏在用户系统中向外发送信息，且本身具有一定权限，以便远程机器对本机的控制。区别在于：后门程序不一定有自我复制的动作，也不一定会"感染"其他计算机。后门是一种登录系统的方法，它可绕过系统已有的安全设置。后门从简单到奇特，有很多的类型。简单后门可能只是建立一个新的账号，或者接管一个很少使用的账号；复杂后门可能会绕过系统的安全认证而对系统有安全存取权。例如一个 login 程序，当输入特定的密码时，能以管理员的权限来存取系统。后门能够相互关联，而且这个技术被许多也所使用。例如，黑客可能使用密码破解一个或多个账号密码，也可能会建立一个或多个账号。一个黑客可以存取这个系统,或使用一些技术,如利用系统的某个漏洞来提升权限。黑客可能会对系统的配置文件进行小部分的修改,以降低系统的防卫性能,也可能会安装一个木马程序,使系统打开一个安全漏洞,以利于黑客完全掌握系统。

5) 系统权限获取器

系统权限获取器(Rootkits)最早是一组用于 UNIX 操作系统的工具集,黑客使用它们隐藏入侵活动的痕迹。Rootkits 被安装在系统中,可使攻击者以管理员或 root 权限访问系统所有功能和服务,并完全控制整个系统。Rootkits 能够隐藏恶意程序的执行过程,访问文件夹、注册码等,并通过修改操作系统来隐藏自身或对操作系统进行的修改,擦除攻击者访问系统留下的痕迹。用户无法发现 Rootkits 的存在,也无法察觉系统被访问修改。根据执行模式,Rootkits 又可被分为用户模式和内核模式。用户模式一般只能截获应用程序 API,例如通过替换 login、ps、ls、netstat 等系统工具或修改.rhosts 等系统配置文件实现隐藏后门。内核模式包括硬件级和内核级两种模式。硬件级 Rootkits 主要是指 Bios Rootkits,能够在系统加载前获得控制权,通过向磁盘中写入文件,再由引导程序加载该文件重新获得控制权,也可以采用虚拟机技术,使整个操作系统运行在 Rootkits 掌握之中;内核级 Rootkits 通过直接修改内核来添加隐藏代码实现控制系统的功能,也是最为常见的 Rootkits。

6) 间谍软件

间谍软件(Spy)是一种能够在用户不知情的情况下,在其计算机上安装后门、收集用户信息的软件。它使用目标系统资源,包括安装在目标计算机上的程序来搜集、使用、散播用户的个人信息或敏感信息。间谍软件采用一系列技术来记录用户个人信息,例如键盘录制、Internet 访问行为记录及文件扫描等。间谍软件用途也多种多样,如一些间谍软件统计用户访问的网站并且不断在用户计算机上弹出广告窗口,但是更多间谍软件搜集用户的密码信息以侵占用户的财产。间谍软件定义不仅涉及广告软件、色情软件和风险软件程序,还包括许多木马程序,如 Backdoor Trojans、Trojan Proxies 和 PSW Trojans 等,既可以在计算机上强制显示广告、劫持浏览器等,也可以把计算机使用者所浏览的页面强制重定位到其他网站。这些重定向的网站也许含有网页木马,它会强制用户下载并安装这些木马。它们还能够监控用户行为、盗取用户信息,然后再把这些信息发送给恶意软件的制作者等。

10.2 恶意代码挖掘分析技术

10.2.1 恶意代码检测一般流程

传统的恶意代码检测方法包括基于签名(Signature-based)的方法和基于启发式(Heuristic-based)的方法。其中基于签名的方法是指通过识别程序所独有的二进制字符串特征来检测,该方法主要依赖于已知的签名数据库,因此难以用于查杀新的未知程序,而且需要持续更新签名数据库;基于启发式的方法通过分析人员对已知的恶意代码提取具有启发式的规则,并通过该规则发现新的恶意代码。这两种方法的缺点是:一方面,都只能在计算机被恶意代码感染后才能被检测到,且不能及时发现新的未知恶意代码;另一方面,这两种恶意代码检测方法维护成本都比较高,需要大量人工经验进行样本分析并提取规则,面对未来恶意样本日益剧增的趋势,这无疑是巨大的挑战。近年来,基于数据挖掘的恶意代码检测方法可有效弥补传统方法的不足,其本质是基于先验信息对未知应用程序是否具有恶意属性进行决策的过程,这与数据挖掘的特点十分相似。数据挖掘能够自动寻找数据中的模式特征,然后使用所发现的模式来预测未来的数据,或者在各种不确定的条件下进行决策。而与传统检测方法不同的是,数据挖掘方法大多基于统计学,即通过分析海量样本的统计规律建立判别模型,从而让攻击者难以掌握免杀规律。常见的基于数据挖掘的恶意代码检测流程如图 10-1 所示。

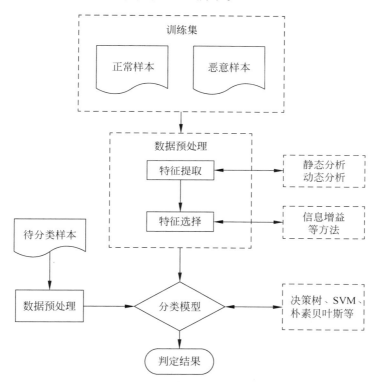

图 10-1　基于数据挖掘的恶意代码检测流程

该过程通常分为训练和预测两部分。在训练阶段,首先选取一批已知标签的正常样本和恶意样本构成训练集;然后进行数据预处理,包括特征提取和特征选择;最后利用得到的特征集训练分类模型。在预测阶段,将待分类样本通过数据预处理后输入训练完成的分类模型,最终得到相应的判定结果。整个流程的核心模块是特征提取分类模型。其中,特征提取过程一般通过静态分析或动态分析方法,捕获文件样本的特征或特征序列,这些特征通常提取自二进制字符串、API 调用和程序执行行为等特征集,然后对这些特征或特征序列利用信息增益等方法进行筛选,选择分类效果好的特征作为学习建模的分类输入参数。分类模型过程是在特征分析的基础上,运用决策树、SVM、朴素贝叶斯等分类智能算法自动化地将文件样本分类至不同的类别,根据类别判定待检测样本是否属于恶意代码。

10.2.2　静态检测分析技术

静态检测分析是一种重要的恶意代码特征提取手段,它是指在不运行恶意样本代码的情况下,对样本代码进行分析来确定其代码特性的技术。静态检测分析技术通常是研究恶意代码的第一步,是分析程序指令与结构来确定功能的过程,此时程序不是在运行状态的。对于初级的分析方法,只要掌握常见的知识以及一些工具的使用即可快速地掌握。如可以使用工具分析恶意代码文件的 Hash 值、字符串、函数表示、函数库依赖关系。另外可以运行恶意代码监控工具分析恶意软件对文件、注册表、网络、进程的访问与操作。而要深入代码层级分析恶意代码并提取相关特征,则需要代码逆向分析的能力,需熟悉汇编代码,能够熟练使用 IDA 及 Ollydbg 等工具进行调试分析。静态检测分析技术的优势主要在于:分析速度较快,时间空间复杂度低,检测覆盖率高,不局限于程序某一执行路径。静态检测分析技术主要包括特征码扫描、启发式分析和反编译分析等技术,下面将分别进行简单介绍。

1. 特征码扫描

特征码指的是恶意代码中的特定字符和字符串。特征码进行扫描时需要首先维护一个特征码数据库,用于存储病毒所具有的独一无二的特征字符以标识恶意代码。检测过程中,通过对样本代码进行扫描,例如 exe 文件、dll 文件、apk 文件、php 文件,甚至是 txt 文件,分析其中是否存在特征码,从而完成样本代码的判断。扫描时可采用智能扫描法,该方法会忽略检测文件中像 nop 这种无意义的指令。而对于文本格式的脚本病毒或者宏病毒,则可以替换掉多余的格式字符,例如空格、换行符、制表符等。由于这一切替换动作往往是在扫描缓冲区中执行的,从而大大提高了扫描器的检测能力。特征码扫描也可以采用近似精确识别法。该方法采用两个或者更多的字符集来检测每一个病毒,如果扫描器检测到其中一个特征符合,那么就会警告发现变种,但不会执行下一步操作。如果多个特征码全部符合,则报警发现病毒,并触发执行下一步处理操作。特征码扫描检测方法的优点是检测速度快,资源消耗少。但这种检测方法较为简单,相应的漏报率和误报率都比较高。随着恶意代码种类的不断增加,当前流行技术是通过特征码自动生成技术,运用自动化方法特别是机器学习方法来提取恶意代码的特征码,从而改善特征码检测效果。

2. 启发式分析

启发式分析是一种利用加权方法或者决策规则进行恶意代码检测的技术,它利用恶意代码的行为特征,结合已有的研究结果,对未知样本进行恶意代码检测。基于加权方法的启发式分析技术给不同可疑功能的代码赋予不同的权重,检测过程中,计算样本代码的加权和,一旦加权和超过某一特定阈值,就认为其是恶意代码。但同时,如果某一正常样本存在大量可疑功能,它也会被误报为恶意代码。基于决策规则的启发式分析则预先设定一组检测规则,检测过程中,将样本代码中的规则同预设规则进行对比,如果规则匹配就认定为恶意代码。

启发式分析技术的优点是不依赖于现有的恶意代码特征,而是依据代码同预设规则的符合度对样本代码进行判定。启发式分析技术中,不同功能的权重赋值和决策规则的确定是研究的重点。

3. 反编译分析

通常恶意代码不会直接提供作品的源码(除非是基于脚本的蠕虫)。由于缺乏源码,因此要准确了解恶意软件的运行机制,需要对恶意程序进行反汇编,以得到代码清单。反编译分析技术是恶意代码静态检测分析的基础,也是恶意代码预处理的重要步骤和恶意代码语义特征提取的源头。反编译技术包含七个阶段:语法分析、语义分析、中间代码生成、控制流图生成、数据流分析、控制流分析、高级代码生成。不同于正常代码,恶意代码常常会采用各种混淆技术来影响静态分析、阻碍反汇编进程。如代码混淆、调用动态链接库、代码加壳等。当前反汇编分析一般采用线性扫描反汇编和递归下降反汇编两种技术。其中,线性扫描反汇编算法采用一种较为简单的方法来确定需要反汇编指令开始的位置,即一条指令开始的地方,另一条指令结束的地方;使用线性扫描反汇编的缺点是不知道执行流。GNU 调试器(dbg)、微软公司的 WinDbg 调试器和 objump 实用工具的反汇编引擎均采用了线性扫描算法。递归下降反汇编则采用另一种不同的方法来定位指令,该方法强调控制流,它根据一条指令是否被另一条指令引用来决定是否对其反汇编,著名的反汇编分析工具 IDA 就是采用了递归下降反汇编算法。

10.2.3　动态检测分析技术

随着静态分析技术在恶意代码检测中的应用,越来越多的恶意代码采用了反检测技术,这对静态分析技术的应用造成了一定的挑战。因此,许多研究人员开始使用动态检测分析技术来检测恶意代码。动态检测分析技术的关键是监控恶意样本代码执行。根据恶意代码执行监控的方法可以分为钩子函数(Hook Function)、调试跟踪、虚拟执行和代码插桩等。其中钩子函数是一种特殊的消息处理机制,它可以监控系统或进程的各种事件消息,截获发往目标窗口的消息并进行处理。研究人员在系统中自定义钩子函数,用来监视系统中特定事件的发生。调试跟踪通过在特定进程中插入断点和监视点来监控代码运行。调试跟踪器可以跟踪代码执行过程中的系统调用,并通过堆栈获取相关的参数信息。虚拟执行是一种可以模拟真实执行环境,对代码在虚拟受控仿真环境下的执行行为进行监控的技术。典型的虚拟执行系统有 TTanalyse 和 CWSandbox。代码插桩指在程序运行过程中向代码插入附加代码获取程序运行特征数据,进而判断代码执行行为和特征的技术。

典型的动态检测分析过程如图 10-2 所示,恶意代码样本在宿主机中被加载执行,通过配置控制器加载恶意代码样本至沙箱中,并综合调度包括进程监视分析、数据监听、日志生成等模块进行动态分析调试。

其中恶意代码沙箱是一种安全环境中运行不信任程序的安全机制,用于执行恶意代码,用作初始诊断:自动执行与分析。其缺点在于,只能简单执行,输入控制指令较为简单,不能记录所有事件,只报告基本功能,同时沙箱环境与真实计算机环境的差异导致一些功能无法触发或表现有所不同。进程监视器是 Windows 下的高级监视工具,提供监控注册表、文件系统、网络、线程和进程。该工具结合了文件监视器 FileMon 和注册表监视器 RegMon 的功能,例如:

注册表:通过检查注册表变化,发现恶意程序对注册表的操作。

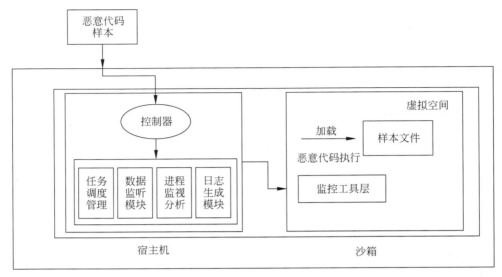

图 10-2　典型的动态检测分析过程

文件系统：检查文件系统能否显示恶意程序创建的所有文件，或它使用过的配置文件。

进程行为：检查进程行为，关注是否启动了其他进程。

网络：识别网络连接能否显示出恶意程序监听的任意端口。

进程监视器可监控所有能捕获的系统调用，如图 10-3 和图 10-4 所示，进程监视器可以浏览系统中所有正在运行的进程，并可对特定进程进行动态分析，但带来的缺点是容易耗尽系统内存。进程监视器通常不用于记录网络行为。

图 10-3　使用进程监视器工具进行动态检测

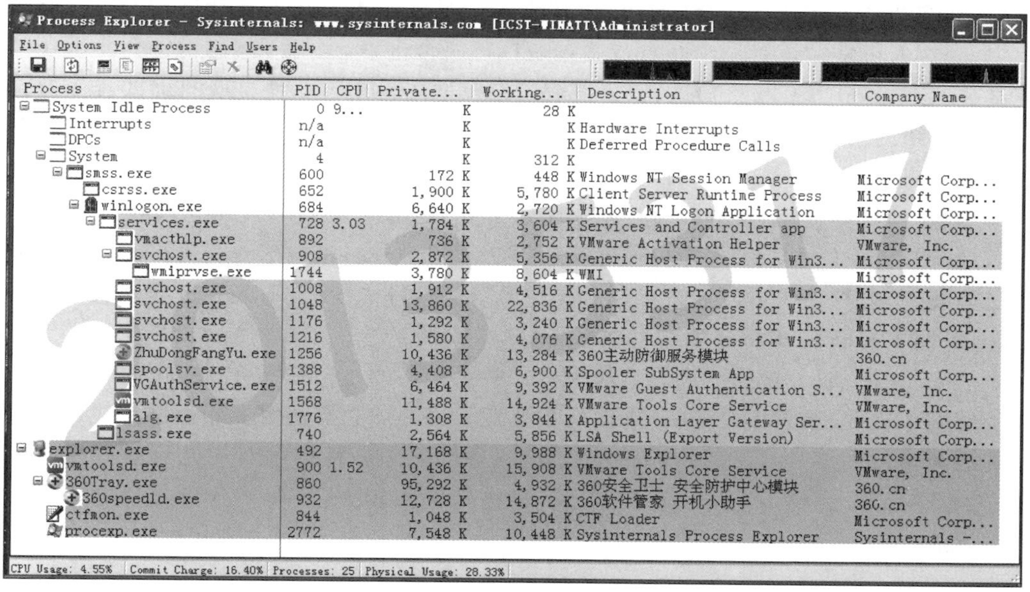

图 10-4　进程浏览器

模拟网络模块主要是监听查看恶意代码网络请求,并返回模拟链接。例如使用 ApateDNS 工具——查看恶意代码发送 DNS 请求的最快速方式,也就是在本机上通过监听 UDP 的 53 端口对用户指定的 IP 地址给出虚假的 DNS 响应。或者使用 inetsim, Linux 环境下一款模拟常见网络服务的软件,可认为是专门为病毒分析开发的一个服务器。它可以提供大部分的网络协议和服务并且将它们很真实地模拟出来。

网络数据监听模块功能是撷取网络封包,并尽可能显示出最为详细的网络封包资料。一般可使用 Wireshark 或 Tcpdump 等工具。在第 4 章已经做过详细介绍,这里不做赘述。

10.2.4　恶意代码反检测技术

随着自动化恶意代码检测技术的发展,对应的恶意代码反检测技术也在进一步更新迭代。恶意代码反检测技术可以分为对抗反汇编技术、反调试技术、反虚拟机技术和加壳技术。

对抗反汇编技术,是指在程序中使用一些特殊构造的代码和数据,让反汇编分析工具产生不正确的程序代码列表。对抗反汇编技术可以分为指令修改和混淆函数流图。指令修改的主要方法有:使用相同目标的跳转指令、固定条件的跳转指令、无效的反汇编指令以及对指令进行 NOP 替换。混淆函数流图的方法主要有:利用函数指针问题,在 IDA Pro 中添加代码的交叉引用,滥用返回指针以及滥用结构化异常处理。

反调试技术,恶意代码用它识别是否被调试,或者让调试器失效。反调试技术分为探测 Windows 调试器、识别调试器行为、干扰调试器功能等。恶意代码会使用多种技术探测调试器调试它的痕迹,其中包括使用 Windows API、手动检测调试器人工痕迹的内存结构,查询调试器遗留在系统中的痕迹等,调试器探测是最常用的反调试技术。在逆向工程中,分析人员常常设置一个断点或是单步执行一个进程,但恶意代码常常会使用几种反调试技术来探测 INT 断点扫描、完整性校验以及适中检测等几种类型的调试器行为。除了前面介绍的反调试方法外,恶意代码还可以使用一些线程本地存储回调、异常、插入中断等技术来干扰调试器的正常运行。

恶意代码经常使用反虚拟机技术来逃避分析,恶意代码可以使用这些技术探测自己是否运行在虚拟机中。反虚拟机技术一般针对 VMware。该虚拟环境运行时在系统中留下许多痕迹,恶意代码可以通过存在于操作系统的文件系统、注册表和进程列表中的标记痕迹,探测 VMware 虚拟环境的存在。

加壳技术一般是指恶意代码编写人员常常会使用的打包程序,也被称为加壳器,用于对抗反病毒软件、恶意代码分析,进而隐藏恶意代码。加壳器还可以缩小恶意代码可执行文件的大小,在恶意代码编写者中极受欢迎。基础静态分析技术对加壳后的程序毫无办法,想要进行静态分析,须将加壳的恶意代码进行脱壳操作,这使得分析过程更加复杂且充满挑战。

10.3   恶意代码检测预处理及特征提取

在运用机器学习技术进行恶意代码检测过程中,最核心的任务在于恶意代码样本的特征提取。考虑到恶意程序普遍使用一些高级的软件保护技术躲避检测工具等的查杀,而复杂的程序加壳技术就是其中的典型代表,必须对其进行脱壳操作才能进行后续特征提取检测等操作。一般来说,恶意代码特征向量维度都较高,这将显著加剧后续检测模型的计算处理复杂度。研究表明,对于恶意代码影响较大的特征一般只有关键几个。本节将介绍如何运用查壳、脱壳、反汇编等预处理技术,提取出恶意代码特征,并预先剔除无关影响的特征向量,以达到恶意代码检测目的。

10.3.1   恶意代码预处理

近年来,恶意程序(如病毒、木马、蠕虫等)普遍使用一些高级的软件保护技术躲避检测工具(如防病毒软件)的扫描和查杀,复杂的程序加壳技术就是其中的典型代表。据统计,目前经过加壳的恶意代码所占的比例已经超过了 80%,恶意代码的这种发展趋势为检测工具带来了巨大的挑战。恶意代码检测时需要对恶意样本进行预处理,主要工作是针对恶意代码进行查壳脱壳处理。如何还原程序内容,获得程序的执行行为是恶意代码检测技术研究的重点。

1. 查壳脱壳处理

在上节中已经介绍过,恶意代码的壳其实是指一段附在恶意软件中专门保护代码不被非法修改或反编译的程序。它先于真正的程序运行并得到控制权,在完成程序保护任务之后(检测程序是否被修改、是否被跟踪等),再将控制权转交给真正的程序,其运行过程与病毒有些相似;在形式上又与 WINRAR 类的压缩程序类似,运行前都需要将原程序解压。但壳对程序的解压是在内存中进行的,对用户完全透明,用户感觉不到壳的存在。

　　壳通常分为两类:压缩壳和加密壳。压缩壳可以帮助缩减 PE 文件大小,隐藏 PE 文件内部代码和资源,便于网络传输和隐藏。压缩壳通常有两种用途,一种是单纯用于压缩普通的 PE 文件,另一种则会对源文件产生较大的变形,严重破坏 PE 文件头,通常用于压缩恶意程序。常见的压缩壳有 Upx、ASpack、PEcompact。加密壳也称为保护壳,它主要的功能是防止逆向分析技术,保护 PE 文件不被逆向分析。加密壳保护的文件通常比 PE 源文件大得多。常见的加密壳有:ASProtector、Armadillo、EXECryptor。目前恶意软件壳已兼具这两种功能,既能压缩资源,又能加密资源。

　　恶意脱壳就是将加壳后的恶意程序解压或者解密,使程序从原始入口点开始执行,脱壳分为硬脱壳和软脱壳。硬脱壳也称为静态脱壳,是根据加壳程序的算法,写出逆向的算法,与压缩和解压缩类似。软脱壳也称为动态脱壳,首先将程序加载到内存执行,使其自行脱壳后,抓取内存镜像,再重新构造出标准的 PE 可执行文件。该方法能较好应对加密壳和变形壳。脱壳一般会按查壳、寻找程序入口点、Dump 程序内存镜像、修复导入表的顺序进行。

　　(1) 查壳。

　　将程序入口点附近的代码和各种壳代码进行比较,从而判断程序是否加壳以及加壳类型。如图 10-5 所示,该操作可以通过软件来进行。

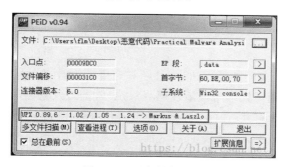

图 10-5　恶意软件查壳

　　(2) 寻找程序入口点。

　　壳在完成自己的任务之后,会将控制权转交给原程序,由于壳代码和原始代码在不同的区段,两者之间距离较远,因此由壳代码区段运行到原始代码区段会存在一个较大的跳转,可以通过搜寻这个大跳转来确定程序入口点;另外,每一种语言编写的程序入口点处代码都有自己的特征,类似查壳的原理,可以根据代码特征判断是否到达程序入口点。

　　(3) Dump 程序内存镜像。

　　所谓 Dump 就是将内存中的进程数据抓取出来转存成文件格式,该操作一般在程序入口点处进行。进行 Dump 操作时首先获取内存镜像大小,其值在 PE 文件头偏移 0x50 处,使用 ReadProcessMemory 系统函数读取 SizeOfImage 即可获取,另外也可以通过 MUDULEENTRY32 结构中的 modBaseSize 变量获取;然后使用 CreateFile 和

WriteFile 将内存数据写入磁盘;最后再将相对虚拟地址和文件地址对齐。

(4) 修复导入表。

加密壳一般都会对导入地址表(Import Address Table,IAT)进行加密处理,它保存着程序要调用的外部函数地址信息,如果 IAT 表出错,程序将无法运行。修复原理是根据加壳程序的 IAT 表重新构造一份 IAT 表,当加壳程序运行到程序入口点处时,其 IAT 已经释放出来,此时就可以重新构造一个区段存放导入表,从而解密 IAT。

2. 工具介绍

在实际应用中,恶意软件的加壳及脱壳一般通过工具来实现。常见恶意代码的加壳及脱壳工具或方法介绍如下。

(1) UPX:如图 10-6 所示,这是一款主要实现压缩可执行文件大小的壳,可以使用 UPX 工具脱壳,遇到修改过的 UPX 可以查找程序入口点实现手动脱壳。

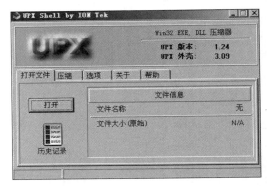

图 10-6　UPX 加壳工具

(2) PECompact:商业加壳方法,为性能和速度而设计,针对这种壳进行脱取较为困难。因为其中包含反调试异常与混淆代码,绕过异常的方式是将异常返还给程序处理,可以通过尾部跳转指令来查找程序入口点,例如 step-over 跳过几个函数,然后会看到一个尾部跳转,它由一个 jmp eax 指令组成,之前一般为多个 0x00 字节。

(3) ASPack:如图 10-7 所示,这种加壳方式为了安全起见,使用了自我修改代码,使设置断点和分析变得更为困难。在用 ASPack 加过壳的程序上设置断点可能会立刻终止此程序,打开脱壳存根的代码会有一个 PUSHA 指令,确定用来存在寄存器的栈地址,然后在这些地址上设置硬件断点,调用 POPAD 指令时会触发硬件断点,OEP 就在离尾部跳转的不远处。

(4) Petite:与 ASPack 相似,具有反调试机制,为了干扰调试器使用了单步异常,同样需要将异常处理返还给程序,使用栈上的硬件断点的最佳策略来寻找程序入口点。

(5) WinUpack:拥有 GUI 的壳,设计目的是优化压缩而不是安全,查找 Upack 的程序入口点最好的方法是在 GEtProcAddress 上设置断点查找设置导入解析函数的循环。

(6) Themida:这是一个非常复杂的壳,有反调试与反逆向分析的功能。同时阻止 VMware、调试器以及 ProcMon 分析。除此之外 Themida 有一个内核模块。与多数壳不同,Themida 会在原始程序运行后一直运行,可以找到一些针对这个壳的自动脱壳工具,

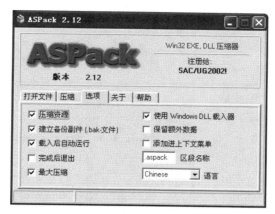

图 10-7　ASPack 加壳工具

如果自动脱壳失败,则需要用到 ProcDump 工具来将内存中的数据 Dump 下来。

10.3.2　恶意代码特征提取

恶意代码自动化检测过程中最关键的步骤是特征提取。一般可将恶意代码的特征提取技术分为三类:基于汇编指令的特征提取、基于流图的特征提取和基于系统调用的特征提取,简要介绍如下。

1. 基于汇编指令的特征提取

汇编指令是恶意代码最底层的功能表现形式,它由操作码和操作数组成,其中操作码代表汇编指令要执行的操作,操作数代表被操作的数据对象。同一恶意软件家族的成员共享一个共同的“引擎”,因此会有相似的操作。当前基于汇编指令的特征提取主要基于恶意代码的汇编指令操作码进行,而其中针对操作码频率进行分析是一种常见的特征提取方法。

基于操作码频率的分析并未涉及操作码序列,其思路是统计单条操作码的频率,然后借助统计学方法进行恶意代码检测,研究重点在于采用何种统计模型进行异常检测。

该方法在实际应用时为了从 asm 文件中提取操作码,首先以文本方式打开某一示例 asm 文件,其内容格式如图 10-8 所示。

通常 asm 文件前面几行是 IDA 反汇编工具生成的文件头,这些行一般以字符串 DEADER 为起始,正文部分是以字符串.text 开头,随后是以字符串.data 开头的数据部分,直至文件结尾。这些不同的区域有不同的功能。操作码只出现在以字符串.text 开头的行中。提取操作码的算法为:①依次读取 asm 文件的每一行,判断是否以字符串.text 开头;②在以字符串.text 开头的行中,使用正则表达式匹配操作码;③将匹配到的操作码依次存入列表,遍历完 asm 文件,就得到包含所有操作码的列表;④遍历所有的样本,就得到所有样本文件的操作码列表。

为了让提取出的操作码列表能够被机器学习算法使用,需要从该文本内容中抽取数值特征。常用方法是词袋方法,也就是统计每个操作码出现的次数,即词数(Term Count)作为数值特征。该方法是将文本用一个矩阵表示,矩阵行代表样本,列代表操作

```
.text: 10001018 55                      push      ebp
.text: 10001019 8B EC                   mov       ebp, esp
.text: 1000101B 83 EC 10                sub       esp, 10h
.text: 1000101E A1 00 90 00 10          mov       eax, ___security_cookie
.text: 10001023 83 65 F8 00     and     [ebp+ SystemTimeAsFileTime.dwLowDateTime], 0
.text: 10001027 83 65 FC 00     and     [ebp+ SystemTimeAsFileTime.dwHighDateTime], 0
.text: 1000102B 53                       push      ebx
.text: 1000102C 57                       push      edi
…
```

图 10-8　asm 文件格式

码,对应的数值是该操作码在该样本中出现的次数。由于同类的恶意代码一般具有类似的操作特征,因此可基于操作码序列进行特征提取,也就是主要关注操作码的 N-gram 特征。N-gram 模型将连续出现的 n 个操作码也作为一个单独的特征放入向量表中,其本质是利用操作码序列的频率特征进行恶意代码检测。由于操作码序列对代码行为的刻画能力以及检测准确率比单条操作码高,因此虽然基于汇编指令将操作码组织为操作码序列的方式较为直观,也有学者基于控制流图将操作码组织为操作码图的形式进行检测。

2. 基于流图的特征提取

流图特征主要包括控制流与信息流两种特征,两者都是编译过程中的重要结构。其中控制流对代码的执行逻辑结构进行刻画,并且可以同汇编指令、系统调用相结合刻画代码行为。信息流能够对代码中关键信息所涉及的路径进行提取,对准确定位恶意行为关联代码具有重要作用。控制流一般是使用静态分析方法提取函数调用关系图,其特征提取更为准确快速,是更为常见的流图特征提取方法。基于控制流图的恶意代码检测原理主要基于子图同构的误用检测,即将分析得到的控制流图同恶意代码的特征控制流图进行判读比较。因此,基于控制流的恶意代码检测问题一般可转化为子图同构检测问题。

基于控制流的恶意代码特征提取方法一般通过分析恶意代码函数调用关系图。该关系图能够从整体上直接反映恶意样本逻辑结构。它是一类典型的图结构 $G(node, edge)$,其中节点 node 表示恶意样本中的函数,边 edge 表示函数之间的调用关系,需要注意的是 edge 为有向边。图 10-9 显示了两个同分支的僵尸网络病毒样本 Mozi 的控制流程示意图。这两个 Mozi 样本分属不同的 CPU 架构,但具有相似的控制流结构和函数结构。

其中图 10-9(a)为 ARM 平台样本,图 10-9(b)为 MIPS 平台样本,节点编号代表了函数的排列序号(样本总计有 400 多个函数节点,为方便表示只标记了从起点函数开始的三层调用节点)。根据对物联网样本库的统计,目前仅有 3.2% 的样本使用了动态链接库。因此在针对恶意代码进行检测时,一般仅使用静态链接的恶意样本。

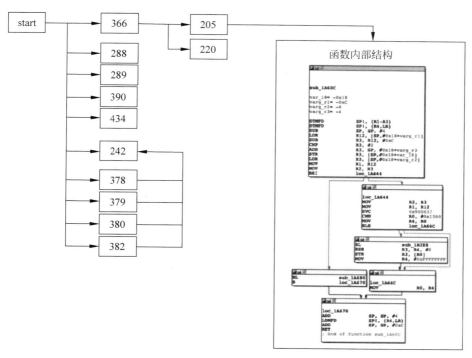

(a) ARM平台样本

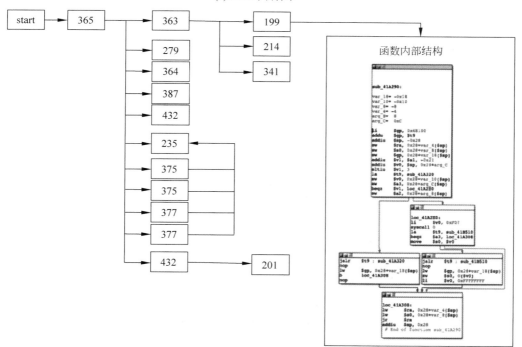

(b) MIPS平台样本

图 10-9　不同 Mozi 样本的控制流程示意图

对恶意样本直接进行静态逆向得到的函数调用关系图,通常不是一个连通图。例如很多物联网的恶意程序都有一个初始化函数 init_func,其表示的节点在图中是个独立的节点。根据样本库的统计数据显示,最大连通子图中的节点个数占整个图的节点个数比率的分布区间为(93.2%,99.1%),平均值为 96.7%。如果选取 $G(\text{node}, \text{edge})$ 的最大连通子图作为恶意程序的函数调用图近似表示 G_{FCG},可以认为 G_{FCG} 就是恶意程序的逻辑结构表示。

信息流特征提取方法一般采用污点追踪技术对敏感数据进行定位,通过污点传播收集相关操作,能够有效降低代码分析规模。基于信息流的恶意代码检测主要通过数据污点跟踪、程序切片等技术加以实现,最后通过启发式规则完成恶意代码的判定。信息流分析主要包含四要素:①污点,即需要跟踪的特定数据;②传播过程,即污点在程序中的传播路径;③源点,即敏感信息提供点;④汇点,即敏感信息泄漏点。污点分析要求预先定义好源点和汇点,并检测源点和汇点之间是否存在来自源点的数据流。

3. 基于系统调用的特征提取

系统调用是代码向操作系统内核请求服务的方式。恶意代码几乎都运行于用户层,和普通应用程序一样,都需要通过系统调用(API 调用)与系统内核进行交互,获取系统内核服务以完成特定功能。单纯从系统调用的角度进行分析,程序(包括普通程序和恶意代码程序)的行为实质上就是 API 调用。恶意代码行为与 API 调用有着不可分割的关系,可以通过将恶意代码的 API 调用序列作为恶意代码判定的切入点,也就是将恶意代码在实际执行中的行为以及行为之间的依赖关系作为描述恶意代码的行为特征。通常系统给应用层提供的接口函数种类繁多,数量多达成千上万,因此在做恶意代码检测时一般仅着眼于系统风险调用(System Risk Call)。所谓系统风险调用,指的是可能会对系统的安全构成威胁的 API 调用。恶意代码的风险操作通常都与其要实现的目标有很大的关联。因此,只对系统风险调用监控可以更直观高效、更具针对性地分析恶意代码的行为和目的。

图 10-10 给出了一个 Windows 环境下的恶意软件 AdorebY8323z_gyfghdfi.exe 的部分系统调用序列实例。从图中可以看出,该恶意软件具有修改文件、修改注册表、映射病毒到内存及删除文件等传统恶意软件共有的恶意行为。为了便于后期在提取特征时减少数据处理量,在实际检测中,可采用将不同功能的 API 函数编码对应不同的功能号,用特定的整数来表示每个 API 函数,并使用 0~283 将 Windows XP 的系统函数进行编号。经过预处理后,一个恶意软件样本就可表示为一串整数序列,图 10-10 中的系统调用序列就可以表示为(116 119 280 173 17 113…)的序列。在得到系统调用序列后,可以把恶意软件检测问题转化为基于系统调用序列的异常检测,即系统调用子图同构问题,也就是根据代码分析特点对经典图匹配算法进行优化即系统调用图的匹配。这样就将图匹配问题等价转换为其他形式的数据结构并进行比较。

Now Monitoring Process: C:\Documents and Settings\test\sample\AdorebY8323z_gyfghdfi.exe				
Log File is: C:\Documents and Settings\test\log\AdorebY8323z_gyfghdfi.txt				
函数名：NtOpenFile		参数个数：5		功能号：116
参数0：0xf87a0c7c	参数1：0x80100000	参数2：0xf87a0c4c	参数3：0xf87a0c6c	参数4：0x00000000
函数名：NtOpenKey		参数个数：3		功能号：119
参数0：0x0012fc74	参数1：0x80000000	参数2：0x0012f950		
函数名：NtOpenKeyedEvent		参数个数：3		功能号：280
参数0：0x0012fb14	参数1：0x02000000	参数2：0x0012faec		
函数名：NtQuerySystemInformation		参数个数：4		功能号：173
参数0：0x00000000	参数1：0x0012fa50	参数2：0x0000002c	参数3：0x00000000	
函数名：NtAllocateVirtualMemory		参数个数：5		功能号：17
参数0：0xffffffff	参数1：0x0012fae8	参数2：0x00000000	参数3：0x0012fb14	参数4：0x00002000
函数名：NtOpenDirectoryObject		参数个数：3		功能号：113
参数0：0x7c99c304	参数1：0x00000003	参数2：0x0012fb9c		
…				

图 10-10　恶意软件系统调用序列

10.3.3　恶意代码特征选择

特征质量对恶意代码检测分类模型的准确率影响较大，而特征选择是特征质量的决定因素之一。通常恶意代码进行特征提取后会得到冗余特征，它们将直接影响分类的准确率并增加计算复杂度，甚至可能导致过拟合（Overfitting）。因此，需要通过一种特征质量评价的方法选出相关度最高的特征。常见的恶意代码特征选择算法有：信息增益、文档频率、频繁项集等，它们大多借鉴于文本分类法，简要介绍如下。

1. 信息增益

信息增益是最常见的特征选择算法之一，它表示某个特征项出现或者不出现时为分类模型所带来的信息量的差别。其中，信息量由熵（Entropy）来度量，信息增益越大，该特征的重要程度也就越高。Koher 首先在恶意代码检测领域引入信息增益，他将在恶意程序或正常程序中出现与否用布尔变量表示，因此每个 N-grams 的信息增益值 IG(j) 可表示为

$$IG(j) = \sum_{v_j \in \{0,1\}} \sum_{C_i} P(v_i, C_i) \log \frac{P(v_i, C_i)}{P(v_j) P(C_i)} \tag{10-1}$$

其中，C_i 表示第 i 个类别，v_j 表示第 j 个特征的布尔值，联合概率 $P(v_j, C_i)$ 表示第 j 个特征出现在第 i 类中的概率，$P(v_j)$ 表示第 j 个特征出现在所有恶意样本训练集中的概率，$P(C_i)$ 表示第 i 个类别占所有类别的比例。该算法也叫作互信息（Mutual Information）。最终根据 IG 值选取不同数量的 N-grams，将其输入若干种不同分类模型，选出其中最佳的一些 N-grams 特征。

2. 文档频率

文档频率表示在恶意样本训练集中包含某个特征项出现的频率。这种衡量特征重要程度的方法是基于假设:出现频率较低的特征项对恶意样本分类结果影响较小。因此,通常设定一个阈值,当某个特征项的出现频率小于该阈值时,从特征空间中去掉该特征项。该方法实现简单,可降低计算复杂度,并能一定程度提高分类的准确率,但不符合信息检索理论,即有可能某些特征虽然出现频率低,却往往包含较大信息量,对分类的重要性很大。

3. 频繁项集

频繁项集的挖掘通常用于发现隐藏在大型恶意样本数据集中有意义的关联。这种方法旨在通过恶意样本特征间的相互关系挖掘出相关度较大的一些特征集。例如 FP-growth 就是一种不产生候选项集而采用频繁项集增长的方法来挖掘频繁项集的算法。它首先将数据库存储在一种称为 FP-Tree(Frequent Pattern Tree)的紧凑数据结构中,然后利用 FP-Tree 来挖掘频繁项集。构建 FP-Tree 时需要对原始数据集遍历两次:第一次会获得每个元素的出现频率,去掉不满足最小支持度的元素项;第二次将从空集开始,向其中不断添加频繁项集。最后从 FP-Tree 中获得条件模式基,利用其构建一个条件 FP-Tree,迭代到包含最后一个元素项为止。

上述方法中,信息增益方法应用最为广泛,具有良好的通用性,对于大部分特征都有突出表现。尤其是针对解释性不强的 N-grams 序列,需要通过这种基于概率的方法来衡量每个特征项对各自类别的贡献大小。信息增益方法的不足之处在于,它考虑了特征项未发生的情况,但在正负类别样本数量以及特征值分布高度不均衡的情况下,信息增益值将受到出现频率较低的特征项的极大干扰。而实际场景中,恶意样本与正常样本的数量分布经常存在失衡现象,即恶意样本数量远小于正常样本,这正是信息增益方法的风险点之一。文档频率方法相对于信息增益方法在理论上略显欠缺,但它的最大优势在于计算效率极高,对解决目前爆炸式增长的海量数据十分有利,特别适用于在线计算这类需要极高响应速度的应用场景。文档频率方法的另一优势是它属于无监督算法,即无须已知类别信息的样本便可完成特征选择;而信息增益方法则需要依赖于大量先验信息。在实际场景中,对于新出现样本的类别标签的获取往往存在一定延时,这使得模型在特征选择上存在一定滞后。因而在实时性要求较高的检测场景下,无监督的特征选择方法显得尤为重要。另外在利用信息增益结合 N-grams 序列特征进行特征选取时,该方法的最大缺点是可解释性不强。例如,无法描述函数调用的语义(Semantic)与控制结构的关系,缺乏对执行流程中上下文(Context)关系的充分利用。而可输出字符串则可以很好地弥补 N-grams 序列在这方面的不足,例如在 while() 中若存在未成对出现的 recv() 和 send(),则可能产生拒绝服务攻击,而不在循环结构中的相同函数则没有这样的语义。FP-growth 等挖掘频繁集算法可通过解析输出字符串来描述执行流程上下文关系,其本质是:挖掘出频繁且共同出现的特征子集,每个子集内的字符串之间共同描述了一定的上下文关系,而这种"频繁"且"共同出现"的关系是信息增益、文档频率方法所无法获取的。

事实上,以上特征选择方法经常被同时使用,即分别使用文档频率和信息增益两种方法进行特征选择。例如以 API 作为特征项,并设定好选定阈值,通过这两种方法选出特征项共同构成特征集。

10.4　恶意代码挖掘检测

所谓恶意代码挖掘检测,其本质是基于先验信息,对未知应用程序是否具有恶意属性进行决策的过程,因而机器学习中的分类算法起到了关键作用。数据预处理所得到的特征集可作为分类算法的输入,用以训练分类模型,训练完成后可将待分类样本输入模型,得到最终判定结果。常见的分类算法有决策树、支持向量机、朴素贝叶斯、K 近邻等。

10.4.1　特征空间和决策边界

在进行恶意代码挖掘检测时一般基于所给定的特征空间,这里的特征空间即所有特征向量存在的空间。每个具体的输入是一个实例,通常由特征向量表示。从原始数据特征序列中提取特征则是将原始数据映射到一个更高维的空间,特征空间中的特征是对原始数据更高维的抽象。

决策边界也可被称为决策表面,其定义如下:在特征空间内,根据不同特征对样本进行分类,不同类型间的分界就是模型针对该数据集的决策边界。在分类问题中,通过决策边界可以更好地可视化分类结果。例如在二维特征空间中,决策边界为一条直线,理论上,在该直线上有 $\theta^{\top} \cdot x = 0$。但实际上不一定存在这样的样本点,通过决策边界可以直接根据样本在特征空间的位置对该样本的类型进行预测。在具有两个类的统计分类问题中,决策边界或决策表面是超曲面,其将基础向量空间划分为两个集合。分类器将决策边界一侧的所有点分类为属于一个类,而将另一侧的所有点分类为属于另一个类。总体来说,决策边界主要有线性决策边界和非线性决策边界。

决策边界是问题空间的区域,分类器的输出标签是模糊的。如果决策表面是超平面,那么分类问题是线性的,并且类是线性可分的。决策界限并不总是明确的,也就是说,从特征空间中的一个类到另一个类的过渡并非不连续的,而是渐进的。这种效果在基于模糊逻辑的分类算法中很常见,其中一个类或另一个类的成员鉴定是不明确的。

在基于反向传播的人工神经网络或感知器的情况下,人工神经网络可以学习的决策边界类型由神经网络所具有的隐藏层数量来确定。如果它没有隐藏层,那么它只能学习线性问题。如果它有一个隐藏层,则它可以学习紧致子集上的任何连续函数,因此它可以具有任意的决策边界。特别地,在利用支持向量机方法进行恶意样本区分时,其本质在于寻找一个最佳的决策边界即超平面,使得决策边界与各组数据之间存在判定边界,将特征空间分成具有最大余量的两个类,并使得超平面距离各侧样本点的边距离最大化。如果问题最初不是线性可分的,则通过增加维数来使用内核技巧将其转换为线性可分的问题。因此,小尺寸空间中的一般超曲面在具有更大尺寸的空间中变成超平面。神经网络试图学习决策边界,最小化经验误差,而支持向量机试图通过定义决策边界用于最大化决策边界和数据点之间的经验边际。

10.4.2　常见恶意代码检测算法

恶意代码检测的决策过程中,常见的分类算法有决策树、支持向量机、朴素贝叶斯、K 近邻等,简要介绍如下。

1. 决策树

决策树(Decision Tree)模型是一种描述对实例进行分类的树形结构,它通过 if-then 规则集合进行决策。这里给出一个实例来说明利用决策树算法进行恶意样本检测的过程。表 10-1 中列举了 15 个恶意样本的行为表现信息,包括 4 个特征:广告弹出频繁程度、是否有浏览器劫持、是否强制安装、恶意收集信息程度。可利用这些少量的样本来学习一个恶意样本的决策树,用于对待检测样本分类。

表 10-1　恶意样本行为表现信息

序号	广告弹出频繁程度	是否有浏览器劫持	是否强制安装	恶意收集信息程度	是否为恶意样本
1	轻微	否	否	一般	否
2	轻微	否	否	中等	否
3	轻微	是	否	中等	是
4	轻微	是	是	一般	是
5	轻微	否	否	一般	否
6	中等	否	否	一般	否
7	中等	否	否	中等	否
8	中等	是	是	中等	是
9	中等	是	是	严重	是
10	中等	是	是	严重	是
11	严重	是	是	严重	是
12	严重	是	是	中等	是
13	严重	否	否	中等	是
14	严重	否	否	严重	是
15	严重	否	否	一般	否

特征选择是生成决策树的首要步骤,高质量的特征可极大提高恶意样本的决策效率,因此将优先使用这类特征进行划分。特征质量通常定义为:将无序的数据变得更加有序,可通过划分数据集前后信息量发生变化的大小,即信息增益来衡量每个特征的质量。特征的信息增益值越高,其质量越高,这与前面特征选择中所阐述的观点也是一致的。而在某些决策树算法中也会使用信息增益比(Information Gain Ratio)来评价特征质量。通过计算各个特征对数据集的信息增益,可以得到表 10-1 中"是否强制安装"这个特征的信息增益值最大,即为最优特征,并将其作为决策树的根节点。同理,计算剩余三个特征的信息增益值,得到"是否有浏览器劫持"这个特征为当前次优特征,并作为父节点的子节点。同时,发现仅通过前两个特征的决策便可实现对数据集中所有样本的分类,而无须依靠剩余两个特征,这也从侧面体现了特征选择的优势,可让决策更加简捷、高效。如此生成一个如图 10-11 所示的决策树,该决策树仅由两个特征构成。

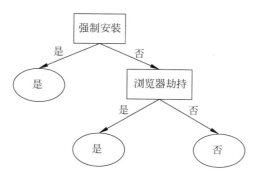

图 10-11　决策树模型

决策树生成后,为了提高泛化能力,避免过拟合,常采用剪枝(Pruning)的方法从已生成的树上裁掉一些子树或节点。根据不同的特征选择方法,经典的决策树变种有 J48、CART 和 C4.5 等。随机森林(Random Forest)是决策树的一种改进算法。顾名思义,它是用随机的方式建立一个由若干决策树构成的森林,随机森林的每一棵决策树之间是没有关联的。其决策机制是:根据其中所有决策树的判定结果进行投票,票数最多的类别即为最终判定结果。决策树和随机森林都是恶意代码检测中常用的方法。

随机森林是一种集成学习算法,该算法在学习过程中将产生多个决策树,每棵决策树会根据输入数据集产生相应的预测输出,算法采用投票机制选择类别众数作为预测结果。

如图 10-12 所示,随机森林算法首先采用 bootstrap 对数据进行采样,样本总数为 N,那么每次也随机采样 N 个样本作为单个决策树的训练数据集,采样是有放回的采样,所以并不是使用样本空间中的每一个样本作为单个决策树的训练集数据。在每个节点,算法首先随机选取 $m(m \ll M)$ 个变量,从它们中间找到能够提供最佳分割效果的预测属性;然后算法在不剪枝的前提下生成单个决策树;最后从每棵决策树都得到一个分类预测结果。如果是回归分析,算法将所有预测的平均值或者加权平均值作为最后输出;如果是分类问题,则选择类别预测众数作为最终预测。

2. 支持向量机

支持向量机(SVM)是一种典型的二分类模型。它的原理是在特征空间中找到一个最优分离超平面将样本分到不同的类,分离超平面由法向量 $\boldsymbol{W}$ 和截距 b 共同决定,如图 10-13 所示。

假设在二维特征空间中,分别存在正、负两类样本,同时训练样本线性可分,那么在此二维特征空间中的直线则表示最优分离超平面。一旦该超平面的法向量 $\boldsymbol{W}$ 和截距 b 确定后,对于新的未知样本 $\boldsymbol{x}$,将其代入:

$$f(\boldsymbol{x}) = \text{sign}(\boldsymbol{W} \cdot \boldsymbol{x} + b) \tag{10-2}$$

即可通过 $f(\boldsymbol{x})$ 的正负情况判断该样本所属的类别。

而对于非线性可分问题,可引入核技巧(Kernel Trick)将样本映射至高维空间,使得样本在高维空间线性可分。

SVM 算法的关键在于核函数,常用的核函数主要有以下四种,其中 γ、r 和 d 都是核参数。

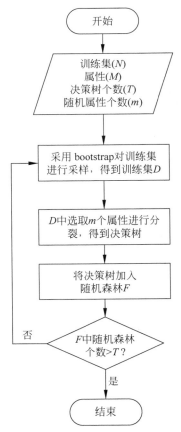

图 10-12   随机森林算法训练模型生成过程

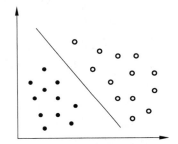

图 10-13   二维空间中的 SVM 模型

(1) 线性核函数：$K(x,y)=x \cdot y$。

(2) 径向基函数：$K(x,y)=\exp(-\gamma \parallel x-y \parallel^2), \gamma>0$。

(3) 多项式核函数：$K(x,y)=[\lambda(x+y)+r]^d, \lambda>0$。

(4) 二层神经网络核函数：$K(x,y)=\tanh[\gamma(x \cdot y)+r]$。

SVM 算法最初设计是为解决二分类问题,但是恶意样本检测一般是多分类问题,所以需要对 SVM 算法做一些改动。目前针对 SVM 多分类问题主要有两种解决方案：直接法和间接法。直接法直接修改目标函数,但是这种算法复杂度较高,很难实现,只适合解决规模较小的问题。间接法通过组合多个二分类器实现多分类器功能,常见的方法有两种：一对一法和一对多法。一对多法可能会出现训练集分布不均的情况,甚至可能会有未分类的情况出现,所以本书建议在实际进行恶意样本检测时使用一对一的方法,即对每一种类别的训练集,都和类别集合中的其他类别训练集使用 SVM 算法构建二分类模型。如果类别总数为 n 时,二分类 SVM 算法将会执行 $\dfrac{(n+1) \times n}{2}$,接着待检测样本使用每一个二分类模型进行预测,最后选取最频繁的预测值作为总的预测结果。这也是 libsvm 中 SVM 多分类实现的方式。

3. 朴素贝叶斯

朴素贝叶斯(Naive Bayes)算法是基于贝叶斯定理与特征条件独立假设的分类方法。它的特点是实现简单,学习与预测的效率都很高。对于给定的训练集,首先基于特征条件独立假设学习每个类别在训练集中的比例 $P(C_i)$ 和各类别下各个特征属性的条件概率估计 $P(x|C_i)$;然后基于此模型,对给定的输入 $x=\{x_1,x_2,\cdots,x_n\}$,利用贝叶斯定理求出后验概率最大的输出 C:

$$C=\underset{C_i}{\mathrm{argmax}}\ \frac{P(C_i)P(x\mid C_i)}{P(x)} \tag{10-3}$$

而对于不同类别,$P(x)$ 都是相等的;另外由于假设特征间相互独立,即 $P(x\mid C_i)=\prod_j P(x_j\mid C_i)$,因此式(10-3)可简化为

$$C=\underset{C_i}{\mathrm{argmax}}P(C_i)\prod_j P(x_j\mid C_i) \tag{10-4}$$

值得注意的是,如果待分类样本中未出现某个特征项 x_j,则 $P(x_j)=0$,导致 $\prod_j P(x_j\mid C_i)=0$,最终造成该样本属于任何类别的概率均为0,而这点有时会不符合自然规律,因此需要引入平滑(Smoothing)项。Laplace Smoothing 是最常见的平滑方法之一,它对所有特征的条件概率加入了平滑因子 λ,从而一定程度上避免了零概率特征的产生。更为详细的朴素贝叶斯方法可参见第5章网络信息内容过滤。

4. K 近邻

K 近邻(K-Nearest Neighbor,KNN)是最简单的分类算法之一。它是一种基于距离的分类算法,该方法无须得到显式表达式。假设 n 维空间中存在由 m 个样本构成的训练集 $S=\{s_1,s_2,\cdots,s_m\}$,对于待分类样本,在由训练集构成的特征空间中找到与之最近邻的 k 个样本,统计这 k 个样本的所属类别,属于同一类别样本个数最多的类别即为 s_i 的类别标签。而所谓的"近邻"实际上是一种距离的度量结果,特征空间中两个样本点的距离反映这两点的相似程度。常见的距离度量方式为欧氏距离:

$$D=\sqrt{\sum_{i=0}^{n}(x_i-y_i)^2} \tag{10-5}$$

其中,$x=\{x_1,x_2,\cdots,x_n\}$,$y=\{y_1,y_2,\cdots,y_n\}$ 分别表示两样本点,D 为两点的欧氏距离。

K 近邻算法步骤如下。

(1) 首先对特征向量进行归一化处理,本书采用线性函数的转换方法,如式(10-6):

$$y=(x-\min)/(\max-\min) \tag{10-6}$$

其中,y 为归一化处理之后的值,x 为处理前的值,$\max$ 和 $\min$ 分别代表一个样本中出现的最大值和最小值。

(2) 使用一种度量方式计算待检测恶意代码样本和所有已知类别数据样本的距离,本书使用欧氏距离,如式(10-5)所示。

(3) 按照距离递增进行排序。

(4) 选取和当前待测恶意代码样本距离最小的 k 个点。

(5) 确定前 k 个点所属类别的出现频率。

(6) 返回前 k 个点出现频率最高的类别作为当前点的预测类别,则目标函数为

$$f(\boldsymbol{v}) = \underset{c \in C}{\arg\max} \sum_{i=1}^{k} \delta(c, f(\boldsymbol{v}_i)) \tag{10-7}$$

其中,函数 $f(\boldsymbol{v})$ 表示特征向量 $\boldsymbol{v}$ 的类别,如果 $f(\boldsymbol{v}_i)$ 的类别和 c 相同,则 $\delta(c, f(\boldsymbol{v}_i)) = 1$,否则 $\delta(c, f(\boldsymbol{v}_i)) = 0$。

10.4.3 恶意代码检测模型性能评价

各种恶意代码检测方法性能往往取决于应用场景,以及所选取的特征,或是样本自身的特性。通常对于小规模数据集,使用支持向量机等方法表现更为突出,这得益于它较高的准确率以及较强的泛化能力,并能通过核函数有效解决线性不可分问题,同时对过拟合问题有很好的理论保证。但支持向量机方法其较大的内存开销以及烦琐调参过程,导致它并不适合处理大规模数据集。同样,不适合大规模数据集的还有聚类算法,因为对于每一个待分类的样本,其都需要计算它到全体已知样本的距离,而一旦数据量增多,计算将十分缓慢。与之相反的是,朴素贝叶斯算法计算复杂度低,训练过程简单,对大规模数据集具有较高的计算效率;同时,由于朴素贝叶斯算法检测原理上依赖于极限定理,需要大量的样本来计算先验概率。据卡巴斯基实验室统计,每日新增恶意样本量为 31.5 万个,如此大规模的数据量是对这些分类算法的考验,值得我们进一步探索。

从特征属性角度,决策树和随机森林算法对特征的类型并没有严格限定,它们可以同时处理字符串类型、数值型以及 OpCode N-grams 等不同类型的特征,也不需要考虑特征间量纲不同的问题。而支持向量机方法则必须将特征转换为数值型矩阵,如此便造成了特征量化的困难以及特征矩阵稀疏的可能性。但决策树方法对样本空间的划分只能是垂直或平行于坐标轴的,而不能很好地解决倾斜于坐标轴的划分问题。需要说明的是,朴素贝叶斯算法其性能是建立在特征间相互独立的假设之上,而这种假设在实际中一般很难满足。因此该算法的效果往往难以达到理论上的最大值。朴素贝叶斯算法另外一个优势在于能以概率的形式解释判定结果。在实际场景中,往往需要以一定的置信度满足某种要求,例如样本被误报的代价可能高于漏报,对于恶意属性不确定的样本,需要模型"更倾向于"对其不做处理,即要求模型将样本判定为恶意的结果具有更高置信度,因此可将阈值在 0.5 附近做适当的偏移;或者对于恶意性不高的样本,其以概率的形式呈现,而是否需要做进一步处理,可由用户自行决策。

在某些场景下,需要建立多分类模型,例如将恶意样本检测分为正常、蠕虫、病毒、木马 4 种类型。而支持向量机方法是典型的二分类模型,解决该问题的方法是通过组合多个二分类模型来完成多分类,典型的有 one against one 和 one against all 两种方法。在模型复杂度以及参数方面,K 近邻算法有它独特的优势,它并不需要任何前期训练过程,而是在程序开始运行时将已知数据集全部载入内存即可开始计算。在参数方面,K 近邻算法只有唯一参数点需要预先确定,通常采用交叉验证法,而其他算法都需要复杂的训练过程,尤其是 SVM 的核函数中相关参数更是缺少通用的方法来确定。而且 K 近邻算法并不依赖于对数据集的任何假定,具有较强的通用性。此外,K 近邻能很好地解决模型维护问题。例如在实际中,随着时间变化,恶意样本的特征通常也会不断发生改变,因此

不断更新训练集十分必要。由于 K 近邻支持增量学习（Incremental Learning），当训练集中新增了一批样本后，对参数 k 的影响并不大，模型依然可以稳定地工作；而对于基于规则的模型（如决策树和随机森林算法）来说，却意味着需要频繁更新复杂的模型，否则新增样本将不会对决策做出任何贡献。而随之而来的问题是，当恶意代码数据集不均衡时，例如某一类恶意样本容量很大而其他类的容量很小时，很可能导致待预测样本邻域的 k 个样本中属于大容量类别的样本占多数，这将导致过拟合风险。相反的是，决策树可通过"剪枝"过程有效避免过拟合，同时具有较强的抗噪能力。另外，随机森林中每棵树的训练样本是随机的，树中每个节点的分类属性也是随机选择的，因而也不易产生过拟合。

　　总之，以上分类算法均存在各自的优缺点，并没有一种算法能在任何应用场景下具有绝对的优势，因此结合实际场景最为关键。同时，不可忽视的是特征提取与特征选择，这些共同决定了模型的最终表现。

10.4.4　恶意代码检测评价指标

　　评价指标是利用机器学习进行恶意软件检测任务中非常重要的一环。评价指标是针对将相同的恶意样本数据，输入不同的算法模型，或者输入不同参数的同一种算法模型，而给出这个算法或者参数好坏的定量指标。在模型评估过程中，往往需要使用多种不同的指标进行评估，在诸多的评价指标中，大部分指标只能片面地反映模型的一部分性能，如果不能合理运用评估指标，不仅难以发现模型本身的问题，而且会得出错误的结论。检测时运用不同的机器学习方法参与检测任务，如分类、回归、排序、聚类、主题模型，有着不同的评价指标。而有些指标可以对多种不同的机器学习模型进行评价，如精确率-召回率（Precision-Recall）。运用监督式机器学习如分类、回归、排序等方法进行恶意代码检测时，常用准准率（Accuracy）、精准率（Precision）、召回率（Recall）、P-R 曲线（Precision-Recall Curve）、F1-Score、混淆矩阵（Confuse Matrix）、ROC（Receiver Operating Characteristic，ROC）曲线等评价指标，简要介绍如下。

1. 准确率

　　准确率是分类器做出正确分类的频度。如式 10-8 所示，在恶意代码检测中，该指标是指在分类中，使用恶意样本测试集对模型进行分类，分类正确的记录个数占总记录个数的比例。

$$\text{Accuracy} = \frac{\text{TP} + \text{TN}}{\text{TP} + \text{TN} + \text{FP} + \text{FN}} \tag{10-8}$$

其中，真正例（True Positive，TP）是被模型预测为正的正样本；假正例（False Positive，FP）是被模型预测为正的负样本；假负例（False Negative，FN）是被模型预测为负的正样本；真负例（True Negative，TN）是被模型预测为负的负样本。

　　但是，准确率评价算法有一个明显的弊端问题，就是在恶意样本数据类别不均衡，特别是有极偏的数据存在的情况下，准确率这个评价指标是不能客观评价算法的优劣的。例如假设在测试集中有 100 个恶意样本数据，其中有 99 个负例，只有 1 个正例。如果恶意代码检测模型对任意一个样本都预测是负例，那检测模型的准确率就为 0.99，从数值上看是非常不错的,但事实上,这样的算法没有任何的预测能力,这时就需要使用其他的评价指标综合评判了。

2. 精准率和召回率

精准率又叫查准率,它是针对预测结果而言的。在恶意代码检测场景中,它的含义是在所有被预测为正的恶意样本中实际为正的样本的概率,意思就是在预测为正样本的结果中,有多少把握可以预测正确,其公式定义如下:

$$\text{Precision} = \frac{\text{TP}}{\text{TP} + \text{FP}} \tag{10-9}$$

精准率和准确率看上去有些类似,但它们是完全不同的两个概念。精准率代表对正样本结果中的预测准确程度,而准确率则代表整体的预测准确程度,既包括正样本,也包括负样本。

召回率又叫查全率,它是针对原样本而言的,它的含义是在实际为正的样本中被预测为正样本的概率,其公式如下:

$$\text{Recall} = \frac{\text{TP}}{\text{TP} + \text{FN}} \tag{10-10}$$

在不同的应用场景下,我们的关注点不同。例如,在预测病患的场景下,更关注召回率,即真正患病的那些人中预测错的情况应该越少越好。但在进行恶意代码检测时,我们更关心精准率,即预测为恶意代码的样本中,真正为恶意代码的有多少,因为我们更在意能够从样本找出其中的恶意样本。而精准率和召回率是一对互相制衡的度量。例如在恶意代码检测系统中,如果想尽可能提升检测精准率,那可以提升检测阈值,但这样就漏掉了一些可能是恶意代码的样本,从而降低召回率;如果想让恶意代码尽可能都被检测,那只有尽可能降低检测阈值将所有样本都作为恶意样本检测,即宁可错杀一千,不可放过一个,这将拉低精准率。在实际检测中,往往需要结合两个指标的结果,去寻找一个平衡点,使综合性能最大化。

3. F1-Score

如前所述,Precision 和 Recall 指标一般是互相制衡,即精准率高,召回率将下降。但在一些场景下需要兼顾精准率和召回率,最常见的方法就是 F-Measure,又称 F-Score。F-Measure 是 P 和 R 的加权调和平均,即

$$\frac{1}{F_\beta} = \frac{1}{1 + \beta^2} \cdot \left(\frac{1}{P} + \frac{\beta^2}{R} \right) \tag{10-11}$$

$$F_\beta = \frac{(1 + \beta^2) \times P \times R}{\beta^2 \times P + R} \tag{10-12}$$

特别地,当 $\beta = 1$ 时,也就是常见的 F1-Score,是 P 和 R 的调和平均。一般当 F_1 值越高时,模型性能越好。

$$\frac{1}{F_1} = \frac{1}{2} \cdot \left(\frac{1}{P} + \frac{1}{R} \right) \tag{10-13}$$

$$F_1 = \frac{2 \times P \times R}{P + R} = \frac{2 \times \text{TP}}{\text{样例总数} + \text{TP} - \text{TN}} \tag{10-14}$$

4. ROC 曲线

ROC 曲线又称接受者操作特征曲线。该曲线最早应用于雷达信号检测领域,用于区分信号与噪声。后来人们将其用于评价检测模型的预测能力。ROC 曲线现在是分类任务中常用的评价指标,其特性在于:当待检测样本测试集中的正负样本的分布变化时,ROC 曲线能够保持不变。在实际的数据集中经常会出现类别不平衡(Class Imbalance)现象,即负样本比正样本多很多(或者相反),而且测试数据中的正负样本的分布也可能随着时间变化,ROC 以及 AUC 可以很好地消除样本类别不平衡对指标结果产生的影响。另外,ROC 是一种不依赖于阈值(Threshold)的评价指标,在输出为概率分布的分类模型中,如果仅使用准确率、精准率、召回率作为评价指标进行模型对比时,都必须基于某一个给定阈值,对于不同的阈值,各模型的衡量结果也会有所不同,这样就很难得出一个置信度高的结果。

ROC 曲线一般包括灵敏度(Sensitivity)和特异度(Specificity)指标,也叫作真正率(True Positive Rate,TPR)和真负率(True Negative Rate,TNR)。

真正率(TPR),又称灵敏度:

$$TPR = \frac{正样本预测正确数}{正样本总数} = \frac{TP}{TP + FN} \tag{10-15}$$

可以发现灵敏度和召回率是等价的。

假负率(False Negative Rate,FNR):

$$FNR = \frac{正样本预测错误数}{正样本总数} = \frac{FN}{TP + FN} \tag{10-16}$$

假正率(False Positive Rate,FPR):

$$FPR = \frac{负样本预测错误数}{负样本总数} = \frac{FP}{TN + FP} \tag{10-17}$$

真负率(TNR),又称特异度:

$$TNR = \frac{负样本预测正确数}{负样本总数} = \frac{TN}{TN + FP} \tag{10-18}$$

从上述 4 个公式可以看出,真正率(灵敏度)TPR 是正样本的召回率,真负率(特异度)TNR 是负样本的召回率,而假负率 FNR=1−TPR,假正率 FPR=1−TNR,上述 4 个量都是针对单一类别的预测结果而言的,所以对整体样本是否均衡并不敏感。例如假设总样本中,90%是正样本,10%是负样本。在这种情况下,如果使用准确率单独进行评价效果一般,但却适用于用 TPR 和 TNR 等指标进行量度。原因在于 TPR 只关注 90%正样本中有多少是被预测正确的,而与那 10%负样本毫无关系。同理,FPR 只关注 10%负样本中有多少是被预测错误的,也与那 90%正样本毫无关系。这样就避免了样本不平衡的问题。

通过以上介绍可以看出,ROC 曲线中的主要两个指标就是真正率(TPR)和假正率(FPR),其中横坐标为假正率(FPR),纵坐标为真正率(TPR),图 10-14 就是一个标准的ROC 曲线图。

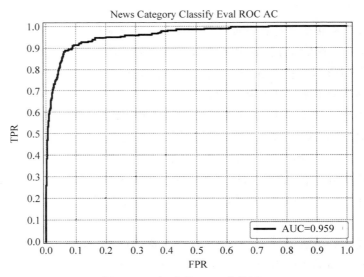

图 10-14　标准的 ROC 曲线图

由于 FPR 表示模型对于负样本误判的程度,而 TPR 表示模型对正样本召回的程度,因此在一个检测模型的 ROC 曲线中,负样本误判越少越好,正样本召回越多越好,也就是 TPR 越高,同时 FPR 越低(即 ROC 曲线越陡),那么模型的性能就越好。

10.5　基于主动学习的恶意代码检测实战

在恶意代码检测模型训练阶段,往往需要大量的、完备的恶意代码样本集才能达到理想的检测效果。然而在现实网络环境中,恶意代码样本尤其是新型恶意代码样本一般数量较少,难以形成完备的训练集,从而影响了恶意代码的检测效果。另外,对恶意代码进行分析和标注也需要大量的人力和物力,从而影响了恶意代码的检测效率。如何在小规模恶意代码样本的情况下实现较为理想的检测效果和效率,是恶意代码检测领域研究的重点和难点。本节针对恶意样本集合普遍偏少的问题,介绍了一种基于主动学习策略的恶意代码检测算法。该方法可以利用当前小样本训练的检测模型,主动地选择其中最有价值的样本进行标记,然后再将该样本加入之前模型的训练集中重新训练,以不断迭代提高检测模型的泛化能力。

10.5.1　主动学习的检测流程

基于主动学习的恶意代码检测方法目的在于在少量已标记样本条件下提高对未标记样本的检测率,其基本思想是:首先将有恶意代码标签和正常代码标签的所有样本作为已标记样本集 L,将没有标签的所有未知样本作为未标记样本集 U;然后提取所有样本特征,并利用特征处理算法如 simhash 算法对特征进行规范化处理,将其表示成统一的格式;其次将已标记样本集 L 的特征作为输入,训练得到分类器模型 C;接着将未标记样本集 U 的特征作为输入,利用基于最大特征距离的样本选择策略对 U 进行选择,并将选择出的样本放入待标记样本集 S；最后利用基于最小估计风险的样本标记策略对 S 中估计风险值最低的样本进行标记，并将标记后的样本加入已标记样本集 L；更新已标记样本集 L 和未标记样本集 U，并重新对 C 进行训练，直到 U 中所有样本被标记完毕。该算法的基本流程如图 10-15 所示。

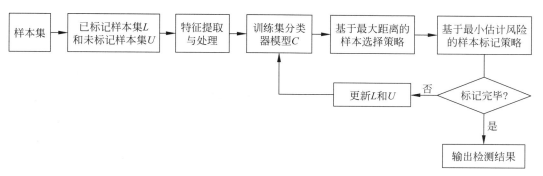

图 10-15　基于主动学习的恶意代码检测算法流程

10.5.2　特征的提取与处理

在恶意代码检测中，样本的特征提取和处理是恶意代码建模检测的关键，基于主动学习的恶意代码检测方法主要使用样本的 API 调用函数作为特征提取的对象。API 函数是恶意代码实现其恶意行为并与系统交互所必需的函数，有时 API 本身没有恶意性，但是恶意代码通过某些 API 函数的组合，可使其所表示的行为构成恶意性，而这些行为在正常文件中是不常见的，如进程的注入操作、关键系统文件的更改和删除等。因此，对 API 函数的调用序列 $X_i = \{a_1 a_2 \cdots a_n\}$ 进行提取，其中 $i(i \in L \cup U)$ 表示第 i 个样本，n 为 API 函数的数量。

由于序列的长度不一，将其直接作为特征会增加后续建模的计算复杂度，从而影响检测的效果，因此可采用 simhash 算法对该序列进行处理，将每个特征都表示成相同位数的二进制形式。图 10-16 显示了 simhash 算法的处理过程。

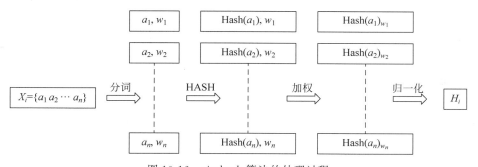

图 10-16　simhash 算法的处理过程

simhash 算法流程简要描述如下：首先对调用序列 X_i 进行分词，并确定每个函数的权重，若调用的函数可能导致系统出现安全问题，则权重 w_k 为 2，否则 w_k 为 1；然后对每个函数都做 b-bits 的 Hash 计算（图 10-14 中 $b=6$）和加权，若 Hash 位数为 1，则 w_k 为正,否则为负;最后将加权后的权重累加和进行归一化处理,得到最终的 simhash 值 H_i, H_i 即为 API 调用序列的特征。

10.5.3 基于最大特征距离的样本选择策略

基于最大特征距离的样本选择策略的目的是从大量未标记样本中选择具有标记价值的样本,一方面能够减少后续标记的工作量,提高整个主动学习算法的检测速度;另一方面能够提高标记的准确率,降低无用样本带来的干扰。

在主动学习初期,已标记的样本较少,训练的分类器泛化性能较低,难以对特征相近的样本进行预测,选择特征差异较大的样本能够降低预测难度。而同一类样本的特征存在相似性,相似性越低的样本,其特征之间的差异越大。为此,基于主动学习的恶意代码检测方法可运用基于最大特征距离的样本选择策略,将特征间的汉明距离(Hamming Distance)作为样本差异性的衡量标准,其目的是从未标记样本集 U 中选择出待标记的样本集 S,为后续的样本标记提供支持。

由于特征的数据为二进制形式,因此使用汉明距离能够更好地反映各特征在位数上的差异。汉明距离是两个 b 位长码字,例如 $z=\{z_1 z_2 \cdots z_r \cdots z_b\}$ 和 $y=\{y_1 y_2 \cdots y_r \cdots y_b\}$ 之间对应位的不同比特总数,其公式如下:

$$D_{\text{Ham}}(y,z)=\sum_{r=1}^{m} y_r \oplus z_r \tag{10-19}$$

其中,$y_r \in \{0,1\}, z_r \in \{0,1\}, D_{\text{Ham}}(y,z)$ 表示 y 和 z 中在相同位置上不同比特数的总数,总数越多相似度越低。如对于两个 API 调用序列的特征 $H_1=10011011$ 和 $H_2=10101001$,其中不同的位数共有 3 位,因此 $D_{\text{Ham}}(H_1,H_2)=3$。

基于主动学习的恶意代码检测方法假设恶意样本由于其恶意性会大量调用敏感函数,使得其 API 调用较为相似,利用该策略进行选择的过程如图 10-17 所示。

该策略首先对未标记样本特征集 U 进行两两计算,得到汉明距离,并将其保存在数组中;然后计算数组元素的最大值,并返回最大距离特征指向的样本;最后选择具有最大值的两个样本加入待标记样本集 S 中。基于最大特征距离的样本选择策略的算法描述如算法 10-1 所示。

算法 10-1   基于最大特征距离的样本选择策略

输入:未标记样本集 U,共 u 个样本。

输出:待标记样本集 S。

步骤 1:设 $i=1, j=i+1, i,j \in U$。

步骤 2:计算第 i 个和第 j 个未标记样本的汉明距离 $D_{\text{Ham}}(i,j)$ 并将计算结果保存在集合 D 中。

步骤 3:If $j \leqslant u, j=j+1$ and go to 步骤 2;
　　　 else go to 步骤 4。

步骤 4:If $i \leqslant u-1, i=i+1$ and go to 步骤 2;
　　　 else go to 步骤 5。

步骤 5:计算 $\max\{D\}$,选择符合条件的两个样本加入待标记样本集 S 中。

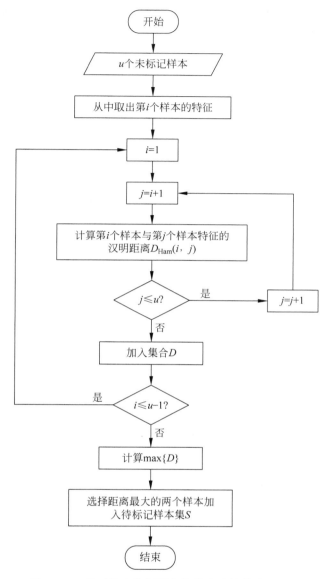

图 10-17　基于最大特征距离的样本选择策略流程图

10.5.4　基于最小估计风险的样本标记策略

　　基于最小估计风险的样本标记策略的目的是通过分析待检测样本自身的信息和规律,利用机器学习方法自动对样本进行标记,以进一步提升算法的检测速度。

　　其基本思路是:首先将选择出的待标记样本集 S 中的样本与已标记样本集 L 中的样本进行相似性度量;然后利用初始分类器 C 对 S 中的样本进行预测;最后根据相似性度量的结果和预测的结果计算样本的估计风险值,并输出估计风险值最小的样本及其标记。在传统的主动学习过程中,从未标记样本集 U 中选择出待标记样本后通常都是采用人工交互的方式进行标记,会消耗大量的人力和物力,还存在标记速度过慢的缺点,难以快速进行检测。因此可结合相似性度量,利用最小估计风险的方法对样本自动进行标记,该策略的流程如图10-18所示。

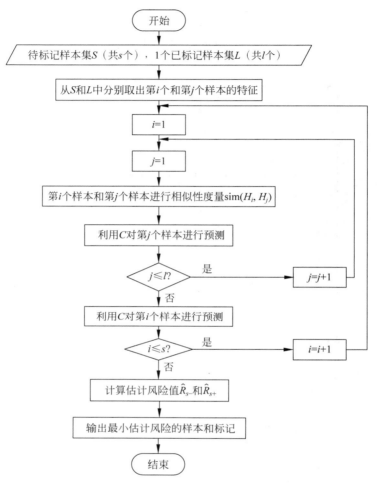

图 10-18 基于最小评估风险样本标记策略的流程图

在10.5.3节汉明距离计算的基础上设计相似性度量的标准,对 S 中每个样本的特征与 L 中每个样本的特征进行度量,其思想是:特征越相似的两个样本,其属于同一类样本的可能性就越大。通过与不同类样本进行相似性度量,可初步确定待选择样本属于某一类的概率。相似性度量的计算过程如下。

设来自 S 和 L 的样本特征分别为 $H_s = \{y_1 y_2 \cdots y_r \cdots y_b\}$,$H_l = \{z_1 z_2 \cdots z_r \cdots z_b\}$,定义相似性度量公式为

$$\mathrm{sim}(H_s, H_l) = 1 - \left(\sum_{r=1}^{m} y_r \oplus z_r\right) / n \qquad (10\text{-}20)$$

其中,y_r、z_r 分别表示两个样本的特征 H_s、H_l 所对应的比特数值,H_s 表示 S 中第 s 个样

本的特征，H_l 表示 L 中第 l 个样本的特征。若 T_s 与 T_l 中被标记为恶意代码的样本进行相似性度量，则用 $\mathrm{sim}(H_s, H_{l+})$ 表示；若 T_s 与 T_l 中被标记为正常代码的样本进行相似性度量，则用 $\mathrm{sim}(H_s, H_{l-})$ 表示，H_{l+} 表示 L 中恶意代码类样本的第 l 个样本的特征，H_{l-} 表示 L 中正常代码类样本的第 l 个样本的特征。

估计风险计算的基本思想是：对某样本的分类器 C 的预测结果与相似性度量结果进行综合评估，估计风险越低说明该样本标签被标记正确的概率就越大。该方法最早由 Zhu 等人提出，在此基础上，可对其进行一定的改进，结合样本相似性度量的结果和分类器 C 的预测结果进行计算，其主要过程如下：首先设 C 的预测结果为 $C(H)$（$C(H) \in \{0,1\}$），预测的标签为 $h()$（$h \in \{$恶意代码，正常代码$\}$）。为进一步确定样本的标记情况，在相似性度量的基础上，对 C 的预测结果与相似性度量的结果进行风险值的估计，将估计风险值最小的样本及其标记输出。这里包括对 L 中恶意代码类和正常代码类的风险估计，其计算公式如下：

$$\hat{R}_{S+} = \sum_{l+} \frac{\left[C(H_s) - C(H_{l+}) \right]^2}{\mathrm{sim}(H_s, H_{l+})} \tag{10-21}$$

$$\hat{R}_{S-} = \sum_{l-} \frac{\left[C(H_s) - C(H_{l-}) \right]^2}{\mathrm{sim}(H_s, H_{l-})} \tag{10-22}$$

其中，$\hat{R}_{S+}$ 和 $\hat{R}_{S-}$ 分别表示正类和负类的风险估计值，s 表示待标记样本集合 S 中的某一样本，$l+$ 和 $l-$ 分别表示已标记样本集合 L 中正类与负类的某一样本，$\left[C(H_s) - C(H_{l+}) \right]^2$ 表示两个样本与相应类样本预测的差异。

当两个样本的相似性较高但预测差异较大时，估计的风险值较大。当样本预测结果相似或其本身相似性较低时，不会引起估计风险的增加。最后比较风险值的大小，选择风险值最低的样本及其标记输出。例如，对于待标记样本 s_1、s_2、s_3，其估计风险值最低的为 $\hat{R}_{s_1+}$，则标记 $h(s_1)$ 为恶意代码。基于最小估计风险的样本标记策略的算法描述如算法 10-2 所示。

算法 10-2　基于最小估计风险的样本标记策略

输入：已标记样本集 L（共 1 个样本），待标记样本集 S（共 s 个样本），分类器 C

输出：标记后的样本及其标签 $h()$

步骤 1：设 $i=1, j=1, i \in S, j \in L$。

步骤 2：计算相似性 $\mathrm{sim}(H_i, H_j)$。

步骤 3：利用分类器 C 预测（$C(H_i)$）。

步骤 4：If $i \leqslant s, i = i+1$ and go to 步骤 2；
　　　　else go to 步骤 5。

步骤 5：If $i \leqslant s, i = i+1$ and go to 步骤 2；
　　　　else go to 步骤 6。

步骤 6：计算估计风险值 $\hat{R}_{S+}$，$\hat{R}_{S-}$。

步骤 7：输出最小估计风险值的样本及其标签 $h()$。

10.5.5　算法设计与实现

在前面几节中,我们总结分析了主动学习的检测流程及特征处理方法,在此基础上,本节设计并实现主动学习算法。该算法将已标记样本和未标记样本组成的原始样本集作为输入,实现对未标记样本的标记,其基本流程如图 10-19 所示。

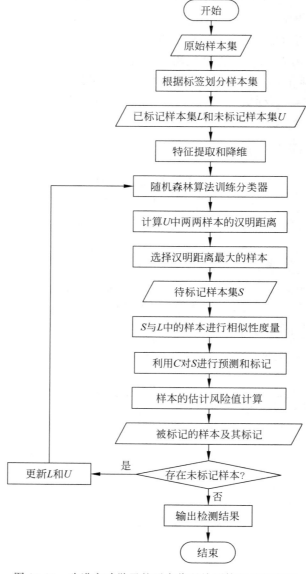

图 10-19　改进主动学习的恶意代码检测算法的流程图

该算法的具体描述如算法 10-3 所示。

算法 10-3　改进主动学习的恶意代码检测算法

输入：原始样本集

输出：U 中的样本标记

步骤 1：首先根据原始样本集的标记情况将其分为已标记样本集 L 和未标记样本集 U，然后按照 10.3 节和 10.4 节的方法对原始样本集进行特征提取和降维，其特征分别表示为已标记样本特征集 T_L 和未标记样本特征集 T_U。

Repeat：

步骤 2：利用随机森林算法对 L 进行训练，得到初始分类器 C。

步骤 3：利用式 10-19 计算 U 中两两样本间的汉明距离，选择距离最大的样本加入待标记样本集 S。

步骤 4：利用式 10-20 对 S 和 L 中的各样本进行相似性度量。

步骤 5：利用 C 对 S 中的每个样本进行预测，得到预测结果 $C()$ 和标记 $h()$。

步骤 6：利用式 10-21 和式 10-22 计算样本的估计风险值，并选择估计风险值最小的样本及其标记加入 L。

步骤 7：更新 L 和 U。

Until U 中所有样本被标记完毕。

步骤 8：输出 U 中每个样本的检测结果和标记。

10.6　恶意代码检测应用难点及发展趋势

10.6.1　恶意代码检测应用难点

虽然机器学习技术在恶意代码检测领域已有诸多场景应用，为现有恶意软件防护策略提供了新的视角，但机器学习在恶意代码检测也存在以下一些应用难点。

（1）机器学习应用在恶意代码检测中时需要尽可能样本均衡的高质量数据集，对于一些恶意代码，如风险欺诈、网络钓鱼、恶意软件等，通常包含大量的正常样本与极少量的安全隐患，恶意代码及攻击样本的不均匀分布导致模型检测准确率有待提高。

（2）区别于商品推荐系统等其他人工智能应用，在恶意代码检测领域的模型中，分类错误具有极高的成本。尤其在面对恶意代码威胁与隐患时，安全分析人员希望在分析对抗中取得对形势的了解与情报的掌握，以做出相应的人工干预，然而机器学习的模型一般均为黑盒分析，无法得到足够的信息辅助安全人员进行决策。

（3）现阶段所有基于监督学习的机器学习模型，均需要输入合理且强相关的特征集，即需要从源数据到特征空间映射的特征工程。在恶意代码检测场景中，将会产生从网络监控原始数据到实际的检测对象之间的抽象成本，也就是如恶意代码行为与底层实现代码与结构之间的解释翻译成本。

与此同时，机器学习作为新兴的前沿技术，即使解决或克服传统网络安全攻防技术的问题与难点，在一些场景与环境下仍然存在恶意代码检测的盲点。

（1）难以发现未知模式的恶意行为。传统的安全检测技术可以发现恶意代码中已知模式的已知行为，当前的机器学习技术可以抽象提取出已知模式的行为特征。但对于未知模式的未知行为，目前还无法进行有效应对。例如合法软件的恶意滥用，在运用机器学习建模时,从静态代码分析时,该软件的分类标记是正常的;在正常使用时,该软件所表现的特征也是合法的;但如果有攻击者滥用该软件的某些功能从而导致安全隐患或威胁时,目前的机器学习算法则难以进行有效判别。

(2)测试所产生的异常行为误报。当进行一般的机器学习算法训练后,该模型通常是不变的,例如在模型内部有关于对每条数据的特征分析与判别,已经形成了对该数据特征的“定性描述”,当带检测样本数据与已知类别相似或相近时,分类器均能做出很好的反馈。例如,在流量分析时,机器学习模型通过各流量特征进行分析,正常流量波峰波谷一般介于安全阈值,攻击流量可能呈现不一样的分布。但是,在实际生产环境中,由于系统故障、路由延迟、网络丢包等不稳定因素,或者因为误操作等特殊情况,也同样会产生非正常的大流量,这些异常特征的数据极可能被机器学习模型判别为攻击流量而进行告警,从而会出现大量误报情况。

(3)数据数量与质量的强依赖性。运用机器学习进行恶意代码检测时,底层需要有大数据的支持,如 TB 乃至 PB 级的数据量支撑。这里数据量不仅指整体训练的样本空间,同时也包括每个标签的样本量要充足。另外,在注重数量的同时,需要保证数据的质量,即无论是数据真实性、完整性、还是数据价值性都需要保证。例如,在分析恶意代码形成的僵尸网络时,需要基于大数据平台获取尽可能多的数据量,包括流量、载荷、通信信号等多方面数据,只有数据本身能够构建起一个完整场景,机器学习模型才能在真实应用中起到最佳的识别效果。

10.6.2　恶意代码检测发展趋势

虽然机器学习在安全攻防领域应用越来越深入,但是其技术本身同样可能会遭到欺骗与渗透。目前遇到最主要的两大问题是对抗样本攻击与隐私保护。

(1)对抗样本攻击。

对抗样本是指将真实的样本添加扰动而合成的新样本,机器学习模型对新型恶意样本的判错率非常高,而人们几乎无法辨别原样本与新样本的差别,这就意味着原本机器学习模型的(正确分类)功能已经失效了。早在 2013 年 Biggo 等人提出了对抗模型的概念,而建立在“对抗模型”中的攻击者可以试图寻找对抗样本来误导分类器。重要的是,并不是某个恶意代码检测算法对于对抗样本存在脆弱性,而是机器学习模型普遍都具有该缺陷,其具体原因在于模型的高度非线性、均化不足或正则不足等。对于对抗样本的攻击,一方面,从数据的角度,将对抗样本加入训练集中,提高模型的抗干扰能力;另一方面,从模型的角度,可主动生成一个生成模型,用于生成对抗样本,与本身分类模型交互监督训练,以提高效果。

(2)隐私保护。

由于机器学习模型缺乏公开性与可视化效果,许多安全专业人员担心其数据的保密性。尤其是在数据预测方面,输入给定的测试集,通过机器学习模型的“黑箱”操作,能够得到预测的对应值。而在这之中,攻击者就可能利用机器学习的“可逆性”,即通过得到的预测值,反向处理来窃取用于训练集的数据。例如,利用拼音输入法进行文本输入时(这里假设该输入法使用机器学习进行文本预测),通常输入法会自动提示联想词汇。如果攻击者通过联想词汇,可计算得到部分输入法进行训练的值,即用户曾经输入过的词汇,便可以根据这些训练集从事非法活动(例如营销广告)。对于这种攻击,目前最常用的方法是采用改进后的差分隐私保护,可在机器学习模型训练时,在不影响预测效果的情况下,增加一些算法随机性,从而有效缓解隐私泄露的问题。

　　总的来说,恶意代码的检测和防御是个长期的过程。由于不存在通用的恶意代码检测方法,恶意代码的通用化特征有待进一步挖掘,适应更多恶意代码的检测和防御的工具需要进一步开发。模糊变换策略应用于恶意代码可以增强恶意代码的生存能力,是躲避恶意代码检测工具的有效手段。如何才能有效检测迷惑的恶意代码是恶意代码检测的一个关键性问题。当然模糊变换策略也可以应用于信息系统安全、软件加密和攻击欺骗等安全领域。另外随着恶意代码编写的门槛越来越低,恶意代码形式变化多端,传统的检测方式越来越吃力。基于语义的恶意代码检测方法是未来研究的重点,该方法能从内容上检测恶意代码,摒弃了其多种形式的外形,能够更加有效地检测出可疑代码。但需要指出的是,机器学习并非“万能”,在实际恶意代码检测过程中不能单打独斗,而是需要进行人机结合。安全专业团队通过分析实际场景的问题,将专业知识与经验运用在机器学习模型中,才能全方面在安全领域给予用户与企业足够的安全保障。

10.7　本 章 小 结

　　恶意代码的危害对于整个社会影响巨大。诸多网络安全事件都缘于恶意代码,研究更加有效的恶意代码检测技术具有非常现实意义。本章首先介绍了恶意代码的定义及种类,给出了恶意代码挖掘检测的一般流程以及常见的静态和动态分析技术。接下来对恶意代码检测最为重要的环境预处理及特征提取进行了详细介绍,并给出常见恶意代码检测算法。结合现今互联网恶意代码检测研究现状,本章给出了一个实际恶意代码检测应用,对恶意代码检测分析系统的构建具有参考价值。在当前信息时代背景下,维护网络空间安全已经成为国家的一项重要基本战略,也是国家安全的重要组成部分。恶意代码检测分析是个长期的过程,由于不存在通用的恶意代码检测方法,恶意代码的通用化特征有待进一步挖掘及深一步的研究和探索。

习　　题

1. 恶意代码具有什么特点? 常见恶意代码分为哪几种?
2. 常见的恶意代码检测流程包括哪些环节?
3. 为什么恶意代码在检测处理前需要进行脱壳处理?
4. 恶意代码特征提取常见方法有哪些? 其各自优缺点是什么?
5. 简要介绍说明恶意代码检测评价指标。
6. 未来影响恶意代码检测分析技术主要有哪些?

参 考 文 献

[1] 中国互联网络信息中心.第 37 次中国互联网络发展状况统计报告[R/OL].(2016-01-22).http://
      www.cnnic.net.cn/hlwfzyj/hlwxzbg/hlwtjbg/201601/t20160122_53271.htm.

[2] 丁道勤,闫俊平.Web2.0 环境下的信息安全管理[J].现代通信科技,2008(4):8-11.

[3] 周雪广.信息内容安全[M].武汉:武汉大学出版社,2012.

[4] 杨伟杰.面向信息内容安全的新闻信息处理技术[M].北京:机械工业出版社,2010.

[5] 黄晓斌,邱明辉.网络信息过滤中的分级体系研究[J].中国图书馆学报,2004,154(6):13-16.

[6] 李建华.信息内容安全管理及应用[M].北京:机械工业出版社,2010.

[7] 王枞,钟义信.网络内容安全[J].计算机工程与应用,2003(30):153-154.

[8] 黄晓斌,邱明辉.网络信息过滤中的分级体系研究[J].中国图书馆学报,2004,154(6):13-16.

[9] 田俊峰,黄建才.高效的模式匹配算法研究[J].通信学报,2004,25(1):61-69.

[10] 史志才,夏永祥.高速网络环境下的入侵检测技术研究综述倡[J].计算机应用研究,2010,27(5):
      1606-1610.

[11] 张亮.基于机器学习的信息过滤和信息检索的模型和算法研究[D].天津:天津大学,2007.

[12] 周茜,赵名生,启昊.中文文本分类中特征选择[J].中文信息学报,2004,18(3):17-23.

[13] 骆卫华,刘群,程学旗.话题检测与跟踪技术的发展与研究[C]//全国计算语言学联合学术会议
      (JSCL-2003)论文集.北京:清华大学出版社,2003:560-566.

[14] 贾自艳,何清,张俊海,等.一种基于动态进化模型的事件探测和追踪算法[J].计算机研究与发
      展,2004,41(7):1273 -1280.

[15] 赵华,赵铁军,张姝,等.基于内容分析的话题检测研究[J].哈尔滨工业大学学报,2006,10(38):
      1740-1743.

[16] 宋丹,卫东,陈英.基于改进向量空间模型的话题识别跟踪[J].计算机技术与发展,2006,9(16):
      62-67.

[17] 于满泉,骆卫华,许洪波,等.话题识别与跟踪中的层次化话题识别技术研究[J].计算机技术与发
      展,2006,43(3):489-495.

[18] 焦健,瞿有利.知网的话题更新与跟踪算法研究[J].北京交通大学学报,2009(10):132-136.

[19] 张艳,王挺,梁晓波.LDA 模型在话题追踪中的应用[J].计算机科学,2011,38(B10):136-139.

[20] 席耀一,林琛,李弼程.基于语义相似度的论坛话题追踪方法[J].计算机应用,2011,31(1):
      93-96.

[21] 任晓东,张永奎,薛晓飞.基于 K-Modes 聚类的自适应话题追踪技术[J].计算机工程,2009,
      35(9):222-224.

[22] 解㑇,汪小帆.复杂网络中的社团结构分析算法研究综述[J].复杂系统与复杂性科学,2005,
      2(3):1-12.

[23] 李晓佳,张鹏,狄增如,等.复杂网络中的社团结构[C]//第四届全国网络科学学术论坛,青岛,
      2008:180-203.

[24] 骆志刚,丁凡,蒋晓舟,等.复杂网络社团发现算法研究新进展[J].国防科技大学学报,2011,
      33(1):47-52.

[25] 刘毅.内容分析法在网络舆情信息分析中的应用[J].天津大学学报:社会科学版,2006(7):
      307-310.

[26] 吴绍忠.WEB 信息挖掘与公安情报收集[J].中国人民公安大学学报:自然科学版,2006(4):

50-53.

[27]　黄晓斌.网络信息挖掘[M].北京:电子工业出版社,2005.

[28]　戴媛,姚飞.基于网络舆情安全的信息挖掘及评估指标体系研究[J].情报理论与实践,2008,
6(31):873-876.

[29]　曾润喜.我国网络舆情研究与发展现状分析[J].图书馆学研究,2009(8):2-6.

[30]　许丹青,刘奕群,张敏,等.基于在线社会网络的用户影响力研究[J].中文信息学报,2016,30(2):
83-89.

[31]　黄俊铭,沈华伟,程学旗.利用社交网络的影响力骨架探索信息传播[J].中文信息学报,2016,
30(2):74-82.

[32]　夏火松,甄化春.大数据环境下舆情分析与决策支持研究文献综述[J].情报杂志,2015,34(2):
1-6.

[33]　梅中玲.基于 Web 信息挖掘的网络舆情分析技术[J].中国人民公安大学学报:自然科学版,
2007,13(4):85-88.

[34]　戴媛,程学旗.面向网络舆情分析的实用关键技术概述[J].信息网络安全,2008(6).

[35]　陈勇,张佳骧,吴立德,等.基于开源信息的情报分析系统[J].无线电工程,2009,39(5):25-28.

[36]　唐涛.移动互联网舆情新特征、新挑战与对策[J].情报杂志,2014,33(3):113-117.

[37]　付举磊,刘文礼,郑晓龙,等.基于文本挖掘和网络分析的"东突"活动主要特征研究[J].自动化学
报,2014,40(11):2456-2468.

[38]　王磊.公安网络舆情分析系统的研究[D].北京:北京交通大学,2008.

[39]　刘兵,俞勇.Web 数据挖掘[M].北京:清华大学出版社,2009.

[40]　杨雷,曹翠玲,孙建国,等.改进的朴素贝叶斯算法在垃圾邮件过滤中的研究[J].通信学报,2017,
38(4):140-148.

[41]　李岩,韩斌,赵剑.基于短文本及情感分析的微博舆情分析[J].计算机应用与软件,2013,30(12):
240-243.

[42]　赵凌园.基于机器学习的恶意软件检测方法研究[D].成都:电子科技大学,2019.

[43]　朱鹏博.基于机器学习算法的恶意代码检测技术研究[D].北京:北京邮电大学,2018.

[44]　魏晓宁.基于朴素贝叶斯算法的垃圾邮件过滤系统研究[D].苏州:苏州大学,2007.

[45]　郭冯俊.基于数据挖掘的入侵检测系统的研究与应用[D].长沙:湖南大学,2012.

[46]　吴际,黄传河,王丽娜,等.基于数据挖掘的入侵检测系统研究[J].计算机工程与应用,2003(4):
166-168.

[47]　袁腾飞.基于数据挖掘的入侵检测系统研究[D].成都:电子科技大学,2013.

[48]　孙明鸣.基于数据挖掘的入侵检测系统研究[D].北京:中央民族大学,2015.

[49]　张小康.基于数据挖掘和机器学习的恶意代码检测技术研究[D].合肥:中国科学技术大
学,2009.

[50]　吴昆明.基于系统调用的变形恶意代码的行为特征检测研究[D].成都:电子科技大学,2017.

[51]　吴敬征,武延军,武志飞,等.基于有向信息流的 Android 隐私泄露类恶意应用检测方法[J].中国
科学院大学学报,2015,32(6):807-815.

[52]　宋婷婷.基于主题的多线程网络爬虫系统的研究[J].现代信息科技,2020,4(7):91-93+96.

[53]　吴腾.面向数据挖掘的网络流量预测及业务识别算法研究[D].重庆:重庆邮电大学,2019.

[54]　坎塔尔季奇.数据挖掘:概念、模型、方法和算法[M].北京:清华大学出版社,2003.

[55]　郑艳君.数据挖掘技术在网络安全中的应用[J].计算机仿真,2011(12):118-121.

[56]　陈良臣,高曙,刘宝旭,等.网络加密流量识别研究进展及发展趋势[J].信息网络安全,2019,

219(3)：25-31.

[57]　王西锋.网络流量的特性分析与预测研究[D].西安：西北大学,2007.

[58]　苟娟迎,马力.网络流量分析方法综述[J].西安邮电学院学报,2010,15(4)：20-23.

[59]　刘志远.网络流量分析预测系统的设计与实现[D].哈尔滨：黑龙江大学,2011.

[60]　王程.网络流量识别分析系统的设计与实现[D].长春：吉林大学,2014.

[61]　罗莎,朱威,王培源,等.网络数据流分析方法[J].大地测量与地球动力学,2011,31(B06)：146-148.

[62]　毛蔚轩,蔡忠闽,童力.一种基于主动学习的恶意代码检测方法[J].软件学报,2017,28(2)：384-397.